De Gruyter Studium

Dziuk · Theorie und Numerik Partieller Differentialgleichungen

Gerhard Dziuk

Theorie und Numerik Partieller Differentialgleichungen

De Gruyter

Mathematics Subject Classification 2010: 35-01, 65-01, 65M60.

ISBN 978-3-11-014843-5
e-ISBN 978-3-11-021481-9

Library of Congress Cataloging-in-Publication Data

Dziuk, Gerhard.
Theorie und Numerik partieller Differentialgleichungen / by Gerhard Dziuk.
p. cm.
Includes bibliographical references and index.
ISBN 978-3-11-014843-5 (alk. paper)
1. Differential equations, Partial – Numerical solutions – Textbooks. I. Title.
QA377.D975 2010
518'.64–dc22
2010011760

Bibliografische Information der Deutschen Nationalbibliothek

Die Deutsche Nationalbibliothek verzeichnet diese Publikation in der Deutschen Nationalbibliografie; detaillierte bibliografische Daten sind im Internet über http://dnb.d-nb.de abrufbar.

Satz: Da-TeX Gerd Blumenstein, Leipzig, www.da-tex.de
Druck und Bindung: AZ Druck und Datentechnik GmbH, Kempten
∞ Gedruckt auf säurefreiem Papier

Printed in Germany

www.degruyter.com

Vorwort

Dieses Lehrbuch enthält eine Einführung in die Grundlagen von Theorie und Numerik partieller Differentialgleichungen. Es geht darum, Theorie und Numerik in Abhängigkeit voneinander und gleichzeitig zu lernen. Sowohl die Theorie als auch die Numerik für partielle Differentialgleichungen sind äußerst umfangreiche Gebiete. Deshalb geht es in diesem Buch auch nicht um eine vollständige Darstellung dieser Teilgebiete der Mathematik. Dafür gibt es ausgezeichnete Literatur, die im Literaturverzeichnis zitiert ist und die man zur Vertiefung verwenden sollte.

In diesem Buch werden die ersten Schritte zur theoretischen Lösung und zur numerischen Lösung partieller Differentialgleichungen vermittelt. Dazu gehören die klassische Theorie, die mit stetig differenzierbaren Funktionen und dem Riemannintegral arbeitet, und die schwache Theorie, die Funktionen in Sobolevräumen und das Lebesgueintegral verwendet. Beide theoretischen Ansätze sind für die Numerik partieller Differentialgleichungen von Bedeutung. Die klassische Theorie ist eher mit der Methode der Differenzenverfahren verknüpft, und die Theorie der schwachen Lösungen hat engen Bezug zur Methode der Finiten Elemente. Wir werden uns auch mit Differenzenverfahren befassen, jedoch steht das Ritz-Galerkin-Verfahren im Vordergrund der numerischen Methoden. Übrigens verwendet man dieses Verfahren auch zum Existenzbeweis in der theoretischen Untersuchung von partiellen Differentialgleichungen.

Partielle Differentialgleichungen lassen sich in den seltensten Fällen durch Formeln oder sogar per Hand lösen. Und selbst in dem Fall, dass Lösungen durch Formeln gegeben sind, ist es meist eine schwierige Aufgabe, diese Formeln auszuwerten, um die Lösungen wirklich zu sehen, graphisch darzustellen, oder deren Verhalten zu studieren.

Es ist faszinierend zu sehen, wie die theoretischen Untersuchungen zur Lösung partieller Differentialgleichungen mit der Entwicklung von Algorithmen zu ihrer numerischen Lösung verknüpft sind. Hat man einen konsistenten Algorithmus zur Lösung einer partiellen Differentialgleichung entwickelt, so ist es wichtig, nachzuweisen, dass die diskrete Lösung die kontinuierliche Lösung approximiert. Dies werden wir in vielen Fällen durchführen. Wir beschränken uns dabei auf A-Priori-Fehlerabschätzungen. Hierfür ist eine sorgfältige Entwicklung der Analysis der kontinuierlichen Lösungen wichtig.

Es ist unbedingt zu empfehlen, die theoretische Numerik in die Praxis umzusetzen. Dafür finden an den meisten Universitäten Praktika statt. Man kann jedoch auch frei verfügbare Programme im Selbststudium verwenden. Hier sei vor allem auf das Programmpaket ALBERTA [25] hingewiesen.

Das Buch ist aus an den Universitäten Bonn und Freiburg gehaltenen Vorlesungen „Theorie und Numerik partieller Differentialgleichungen I, II“ entstanden. Diese Vorlesungen sind für Studierende ab dem 5. Semester konzipiert. Voraussetzungen sind lediglich die Grundvorlesungen in Analysis und Linearer Algebra. Die im Buch verwendete Funktionalanalysis besteht nur aus dem sogenannten elementaren Teil der linearen Funktionalanalysis, der in einem Anhang A zusammengefasst ist. Außerdem gibt es in Anhang B eine Liste der wichtigsten Sätze zum Lebesgueintegral.

In das Buch sind die Vorlesungen [14, 15] von E. Heinz eingegangen. Außerdem habe ich Teile von Vorlesungen von R. Kreß [20] und R. Rannacher [22] in meinen Vorlesungen verwendet. Ich hoffe, dass ich alle weiteren Quellen im Literaturverzeichnis genannt habe.

Zu danken ist Frau H. Sturm und Frau T. Ruf, die die Vorlesungsskripte geschrieben haben. Ich bedanke mich ganz besonders bei allen Mitarbeiterinnen und Mitarbeitern, die direkt oder indirekt bei der Erstellung der Skripte geholfen haben. Insbesondere danke ich K. Deckelnick, M. Fried, C.-J. Heine, B. Mößner, A. Schmidt und K. Siebert.

Staufen im Februar 2010 G. Dziuk

Inhaltsverzeichnis

Teil I

Der Laplace-Operator und die Poissongleichung

Kapitel 1
Klassische Lösungen der Poissongleichung

In diesem Kapitel lösen wir das Randwertproblem für die Poissongleichung im klassischen Sinn. Dies bedeutet, dass wir zu gegebenem beschränkten Gebiet $G \subset \mathbb{R}^n$, gegebener rechter Seite $f : G \to \mathbb{R}$ und gegebenen Randwerten $g : \partial G \to \mathbb{R}$ eine Funktion $u \in C^2(G) \cap C^0(\overline{G})$ suchen, welche die Gleichungen

$$-\Delta u = f \quad \text{in } G, \qquad u = g \quad \text{auf } \partial G \tag{1.1}$$

erfüllt. Dabei ist $\Delta u = \sum_{i=1}^{n} u_{x_i x_i}$. Es ist offensichtlich, dass wir von den Daten mindestens voraussetzen müssen, dass $f \in C^0(G)$ und $g \in C^0(\partial G)$ sind. Wir werden aber sehen, dass die Voraussetzung bezüglich der Glattheit von f nicht ausreicht, um eine klassische Lösung u des Randwertproblem zu finden. Außerdem ist zunächst nicht klar, wie der Rand ∂G des Gebietes G aussehen darf.

Die verwendeten Funktionenräume findet man in Anhang A.2.2.

1.1 Der Gaußsche Integralsatz und die Greenschen Formeln

Zunächst legen wir fest, was unsere Mindestanforderungen an das Gebiet G sind, in dem wir die Poissongleichung lösen wollen. Wir nennen solche Gebiete Normalgebiet. Es sind Gebiete, deren Rand aus gutartigen Hyperflächenstücken zusammengesetzt ist. Erst aber sagen wir, was ein Flächenstück und ein Oberflächenintegral sind. Zur Erinnerung: ein Gebiet ist eine offene wegweise zusammenhängende Menge.

Definition 1.1. Eine Menge $F \subset \mathbb{R}^n$ heißt *reguläres Hyperflächenstück* der Klasse C^k ($k \in \mathbb{N}$), wenn sie sich in der Form $F = x(T)$,

$$x_1 = x_1(t_1, \dots, t_{n-1}),$$
$$\vdots$$
$$x_n = x_n(t_1, \dots, t_{n-1}),$$

mit $t = (t_1, \dots, t_{n-1}) \in T \subset \mathbb{R}^{n-1}$ darstellen lässt. Dabei ist T ein beschränktes Gebiet im $\mathbb{R}^{n-1}$, und es ist $x \in C^0(\overline{T}, \mathbb{R}^n) \cap C^k(T, \mathbb{R}^n)$. Außerdem ist $x : \overline{T} \to \mathbb{R}^n$

injektiv mit

$$\text{Rang}\begin{pmatrix} \frac{\partial x_1}{\partial t_1} & \cdots & \frac{\partial x_1}{\partial t_{n-1}} \\ \vdots & & \vdots \\ \frac{\partial x_n}{\partial t_1} & \cdots & \frac{\partial x_n}{\partial t_{n-1}} \end{pmatrix} = n-1.$$

Mit D_i $(i = 1, \ldots, n)$ bezeichnen wir die Funktionen

$$D_i = (-1)^{n+i}\begin{vmatrix} \frac{\partial x_1}{\partial t_1} & \cdots & \frac{\partial x_1}{\partial t_{n-1}} \\ \vdots & & \vdots \\ \frac{\partial x_{i-1}}{\partial t_1} & \cdots & \frac{\partial x_{i-1}}{\partial t_{n-1}} \\ \frac{\partial x_{i+1}}{\partial t_1} & \cdots & \frac{\partial x_{i+1}}{\partial t_{n-1}} \\ \vdots & & \vdots \\ \frac{\partial x_n}{\partial t_1} & \cdots & \frac{\partial x_n}{\partial t_{n-1}} \end{vmatrix}.$$

Die Vektoren $\nu = \pm(\nu_1, \ldots, \nu_n)$,

$$\nu_i = \frac{D_i}{\sqrt{D_1^2 + \cdots + D_n^2}} \qquad (i = 1, \ldots, n),$$

heißen die zu F im Punkt $x = x(t)$ gehörenden *Normalen*. Für $f \in C^0(F)$ heißt

$$\int_F f(x)\,do(x) = \int_T f(x(t))\sqrt{D_1^2(t) + \cdots + D_n^2(t)}\,dt$$

Oberflächenintegral von f über F, wenn

$$\int_T |f(x(t))|\sqrt{D_1^2(t) + \cdots + D_n^2(t)}\,dt < \infty$$

endlich ist.

Im Fall $n = 2$ spricht man auch von einem *regulären Kurvenstück* in der Ebene. Man veranschauliche sich, dass ein Hyperflächenstück keine Selbstdurchschneidungen besitzen kann.

Definition 1.2. Ein beschränktes Gebiet $G \subset \mathbb{R}^n$ heißt *Normalgebiet*, falls folgende Bedingungen erfüllt sind:

1. Zu jedem Randpunkt $x' \in \partial G$ gibt es eine Folge $(x^{(p)})_{p\in\mathbb{N}}$, $x^{(p)} \in \mathbb{R}^n \setminus \overline{G}$ $(p \in \mathbb{N})$ mit $x^{(p)} \to x'$ $(p \to \infty)$.

2. $\partial G = \overline{F}_1 \cup \cdots \cup \overline{F}_N$ mit regulären Hyperflächenstücken F_j $(j = 1, \ldots, N)$ der Klasse C^1 und es gilt:

$$\overline{F}_i \cap \overline{F}_j = \partial F_i \cap \partial F_j \quad (i \neq j).$$

Dabei ist $\partial F = \overline{F} \setminus F$. Außerdem existiere $\int_{F_j} do$ $(j = 1, \ldots, N)$.

3. Zu jedem $\varepsilon > 0$ gibt es endlich viele Kugeln $K_j = \{x \in \mathbb{R}^n \mid |x - x^{(j)}| \leq \rho_j\}$ mit $x^{(j)} \in \partial F_1 \cup \cdots \cup \partial F_N$, $\rho_j > 0$, $(j = 1, \ldots, q = q(\varepsilon))$, so dass

$$\partial F_1 \cup \cdots \cup \partial F_N \subset \bigcup_{j=1}^{q} K_j \quad \text{und} \quad \sum_{j=1}^{q} \rho_j^{n-1} \leq \varepsilon.$$

Für ein Normalgebiet G sei das Oberflächenintegral definiert als

$$\int_{\partial G} f\, do = \sum_{j=1}^{N} \int_{F_j} f\, do.$$

Ein beschränktes Gebiet, das diese Bedingung nicht erfüllt, ist zum Beispiel eine Kugel, aus der ein Punkt herausgenommen wurde,

$$G = \{x \in \mathbb{R}^n \mid 0 < |x| < 1\}.$$

Der Würfel

$$G = \left\{x = (x_1, \ldots, x_n) \in \mathbb{R}^n \mid \max_{i=1,\ldots,n} |x_i| < 1\right\}$$

ist dagegen ein Normalgebiet.

Wir sind nun in der Lage, den Gaußschen Integralsatz für Normalgebiete zu formulieren. Er besagt, dass das Volumenintegral über eine Divergenz,

$$\operatorname{div} f = \nabla \cdot f = \sum_{j=1}^{n} \frac{\partial f_j}{\partial x_j},$$

sich als Oberflächenintegral schreiben lässt. Für uns ist dies besonders wichtig, weil ja

$$\Delta u = \sum_{j=1}^{n} \frac{\partial}{\partial x_j}\left(\frac{\partial u}{\partial x_j}\right)$$

gilt.

Satz 1.3 (Gaußscher Integralsatz). *Es sei $G \subset \mathbb{R}^n$ ein Normalgebiet mit äußerer Normale ν. Ferner sei $f = (f_1, \dots, f_n) \in C^0(\overline{G}, \mathbb{R}^n) \cap C^1(G, \mathbb{R}^n)$ und $\int_G |\operatorname{div} f| dx < \infty$. Dann gilt:*

$$\int_G \operatorname{div} f(x)\, dx = \int_{\partial G} f(x) \cdot \nu(x)\, do(x). \tag{1.2}$$

Einen Beweis findet man in den meisten Analysisvorlesungen. Siehe z. B. auch Satz 1, S. 45, in [23].[1]

Der Gaußsche Integralsatz ist die Verallgemeinerung des Hauptsatzes der Differential- und Integralrechnung. Er liefert eine Formel für die partielle Integration in höherer Raumdimension. Setzen wir in (1.2) die spezielle Funktion $f = (0, \dots, 0, u, 0, \dots, 0)$ mit u an der i-ten Stelle ein, so erhalten wir ein entsprechendes Resultat.

Folgerung 1.4. *Unter den Voraussetzungen von Satz 1.3 gilt für eine (skalare) Funktion $u \in C^0(\overline{G}) \cap C^1(G)$, mit $\int_G |\frac{\partial u}{\partial x_i}|\, dx < \infty$:*

$$\int_G \frac{\partial u}{\partial x_i}(x)\, dx = \int_{\partial G} u(x)\nu_i(x)\, do(x).$$

Wenden wir den Gaußschen Integralsatz auf den Gradienten einer skalaren Funktion an, so erscheint der Laplace-Operator. Dies führt zu den Greenschen Formeln, die wir im folgenden Satz notieren. Diese Formeln sind die Basis für die Lösung des Randwertproblems (1.1) für die Poissongleichung.

Satz 1.5 (Greensche Formeln). *Es sei G ein Normalgebiet. Für $u, v \in C^1(\overline{G})$, $v \in C^2(G)$ und $\int_G |\Delta v(x)| dx < \infty$ gilt die erste Greensche Formel*

$$\int_G u(x)\Delta v(x)\, dx = \int_{\partial G} u(x)\frac{\partial v}{\partial \nu}(x)\, do(x) - \int_G \nabla u(x) \cdot \nabla v(x)\, dx. \tag{1.3}$$

Ist zusätzlich $u \in C^2(G)$ und $\int_G |\Delta u| dx < \infty$, so gilt die zweite Greensche Formel

$$\int_G u(x)\Delta v(x) - v(x)\Delta u(x)\, dx = \int_{\partial G} u(x)\frac{\partial v}{\partial \nu}(x) - v(x)\frac{\partial u}{\partial \nu}(x)\, do(x). \tag{1.4}$$

Beweis. Die zweite Greensche Formel folgt offensichtlich sofort aus der ersten. Die erste Greensche Formel folgt aus dem Gaußschen Integralsatz, wenn wir ihn auf das Vektorfeld

$$f = \left(u\frac{\partial v}{\partial x_1}, \dots, u\frac{\partial v}{\partial x_n}\right)$$

[1] Für $a, b \in \mathbb{R}^n$ bezeichnet $a \cdot b$ das euklidische Skalarprodukt $a \cdot b = \sum_{j=1}^n a_j b_j$.

anwenden und beachten, dass gilt

$$\operatorname{div} f = \sum_{j=1}^{n} \frac{\partial}{\partial x_j}\left(u \frac{\partial v}{\partial x_j}\right) = \sum_{j=1}^{n} \frac{\partial u}{\partial x_j}\frac{\partial v}{\partial x_j} + u \sum_{j=1}^{n} \frac{\partial^2 v}{\partial x_j^2} = \nabla u \cdot \nabla v + u \Delta v.$$

Außerdem ist aus der Analysis bekannt, dass die partielle Ableitung in Richtung des Normalenvektors,

$$\frac{\partial u}{\partial \nu} = \sum_{j=1}^{n} \frac{\partial u}{\partial x_j} \nu_j,$$

als das euklidische Skalarprodukt aus dem Gradienten und dem Normalenvektor gegeben ist. □

1.2 Die Darstellungsformel

Die zweite Greensche Formel (1.4) verwenden wir, um eine Lösungsformel für das Randwertproblem (1.1) für die Poissongleichung zu finden. Nehmen wir für den Moment an, dass $-\Delta u = f$ in G gilt und außerdem $u = g$ auf ∂G ist, wobei g und f bekannt sind. Dann liefert (1.4) unter geeigneten Voraussetzungen an die Glattheit von u die Gleichung

$$\int_G u(x) \Delta v(x)\, dx = -\int_G f(x) v(x)\, dx + \int_{\partial G} g(x) \frac{\partial v}{\partial \nu}(x) - v(x) \frac{\partial u}{\partial \nu}(x)\, do(x).$$

Wenn wir die Funktion v so wählen, dass sie auf dem Gebietsrand ∂G verschwindet, so haben wir fast eine Formel für „eine Lösung" u des Randwertproblems (1.1):

$$\int_G u(x) \Delta v(x)\, dx = -\int_G f(x) v(x)\, dx + \int_{\partial G} g(x) \frac{\partial v}{\partial \nu}(x)\, do(x).$$

Wir versuchen nun, ein v zu finden, das für festes $x_0 \in G$ zusätzlich einer Bedingung der Art

$$„\int_G u(x) \Delta v(x)\, dx = u(x_0)\text{“} \tag{1.5}$$

genügt. Das geht naturgemäß im Allgemeinen nur mit einer Funktion v, die eine Singularität im Punkt x_0 besitzt. Wir suchen nun eine solche Funktion mit der Zusatzbedingung, dass sie harmonisch ist, also eine deutliche Beziehung zum von uns untersuchten Differentialoperator Δ aufweist.

Definition 1.6. Eine Funktion u heißt in der offenen Menge $G \subset \mathbb{R}^n$ *harmonisch*, wenn $u \in C^2(G)$ ist und $\Delta u = 0$ in G gilt.

Wir suchen zunächst harmonische Funktionen, die von der Form

$$u(x) = v(|x|)$$

sind, also nur vom Abstand des Punktes x zum Ursprung abhängen. Dann gilt für $x \neq 0$ und $j \in \{1, \dots, n\}$

$$\frac{\partial u}{\partial x_j}(x) = v'(|x|)\frac{x_j}{|x|}, \quad \frac{\partial^2 u}{\partial x_j^2}(x) = v''(|x|)\frac{x_j^2}{|x|^2} + v'(|x|)\frac{1}{|x|}\left(1 - \frac{x_j^2}{|x|^2}\right)$$

und demnach

$$\Delta u(x) = v''(|x|) + v'(|x|)\frac{n-1}{|x|}. \tag{1.6}$$

Also ist u genau dann harmonisch, wenn

$$v''(r) + \frac{n-1}{r}v'(r) = 0 \quad (r \neq 0). \tag{1.7}$$

Wir lösen diese lineare gewöhnliche Differentialgleichung. Dazu setzen wir $w(r) = v'(r)$ und lösen

$$w'(r) + \frac{n-1}{r}w(r) = 0.$$

Diese Gleichung ist für $r > 0$ äquivalent zu

$$(r^{n-1}w(r))' = 0,$$

also erhalten wir

$$v'(r) = w(r) = c_1 r^{1-n}$$

und damit in Abhängigkeit von der Raumdimension n als Lösungen von (1.7) mit beliebigen Konstanten $c_1, c_2 \in \mathbb{R}$

$$\begin{aligned} v(r) &= c_1 r^{2-n} + c_2 \quad (n \neq 2), \\ v(r) &= c_1 \log r + c_2 \quad (n = 2). \end{aligned}$$

Damit haben wir folgendes Lemma bewiesen. Die Wahl der Konstanten wird später deutlich werden. Mit ω_n bezeichnen wir den Flächeninhalt der Einheitssphäre

$$S^{n-1} = \{x \in \mathbb{R}^n \mid |x| = 1\}$$

im $\mathbb{R}^n$, das heißt $\omega_n = |S^{n-1}| = \int_{S^{n-1}} do$. Wir setzen $\omega_1 = 2$.

Lemma 1.7. *In $\mathbb{R}^n \setminus \{0\}$ löst die Singularitätenfunktion*

$$s_n(x) = \begin{cases} -\frac{1}{2\pi} \log |x| & (n = 2) \\ \frac{1}{(n-2)\omega_n} |x|^{2-n} & (n \neq 2) \end{cases}$$

die Potentialgleichung $\Delta s_n = 0$, ist also in $\mathbb{R}^n \setminus \{0\}$ harmonisch.

Wir werden im Folgenden häufig mit Polarkoordinaten im $\mathbb{R}^n$ arbeiten. Dazu formulieren wir die Transformationsformel auf Polarkoordinaten für Integrale im $\mathbb{R}^n$. Der Beweis ist eine kleine Übungsaufgabe zur Transformationsformel für Integrale.

Hilfssatz 1.8. *Es sei $B_R(x_0) = \{x \in \mathbb{R}^n \mid |x - x_0| < R\}$ die Kugel um $x_0 \in \mathbb{R}^n$ mit Radius $R > 0$. Falls die auftretenden Integrale existieren, dann gilt mit $r = |x - x_0|$ und $\xi = (x - x_0)/|x - x_0|$:*

$$\int\limits_{B_R(x_0)} f(x)\,dx = \int\limits_0^R \Bigg(\int\limits_{S^{n-1}} f(x_0 + r\xi)\,do(\xi) \Bigg) r^{n-1}\,dr,$$

$$\int\limits_{\partial B_R(x_0)} f(x)\,do(x) = \int\limits_{S^{n-1}} f(x_0 + R\xi)\,do(\xi) R^{n-1}.$$

Wir konstruieren nun Funktionen der Art, wie wir sie zu Beginn dieses Abschnitts gewünscht hatten (1.5). Solche Funktionen nennen wir Grundlösungen. Sie sind aus der Singularitätenfunktion und einem glatten Anteil zusammengesetzt.

Definition 1.9. Es sei $\omega_n = |S^{n-1}|$ der Flächeninhalt der Einheitssphäre im $\mathbb{R}^n$ und $\omega_1 = 1$. Eine Funktion

$$\phi(y, x) = s_n(y, x) + \varphi(y, x)$$

heißt *Grundlösung* von $\Delta u = 0$ zum Gebiet $G \subset \mathbb{R}^n$, falls für festes $x \in G$ die Funktion $\varphi(\cdot, x) \in C^1(\overline{G})$ ist und $\varphi(\cdot, x)$ in G harmonisch ist.

Wir werden im Folgenden eine solche Funktion immer Grundlösung nennen, ohne auf die zugehörige Differentialgleichung und das zugehörige Gebiet zu verweisen.

Satz 1.10. *Sei $G \subset \mathbb{R}^n$ ein Normalgebiet und sei $u \in C^2(\overline{G})$. Dann gilt für $x \in G$ die Darstellungsformel*

$$u(x) = \int\limits_{\partial G} \phi(y, x) \frac{\partial u}{\partial \nu}(y) - u(y) \frac{\partial \phi}{\partial \nu}(y, x) do(y) - \int\limits_G \phi(y, x) \Delta u(y) dy,$$

wobei ϕ eine beliebige Grundlösung (von $\Delta v = 0$ zu G) ist. ν bezeichnet die äußere Normale an ∂G im Punkt $y \in \partial G$.

Beweis. Wir beweisen die Darstellungsformel des Satzes für festes $x_0 \in G$ und $n \neq 2$. Dazu sei $\varepsilon > 0$ so klein, dass $\overline{B_\varepsilon(x_0)} \subset G$ ist. Das Gebiet, aus dem diese kleine Kugel herausgebohrt ist, bezeichnen wir mit $G_\varepsilon = G \setminus \overline{B_\varepsilon(x_0)}$. Die zweite Greensche Formel (1.4) liefert unter den Voraussetzungen $u, v \in C^1(\overline{G}_\varepsilon)$, $u, v \in C^2(G_\varepsilon)$, $\int_{G_\varepsilon} |\Delta u(x)|\, dx < \infty$, $\int_{G_\varepsilon} |\Delta v(x)|\, dx < \infty$, dass gilt

$$\int_{G_\varepsilon} u(x)\Delta v(x) - v(x)\Delta u(x)\, dx = \int_{\partial G_\varepsilon} u(x)\frac{\partial u}{\partial \nu}(x) - v(x)\frac{\partial u}{\partial \nu}(x) do(x).$$

Nach Voraussetzung ist $u \in C^2(\overline{G})$. Für v wählen wir $v(x) = \phi(x, x_0)$. Es ist also

$$\int_{G_\varepsilon} u(x)\Delta\phi(x, x_0) - \phi(x, x_0)\Delta u(x)\, dx$$

$$= \int_{\partial G_\varepsilon} u(x)\frac{\partial \phi}{\partial \nu}(x, x_0) - \phi(x, x_0)\frac{\partial u}{\partial \nu}(x) do(x),$$

und daraus folgt

$$\underbrace{-\int_{G_\varepsilon} \phi(x, x_0)\Delta u(x)\, dx}_{(1)} + \underbrace{\int_{\partial G} \phi(x, x_0)\frac{\partial u}{\partial \nu}(x) - u(x)\frac{\partial \phi}{\partial \nu}(x, x_0)\, do(x)}_{(2)}$$

$$= \underbrace{\int_{\partial B_\varepsilon(x_0)} \phi(x, x_0)\frac{\partial u}{\partial \nu}(x)}_{(3)} \underbrace{- u(x)\frac{\partial \phi}{\partial \nu}(x, x_0)\, do(x)}_{(4)}.$$

Man beachte, dass $\nu = \nu(x)$ in (2) die äußere Normale an G und in (3) und (4) die äußere Normale an $B_\varepsilon(x_0)$ bezeichnet.

Wir lassen in allen vier Termen $\varepsilon \to 0$ streben. Das Integral (1) existiert für $\varepsilon \to 0$ als uneigentliches Riemann-Integral, denn

$$\int_{B_\varepsilon(x_0)} |\phi(x, x_0)||\Delta u(x)|\, dx \leq \max_{z \in \overline{G}} |\Delta u(z)| \int_{B_\varepsilon(x_0)} |\phi(x, x_0)|\, dx,$$

und für $n \neq 2$ haben wir nach Definition der Grundlösung mit Hilfe des Hilfssatzes 1.8 die Abschätzung

$$\begin{aligned}
\int\limits_{B_\varepsilon(x_0)} |\phi(x,x_0)|\,dx &\leq \int\limits_{B_\varepsilon(x_0)} \frac{1}{|n-2|\omega_n}|x-x_0|^{2-n}\,dx + \int\limits_{B_\varepsilon(x_0)} |\varphi(x,x_0)|\,dx \\
&\leq \frac{1}{|n-2|\omega_n} \int\limits_0^\varepsilon \int\limits_{S^{n-1}} r^{2-n} r^{n-1} do(\xi) dr + \max_{z\in\overline{G}} |\varphi(z,x_0)| \int\limits_{B_\varepsilon(x_0)} 1\,dx \\
&\leq \frac{\omega_n}{|n-2|\omega_n} \int\limits_0^\varepsilon r\,dr + \max_{z\in\overline{G}} |\varphi(z,x_0)|\omega_n \int\limits_0^\varepsilon r^{n-1} dr \\
&= \frac{1}{2|n-2|}\varepsilon^2 + \max_{z\in\overline{G}} |\varphi(z,x_0)| \frac{\omega_n}{n}\varepsilon^n \;\to\; 0 \quad (\varepsilon \to 0).
\end{aligned}$$

Also folgt:

$$\lim_{\varepsilon\to 0} \int\limits_{G_\varepsilon} \phi(x,x_0)\Delta u(x)\,dx = \int\limits_G \phi(x,x_0)\Delta u(x)\,dx.$$

Das Integral (2) existiert, da $x_0 \in G$ und $x \in \partial G$ ist.

Auch das dritte Integral verschwindet für $\varepsilon \to 0$. Es ist nämlich

$$|(3)| = \left| \int\limits_{\partial B_\varepsilon(x_0)} \phi(x,x_0)\frac{\partial u}{\partial \nu}(x)\,do(x) \right| \leq \max_{z\in\overline{G}} |\nabla u(z)| \int\limits_{\partial B_\varepsilon(x_0)} |\phi(x,x_0)|\,do(x),$$

und wegen Hilfssatz 1.8 folgt für den singulären Anteil von ϕ

$$\int\limits_{\partial B_\varepsilon(x_0)} |x-x_0|^{2-n}\,do(x) = \varepsilon^{2-n}\varepsilon^{n-1}\omega_n = \omega_n\varepsilon \;\to\; 0 \quad (\varepsilon \to 0),$$

womit dann gilt:

$$\lim_{\varepsilon\to 0} \int\limits_{\partial B_\varepsilon(x_0)} \phi(x,x_0)\frac{\partial u}{\partial \nu}\,do(x) = 0.$$

Der reguläre Anteil φ der Grundlösung ist dabei noch einfacher abzuschätzen.

Der eigentlich wichtige und von uns erwünschte Anteil ist im Integral (4) enthalten. Es sollte uns $-u(x_0)$ für $\varepsilon \to 0$ liefern.

$$\begin{aligned}
(4) &= \int\limits_{\partial B_\varepsilon(x_0)} u(x)\frac{\partial \phi}{\partial \nu}(x,x_0)\,do(x) \\
&= \int\limits_{\partial B_\varepsilon(x_0)} u(x)\left\{\frac{1}{(n-2)\omega_n}\frac{\partial}{\partial \nu}(|x-x_0|^{2-n}) + \frac{\partial}{\partial \nu}\varphi(x,x_0)\right\}\,do(x).
\end{aligned}$$

Offensichtlich ist

$$\lim_{\varepsilon \to 0} \int_{\partial B_\varepsilon(x_0)} u(x) \frac{\partial \varphi}{\partial \nu}(x, x_0)\, do(x) = 0.$$

Wir berechnen den ersten Anteil von (4) explizit. Wir kennen die Normale, $\nu(x) = (x - x_0)/|x - x_0|$, und können demnach so rechnen:

$$\begin{aligned}
\frac{\partial}{\partial \nu}(|x - x_0|^{2-n}) &= \sum_{i=1}^{n} \nu_i(x) \frac{\partial}{\partial x_i}(|x - x_0|^{2-n}) \\
&= \sum_{i=1}^{n} \frac{x_i - x_{0i}}{|x - x_0|}(2 - n)|x - x_0|^{1-n} \frac{x_i - x_{0i}}{|x - x_0|} \\
&= (2 - n)|x - x_0|^{1-n} \sum_{i=1}^{n} \frac{(x_i - x_{0i})^2}{|x - x_0|^2} = (2 - n)|x - x_0|^{1-n}.
\end{aligned}$$

Also folgt insgesamt

$$\begin{aligned}
\frac{1}{(n-2)\omega_n} & \int_{\partial B_\varepsilon(x_0)} u(x) \frac{\partial}{\partial \nu}(|x - x_0|^{2-n})\, do(x) \\
&= -\frac{1}{\omega_n} \int_{\partial B_\varepsilon(x_0)} u(x) \varepsilon^{1-n}\, do(x) \\
&= -\frac{1}{\omega_n} \int_{S^{n-1}} u(x_0 + \varepsilon \xi)\, do(\xi) \to -u(x_0) \quad (\varepsilon \to 0),
\end{aligned}$$

da u nach Voraussetzung stetig ist.

Wir fassen die Resultate für die Anteile (1), (2), (3) und (4) für $\varepsilon \to 0$ zusammen und erhalten damit wie behauptet die Darstellungsformel

$$-\int_G \phi(x, x_0) \Delta u(x)\, dx + \int_{\partial G} \phi(x, x_0) \frac{\partial u}{\partial \nu}(x) - u(x) \frac{\partial \phi}{\partial \nu}(x, x_0)\, do(x) = u(x_0).$$

für beliebiges $x_0 \in G$. □

Wählen wir die Grundlösung ϕ so, dass $\phi(y, x) = 0$ für $x \in G$ und $y \in \partial G$ ist, so folgt aus der Darstellungsformel

$$u(x) = -\int_G \phi(y, x) \Delta u(y)\, dy - \int_{\partial G} u(y) \frac{\partial \phi}{\partial \nu}(y, x)\, do(y).$$

Damit haben wir aber eine Kandidatin für eine Lösung des Randwertproblems (1.1),

$$-\Delta u = f \quad \text{in } G, \quad u = g \quad \text{auf } \partial G,$$

zu gegebener rechter Seite $f \in C^0(\overline{G})$ und gegebenem Randwert $g \in C^0(\partial G)$, nämlich

$$u(x) = \int_G \phi(y,x) f(y)\, dy - \int_{\partial G} g(y) \frac{\partial \phi}{\partial \nu}(y,x)\, do(y). \tag{1.8}$$

Zwar wird es nicht ganz so einfach sein, denn die Stetigkeit von f reicht nicht aus, aber der Ansatz für eine Lösung ist richtig. Man beachte aber, dass wir zur Herleitung von (1.8) davon ausgegangen sind, dass wir eine Lösung u besitzen. Unser Ziel ist es aber, die Existenz einer Lösung des Randwertproblems (1.1) und vielleicht eine Formel für die Lösung zu finden.

Wir geben Grundlösungen mit den gewünschten Eigenschaften einen eigenen Namen.

Definition 1.11. $\phi_G(y,x)$ ist eine zum Gebiet $G \subset \mathbb{R}^n$ gehörende *Greensche Funktion*, wenn ϕ_G Grundlösung gemäß Definition 1.9 ist und außerdem der Bedingung

$$\phi_G(y,x) = 0 \quad \text{für } y \in \partial G,\ x \in G$$

genügt.

Es gibt viele Beispiele Greenscher Funktionen zu speziellen Gebieten. Im nächsten Paragraphen werden wir die Greensche Funktion der Kugel untersuchen und anwenden.

1.3 Das Poissonintegral

Für geometrisch besonders einfache Gebiete lässt sich eine Greensche Funktion explizit angeben. Dies gilt zum Beispiel für die Greensche Funktion einer Kugel $B_R(0)$ im $\mathbb{R}^n$. Am Ende dieses Paragraphen steht dadurch eine Lösungsformel für das Randwertproblem (1.1) für den Fall $f = 0$.

Satz 1.12. *Eine Greensche Funktion der Kugel $B_R(0) \subset \mathbb{R}^n$ ist im Fall $n \neq 2$ gegeben durch*

$$\phi(y,x) = \frac{1}{(n-2)\omega_n}\left(|y-x|^{2-n} - \left(\frac{R}{|x|}\right)^{n-2} \left| y - \frac{R^2}{|x|^2} x \right|^{2-n} \right) \quad (x \neq 0),$$

$$\phi(y,0) = \frac{1}{(n-2)\omega_n}\left(|y|^{2-n} - R^{2-n}\right).$$

In zwei Raumdimensionen ($n = 2$) ist eine Greensche Funktion für $B_R(0)$ durch

$$\phi(y,x) = -\frac{1}{2\pi}\left(\log|y-x| - \log\left|\frac{|x|}{R}y - \frac{R}{|x|}x\right|\right) \quad (x \neq 0),$$
$$\phi(y,0) = -\frac{1}{2\pi}(\log|y| - \log R)$$

gegeben. In jedem Fall ist $\phi(y,x) = \phi(x,y)$.

Beweis. Wir betrachten nur den Fall $n \neq 2$. Offensichtlich hat ϕ die verlangte Form

$$\phi(y,x) = s_n(x-y) + \varphi(y,x)$$

mit

$$\varphi(y,x) = -\frac{1}{(n-2)\omega_n}\left(\frac{R}{|x|}\right)^{n-2}\left|y - \frac{R^2}{|x|^2}x\right|^{2-n} \quad (x \neq 0),$$
$$\varphi(y,0) = -\frac{1}{(n-2)\omega_n}R^{2-n}.$$

Es ist offensichtlich $\phi(y,x) = 0$ für $|y| = R$ und $|x| < R$, denn (sei $x \neq 0$):

$$\phi(y,x) = 0 \iff |y-x|^2 = \frac{|x|^2}{R^2}\left|y - \frac{R^2}{|x|^2}x\right|^2$$
$$\iff |y|^2 - 2x\cdot y + |x|^2 = \frac{|x|^2}{R^2}\left(|y|^2 - 2\frac{R^2}{|x|^2}y\cdot x + \frac{R^4}{|x|^2}\right).$$

$\varphi(\cdot,x)$ ist für festes $x \in B_R(0)$ aus $C^1(\overline{B_R(0)})$ und in $B_R(0)$ harmonisch, denn für $0 < |x| < R$ und $|y| \leq R$ hat man

$$\left|y - \frac{R^2}{|x|^2}x\right| \geq \frac{R^2}{|x|} - |y| > 0.$$

Der Fall $x = 0$ ist trivial. □

Wir vermuten nun, dass mit dieser Greenschen Funktion für die Kugel durch

$$u(x) = -\int\limits_{\partial B_R(0)} g(y)\frac{\partial\phi}{\partial\nu}(y,x)\,do(y)$$

eine Lösung von $\Delta u = 0$ in $B_R(0)$ mit Randwerten $u = g$ auf $\partial B_R(0)$ gegeben ist. Dazu rechnen wir $\frac{\partial\phi}{\partial\nu(y)}(y,x)$ aus. Für $n \geq 3$ und $y \neq x$ ist:

$$\frac{\partial\phi}{\partial y_j}(y,x) = -\frac{1}{\omega_n}\left(\frac{y_j - x_j}{|y-x|^n} - \left(\frac{R}{|x|}\right)^{n-2}\frac{y_j - \frac{R^2}{|x|^2}x_j}{\left|y - \frac{R^2}{|x|^2}x\right|^n}\right).$$

Für $|y| = R$ folgt für die Ableitung in Richtung der Normalen $\nu = y/R$

$$\begin{aligned}
\frac{\partial\phi}{\partial\nu}(y,x) &= \sum_{j=1}^{n} \nu_j(y)\frac{\partial\phi}{\partial y_j}(y,x) \\
&= -\sum_{j=1}^{n} \frac{y_j}{R}\frac{1}{\omega_n}\left\{\frac{y_j - x_j}{|y-x|^n} - \left(\frac{R}{|x|}\right)^{n-2} \frac{y_j - \frac{R^2}{|x|^2}x_j}{\left|y - \frac{R^2}{|x|^2}x\right|^n}\right\} \\
&= -\frac{1}{R\,\omega_n}\sum_{j=1}^{n}\left\{\frac{y_j^2 - x_j y_j}{|y-x|^n} - \left(\frac{R}{|x|}\right)^{n-2} \frac{y_j^2 - \frac{R^2}{|x|^2}x_j y_j}{\left|y - \frac{R^2}{|x|^2}x\right|^n}\right\} \\
&= -\frac{1}{R\,\omega_n}\left\{\frac{|y|^2 - x\cdot y}{|y-x|^n} - \left(\frac{R}{|x|}\right)^{n-2} \frac{|y|^2 - \frac{R^2}{|x|^2}x\cdot y}{\left|y - \frac{R^2}{|x|^2}x\right|^n}\right\}.
\end{aligned}$$

Nun ist $\phi(y,x) = 0$ für $|x| < R$, $|y| = R$, oder wie oben gezeigt

$$|y - x| = \left(\frac{R}{|x|}\right)^{-1}\left|y - \frac{R^2}{|x|^2}x\right|.$$

Also erhalten wir weiter

$$\begin{aligned}
\frac{\partial\phi}{\partial\nu}(y,x) &= -\frac{1}{R\,\omega_n}\left\{\frac{R^2 - x\cdot y}{|y-x|^n} - \left(\frac{R}{|x|}\right)^{n-2} \frac{R^2 - \frac{R^2}{|x|^2}x\cdot y}{\left(\frac{R}{|x|}\right)^n|y-x|^n}\right\} \\
&= -\frac{1}{R\,\omega_n}\frac{R^2 - x\cdot y - \frac{|x|^2}{R^2}\left(R^2 - \frac{R^2}{|x|^2}x\cdot y\right)}{|y-x|^n} \\
&= -\frac{1}{R\,\omega_n}\frac{R^2 - |x|^2}{|y-x|^n}.
\end{aligned}$$

Wir fassen diese Rechnungen im folgenden Satz zusammen.

Satz 1.13. *Sei $u \in C^0(\overline{B_R(0)}) \cap C^2(B_R(0))$ eine Lösung von*

$$\Delta u = 0 \quad \text{in } B_R(0), \qquad u = g \quad \text{auf } \partial B_R(0).$$

Dann gilt für $x \in B_R(0)$ die Darstellung

$$u(x) = \frac{1}{R\omega_n}\int\limits_{\partial B_R(0)} \frac{R^2 - |x|^2}{|y-x|^n}g(y)\,do(y). \tag{1.9}$$

Beweis. Dies ist eine Konsequenz aus den obigen Rechnungen und Satz 1.10. Nur wurde in Satz 1.10 $u \in C^2(\overline{B_R(0)})$ vorausgesetzt. Nach der jetzigen Voraussetzung ist jedenfalls $u \in C^2(\overline{B_{R-\varepsilon}(0)})$ für jedes kleine positive ε. Also erhalten wir für $x \in B_{R-\varepsilon}(0)$

$$u(x) = \frac{1}{(R-\varepsilon)w_n} \int\limits_{\partial B_{R-\varepsilon}(0)} \frac{(R-\varepsilon)^2 - |x|^2}{|y-x|^n} u(y)\, do(y).$$

Führe dann den Grenzübergang $\varepsilon \to 0$ aus und erhalte die Behauptung des Satzes. □

Eine wesentliche Konsequenz des obigen Satzes ist, dass wir damit gezeigt haben, dass eine in der Kugel harmonische Funktion, die stetig bis zum Rand ist, vollständig durch ihre Randwerte festgelegt ist.

Bisher haben wir bewiesen, dass die Formel (1.9) notwendig für eine Lösung des Randwertproblems $u \in C^0(\overline{B_R(0)}) \cap C^2(B_R(0))$,

$$\Delta u = 0 \quad \text{in } B_R(0), \quad u = g \quad \text{auf } \partial B_R(0)$$

ist. Wir sind aber am umgekehrten Schluss interessiert. Das ist die Aussage des folgenden Satzes.

Satz 1.14 (Poissonintegral). *Sei $x_0 \in \mathbb{R}^n$, $g \in C^0(\partial B_R(x_0))$. Dann ist durch*

$$u(x) = \begin{cases} \frac{1}{R\omega_n} \int_{\partial B_R(x_0)} \frac{R^2 - |x-x_0|^2}{|y-x|^n} g(y) do(y) & (x \in B_R(x_0)) \\ g(x) & (x \in \partial B_R(x_0)) \end{cases}$$

die einzige Lösung $u \in C^0(\overline{B_R(x_0)}) \cap C^2(B_R(x_0))$ des Randwertproblems

$$\Delta u = 0 \quad \textit{in } B_R(x_0), \quad u = g \quad \textit{auf } \partial B_R(x_0)$$

gegeben.

Die Funktion

$$P_R(x,y) = \frac{1}{R\omega_n} \frac{|y|^2 - |x|^2}{|y-x|^n} \quad (x, y \in \mathbb{R}^n,\ x \neq y)$$

heißt Poissonscher Integralkern.

Beweis. Die Eindeutigkeit der Lösung folgt sofort aus der Darstellung.

Ohne Einschränkung der Allgemeinheit dürfen wir in der Behauptung des Satzes $x_0 = 0$ wählen. Nach Definition ist

$$u(x) = \int\limits_{\partial B_R(0)} P_R(x,y)\, g(y)\, do(y) \quad (x \in B_R(0)).$$

Oben haben wir bewiesen, dass mit der Greenschen Funktion ϕ der R-Kugel gilt:

$$P_R(x,y) = -\frac{\partial \phi}{\partial \nu}(y,x) \quad (|x| < R,\ |y| = R).$$

Man beachte, dass hier die Normale bezüglich der y-Variablen gemeint ist. Daraus folgt nun sofort für festes $|y| = R$ bezüglich $|x| < R$ wegen der Symmetrie und der Glattheit von ϕ:

$$\Delta P_R(\cdot, y) = -\Delta \frac{\partial \phi}{\partial \nu}(y,\cdot) = -\frac{\partial}{\partial \nu} \underbrace{\Delta \phi(y,\cdot)}_{=0} = 0.$$

Also ist $u \in C^2(B_R(0))$ und $\Delta u = 0$ dort. Zu zeigen bleibt, dass u bis zum Rand stetig ist, d. h. $u(x) \to g(x_*)$ $(x \to x_*,\ |x| < R,\ |x_*| = R)$. Dazu beobachten wir, dass die Funktion $\tilde{u}(x) = 1$ eine Lösung von $\Delta \tilde{u} = 0$ in $B_R(0)$, $\tilde{u} = 1$ auf ∂B_R ist. Also liefert uns Satz 1.13

$$1 = \int_{\partial B_R(0)} P_R(x,y)\, do(y). \tag{1.10}$$

Wir zeigen nun für festes $|x_*| = R$:

$$\forall \varepsilon > 0\, \exists \delta > 0 \quad \big(|x| < R \wedge |x - x_*| < \delta \Rightarrow |u(x) - g(x_*)| < \varepsilon\big).$$

Sei nun also $|x - x_*| < \delta$, $|x| < R$, $|x_*| = R$. Es ist dann

$$\begin{aligned}
|u(x) - g(x_*)| &= \Big| \int_{\partial B_R(0)} P_R(x,y) g(y)\, do(y) - g(x_*) \Big| \\
&= \Big| \int_{\partial B_R(0)} P_R(x,y)(g(y) - g(x_*))\, do(y) \Big| \\
&\le \int_{\partial B_R(0)} P_R(x,y) |g(y) - g(x_*)|\, do(y),
\end{aligned}$$

denn für diese x, y ist der Poissonsche Integralkern positiv. Wir teilen das Integral auf der rechten Seite geeignet auf. Dann ist

$$\begin{aligned}
|u(x) - g(x_*)| \le & \int_{\partial B_R(0) \cap B_{2\delta_1}(x_*)} P_R(x,y) |g(y) - g(x_*)|\, do(y) \\
& + \int_{\partial B_R(0) \cap \mathbb{R}^n \setminus B_{2\delta_1}(x_*)} P_R(x,y) |g(y) - g(x_*)|\, do(y)
\end{aligned}$$

$$\leq \max_{y\in\partial B_R(0)\cap B_{2\delta_1}(x_*)} |g(y)-g(x_*)| \int\limits_{\partial B_R(0)\cap B_{2\delta_1}(x_*)} P_R(x,y)\,do(y)$$

$$+\,2 \max_{\partial B_R(0)} |g| \int\limits_{\partial B_R(0)\cap \mathbb{R}^n\setminus B_{2\delta_1}(x_*)} P_R(x,y)\,do(y).$$

Im Einzelnen kann man dann so weiter abschätzen:

$$\int\limits_{\partial B_R(0)\cap B_{2\delta_1}(x_*)} P_R(x,y)\,do(y) \leq \int\limits_{\partial B_R(0)} P_R(x,y)\,do(y) = 1,$$

$$\begin{aligned}\int\limits_{\partial B_R(0)\cap \mathbb{R}^n\setminus B_{2\delta_1}(x_*)} P_R(x,y)\,do(y) &\leq \frac{1}{\omega_n R} \int\limits_{\partial B_R(0)\cap \mathbb{R}^n\setminus B_{2\delta_1}(x_*)} \frac{R^2-|x|^2}{|y-x|^n}\,do(y)\\ &\leq \frac{1}{\omega_n R}\,\frac{R^2-|x|^2}{\delta_1^n} \int\limits_{\partial B_R(0)} do(y)\\ &= \frac{R^{n-2}(R^2-|x|^2)}{\delta_1^n},\end{aligned}$$

wobei wir verwendet haben, dass

$$|y-x| \geq |y-x_*| - |x-x_*| \geq 2\delta_1 - \delta \geq \delta_1,$$

falls $\delta \leq \delta_1$ gewählt wird. Damit folgt insgesamt:

$$|u(x)-g(x_*)| \leq \max_{|y|=R,|y-x_*|<2\delta_1} |g(y)-g(x_*)| + 2 \max_{\partial B_R(0)} |g| \frac{R^{n-2}(R^2-|x|^2)}{\delta_1^n}.$$

Dann folgt weiter

$$R^2-|x|^2 = (R-|x|)(R+|x|) = (|x_*|-|x|)(R+|x|) \leq |x_*-x|2R < 2R\delta.$$

Zu $\varepsilon > 0$ wähle $\delta_1 > 0$ so klein, dass

$$\max_{|y|=R,|y-x_*|<2\delta_1} |g(y)-g(x_*)| < \frac{\varepsilon}{2}$$

gilt. g ist gleichmäßig stetig auf $\partial B_R(0)$! Danach wähle $\delta \in (0,\delta_1]$ so klein, dass

$$4 \max_{\partial B_R(0)} |g| \frac{R^{n-1}\delta}{\delta_1^n} < \frac{\varepsilon}{2}.$$

Dann erhält man also $|u(x)-g(x_*)| < \varepsilon$ für $|x-x_*| < \delta$. □

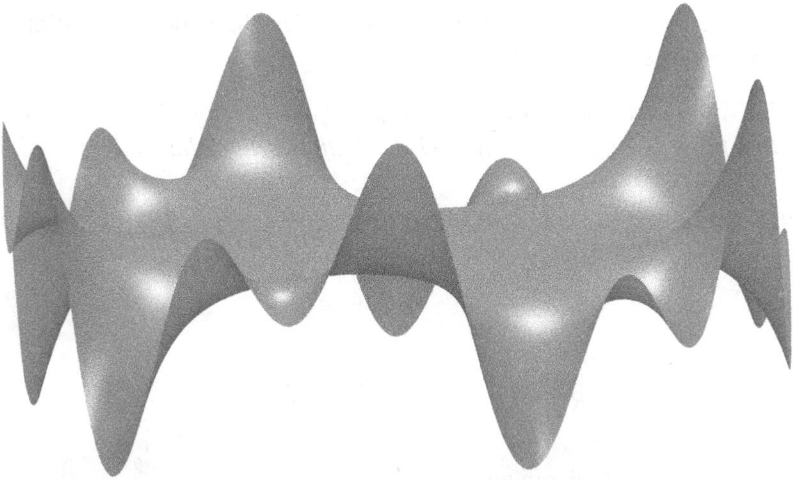

Abbildung 1.1. Harmonische Funktion über $B_1(0) \subset \mathbb{R}^2$ mit den Randwerten $g(\cos\varphi, \sin\varphi) = 0.5\sin(8\varphi + 0.1\cos(\varphi))\sin(3\varphi)$, $\varphi \in [0, 2\pi)$. Maximum und Minimum werden nicht im Inneren angenommen.

Wir haben damit unsere erste partielle Differentialgleichung (durch eine Formel sogar) gelöst. Aber leider haben wir dies nur für das spezielle Gebiet $G = B_R(x_0)$ geschafft. Um das Randwertproblem für die Poissongleichung auf allgemeineren Gebieten zu lösen, bräuchte man jetzt deren Greensche Funktion und etliche Eigenschaften dieser Funktion. Es gibt zu vielen Gebieten explizit bekannte Greensche Funktionen. Aber im Allgemeinen kann man lediglich – unter geeigneten Annahmen – die Existenz einer Greenschen Funktion nachweisen.

Möchte man die Lösungsformel aus Satz 1.14 verwenden um die Werte der Lösung in vorgegebenen Punkten zu berechnen, so ist immer noch ein Kurven- ($n = 2$) oder ein Oberflächenintegral ($n = 3$) zu berechnen.

1.4 Das Maximumprinzip für harmonische Funktionen

Eine fundamentale Eigenschaft harmonischer Funktionen besteht darin, dass Maximum und Minimum auf dem Rand des betrachteten Gebiets angenommen werden. In einer Raumdimension ist eine harmonische Funktion wegen $u'' = 0$ eine lineare Funktion. Sie ist also in jedem Punkt x_0 gleich ihrem Mittelwert:

$$u(x_0) = \frac{1}{2}\left(u(x_0 - R) + u(x_0 + R)\right).$$

In diesem Abschnitt beweisen wir, dass dies auch in höherer Raumdimension richtig ist. Daraus folgern wir das Maximumprinzip. Maximumprinzipien und sogenannte

Vergleichssätze sind ein wichtiges Werkzeug bei der Untersuchung partieller Differentialgleichungen zweiter Ordnung.

Satz 1.15 (Mittelwertgleichung). *Sei u in der offenen Menge $G \subset \mathbb{R}^n$ harmonisch. Dann gelten für jede Kugel $\overline{B_R(x_0)} \subset G$ die Mittelwertgleichungen*

$$u(x_0) = \frac{1}{\omega_n R^{n-1}} \int\limits_{\partial B_R(x_0)} u(y) do(y) = \frac{1}{|\partial B_R(x_0)|} \int\limits_{\partial B_R(x_0)} u(y) do(y)$$

und

$$u(x_0) = \frac{n}{\omega_n R^n} \int\limits_{B_R(x_0)} u(y) dy = \frac{1}{|B_R(x_0)|} \int\limits_{B_R(x_0)} u(y) dy.$$

Beweis. Nach Satz 1.14 wissen wir, dass

$$u(x_0) = \frac{1}{\omega_n R} \int\limits_{\partial B_R(x_0)} \frac{R^2}{|y - x_0|^n} u(y)\, do(y) = \frac{1}{\omega_n R^{n-1}} \int\limits_{\partial B_R(x_0)} u(y)\, do(y)$$

ist. Dies gilt aber nicht nur für dieses R sondern mit demselben Argument für alle Radien $r \in (0, R]$:

$$u(x_0) = \frac{1}{\omega_n r^{n-1}} \int\limits_{\partial B_r(x_0)} u(y)\, do(y) = \frac{1}{\omega_n} \int\limits_{S^{n-1}} u(x_0 + r\xi)\, do(\xi).$$

Multiplizieren wir diese Gleichung mit r^{n-1} und integrieren dann bezüglich r von 0 bis R, so erhalten wir

$$\frac{1}{n} R^n u(x_0) = \int\limits_0^R r^{n-1} u(x_0)\, dr = \frac{1}{\omega_n} \int\limits_0^R \int\limits_{S^{n-1}} u(x_0 + r\xi) r^{n-1} do(\xi)\, dr,$$

und dies war zu beweisen. □

Das sogenannte starke Maximumprinzip sagt aus, dass eine harmonische Funktion nur dann ihr Maximum oder ihr Minimum im Inneren des Gebiets annehmen kann, wenn sie konstant ist.

Satz 1.16 (Starkes Maximumprinzip). *Es sei $G \subset \mathbb{R}^n$ ein Gebiet und es sei u in G harmonisch. Gibt es dann einen Punkt $x_0 \in G$, so dass*

$$u(x_0) = \inf_{x \in G} u(x) \quad \text{oder} \quad u(x_0) = \sup_{x \in G} u(x),$$

so ist u in G konstant.

Beweis. Es sei $x_1 \in G$, $x_1 \neq x_0$ beliebig. Nach Voraussetzung ist G ein Gebiet, also (wegweise) zusammenhängend. Demnach gibt es eine Funktion φ mit den Eigenschaften

$$\varphi : [0,1] \to G, \quad \varphi(0) = x_0,\ \varphi(1) = x_1,\ \varphi \in C^0([0,1]).$$

Wir definieren $M = u(x_0) = \inf_G u$ und setzen

$$I = \{s \in [0,1] \mid u(\varphi(t)) = M\, \forall t \in [0,s]\}.$$

Wir zeigen nun, dass $I = [0,1]$ ist. Daraus folgt dann insbesondere, dass $u(x_1) = u(x_0) = M$ ist, und da $x_1 \in G$ beliebig war, erhalten wir, dass u in G konstant ist.

I ist nicht die leere Menge, denn nach Voraussetzung ist $0 \in I$. I ist abgeschlossen, weil u stetig ist. Also gibt es ein maximales $s_* \in [0,1]$, so dass $I = [0, s_*]$. Wir nehmen an, dass $s_* < 1$ ist und setzen $x_* = \varphi(s_*)$. Da $\varphi(s_*) \in G$ und G offen ist, gibt es ein $R > 0$ mit $\overline{B_R(x_*)} \subset G$. Die Funktion $v(x) = u(x) - M$ ist harmonisch in G und außerdem nicht negativ. Dann folgt aber

$$0 = |B_R(x_*)| v(x_*) = \int\limits_{B_R(x_*)} \underbrace{v(x)}_{\geq 0}\, dx$$

und dies impliziert $v(x) = 0$ für alle $x \in B_R(x_*)$. Das ist aber ein Widerspruch zur Maximalität von s_*. □

Als direkte Folgerung ergibt sich das schwache Maximumprinzip.

Folgerung 1.17 (Schwaches Maximumprinzip). *Sei $G \subset \mathbb{R}^n$ ein beschränktes Gebiet. Ist dann $u \in C^0(\overline{G})$ in G harmonisch, so hat man*

$$\min_{\overline{G}} u = \min_{\partial G} u \quad \textit{und} \quad \max_{\overline{G}} u = \max_{\partial G} u.$$

Diese Aussage ist für unbeschränkte Gebiete im Allgemeinen falsch! Dies sieht man an dem einfachen Beispiel $G = \{x \in \mathbb{R}^2 \mid x_2 < 0\}$ und $u(x) = -x_2$.

Beweis. Für den ersten Fall. Die Menge $\overline{G}$ ist kompakt, also wird ein Minimum von u in $\overline{G}$ angenommen, da $u \in C^0(\overline{G})$. Falls $u(x_0) = \min_{\overline{G}} u$ und $x_0 \in G$ ist, dann ist u nach dem starken Maximumprinzip konstant, also auch $\min_{\overline{G}} u = \min_{\partial G} u$. Liegt x_0 auf dem Rand von G, so ist die Aussage sowieso wahr. □

Aus dem schwachen Maximumprinzip können wir leicht folgern, dass das Randwertproblem für die Poissongleichung höchstens eine Lösung hat. Für den *Beweis* nimmt man an, dass u_1 und u_2 Lösungen von (1.11) sind. Dann ist die Differenz $u = u_1 - u_2$ eine harmonische Funktion auf G, die auf ∂G verschwindet. Folgerung 1.17 liefert dann $u_1 = u_2$ auf $\overline{G}$.

Folgerung 1.18. *Für ein beschränktes Gebiet $G \subset \mathbb{R}^n$ hat das Randwertproblem* (1.1) *für die Poissongleichung,*

$$u \in C^0(\overline{G}) \cap C^2(G), \quad -\Delta u = f \quad \text{in } G, \quad u = g \quad \text{auf } \partial G \tag{1.11}$$

höchstens eine Lösung.

Es gibt beschränkte Gebiete G, für die das Randwertproblem (1.11) für harmonische Funktionen schon für den Fall $f = 0$ zu vorgegebenen Randwerten $g \in C^0(\partial G)$ unlösbar ist. Dies zeigen wir im folgenden Beispiel.

Beispiel 1.19. Wähle für $n \geq 3$ als Gebiet $G = \{x \in \mathbb{R}^n \mid 0 < |x| < R\}$ die punktierte Kugel. Dann ist der Rand von G durch $\partial G = \{x \in \mathbb{R}^n \mid |x| = R\} \cup \{0\}$ gegeben. Geben wir nun die Randwerte

$$g(x) = \begin{cases} 1 & (|x| = R) \\ 0 & (x = 0) \end{cases}$$

vor, dann ist $g \in C^0(\partial G)$, aber das Randwertproblem hat keine Lösung. Dies kann man wie folgt begründen.

Nehmen wir an, dass es eine Lösung von (1.11) zu $f = 0$ und diesen Randwerten gibt, so liefert das schwache Maximumprinzip sofort, dass $0 \leq u(x) \leq 1$ für alle $x \in \overline{G}$ ist. Setze nun zu $\varepsilon > 0$

$$w(x) = u(x) - 1 + \varepsilon(|x|^{2-n} - R^{2-n}).$$

Mit $G_\delta = \{x \in \mathbb{R}^n \mid \delta < |x| < R\}$, $0 < \delta < R$, ist dann $w \in C^0(\overline{G_\delta}) \cap C^2(G_\delta)$ harmonisch in G_δ. Auf $|x| = R$ ist $w(x) = 0$, und auf $|x| = \delta$ haben wir

$$w(x) = u(x) - 1 + \varepsilon(\delta^{2-n} - R^{2-n}) \geq \varepsilon(\delta^{2-n} - R^{2-n}) - 1,$$

und dieser Ausdruck ist größer oder gleich Null, wenn $\delta \leq (\frac{1}{\varepsilon} + R^{2-n})^{\frac{1}{2-n}} = \delta(\varepsilon)$ ist. Offensichtlich ist $\lim_{\varepsilon \to 0} \delta(\varepsilon) = 0$. Für $\delta \leq \delta(\varepsilon)$ hat man demnach $w \geq 0$ auf ∂G_δ. Nach dem Maximumprinzip folgt also $w \geq 0$ auf $\overline{G_\delta}$. Dies bedeutet aber

$$u(x) \geq 1 - \varepsilon(|x|^{2-n} - R^{2-n}), \quad x \in \overline{G_\delta}.$$

Für $\varepsilon \to 0$ erhalten wir demnach $u(x) \geq 1$ für $x \in \overline{G}$. Insgesamt folgt damit, dass $u = 1$ in $\overline{G_\delta}$ ist, und das ist ein Widerspruch dazu, dass $u(0) = 0$ war.

Als Vorbereitung für die Lösung des Randwertproblems (1.1) auf allgemeinen Gebieten studieren wir eine Verallgemeinerung der harmonischen Funktionen. Es geht dabei um Unter- beziehungsweise Oberlösungen der Potentialgleichung.

Definition 1.20. Es sei $G \subset \mathbb{R}^n$ offen. Eine Funktion $u : G \to \mathbb{R}$ heißt *superharmonisch* in G, wenn $u \in C^0(G)$ ist und es zu jedem $x_0 \in G$ einen Radius $R > 0$ gibt, so dass für alle $\rho \in [0, R]$ gilt:

$$u(x_0) \geq \frac{1}{\omega_n \rho^{n-1}} \int\limits_{\partial B_\rho(x_0)} u(x) do(x). \tag{1.12}$$

Ist $-u$ superharmonisch, so heißt u *subharmonisch*. Ist u super- und subharmonisch in G, so sagt man, dass u die *Mittelwerteigenschaft* in G besitzt.

Aus Satz 1.15 können wir direkt entnehmen, dass harmonische Funktionen super- und subharmonisch sind. Der Beweis des Maximumprinzips (Satz 1.16) ergibt mit leichten Änderungen die folgende Verallgemeinerung dieses Prinzips auf sub- beziehungsweise superharmonische Funktionen.

Satz 1.21. *Sei $G \subset \mathbb{R}^n$ ein Gebiet und sei u in G superharmonisch. Gibt es ein $x_0 \in G$, so dass $u(x_0) = \inf_{x \in G} u(x)$ ist, dann ist u in G konstant. Die analoge Aussage gilt für subharmonische Funktionen und $u(x_0) = \sup_{x \in G} u(x)$.*

Aus diesem Satz kann man auch entnehmen, dass für beschränkte Gebiete G und eine auf G superharmonische Funktion $u \in C^0(\overline{G})$ gilt:

$$\min_{\overline{G}} u = \min_{\partial G} u.$$

Subharmonische Funktionen erfüllen dagegen

$$\max_{\overline{G}} u = \max_{\partial G}.$$

Man beachte, dass laut Definition 1.6 eine harmonische Funktion zweimal stetig differenzierbar ist, eine superharmonische (subharmonische) Funktion jedoch laut Definition 1.20 lediglich stetig ist. Um so erstaunlicher ist auf den ersten Blick die Aussage des folgenden Satzes.

Satz 1.22. *Sei $G \subset \mathbb{R}^n$ offen. Dann ist u in G harmonisch genau dann, wenn u in G superharmonisch und subharmonisch ist.*

Beweis. Dass harmonische Funktionen auch subharmonisch und superharmonisch sind, ist nach Satz 1.15 klar. Für den Nachweis der Gegenrichtung sei $x_0 \in G$ und $\overline{B_R(x_0)} \subset G$. Nach Satz 1.14 gibt es dann genau eine auf $B_R(x_0)$ harmonische Funktion $v \in C^0(\overline{B_R(x_0)}) \cap C^2(B_R(x_0))$ mit $v = u$ auf $\partial B_R(x_0)$ (denn u ist nach Voraussetzung stetig). Wenn wir nun nachweisen, dass $v = u$ in $B_R(x_0)$ gilt, dann ist u offensichtlich in $B_R(x_0)$ harmonisch. Nun besitzt v die Mittelwerteigenschaft in $B_R(x_0)$. Und dies gilt auch für die Funktion $w = v - u$. Da $w = 0$ auf $\partial B_R(x_0)$ gilt, folgt, dass w in $\overline{B_R(x_0)}$ verschwindet, also dort $u = v$ ist. □

1.5 Das Perronverfahren

In diesem Paragraphen sei $G \subset \mathbb{R}^n$ immer ein beschränktes Gebiet.

Dieses Verfahren ist zunächst ein theoretisch begründetes Verfahren zum Beweis eines Existenzsatzes für das Randwertproblem (1.1) für die Poissongleichung. Es besitzt aber seine Entsprechung bei der Diskretisierung mit Differenzenverfahren. Wir werden in Abschnitt 3.1.1 auf diese Tatsache zurückkommen.

Eine Vorbereitung für den Existenzbeweis ist die Harnacksche Ungleichung, die wesentlich darauf beruht, dass wir das Randwertproblem für die Poissongleichung auf Kugeln schon gelöst haben.

Hilfssatz 1.23 (Harnacksche Ungleichung). *Ist die Funktion u in $B_R(0)$ harmonisch und ist dort $u \geq 0$, so genügt sie für $|x| < R$ der Ungleichung*

$$\left(1+\frac{|x|}{R}\right)^{1-n}\left(1-\frac{|x|}{R}\right)u(0) \leq u(x) \leq \left(1-\frac{|x|}{R}\right)^{1-n}\left(1+\frac{|x|}{R}\right)u(0). \quad (1.13)$$

Beweis. Wir setzen voraus, dass $u \in C^0(\overline{B_R(0)})$ ist. Im allgemeinen Fall führe den folgenden Beweis zunächst für $0 < R' < R$ und lasse am Ende $R' \to R$ gehen.

Nach Satz 1.15 haben wir die Relationen (siehe auch Satz 1.14 zur Definition des Poissonkerns P_R)

$$u(x) = \int\limits_{\partial B_R(0)} P_R(x, y)u(y)\, do(y), \quad u(0) = \frac{1}{R\omega_n} \int\limits_{\partial B_R(0)} u(y)\, do(y).$$

Es ist also im Wesentlichen der Poissonsche Integralkern für $|y| = R$ und $|x| < R$ geeignet abzuschätzen.

$$P_R(x, y) = \frac{1}{R\omega_n}\frac{R^2-|x|^2}{|y-x|^n} \leq \frac{(R-|x|)(R+|x|)}{R\omega_n(R-|x|)^n} = \frac{1}{R^{n-1}\omega_n}\frac{1+\frac{|x|}{R}}{\left(1-\frac{|x|}{R}\right)^{n-1}}.$$

Da u nach Voraussetzung nicht negativ ist, folgt dann

$$u(x) \leq \frac{1}{R\omega_n} \int\limits_{\partial B_R(0)} u(y)\, do(y)\, \frac{1+\frac{|x|}{R}}{\left(1-\frac{|x|}{R}\right)^{n-1}}.$$

Die Abschätzung nach unten bleibt dem Leser überlassen. □

Eine direkte Folgerung aus der Harnackschen Ungleichung ist der bedeutende Harnacksche Konvergenzsatz, der beim Existenzsatz für das Randwertproblem für die Poissongleichung eine wichtige Rolle spielt. Er ist sehr einfach zu beweisen.

Satz 1.24 (Harnackscher Konvergenzsatz). *Sei $(w_k)_{k\in\mathbb{N}}$ eine Folge von in G harmonischen Funktionen, die punktweise monoton fallend ist,*

$$w_{k-1}(x) \geq w_k(x) \qquad (x \in G,\ k \in \mathbb{N}),$$

und für die in einem Punkt $x_0 \in G$ der Grenzwert

$$\lim_{k\to\infty} w_k(x_0) > -\infty$$

existiert. Dann konvergiert die Funktionenfolge $(w_k)_{k\in\mathbb{N}}$ gleichmäßig auf jeder kompakten Teilmenge $\overline{G'} \subset G$ gegen eine in G' harmonische Funktion.

Beweis. Ohne Einschränkung können wir annehmen, dass $x_0 = 0$ ist. Weiter sei $\overline{B_R(0)} \subset G$. Die Funktion $v(x) = w_k(x) - w_l(x)$, $x \in G$, $l \geq k$, ist nach Voraussetzung in G harmonisch und nicht negativ. Die Harnacksche Ungleichung (1.13) liefert für $|x| \leq R/2$:

$$0 \leq v(x) \leq \left(1 + \frac{|x|}{R}\right)\left(1 - \frac{|x|}{R}\right)^{1-n} v(0) \leq 3 \cdot 2^{n-2} v(0).$$

Das bedeutet aber, dass

$$0 \leq \max_{|x|\leq R/2} |w_k(x) - w_l(x)| \leq 3 \cdot 2^{n-2} |w_k(0) - w_l(0)| \to 0 \quad (k, l \to \infty). \tag{1.14}$$

Sei $w(x)$ der Grenzwert der Cauchyfolge $(w_k(x))_{k\in\mathbb{N}}$. Dann ist die Konvergenz $w = \lim_{k\to\infty} w_k$ wegen (1.14) gleichmäßig auf $\overline{B_{R/2}(0)}$. w ist also stetig auf $\partial B_{R/2}(0)$. Damit folgt aus Satz 1.14 für $|x| < \frac{R}{2}$:

$$\begin{aligned} w(x) = \lim_{k\to\infty} w_k(x) &= \lim_{k\to\infty} \int\limits_{\partial B_{\frac{R}{2}}(0)} P_{\frac{R}{2}}(x, y) w_k(y)\, do(y) \\ &= \int\limits_{\partial B_{\frac{R}{2}}(0)} P_{\frac{R}{2}}(x, y) w(y)\, do(y). \end{aligned}$$

Die Funktion w ist also auf $B_{\frac{R}{2}}(0)$ gleich ihrem Poissonintegral, was bedeutet, dass sie dort harmonisch ist. □

Wir benötigen im Folgenden zwei Bezeichnungen. Zunächst sei für $g \in C^0(\partial G)$

$$\begin{aligned} M(g, G) = \Big\{ v : G \to \mathbb{R} \mid v \text{ superharmonisch},\ &\text{für jeden Punkt } x_* \in \partial G \\ &\text{und jede Folge } (x_k)_{k\in\mathbb{N}} \text{ mit } x_k \in G \text{ und} \\ &\lim_{k\to\infty} x_k = x_* \text{ gilt: } \liminf_{k\to\infty} v(x_k) \geq g(x_*) \Big\}. \end{aligned} \tag{1.15}$$

Ziel ist der Nachweis, dass die Funktion u, die durch

$$u(x) = \inf\{v(x) \mid v \in M(g, G)\} \tag{1.16}$$

definiert ist, eine auf G harmonische Funktion ist und außerdem $\min_{\partial G} g \leq u(x) \leq \max_{\partial G} g$ gilt. Wir stellen dazu zunächst einige Hilfssätze bereit.

Hilfssatz 1.25. *Sei u in G superharmonisch und sei $\liminf_{k\to\infty} u(x_k) \geq 0$ für jede Punktfolge $x_k \in G$ $(k \in \mathbb{N})$ mit $x_k \to \xi \in \partial G$ $(k \to \infty)$. Dann folgt: $u \geq 0$ auf G.*

Beweis. Wir setzen $d = \inf_{x\in G} u(x)$ und zeigen, dass $d \geq 0$ ist. Es gibt eine Folge $(x_k)_{k\in\mathbb{N}}$, $x_k \in G$, so dass $u(x_k) \to d$ für $k \to \infty$. Da G beschränkt ist, ist auch die Folge $(x_k)_{k\in\mathbb{N}}$ beschränkt. Also gibt es nach dem Satz von Bolzano-Weierstraß eine konvergente Teilfolge $(x_{k_j})_{j\in\mathbb{N}}$, $x_{k_j} \to x_0$ $(j \to \infty)$, und $x_0 \in \overline{G}$.

Ist $x_0 \in \partial G$, so folgt nach Voraussetzung, dass $d = \lim_{j\to\infty} u(x_{k_j}) \geq 0$ gilt.

Liegt x_0 in G, so haben wir wegen der Stetigkeit von u in G, dass $d = u(x_0)$ ist. Damit nimmt die superharmonische Funktion ihr Minimum in einem inneren Punkt von G an, ist also nach Satz 1.21 auf G konstant. Damit folgt aber auch, dass $u \geq 0$ in G ist. Man nehme irgendeine Folge, die gegen einen Randpunkt von G konvergiert. Auf dieser Folge ist u konstant gleich $u(x_0)$. □

Hilfssatz 1.26. *Sind die Funktionen $u, v \in C^0(\overline{G})$, und ist v in G harmonisch und u in G superharmonisch mit $u \geq v$ auf ∂G, so ist $u \geq v$ auf $\overline{G}$.*

Beweis. Man wende Hilfssatz 1.25 auf die superharmonische Funktion $w = u - v$ an. □

Wir verwenden nun einen wesentlichen Trick. Wir ersetzen auf ganz in G enthaltenen Kugeln eine gegebene stetige Funktion durch ihre harmonische Fortsetzung. Hier geht ein, dass wir das Randwertproblem für die Poissongleichung auf Kugeln bereits gelöst haben.

Zur Abkürzung setzen wir für $u \in C^0(G)$ und $K = \overline{B_R(x_0)} \subset G$

$$(P_K u)(x) = \begin{cases} u(x) & (x \in G \setminus \mathring{K}) \\ \frac{1}{R\omega_n} \int_{\partial B_R(x_0)} \frac{R^2 - |x-x_0|^2}{|y-x|^n} u(y)\, do(y) & (x \in \mathring{K}). \end{cases} \tag{1.17}$$

Offensichtlich gilt:

$$P_K : C^0(G) \to C^0(G).$$

Der wesentliche Punkt ist, dass P_K die superharmonischen Funktionen in sich abbildet und monoton ist.

Hilfssatz 1.27. *Ist u in G superharmonisch, so ist auch $P_K u$ in G superharmonisch und $P_K u \leq u$ auf G.*

Es ist also insbesondere $P_K(M(g, G)) \subset M(g, G)$.

Beweis. Die Eigenschaft $P_K u \leq u$ ist nur innerhalb K nachzuweisen, denn außerhalb K hat man ja $P_K u = u$ gesetzt. In $\mathring{K}$ ist $P_K u$ harmonisch und u ist dort nach Voraussetzung superharmonisch. Außerdem war $u - P_K u = 0$ auf ∂K. Demnach folgt mit Hilfssatz 1.26, dass $u - P_K u \geq 0$ in K gilt.

Es bleibt noch zu zeigen, dass $P_K u$ in G superharmonisch ist. In Punkten $x_0 \notin \partial K$ ist die Mittelwerteigenschaft trivial. Sei also $x_0 \in \partial K$. Dann hat man

$$P_K u(x_0) = u(x_0) \geq \frac{1}{\rho^{n-1}\omega_n} \int\limits_{\partial B_\rho(x_0)} u(y)\, do(y) \geq \frac{1}{\rho^{n-1}\omega_n} \int\limits_{\partial B_\rho(x_0)} P_K u(y)\, do(y),$$

weil u nach Voraussetzung superharmonisch ist. □

Die Eigenschaft „superharmonisch“ bleibt bei unterer Enveloppenbildung erhalten:

Hilfssatz 1.28. *Sind $u_1, \dots, u_N$ in G superharmonisch, so ist auch*

$$v(x) = \min\{u_1(x), \dots, u_N(x)\} \quad (x \in G)$$

in G superharmonisch.

Beweis. Die Stetigkeit von v auf G ist klar. Für $x_0 \in G$ und $\rho \leq \rho(x_0)$ folgt für geeignetes $k \in \{1, \dots, N\}$, dass

$$\begin{aligned} v(x_0) = u_k(x_0) &\geq \frac{1}{\rho^{n-1}\omega_n} \int\limits_{\partial B_\rho(x_0)} u_k(x)\, do(x) \\ &\geq \frac{1}{\rho^{n-1}\omega_n} \int\limits_{\partial B_\rho(x_0)} \min\{u_1(x), \dots, u_N(x)\}\, do(x) \\ &= \frac{1}{\rho^{n-1}\omega_n} \int\limits_{\partial B_\rho(x_0)} v(x)\, do(x). \end{aligned}$$

Also ist v superharmonisch. □

Der Nachweis des folgenden Hilfssatzes ist dann offensichtlich.

Hilfssatz 1.29. *Sind $v_1, \dots, v_N \in M(g, G)$, so ist auch $v = \min\{v_1, \dots, v_N\} \in M(g, G)$.*

Wir sind nun in der Lage, den Hauptsatz über das Perronverfahren zu beweisen. Das hauptsächliche Werkzeug ist hierbei der Harnacksche Konvergenzsatz.

Satz 1.30. *Die Funktion*

$$u(x) = \inf\{v(x) \mid v \in M(g, G)\} \tag{1.18}$$

ist in G harmonisch und genügt der Abschätzung

$$\min_{\partial G} g \le u(x) \le \max_{\partial G} g \tag{1.19}$$

für $x \in G$.

Beweis. Es sei $(x_i)_{i\in\mathbb{N}}$ eine in G dichte Folge, z. B. eine Abzählung von $G \cap \mathbb{Q}^n$. Setze

$$u(x_i) = \inf_{v\in M(g,G)} v(x_i) \quad (i \in \mathbb{N}).$$

Nach dieser Definition gibt es eine Folge $(v_{ij})_{j\in\mathbb{N}}$ mit $v_{ij} \in M(g,G)$, so dass $v_{ij}(x_i) \to u(x_i)$ für $j \to \infty$. Wir setzen

$$v_m(x) = \min\{v_{ij}(x) \mid i, j = 1, \dots, m\}.$$

Also ist $v_m \le v_{ij}$ für $i, j = 1, \dots, m$ und nach Hilfssatz 1.29 auch $v_m \in M(g,G)$. Außerdem gilt für $m \ge i$:

$$u(x_i) = \inf_{v\in M(g,G)} v(x_i) \le v_m(x_i) \le v_{im}(x_i).$$

Nach Konstruktion war $v_{im}(x_i) \to u(x_i)$ für $m \to \infty$. Das impliziert aber

$$\lim_{m\to\infty} v_m(x_i) = u(x_i),$$

denn $u(x_i) \le v_m(x_i) \le v_{im}(x_i) \to u(x_i)$ für $m \to \infty$.

Es gilt für $x \in G$

$$v_m(x) \ge v_{m+1}(x) \ge \min_{\partial G} g, \tag{1.20}$$

wobei die erste Ungleichung nach Definition von v_m klar ist. Die zweite Ungleichung folgt aus der Tatsache, dass die Funktion $v_{m+1} - \min_{\partial G} g$ in G superharmonisch ist und für jede Punktfolge $\tilde{x}_k \to \xi \in \partial G$ $(k \to \infty)$ gilt:

$$\liminf_{k\to\infty} \left(v_{m+1}(\tilde{x}_k) - \min_{\partial G} g \right) \ge 0.$$

Hilfssatz 1.25 liefert dann die zweite Ungleichung in (1.20).

Wir führen nun den Glättungsprozess durch. Dazu sei $K = \overline{B_R(x_0)} \subset G$ und

$$w_m = P_K v_m.$$

Nach Hilfssatz 1.27 ist w_m in G superharmonisch mit $w_m \le v_m$. Außerhalb K ist $w_m = v_m$, und deshalb haben wir

$$\liminf_{k\to\infty} w_m(\tilde{x}_k) \ge g(x_*)$$

für jede Folge $\tilde{x}_k \to x_* \in \partial G$ $(k \to \infty)$. Bisher haben wir für die Funktionenfolge w_m die folgenden Eigenschaften:

$$w_m \in M(g, G), \quad w_m \le v_m, \quad w_{m+1} \le w_m. \tag{1.21}$$

Die letzte Ungleichung folgt aus der Darstellung von w_m durch das Poissonintegral direkt aus derselben Eigenschaft für v_m in Ungleichung (1.20). Zusätzlich folgern wir aus

$$u(x_i) \le w_m(x_i) \le v_m(x_i) \to u(x_i) \quad (m \to \infty),$$

dass

$$\lim_{m\to\infty} w_m(x_i) = u(x_i) \ge \min_{\partial G} g > -\infty. \tag{1.22}$$

Damit dürfen wir den Harnackschen Konvergenzsatz Satz 1.24 auf die Folge $(w_m)_{m\in\mathbb{N}}$ im Gebiet $B_R(x_0)$ anwenden. Die Funktionen w_m sind harmonisch in $B_R(x_0)$, punktweise monoton fallend (siehe (1.20)), und der Grenzwert (1.22) existiert für $x_i \in B_R(x_0)$ für festes i. Der Harnacksche Konvergenzsatz liefert nun die Konvergenz der Folge $(w_m)_{m\in\mathbb{N}}$ gegen eine auf $B_R(x_0)$ harmonische Funktion w, wobei die Konvergenz gleichmäßig auf $K' = \overline{B_{R'}(x_0)}$ für $R' < R$ ist.

Bisher haben wir gezeigt, dass mit der in $B_R(x_0)$ harmonischen Funktion w, $u(x_i) = w(x_i)$ für die $i \in \mathbb{N}$, für die $x_i \in \mathring{K}$ ist. Es bleibt zu zeigen, dass $u = w$ auf $\mathring{K}$ ist. Sei dazu $x_* \in \mathring{K}$ beliebig. Führe dann die bisherige Argumentation statt mit der Folge $x_1, x_2, \ldots$ mit der Folge $x_*, x_1, x_2, \ldots$ durch und erhalte eine (andere) harmonische Funktion $\tilde{w}$ mit $u = \tilde{w}$ auf $\{x_*, x_i \mid i \in \mathbb{N}, x_i \in \mathring{K}\}$. Wegen der Stetigkeit von $\tilde{w}$ und w folgt dann sofort, dass $\tilde{w} = w$ auf $\mathring{K}$ ist. Damit folgt dann auch $w(x_*) = \tilde{w}(x_*) = u(x_*)$. Der Punkt $x_* \in \mathring{K}$ war beliebig. Daraus folgt, dass $w = u$ auf $\mathring{K}$ ist.

Also ist die durch (1.18) definierte Funktion u in $\mathring{K}$ harmonisch, und da K beliebig war, folgt die erste Behauptung des Satzes. Die Abschätzung (1.19) folgt so: Klar ist $u \ge \min_{\partial G} g$. Andererseits ist die konstante Funktion $\max_{\partial G} g \in M(g, G)$. Also hat man auch $u \le \max_{\partial G} g$.

Damit ist der Hauptsatz dieses Abschnitts bewiesen. □

Wir fassen die bisherigen Resultate zusammen. Für beschränkte Gebiete G und stetige Randwerte g haben wir (durchaus konstruktiv) nachgewiesen, dass es eine Funktion u auf G gibt, die die Bedingungen

$$u \in C^2(G), \quad \Delta u = 0, \quad \min_{\partial G} g \le u \le \max_{\partial G} g \quad \text{auf } G$$

erfüllt. Man fragt sich natürlich sofort, warum man beim Beweis nicht gleich $u \in C^0(\overline{G})$ und $u = g$ auf ∂G verlangt beziehungsweise bewiesen hat. Ohne weitere

Einschränkung an die Güte des Randes von G lässt sich dies nicht erreichen. Es gibt nämlich, wie das Beispiel 1.19 gezeigt hat, Gebiete G und stetige Randwerte g, für die das Randwertproblem (1.1) nicht lösbar ist. Die Randwerte g werden von u nur dann in einem Randpunkt stetig angenommen, wenn dieser Randpunkt ein sogenannter regulärer Randpunkt ist. Dies studieren wir im Folgenden kurz.

Definition 1.31. Ein Randpunkt $x_0 \in \partial G$ heißt *regulär*, wenn es eine in G superharmonische Funktion $\varphi(y, x_0)$, $(y \in G)$ gibt, so dass

$$\lim_{y \to x_0} \varphi(y, x_0) = 0 \quad \text{und} \quad \inf_{y \in G \setminus \overline{B_\varepsilon(x_0)}} \varphi(y, x_0) > 0 \tag{1.23}$$

für jedes $\varepsilon > 0$ ist. Eine solche Funktion nennt man auch *Schrankenfunktion* zum Randpunkt x_0.

Diese Definition wurde derart formuliert, dass das Dirichletsche Randwertproblem für harmonische Funktionen (d. h. (1.1) für $f = 0$) genau dann lösen lässt, wenn jeder Randpunkt regulär ist. Dies besagt der folgende Satz.

Satz 1.32. *Das Dirichletproblem*

$$u \in C^0(\overline{G}) \cap C^2(G), \quad \Delta u = 0 \quad \text{in } G, \quad u = g \quad \text{auf } \partial G \tag{1.24}$$

ist für jedes vorgegebene $g \in C^0(\partial G)$ lösbar genau dann, wenn jeder Randpunkt von G regulär ist.

Beweis. Sei das Problem (1.24) für jedes $g \in C^0(\partial G)$ lösbar, und sei $x_0 \in \partial G$ ein beliebiger Randpunkt. Wähle speziell $g(x) = |x - x_0|$. Bezeichne u die zugehörige Lösung. Dann ist $\varphi(y, x_0) = u(y)$ eine Schrankenfunktion zu x_0, denn u ist superharmonisch in G und $u > 0$ auf $\partial G \setminus \{x_0\}$. Wäre $u(x_*) = 0$ für ein $x_* \in G$, so folgte mit dem Maximumprinzip, dass u auf $\overline{G}$ konstant wäre. Dies ist ein Widerspruch dazu, dass u auf dem Rand nicht konstant ist.

Für die Gegenrichtung des Beweises seien alle Randpunkte von G regulär. Dann ist nachzuweisen, dass für jeden Randpunkt $x_0 \in \partial G$ gilt: $\lim_{x \to x_0, x \in G} u(x) = g(x_0)$. Sei $\psi(y) = \varphi(y, x_0)$ eine zu x_0 gehörende Schrankenfunktion. Setze

$$\eta(\varepsilon) = \inf_{y \in G \setminus \overline{B_{\delta(\varepsilon)}(x_0)}} \psi(y) > 0,$$

wobei $\delta(\varepsilon)$ so sei, dass

$$\forall \varepsilon > 0 \, \exists \delta(\varepsilon) > 0 \, \forall y \in \partial G : |y - x_0| \le \delta(\varepsilon) \implies |g(y) - g(x_0)| \le \varepsilon.$$

Dies geht wegen der gleichmäßigen Stetigkeit von g auf der kompakten Menge ∂G. Setze nun $M = \max_{\partial G} g$, $m = \min_{\partial G} g$ und

$$u^{\pm}(y) = g(x_0) \pm \varepsilon \pm \frac{\psi(y)}{\eta(\varepsilon)}(M - m) \quad (y \in G).$$

Die Funktion u^+ ist superharmonisch, und die Funktion u^- ist subharmonisch auf G. Wir verwenden die Lösung u aus dem Perronverfahren in Satz 1.30. Es ist also

$$u \in C^2(G), \quad \Delta u = 0 \quad \text{in } G, \quad m \le u \le M \quad \text{in } G.$$

Wir werden gleich zeigen, dass

$$u^-(y) \le u(y) \le u^+(y), \quad (y \in G). \tag{1.25}$$

Wenn dies bewiesen ist, dann folgt also

$$-\varepsilon - \frac{\psi(y)}{\eta(\varepsilon)}(M-m) \le u(y) - g(x_0) \le \varepsilon + \frac{\psi(y)}{\eta(\varepsilon)}(M-m)$$

und demnach auch

$$|u(y) - g(x_0)| \le \varepsilon + \frac{\psi(y)}{\eta(\varepsilon)}(M-m).$$

Sei $M \neq m$. Zu vorgegebenem $\varepsilon > 0$ wählen wir $\tilde{\delta}(\varepsilon) > 0$ so klein, dass $\psi(y) \le \frac{\varepsilon\eta(\varepsilon)}{M-m}$ für $|y - x_0| \le \tilde{\delta}(\varepsilon)$ gilt. Dann folgt

$$|u(y) - g(x_0)| \le 2\varepsilon,$$

und das ergibt die Behauptung des Satzes.

Wir beweisen die Ungleichungen (1.25) mit Hilfe von Hilfssatz 1.25. Dabei beschränken wir uns auf die Abschätzung $u \le u^+$. Die Funktion u^+ ist superharmonisch auf G. Wenn wir noch zeigen, dass für $y_* \in \partial G$ und $y_k \in G$, $y_k \to y_*$ $(k \to \infty)$ gilt

$$\liminf_{k\to\infty}(u^+(y_k) - g(y_*)) \ge 0, \tag{1.26}$$

dann ist $u^+ \in M(g, G)$ und demnach

$$u(y) = \inf_{v \in M(g,G)} v(y) \le u^+(y), \quad (y \in G)$$

wie behauptet. Zum Nachweis von (1.26) betrachte die Fälle $|y_* - x_0| \le \delta(\varepsilon)$ und $|y_* - x_0| > \delta(\varepsilon)$. Im ersten Fall ist

$$\begin{aligned} u^+(y_k) - g(y_*) &= g(x_0) - g(y_*) + \varepsilon + \frac{\psi(y_k)}{\eta(\varepsilon)}(M-m) \\ &\ge -|g(x_0) - g(y_*)| + \varepsilon \ge 0. \end{aligned}$$

Im zweiten Fall erhalten wir wegen $|y_* - x_0| > \delta(\varepsilon)$, dass $|y_k - x_0| > \delta(\varepsilon)$ für $k \geq k_0$ und demnach

$$\begin{aligned} u^+(y_k) - g(y_*) &= \frac{M-m}{\eta(\varepsilon)} \psi(y_k) + \varepsilon + g(x_0) - g(y_*) \\ &\geq \frac{M-m}{\eta(\varepsilon)} \inf_{G \setminus \overline{B_{\delta(\varepsilon)}(x_0)}} \psi + \varepsilon + g(x_0) - g(y_*) \\ &= M - m + \varepsilon + g(x_0) - g(y_*) \geq \varepsilon. \end{aligned}$$

Insgesamt besteht also (1.26), und damit ist der Satz bewiesen. □

Wie zu erwarten ist, lässt sich die Bedingung aus Definition 1.31 an einen Randpunkt x_0 lokalisieren:

Lemma 1.33. *Ein Randpunkt $x_0 \in \partial G$ ist regulär genau dann, wenn es ein $R > 0$ und eine in $D = G \cap B_R(x_0)$ superharmonische Funktion ψ gibt mit*

$$\lim_{y \to x_0} \psi(y) = 0 \quad \textit{und} \quad \inf_{y \in D, |y - x_0| > \varepsilon} \psi(y) > 0 \tag{1.27}$$

für jedes $\varepsilon \in (0, R)$.

Beweis. Ist x_0 ein regulärer Randpunkt gemäß Definition 1.31, so folgt die Bedingung (1.27) für $\psi(y) = \varphi(y, x_0)$.

Ist die Bedingung (1.27) erfüllt, so setzen wir $\sigma(\varepsilon) = \inf_{y \in D \setminus \overline{B_\varepsilon(x_0)}} \psi(y)$, es ist $\sigma(\varepsilon) > 0$ nach Voraussetzung, und damit

$$\varphi(y, x_0) = \begin{cases} \min\left\{1, \frac{2\psi(y)}{\sigma(\frac{R}{2})}\right\} & (y \in D) \\ 1 & (y \in G \setminus D) \end{cases}.$$

Dann ist $\varphi(\cdot, x_0)$ superharmonisch in G. Dies ist sowohl in $G \setminus \overline{D}$ als auch in D klar. Es ist zusätzlich $\varphi(y, x_0) = 1$ für $y \in G$ aus einer Umgebung von ∂D, denn für $\frac{R}{2} \leq |y - x_0| \leq R$ haben wir die Ungleichung

$$\psi(y) \geq \inf_{\frac{R}{2} \leq |y - x_0| \leq R} \psi(y) \geq \sigma\left(\frac{R}{2}\right).$$

Der restliche Beweis ist offensichtlich. □

Wir geben zwei einfach zu überprüfende Bedingungen für die Regularität von Randpunkten des Gebiets G an: die Kugelbedingung und die Kegelbedingung. Dabei ist die Kegelbedingung die weniger starke Bedingung.

Satz 1.34. *Gibt es zu* $x_0 \in \partial G$ *eine Kugel* $K = B_R(a)$ *mit der Eigenschaft, dass* $\overline{G} \cap \overline{K} = \{x_0\}$, *so ist* x_0 *regulärer Randpunkt.*

Ein Randpunkt $x_0 \in \partial G$ *ist regulär, wenn es einen Kegel* $K = \{x_0 + r\xi \,|\, 0 < r < R, \xi \cdot \xi_0 > \cos\delta_0, \xi \in S^{n-1}\}$ *mit* $R > 0$ *und* $\xi_0 \in S^{n-1}$, $\delta_0 > 0$ *gibt, so dass* $\overline{G} \cap \overline{K} = \{x_0\}$ *ist.*

Beweis. Wir behandeln nur die Kugelbedingung für $n \geq 3$. Die Kegelbedingung ist dann eine einfache Übungsaufgabe. Setze

$$\psi(y) = R^{2-n} - |y - a|^{2-n}.$$

ψ ist in G harmonisch, also auch superharmonisch, denn $a \notin \overline{G}$. Außerdem ist $\psi > 0$ in G und $\lim_{y \to x_0} \psi(y) = \psi(x_0) = 0$. □

Man beachte aber, dass die Bedingungen aus Satz 1.34 hinreichend, jedoch nicht notwendig sind. In unserem Beispiel 1.19 ist keine der Bedingungen erfüllt.

Zum Abschluss dieses Paragraphen formulieren wir noch den Existenzsatz für das Randwertproblem für harmonische Funktionen. Er folgt aus Satz 1.32 und dem Maximumprinzip in Folgerung 1.17. Wir erinnern uns daran, dass in diesem Paragraphen das Gebiet stets als beschränkt vorausgesetzt war.

Satz 1.35. *Es sei* $G \subset \mathbb{R}^n$ *ein beschränktes Gebiet, das nur reguläre Randpunkte besitzt, und sei* $g \in C^0(\partial G)$. *Dann gibt es genau eine Lösung* $u \in C^0(\overline{G}) \cap C^2(G)$ *des Randwertproblems*

$$\Delta u = 0 \quad \textit{in}\, G, \quad u = g \quad \textit{auf}\, \partial G.$$

1.6 Das Newtonpotential

In diesem Paragraphen sei $G \subset \mathbb{R}^n$ ein beschränktes Gebiet.

Bisher haben wir das Randwertproblem für die homogene Differentialgleichung $\Delta u = 0$ in G gelöst. Wir wollen nun versuchen, das Randwertproblem für die inhomogene Differentialgleichung,

$$-\Delta u = f \quad \text{in}\, G, \quad u = g \quad \text{auf}\, \partial G,$$

zu gegebenem $g \in C^0(\partial G)$ zu lösen. Für welche rechten Seiten f ist dieses Problem lösbar?

Unsere Ideen beruhten auf der Darstellungsformel

$$u(x) = \int_{\partial G} \phi(y,x)\frac{\partial u}{\partial \nu}(y) - u(y)\frac{\partial \phi}{\partial \nu}(y,x)\, do(y) - \int_G \phi(y,x)\Delta u(y)\, dy.$$

Dabei war ϕ eine beliebige Grundlösung von $\Delta u = 0$. Ist ϕ eine Greensche Funktion und u eine genügend glatte Lösung von (1.1), so folgt

$$u(x) = -\int\limits_{\partial G} g(y)\frac{\partial \phi}{\partial \nu}(y,x)\,do(y) + \int\limits_{G} \phi(y,x) f(y)\,dy.$$

Wir könnten nun das Volumenintegral auf der rechten Seite dieser Gleichung studieren. Wir gehen aber etwas anders vor, indem wir zunächst nur die Singularitätenfunktion im Volumenintegral untersuchen.

Definition 1.36 (Newtonpotential). Es sei f auf $G \subset \mathbb{R}^n$ Riemann-integrierbar. Dann heißt

$$w(x) = \begin{cases} -\frac{1}{2\pi}\int_G \log|x-y| f(y)dy & (n=2) \\ \frac{1}{\omega_n(n-2)}\int_G |x-y|^{2-n} f(y)dy & (n \neq 2) \end{cases}, \quad x \in G \tag{1.28}$$

Newtonpotential von f.

Wir vermuten, dass unter geeigneten Voraussetzungen $-\Delta w = f$ in G gilt.

Satz 1.37. *Ist $f \in C^0(G)$ und $\sup_G |f| < \infty$, so ist das Newtonpotential $w \in C^1(\overline{G})$ und*

$$\frac{\partial w}{\partial x_i}(x) = -\frac{1}{\omega_n}\int\limits_G \frac{x_i - y_i}{|x-y|^n} f(y)\,dy \quad (x \in G) \quad (i = 1, \ldots, n). \tag{1.29}$$

Beweis. Das Integral (1.28) existiert als uneigentliches Riemann-Integral. Mit $d(G) = \sup_{x_1,x_2 \in G} |x_1 - x_2|$ bezeichnen wir den Durchmesser von G. Dann kann man für $n \geq 3$ und $x \in G$ wie folgt abschätzen:

$$\begin{aligned} |w(x)| &\leq \frac{1}{(n-2)\omega_n}\sup_G |f| \int\limits_G |y-x|^{2-n}dy \\ &\leq \frac{1}{(n-2)\omega_n}\sup_G |f| \int\limits_{B_{d(G)}(x)} |y-x|^{2-n}dy \\ &= \frac{1}{(n-2)\omega_n}\sup_G |f| \int\limits_0^{d(G)}\int\limits_{S^{n-1}} r^{2-n}\,do(\xi)r^{n-1}\,dr \\ &= \frac{d(G)^2}{2(n-2)}\sup_G |f|. \end{aligned}$$

Auf die gleiche Weise zeigt man, dass das Integral in (1.29) existiert:

$$\left|\frac{\partial w}{\partial x_i}(x)\right| \leq \frac{1}{\omega_n} \sup_G |f| \int\limits_{B_{d(G)}(x)} |y-x|^{1-n}\, dy \leq d(G) \sup_G |f|.$$

Wir müssen jedoch zeigen, dass w stetig partiell differenzierbar ist, und dass die Ableitung durch (1.29) gegeben ist. Das Vorgehen ist nun ähnlich wie im Beweis der Darstellungsformel in Satz 1.10. Dazu sei $\eta \in C^1(\mathbb{R})$ eine geeignete Abschneidefunktion mit den Eigenschaften $0 \leq \eta \leq 1$, $|\eta'| \leq 2$, $\eta(s) = 0$ für $|s| \leq 1$ und $\eta(s) = 1$ für $|s| \geq 2$. Wir setzen dann $\eta_\varepsilon(s) = \eta(s/\varepsilon)$. Damit definieren wir die geglättete Version des Newtonpotentials

$$w_\varepsilon(x) = \frac{1}{(n-2)\omega_n} \int\limits_G |y-x|^{2-n} \eta_\varepsilon(|x-y|) f(y)\, dy.$$

Nun ist klar, dass $w_\varepsilon \in C^1(\overline{G})$ ist und

$$\begin{aligned}
\frac{\partial w_\varepsilon}{\partial x_i}(x) &= -\frac{1}{\omega_n} \int\limits_G \frac{x_i - y_i}{|x-y|^n} \eta_\varepsilon(|x-y|) f(y)\, dy \\
&\quad + \frac{1}{(n-2)\omega_n} \int\limits_G \frac{x_i - y_i}{|x-y|^{n-1}} \eta'_\varepsilon(|x-y|) f(y)\, dy \\
&= -\frac{1}{\omega_n} \int\limits_G \frac{x_i - y_i}{|x-y|^n} f(y)\, dy - I_1(\varepsilon) + I_2(\varepsilon),
\end{aligned}$$

mit den Abkürzungen

$$\begin{aligned}
I_1(\varepsilon) &= \frac{1}{\omega_n} \int\limits_G \frac{x_i - y_i}{|x-y|^n} \left(\eta_\varepsilon(|x-y|) - 1\right) f(y)\, dy, \\
I_2(\varepsilon) &= \frac{1}{(n-2)\omega_n} \int\limits_G \frac{x_i - y_i}{|x-y|^{n-1}} \eta'_\varepsilon(|x-y|) f(y)\, dy.
\end{aligned}$$

Wir weisen nun nach, dass $\lim_{\varepsilon\to 0} I_1(\varepsilon) = \lim_{\varepsilon\to 0} I_2(\varepsilon) = 0$ ist. Für I_1 erhalten wir

$$\begin{aligned}
|I_1(\varepsilon)| &\leq \frac{1}{\omega_n} \sup_G |f| \Bigg\{ \int\limits_{G\cap B_\varepsilon(x)} |x-y|^{1-n}\, dy + 2 \int\limits_{G\cap B_{2\varepsilon}(x)\setminus\overline{B_\varepsilon(x)}} |x-y|^{1-n} \Bigg\} \\
&\leq \frac{1}{\omega_n} \sup_G |f| \Bigg\{ \int\limits_{B_\varepsilon(x)} |x-y|^{1-n}\, dy + 2 \int\limits_{B_{2\varepsilon}(x)\setminus\overline{B_\varepsilon(x)}} |x-y|^{1-n}\, dy \Bigg\} \\
&\leq 3\varepsilon \sup_G |f| \to 0 \quad (\varepsilon \to 0),
\end{aligned}$$

wobei wir verwendet haben, dass für $\varepsilon \leq |x-y| \leq 2\varepsilon$ gilt: $|\eta_\varepsilon(|x-y|)-1| \leq 2$. Auf analoge Weise zeigt man, dass

$$|I_2(\varepsilon)| \leq \frac{2}{\varepsilon(n-2)\omega_n} \sup_G |f| \int_{B_{2\varepsilon}(x)\setminus\overline{B_\varepsilon(x)}} |x-y|^{2-n}\, dy$$
$$\leq \frac{3}{(n-2)} \varepsilon \sup_G |f| \to 0 \quad (\varepsilon \to 0).$$

Damit haben wir bewiesen, dass

$$\sup_{x\in G} \left| \frac{\partial w_\varepsilon}{\partial x_i}(x) + \frac{1}{\omega_n} \int_G \frac{x_i - y_i}{|x-y|^n} f(y)\, dy \right| \leq c\varepsilon$$

ist, wobei c eine von ε unabhängige Konstante ist. □

Leider ist unter den Voraussetzungen des vorigen Satzes w nicht in $C^2(G)$. Dazu müssen wir mehr an f voraussetzen. Die Funktion f muss nicht nur stetig, sondern hölderstetig sein. Die Hölderstetigkeit ist eine Eigenschaft, die zwischen der Stetigkeit und der Differenzierbarkeit einer Funktion angesiedelt ist.

Definition 1.38 (Hölderstetigkeit). Sei $M \subset \mathbb{R}^n$. Dann heißt u in M *hölderstetig mit* Hölderexponent $\alpha \in (0,1]$, wenn

$$\forall K \subset M, K \text{ kompakt}, \exists c \quad \forall x_1, x_2 \in K : |u(x_1) - u(x_2)| \leq c|x_1 - x_2|^\alpha.$$

Im Fall $\alpha = 1$ spricht man auch von *Lipschitzstetigkeit*. Die Menge der in M hölderstetigen Funktionen bezeichnen wir mit

$$C^{0,\alpha}(M) = \{v : M \to \mathbb{R} \mid v \text{ ist in } M \text{ hölderstetig mit Exponent } \alpha\}.$$

Als Bezeichnung vermerken wir

$$|u|_{C^{0,\alpha}(K)} = \sup_{x_1,x_2\in K, x_1\neq x_2} \frac{|u(x_1)-u(x_2)|}{|x_1 - x_2|}.$$

Beispiel 1.39. Die Funktion $v(x) = |x|^\alpha (x \in \mathbb{R}^n)$ liegt in $C^{0,\alpha'}(\mathbb{R}^n)$ für alle $\alpha' \in (0,\alpha]$.

Aufgabe 1.40. Untersuchen Sie, ob die Funktion $f(x) = x \sin\frac{1}{x}$, $f(0) = 0$ hölderstetig auf $M = (0,1)$ oder hölderstetig auf $M = [0,1]$ ist.

Nun sind wir in der Lage, die zweiten Ableitungen des Newtonpotentials zu berechnen.

Satz 1.41. *Für offenes $G \subset \mathbb{R}^n$ sei $f \in C^{0,\alpha}(G)$ und außerdem $\sup_G |f| < \infty$. Dann ist $w \in C^2(G)$, und die zweiten partiellen Ableitungen von w sind hölderstetig mit Exponent α in G und sind gegeben durch*

$$w_{x_i x_j}(x) = -\frac{1}{\omega_n} \int\limits_{G_0} \left(\delta_{ij} - n \frac{x_i - y_i}{|x-y|} \frac{x_j - y_j}{|x-y|} \right) \frac{f(y) - f(x)}{|y-x|^n} \, dy$$
$$+ \frac{1}{\omega_n} \int\limits_{\partial G_0} \frac{x_i - y_i}{|x-y|^n} \nu_j(y) \, do(y) \, f(x) \quad (x \in G) \tag{1.30}$$

$(i, j = 1, \ldots, n)$ für jedes Normalgebiet $G_0 \supset G$. Hierbei setzen wir $f(y) = 0$ für $y \in G_0 \setminus G$.

Beweis. Die Beweistechnik ist dieselbe wie im Beweis des vorherigen Satzes. Mit den dortigen Bezeichnungen definieren wir für festes $i \in \{1, \ldots, n\}$ eine Glättung v_ε der ersten Ableitung des Newtonpotentials gemäß der Formel (1.29) durch

$$v_\varepsilon(x) = -\frac{1}{\omega_n} \int\limits_{G_0} \frac{x_i - y_i}{|x-y|} \eta_\varepsilon(|x-y|) f(y) \, dy \quad (x \in \overline{G})$$

und beachten, dass nun $v_\varepsilon \in C^1(\overline{G})$ ist, und

$$\begin{aligned}
\frac{\partial v_\varepsilon}{\partial x_j}(x) &= -\frac{1}{\omega_n} \int\limits_{G_0} \frac{\partial}{\partial x_j} \left(\frac{x_i - y_i}{|x-y|^n} \eta_\varepsilon(|x-y|) \right) f(y) \, dy \\
&= \frac{1}{\omega_n} \int\limits_{G_0} \frac{\partial}{\partial y_j} \left(\frac{x_i - y_i}{|x-y|^n} \eta_\varepsilon(|x-y|) \right) f(y) \, dy \\
&= \frac{1}{\omega_n} \int\limits_{G_0} \frac{\partial}{\partial y_j} \left(\frac{x_i - y_i}{|x-y|^n} \eta_\varepsilon(|x-y|) \right) (f(y) - f(x)) \, dy \\
&\quad + \frac{1}{\omega_n} \int\limits_{G_0} \frac{\partial}{\partial y_j} \left(\frac{x_i - y_i}{|x-y|^n} \eta_\varepsilon(|x-y|) \right) dy \; f(x) \\
&= \frac{1}{\omega_n} I_1(\varepsilon) + \frac{1}{\omega_n} I_2(\varepsilon) \, f(x).
\end{aligned}$$

Wählen wir $\varepsilon > 0$ so klein, dass $|x - y| \geq 2\varepsilon$ für $x \in G$ und $y \in \partial G_0$ ist, so erhalten wir mit dem Gaußschen Integralsatz

$$I_2(\varepsilon) = \int\limits_{\partial G_0} \frac{x_i - y_i}{|x-y|^n} \eta_\varepsilon(|x-y|) \nu_j(y) \, do(y) = \int\limits_{\partial G_0} \frac{x_i - y_i}{|x-y|^n} \nu_j(y) \, do(y).$$

Das Integral

$$I_{10} = -\int\limits_{G_0} \left(\delta_{ij} - n\frac{x_i - y_i}{|x-y|}\frac{x_j - y_j}{|x-y|}\right)\frac{1}{|x-y|^n}\,(f(y) - f(x))\,dy$$

existiert, denn für $\delta > 0$ ist der Integrand auf der Menge $G_0 \setminus \overline{B_\delta(x)}$ beschränkt, und das Integral über die Menge $G_0 \cap B_\delta(x)$ schätzen wir so ab:

$$\begin{aligned}
&\left|\int\limits_{G_0\cap B_\delta(x)} \left(\delta_{ij} - n\frac{x_i - y_i}{|x-y|}\frac{x_j - y_j}{|x-y|}\right)\frac{1}{|x-y|^n}\,(f(y) - f(x))\,dy\right| \\
&\qquad \le c(n) \int\limits_{G_0\cap B_\delta(x)} |x-y|^{-n}|f(x) - f(y)|\,dy \\
&\qquad \le c(n) \sup_{y\in B_\delta(x)} \frac{|f(x)-f(y)|}{|x-y|^\alpha} \int\limits_{B_\delta(x)} |x-y|^{\alpha-n}\,dy \\
&\qquad = \frac{c(n)\omega_n}{\alpha}\delta^\alpha \sup_{y\in B_\delta(x)} \frac{|f(x)-f(y)|}{|x-y|^\alpha}.
\end{aligned}$$

Damit ist die Behauptung $\lim_{\varepsilon\to 0} I_1(\varepsilon) = I_{10}$ sinnvoll. An dieser Stelle sieht man, warum die Voraussetzung der Hölderstetigkeit von f wesentlich ist.

Es ist nun

$$\begin{aligned}
&|I_1(\varepsilon) - I_{10}| \\
&= \left|\int\limits_{B_{2\varepsilon}(x)} \frac{\partial}{\partial y_j}\left(\frac{x_i - y_i}{|x-y|^n}\,(\eta_\varepsilon(|x-y|) - 1)\right)(f(y) - f(x))\,dy\right| \\
&\le \sup_{y\in B_{2\varepsilon}(x)} \frac{|f(x)-f(y)|}{|x-y|^\alpha} \int\limits_{B_{2\varepsilon}(x)} \left|\frac{\partial}{\partial y_j}\left(\frac{x_i - y_i}{|x-y|^n}\,(\eta_\varepsilon(|x-y|) - 1)\right)\right| |x-y|^\alpha\,dy.
\end{aligned}$$

Man rechnet leicht nach, dass

$$\left|\frac{\partial}{\partial y_j}\left(\frac{x_i - y_i}{|x-y|^n}\,(\eta_\varepsilon(|x-y|) - 1)\right)\right| \le (n+1)|x-y|^{-n} + \frac{2}{\varepsilon}|x-y|^{1-n}$$

ist, und damit erhalten wir schließlich für $\varepsilon \le \varepsilon_0$:

$$\begin{aligned}
&|I_1(\varepsilon) - I_{10}| \\
&\le \sup_{y\in B_{2\varepsilon}(x)} \frac{|f(x)-f(y)|}{|x-y|^\alpha} \int\limits_{B_{2\varepsilon}(x)} (n+1)|x-y|^{\alpha-n} + 2\varepsilon^{-1}|x-y|^{\alpha+1-n}\,dy \\
&\le c \sup_{y\in B_{2\varepsilon_0}(x)} \frac{|f(x)-f(y)|}{|x-y|^\alpha}\,\varepsilon^\alpha \to 0 \quad (\varepsilon \to 0).
\end{aligned}$$

Daraus folgt dann insgesamt die Formel (1.30) für die zweiten Ableitungen des Newtonpotentials. □

Wir zeigen nun, wie aus der Formel (1.30) für die zweiten partiellen Ableitungen von w die Differentialgleichung (1.31) folgt.

$$\begin{aligned}
-\Delta w(x) &= -\sum_{i=1}^{n} w_{x_i x_i}(x) \\
&= \frac{1}{\omega_n}\sum_{i=1}^{n}\int_{G_0}\left(1 - n\frac{(x_i - y_i)^2}{|x-y|^2}\right)\frac{f(y)-f(x)}{|y-x|^n}\,dy \\
&\quad - \frac{1}{\omega_n}\sum_{i=1}^{n}\int_{\partial G_0}\frac{x_i - y_i}{|x-y|^n}\nu_i(y)\,do(y)\,f(x) \\
&= -\frac{1}{\omega_n}\int_{\partial G_0}\frac{x-y}{|x-y|^n}\cdot\nu(y)\,do(y)\,f(x).
\end{aligned}$$

Es bleibt noch das Randintegral zu untersuchen. Satz 1.10 ergibt für $u \in C^2(\overline{G}_0)$

$$u(x) = \int_{\partial G_0}\phi(y,x)\frac{\partial u}{\partial \nu}(y) - u(y)\frac{\partial \phi}{\partial \nu_y}(y,x)\,do(y) - \int_{G_0}\phi(y,x)\Delta u(y)\,dy$$

für eine beliebige Grundlösung ϕ, also auch für die Singularitätenfunktion $\phi = s_n$. Wähle $u(x) \equiv 1$. Dann ist $\Delta u = 0$ auf G_0, $\frac{\partial u}{\partial \nu} = 0$ auf ∂G_0 so dass also (für $n \geq 3$) folgt:

$$\begin{aligned}
1 &= -\int_{\partial G_0}\frac{\partial \phi}{\partial \nu}(y,x)\,do(y) \\
&= -\int_{\partial G_0}\sum_{j=1}^{n}\left(\frac{1}{(n-2)\omega_n}|x-y|^{2-n}\right)_{y_j}\nu_j(y)\,do(y) \\
&= -\int_{\partial G_0}\sum_{j=1}^{n}\left(\frac{1}{\omega_n}|x-y|^{1-n}\frac{x_j - y_j}{|x-y|}\right)\nu_j(y)\,do(y) \\
&= -\frac{1}{\omega_n}\int_{\partial G_0}\frac{x-y}{|x-y|^n}\cdot\nu(y)\,do(y).
\end{aligned}$$

Damit erhalten wir:

Folgerung 1.42. *Unter den Voraussetzungen von Satz* 1.41 *ist das Newtonpotential* $w \in C^2(G)$ *und eine Lösung der Poissongleichung*

$$-\Delta w = f \quad \textit{auf}\, G. \tag{1.31}$$

Wir haben vorausgesetzt, dass die rechte Seite f der Differentialgleichung aus $C^{0,\alpha}(G)$ ist. Dies war notwendig, um die zweiten Ableitungen des Newtonpotentials zu berechnen. Wir zeigen nun noch, dass die zweiten Ableitungen von w ebenfalls hölderstetig in G mit dem Hölderexponenten α sind. Dazu verwenden wir die in Satz 1.41 hergeleitete Formel für die zweiten Ableitungen des Newtonpotentials und verwenden die Abkürzungen

$$P_i(x,y) = \frac{x_i - y_i}{|x-y|^n}, \quad P_{ij}(x,y) = \frac{1}{|x-y|^n}\left(\delta_{ij} - n\frac{x_i - y_i}{|x-y|}\frac{x_j - y_j}{|x-y|}\right)$$

für $i, j = 1, \ldots, n$. Demnach gilt

$$\begin{aligned} w_{x_i x_j}(x) = &-\frac{1}{\omega_n}\int\limits_{G_0} P_{ij}(x,y)\,(f(y) - f(x))\,dy \\ &+ \frac{1}{\omega_n}\int\limits_{\partial G_0} P_i(x,y)\nu_j(y)do(y)f(x) \end{aligned}$$

für $x \in G$.

Im Folgenden seien $x, x' \in \overline{B_R(x_0)}$ und $\overline{B_{3R}(x_0)} \subset G$, $x \neq x'$. Wir setzen $\overline{x} = \frac{1}{2}(x + x')$ und $\delta = |x - x'|$. Wir schließen den trivialen Fall aus und fordern $\delta > 0$.

Dann ist für $i, j \in \{1, \ldots, n\}$

$$\begin{aligned} \omega_n(w_{x_i x_j}(x) - w_{x_i x_j}(x')) = &\int\limits_{\partial G_0} (P_i(x,y) - P_i(x',y))\nu_j(y)do(y)f(x) \\ &+ \int\limits_{\partial G_0} P_i(x',y)\nu_j(y)do(y)(f(x) - f(x')) \\ &- \int\limits_{G_0 \cap B_\delta(\overline{x})} P_{ij}(x,y)(f(y) - f(x))dy \\ &- \int\limits_{G_0 \setminus \overline{B_\delta(\overline{x})}} P_{ij}(x,y)(f(y) - f(x))dy \\ &+ \int\limits_{G_0 \cap B_\delta(\overline{x})} P_{ij}(x',y)(f(y) - f(x'))dy \end{aligned}$$

$$+ \int_{G_0 \setminus \overline{B_\delta(\overline{x})}} P_{ij}(x', y)(f(y) - f(x'))dy$$
$$= I_1 + I_2 + I_3 + I_4 + I_5 + I_6. \tag{1.32}$$

Wir müssen nun die Terme $I_1, \ldots, I_6$ abschätzen. Dazu verwenden wir die Tricks über singuläre Integrale aus den vorherigen Abschnitten.

Wir beginnen mit I_1. Wegen $y \in \partial G_0$ haben wir, dass $|x-y| \geq R$ und $|x'-y| \geq R$ gilt, denn zum Beispiel: $|x - y| \geq |x_0 - y| - |x - x_0| \geq 2R - R = R$. Dann folgt [2]

$$|P_i(x, y) - P_i(x', y)| \leq R^{-n}|x - x'| + |x' - y| n R^{-1-n}|x - x'|,$$

und dies impliziert die Abschätzung

$$|I_1| \leq \int_{\partial G_0} R^{-n} + nR^{-1-n}|x' - y|\, do(y) \sup_{B_R(x_0)} |f||x - x'| \leq c(R, f)|x - x'|. \tag{1.33}$$

Für I_2 erhalten wir

$$|I_2| \leq \int_{\partial G_0} |x' - y|^{1-n} do(y)|f(x) - f(x')| \leq c(R)|f|_{C^{0,\alpha}(\overline{B_R(x_0)})}|x - x'|^\alpha$$
$$\leq c(R, f)|x - x'|^\alpha. \tag{1.34}$$

Für I_3 verwenden wir, dass $|P_{ij}(x, y)| \leq (1 + n)|x - y|^{-n}$ gilt, so dass wir folgern können

$$|I_3| \leq (1 + n) \int_{G_0 \cap B_\delta(\overline{x})} \frac{|f(y) - f(x)|}{|y - x|^n} dy$$
$$\leq (1 + n)|f|_{C^{0,\alpha}(\overline{B_{3R}(x_0)})} \int_{B_{\frac{3}{2}\delta}(x)} |y - x|^{\alpha-n} dy \leq c(R, f)|x - x'|^\alpha, \tag{1.35}$$

wobei wir verwendet haben, dass auf diesem Integrationsgebiet $|y - x| \leq |y - \overline{x}| + |\overline{x} - x| \leq \frac{3}{2}|x - x'| \leq 3R$ ist.

Die gleiche Abschätzung liefert

$$|I_5| \leq c(R, f)|x - x'|^\alpha. \tag{1.36}$$

[2] Die Ungleichung $|a^n - b^n| \leq |a - b| \sum_{l=0}^{n-1} |a|^{n-l-1}|b|^l$ für $a, b \in \mathbb{R}$ ist hier nützlich.

I_4 und I_6 schätzen wir gemeinsam ab. Es ist

$$\begin{aligned} I_4 + I_6 &= \int\limits_{G_0 \setminus \overline{B_\delta(\bar{x})}} P_{ij}(x', y)(f(y) - f(x')) - P_{ij}(x, y)(f(y) - f(x))dy \\ &= \int\limits_{G_0 \setminus \overline{B_\delta(\bar{x})}} (P_{ij}(x', y) - P_{ij}(x, y))(f(y) - f(x'))dy \\ &\quad + \int\limits_{G_0 \setminus \overline{B_\delta(\bar{x})}} P_{ij}(x, y)(f(x) - f(x'))dy. \end{aligned} \tag{1.37}$$

Auf diesem Integrationsbereich ist $|y - \bar{x}| \geq |x - x'|$. Daraus folgern wir

$$|y - x'| \geq |y - \bar{x}| - |\bar{x} - x'| = |y - \bar{x}| - \frac{1}{2}|x - x'| \geq \frac{1}{2}|x - x'|.$$

Außerdem folgt:

$$|y - x| \geq \frac{1}{2}|y - \bar{x}|, \quad |y - x'| \geq \frac{1}{2}|y - \bar{x}|.$$

Damit kann man in einigen einfachen Schritten zeigen, dass

$$|P_{ij}(x', y) - P_{ij}(x, y)| \leq c|x - x'||y - \bar{x}|^{-(n+1)}$$

gilt. Insgesamt folgt damit für das erste Integral auf der rechten Seite von (1.37):

$$\begin{aligned} &\left| \int\limits_{G_0 \setminus \overline{B_\delta(\bar{x})}} (P_{ij}(x', y) - P_{ij}(x, y))(f(y) - f(x'))dy \right| \\ &\leq c(R, f)|x - x'| \int\limits_{\mathbb{R}^n \setminus \overline{B_\delta(\bar{x})}} |y - \bar{x}|^{\alpha - n - 1}dy = c(R, f)|x - x'|^\alpha. \end{aligned} \tag{1.38}$$

Das zweite Integral auf der rechten Seite von (1.37) wird partiell integriert. Dazu erinnern wir uns daran, dass

$$P_{ij}(x, y) = \frac{\partial}{\partial x_j} \frac{x_i - y_i}{|x - y|^n} = -\frac{\partial}{\partial y_j} \frac{x_i - y_i}{|x - y|^n}$$

war. Damit folgern wir

$$\int\limits_{G_0 \setminus \overline{B_\delta(\bar{x})}} P_{ij}(x, y)dy = - \int\limits_{\partial(G_0 \setminus \overline{B_\delta(\bar{x})})} \frac{x_i - y_i}{|x - y|^n} \nu_j(y)do(y),$$

und es ist leicht zu zeigen, dass dieses Integral durch eine absolute Konstante beschränkt ist. Insgesamt haben wir damit gezeigt, dass

$$|I_4 + I_6| \leq c(R, f)|x - x'|^{\alpha}. \tag{1.39}$$

Indem wir nun die Abschätzungen (1.33), (1.34), (1.35), (1.36) und (1.39) in (1.32) einsetzen, können wir schließen, dass

$$|w_{x_i x_j}(x) - w_{x_i x_j}(x')| \leq c(R, f)|x - x'|^{\alpha}$$

für $x, x' \in B_R(x_0)$ gilt. Daraus erhält man nun leicht, dass $w_{x_i x_j} \in C^{0,\alpha}(G)$ ist.

Folgerung 1.43. *Es seien die Voraussetzungen von Satz* 1.41 *erfüllt. Dann ist* $w \in C^{2,\alpha}(G)$.

Wir ziehen aus den Resultaten zum Newtonpotential und unseren bisherigen Resultaten die für uns wichtigste Folgerung.

Satz 1.44. *Sei* $G \subset \mathbb{R}^n$ *ein beschränktes Gebiet mit nur regulären Randpunkten. Seien weiter* $g \in C^0(\partial G)$ *und* $f \in C^{0,\alpha}(G)$ *sowie* $\sup_G |f| < \infty$. *Dann gibt es genau eine Funktion* $u \in C^{2,\alpha}(G) \cap C^0(\overline{G})$ *mit*

$$-\Delta u = f \quad \text{in } G, \quad u = g \quad \text{auf } \partial G.$$

Beweis. Bezeichnen wir mit u_1 das Newtonpotential zu f, dann ist nach Satz 1.37, Satz 1.41 und Folgerung 1.43 $u_1 \in C^1(\overline{G}) \cap C^{2,\alpha}(G)$ und löst die Differentialgleichung

$$-\Delta u_1 = f \quad \text{in } G.$$

Löse dann mit Satz 1.35 das Randwertproblem $u_2 \in C^0(\overline{G}) \cap C^2(G)$,

$$\Delta u_2 = 0 \quad \text{in } G, \quad u_2 = g - u_1 \quad \text{auf } \partial G,$$

beobachte, dass sogar $u_2 \in C^{2,\alpha}(G)$ ist, und setze $u = u_1 + u_2$. Dann löst $u \in C^0(\overline{G}) \cap C^{2,\alpha}(G)$ das gewünschte Problem. Die Eindeutigkeit folgt mit dem Maximumprinzip. □

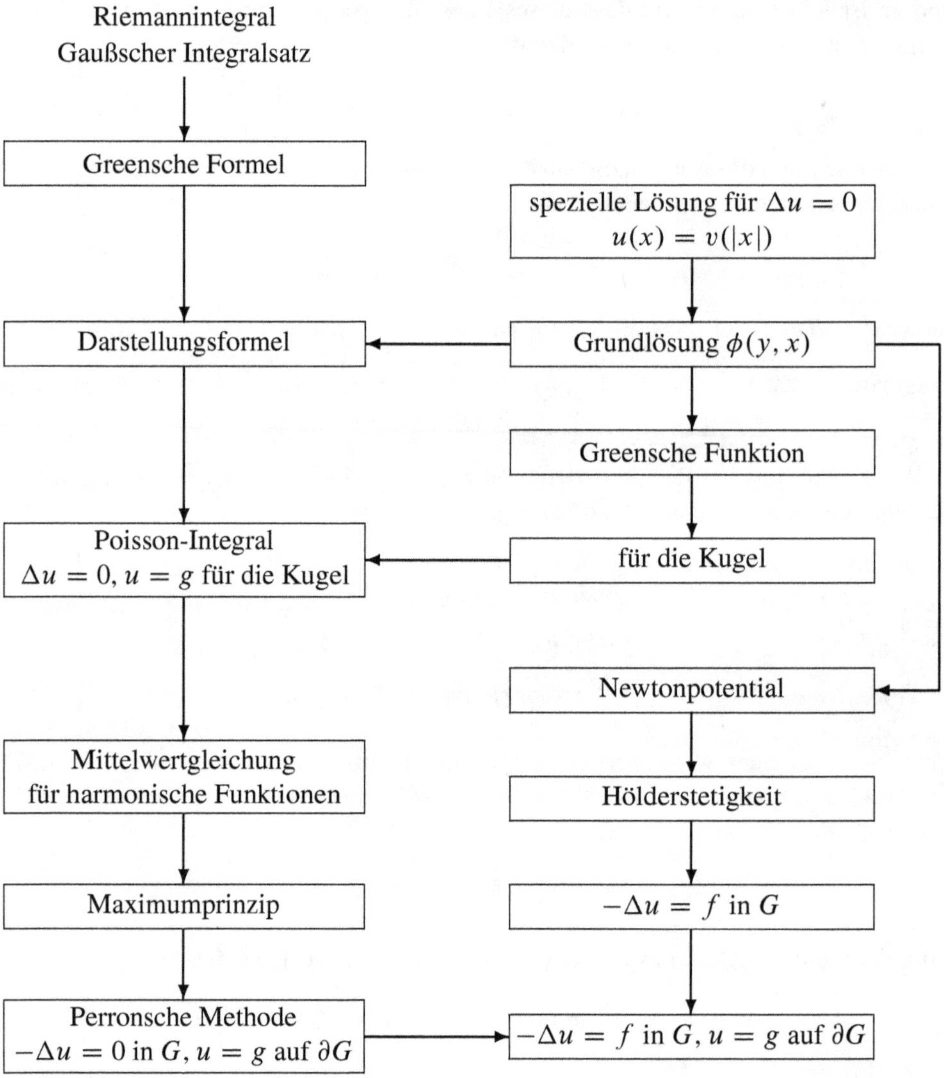

Abbildung 1.2. Struktur der Paragraphen 1.1 bis 1.6: Lösung des Randwertproblems für die Poissongleichung (Klassische Theorie).

Kapitel 2
Schwache Lösungen der Poissongleichung

2.1 Das Dirichletsche Prinzip und warum man Sobolevräume braucht

Man kann Lösungen des Randwertproblems für die Poissongleichung als Minimum eines Funktionals finden. Dies sind die sogenannten „direkten Methoden der Variationsrechnung". Wir untersuchen zunächst das Randwertproblem

$$-\Delta u = f \quad \text{in } G, \quad u = 0 \quad \text{auf } \partial G \tag{2.1}$$

zu einem beschränkten Gebiet $G \subset \mathbb{R}^n$.

Die Bezeichnung „Dirichletsches Prinzip" bezieht sich eigentlich auf das Randwertproblem für harmonische Funktionen. Wegen der deutlichen Beziehung zum Randwertproblem (2.1) verwenden wir hier ebenfalls diesen Begriff.

Satz 2.1. *Sei $G \subset \mathbb{R}^n$ ein beschränktes Gebiet und sei $f \in C^0(\overline{G})$. Definiere den linearen Raum $X = \{v \in C^1(\overline{G}) \mid v = 0 \text{ auf } \partial G\}$ und das Funktional*

$$I(v) = \frac{1}{2}\int_G |\nabla v(x)|^2\,dx - \int_G f(x)v(x)\,dx$$

für $v \in X$. Ist dann $u \in X$ ein Minimum von I über X, das heißt ist

$$I(u) = \inf_{v \in X} I(v) = \inf\{I(v) \mid v \in X\},$$

so folgt

$$\int_G \nabla u(x) \cdot \nabla\varphi(x)\,dx = \int_G f(x)\,\varphi(x)\,dx \tag{2.2}$$

für jedes $\varphi \in X$.

Beweis. Sind $u, \varphi \in X$ und ist $\varepsilon \in \mathbb{R}$, so ist auch $u + \varepsilon\varphi \in X$. Demnach gilt nach Voraussetzung $I(u) \leq I(u + \varepsilon\varphi)$. Setzen wir nun $g(\varepsilon) = I(u + \varepsilon\varphi)$, so hat g in $\varepsilon = 0$ ein Minimum: $g(0) \leq g(\varepsilon)$, $\varepsilon \in \mathbb{R}$. Außerdem beobachtet man, dass g ein quadratisches Polynom ist,

$$g(\varepsilon) = \frac{1}{2}\int_G |\nabla u|^2 + \varepsilon\int_G \nabla u \cdot \nabla\varphi + \frac{1}{2}\varepsilon^2\int_G |\nabla\varphi|^2 - \int_G fu - \varepsilon\int_G f\varphi,$$

und demnach differenzierbar ist. Also verschwindet die Ableitung von g in 0:

$$0 = g'(0) = \int_G \nabla u \cdot \nabla \varphi - \int_G f\varphi.$$

Das war aber die Behauptung des Satzes. □

Unter einer zusätzlichen Annahme können wir folgern, dass damit das Problem (2.1) gelöst ist.

Folgerung 2.2. *Ist zusätzlich $u \in C^2(G)$, so ist $-\Delta u = f$ in G und $u = 0$ auf ∂G.*

Beweis. Sei $G_0 \subset G$ ein beliebiges Normalgebiet. $\varphi \in X$ verschwinde außerhalb G_0 (und auf ∂G_0). Dann erhalten wir mit dem Gaußschen Integralsatz

$$0 = \int_{G_0} \nabla u \cdot \nabla \varphi - \int_{G_0} f\varphi = \int_{\partial G_0} \varphi \frac{\partial u}{\partial \nu} - \int_{G_0} \varphi \Delta u - \int_{G_0} \varphi f.$$

Damit folgt also

$$\int_{G_0} (\Delta u + f)\varphi = 0$$

für alle solchen Funktionen φ. Also erhalten wir $\Delta u + f = 0$ auf G_0 und damit die Behauptung der Folgerung. Für G_0 kann man eine geeignete Kugel wählen. □

Wir versuchen nun zu beweisen, dass es ein Minimum $u \in X$ des Funktionals I auf X gibt. Dazu setzen wir

$$d = \inf_{v \in X} I(v).$$

1. Schritt: Der erste – hier besonders einfache – Schritt ist der Nachweis, dass

$$d < \infty$$

ist. Dies ist klar, denn die Nullfunktion liegt in X. Bei komplizierteren Variationsproblemen ist dieser Schritt unter Umständen schwierig.

2. Schritt: I ist auf X nach unten beschränkt:

$$d > -\infty.$$

Zum Nachweis dieser Eigenschaft benötigen wir die Poincarésche Ungleichung. Der Beweis wird später in allgemeinerem Rahmen in Satz 2.20 nachgeliefert.

Satz 2.3 (Poincarésche Ungleichung). *Es sei G in einer Richtung des $\mathbb{R}^n$ beschränkt. Dann gibt es eine von G abhängige Konstante c_P, so dass für alle $v \in X$ gilt*

$$\int_G v(x)^2\,dx \le c_P^2 \int_G |\nabla v(x)|^2\,dx. \tag{2.3}$$

Die Beschränktheit von I nach unten folgt dann so:

$$\begin{aligned} I(v) &\ge \frac{1}{2}\int_G |\nabla v|^2 - \Big(\int_G f^2\Big)^{\frac{1}{2}}\Big(\int_G v^2\Big)^{\frac{1}{2}} \\ &\ge \frac{1}{2}\int_G |\nabla v|^2 - \Big(\int_G f^2\Big)^{\frac{1}{2}} c_P \Big(\int_G |\nabla v|^2\Big)^{\frac{1}{2}}. \end{aligned}$$

Aufgabe 2.4 (Youngsche Ungleichung). Für $a, b \in \mathbb{R}$ und $\epsilon > 0$ gilt

$$|ab| \le \frac{\epsilon}{2}a^2 + \frac{1}{2\epsilon}b^2. \tag{2.4}$$

Die einfache Youngsche Ungleichung erlaubt es uns weiter nach unten abzuschätzen.

$$I(v) \ge \frac{1}{2}(1-\epsilon)\int_G |\nabla v|^2 - \frac{c_P}{2\epsilon}\int_G f^2.$$

Die Wahl $\epsilon = \frac{1}{2}$ ergibt dann z. B.

$$I(v) \ge \frac{1}{4}\int_G |\nabla v|^2 - c_P \int_G f^2 \ge -c_P \int_G f^2,$$

also die Beschränktheit von I unabhängig von v nach unten. (Auch die Wahl $\epsilon = 1$ hätte dies ergeben.) Demnach ist nun $d \in \mathbb{R}$.

3. Schritt: Nach der Definition des Infimums gibt es eine Folge $(v_m)_{m\in\mathbb{N}}$, $v_m \in X$, die Minimalfolge genannt wird, mit der Eigenschaft

$$I(v_m) \to d \ (m \to \infty).$$

4. Schritt: Eine Minimalfolge ist eine Cauchyfolge. Da wir nun von Konvergenz in X sprechen wollen, müssen wir eine Norm auf X einführen. Wir wählen eine dem Problem angepasste Norm, nämlich

$$\|v\|_X = \Big(\int_G v^2 + \int_G |\nabla v|^2\Big)^{\frac{1}{2}}. \tag{2.5}$$

Damit ist nun $(X, \|\cdot\|_X)$ ein normierter Raum (Anhang A.1.2), und wir können von Konvergenz und Cauchyfolgen in X sprechen. Es ist nun

$$\begin{aligned}
\int_G |\nabla(v_m - v_l)|^2 &= \int_G |\nabla v_m|^2 + \int_G |\nabla v_l|^2 - 2\int_G \nabla v_m \cdot \nabla v_l \\
&= 2\int_G |\nabla v_m|^2 + 2\int_G |\nabla v_l|^2 - 4\int_G \left|\nabla\left(\frac{v_m + v_l}{2}\right)\right|^2 \\
&= 2\Big(2I(v_m) + 2\int_G f v_m + 2I(v_l) + 2\int_G f v_l\Big) \\
&\quad - 4\Big(2I\left(\frac{v_m + v_l}{2}\right) + 2\int_G f\frac{v_m + v_l}{2}\Big) \\
&= 4\left(I(v_m) + I(v_l) - 2I\left(\frac{v_m + v_l}{2}\right)\right).
\end{aligned}$$

Weil die Funktion $\frac{1}{2}(v_m + v_l)$ in X liegt, folgt $I(\frac{1}{2}(v_m + v_l)) \geq d$ und demnach

$$\int_G |\nabla(v_m - v_l)|^2 \leq 4\,(I(v_m) + I(v_l) - 2d)\,.$$

Wegen $\lim_{m\to\infty} I(v_m) = \lim_{l\to\infty} I(v_l) = d$ konvergiert die rechte Seite in dieser Ungleichung für $m, l \to \infty$ gegen Null, und wir erhalten schließlich

$$\int_G |\nabla(v_m - v_l)|^2 \to 0, \quad (m, l \to \infty).$$

Wir verwenden noch einmal die Poincarésche Ungleichung und haben dann nachgewiesen, dass $(v_m)_{m\in\mathbb{N}}$ eine Cauchyfolge in dem normierten Raum X ist. Wir fassen dies zusammen.

Satz 2.5. *Eine Minimalfolge für I auf X ist eine Cauchyfolge in X.*

Leider können wir den *5. Schritt* der Konvergenz dieser Cauchyfolge gegen ein Element $u \in X$ nicht vollziehen, denn es zeigt sich, dass der normierte Raum $(X, \|\cdot\|_X)$ nicht vollständig, also kein Banachraum ist.

Aufgabe 2.6. Sei $G = (a, b)$, $-\infty < a < b < \infty$. Der normierte Raum $X = \{v \in C^1([a, b]) \mid v(a) = v(b) = 0\}$ mit $\|v\|_X = (\int_a^b v(x)^2 + v'(x)^2\,dx)^{\frac{1}{2}}$ ist nicht vollständig.

Zwar könnten wir X mit der $C^1(\overline{G})$-Norm versehen und damit zu einem Banachraum machen, jedoch könnten wir dann kaum direkt aus dem Variationsproblem nachweisen, dass eine Minimalfolge eine Cauchyfolge in diesem neuen Raum ist. Das liegt daran, dass die C^1-Norm dem Funktional nicht angepasst ist.

Der Wunsch, den *5. Schritt* im Nachweis der Existenz einer Lösung des Variationsproblems zu vollziehen ist nun der Grund für die Einführung adäquater Räume, der Sobolevräume im nächsten Paragraphen. Der dort eingeführte Raum $\mathring{H}^1(G)$ entsteht durch eine abstrakte Vervollständigung (s. Satz A.4) des Raums X in der Norm (2.5). Man kann die Einführung dieser Räume auch so verstehen, dass die Lösungen des Variationsproblems eben gerade in diesen Räumen liegen und nicht in „stärkeren" Funktionenräumen.

Außerdem werden wir diskrete Teilräume dieser Räume konstruieren, die ebenfalls nicht Teilräume des klassischen Funktionenraums $C^1(\overline{G})$ sind.

2.2 Sobolevräume

Wie wir im vorigen Paragraphen gesehen haben, benötigen wir die Vervollständigung (Satz A.4) der klassischen C^k-Funktionenräume in der Integralnorm. Wir wiederholen zunächst die grundlegenden Tatsachen über die L^p-Räume. Im Folgenden ist $G \subset \mathbb{R}^n$ eine offene Menge.

Definition 2.7. Für $1 \le p \le \infty$ definieren wir

$$L^p(G) = \{u : G \to \mathbb{R} | u \text{ ist Lebesgue-messbar und } \|u\|_{L^p(G)} < \infty\},$$

$$\|u\|_{L^p(G)} = \Big(\int_G |u(x)|^p dx \Big)^{\frac{1}{p}}, \text{ falls } p < \infty,$$

$$\|u\|_{L^\infty(G)} = \inf_{\substack{N \subset G \\ N \text{ ist Lebesgue-} \\ \text{Nullmenge}}} \sup_{G \setminus N} |u|.$$

Zwei Funktionen in $L^p(G)$ nennen wir gleich, wenn sie sich höchstens auf einer Lebesgue-Nullmenge unterscheiden. Für die Normen schreiben wir auch

$$\|u\|_{L^p(G)} = \|u\|_p,$$

im Fall $p = 2$ lassen wir manchmal den Index p weg. Außerdem sei

$$L^p_{\text{loc}}(G) = \{u : G \to \mathbb{R} \mid \forall G' \subset\subset G, G' \text{ offen: } u|_{G'} \in L^p(G')\}.$$

Dabei bedeutet $G' \subset\subset G$, dass $\overline{G}'$ kompakt und $\overline{G}' \subset G$ ist. Aus der Analysis [2] wissen wir, dass die L^p-Räume vollständig sind.

Satz 2.8 (Fischer-Riesz). *$L^p(G)$ ist mit $\| \cdot \|_{L^p(G)}$ ein Banachraum. $L^2(G)$ ist mit dem Skalarprodukt*

$$(u_1, u_2)_{L^2(G)} = \int_G u_1 u_2$$

ein Hilbertraum.

Zur Definition der Sobolevräume erweitern wir den Begriff der Ableitung einer Funktion auf sogenannte schwache Ableitungen oder Distributionsableitungen.

Definition 2.9. Es sei $\alpha = (\alpha_1, \ldots, \alpha_n) \in (\mathbb{N} \cup \{0\})^n$ ein Multiindex, $|\alpha| = \alpha_1 + \cdots + \alpha_n$. Eine Funktion $u \in L^1_{\mathrm{loc}}(G)$ besitzt die *schwache Ableitung* $v_\alpha \in L^1_{\mathrm{loc}}(G)$, wenn für alle Testfunktionen $\varphi \in C_0^\infty(G)$ die Gleichung

$$\int_G u D^\alpha \varphi = (-1)^{|\alpha|} \int_G v_\alpha \varphi$$

erfüllt ist. Wir schreiben dann

$$v_\alpha = D^\alpha u = \frac{\partial^{|\alpha|} u}{\partial x_1^{\alpha_1} \ldots \partial x_n^{\alpha_n}}.$$

Dabei ist

$$C_0^\infty(G) = \{\varphi \in C^\infty(G) \mid \operatorname{supp} \varphi \text{ ist kompakt und } \subset G\},$$

wobei der *Träger* der Funktion φ durch

$$\operatorname{supp} \varphi = \overline{\{x \in G \mid \varphi(x) \neq 0\}}$$

definiert ist.

Der Nachweis, dass klassische Ableitungen, wenn sie existieren, auch schwache Ableitungen sind, ist nicht schwierig. Mehr Informationen über schwache Ableitungen findet man in [2].

Beispiel 2.10. Die im Nullpunkt nicht differenzierbare Funktion $u(x) = |x|$ besitzt auf $G = (-1, 1) \subset \mathbb{R}$ eine schwache Ableitung (hier mit $'$ bezeichnet). $u'(x) = \operatorname{sign}(x)$. Wie man sie in $x = 0$ definiert ist gleichgültig, da ein Punkt eine Lebesgue-Nullmenge ist.

Beispiel 2.11. Wir interessieren uns dafür, ob, bzw. für welche $s \in \mathbb{R}$, die Funktion $u(x) = |x|^s$ $(x \in G = B_1(0) \subset \mathbb{R}^n)$ schwache Ableitungen erster Ordnung besitzt.

Für $x \neq 0$ ist u klassisch stetig differenzierbar. Zunächst ist festzustellen, ob $u \in L^1(G)$ ist. Die Einführung von Polarkoordinaten im $\mathbb{R}^n$ liefert

$$\int\limits_{B_1(0)} |u(x)|dx = \int\limits_{B_1(0)} |x|^s dx = \int\limits_0^1 \int\limits_{S^{n-1}} r^{s+n-1} dodr = \omega_n \int\limits_0^1 r^{s+n-1} dr < \infty,$$

falls $s + n - 1 > -1$, d. h. $s > -n$ ist. Sei im Folgenden also $s > -n$. Für $x \neq 0$ ist mit $\alpha = e_i$ $(i \in \{1, \dots, n\})$

$$(D^\alpha u)(x) = \frac{\partial u}{\partial x_i}(x) = s|x|^{s-2} x_i .$$

Wir vermuten, dass dies für geeignete s auch eine schwache Ableitung ist. Dazu seien $\varphi \in C_0^\infty(B_1(0))$ und $0 < \varepsilon < 1$.

$$\int\limits_{B_1(0)} u\varphi_{x_i} = \int\limits_{B_\varepsilon(0)} u\varphi_{x_i} + \int\limits_{B_1(0)\setminus\overline{B_\varepsilon(0)}} u\varphi_{x_i} . \tag{2.6}$$

Der Gaußsche Integralsatz liefert für das zweite Integral wegen $\varphi|_{\partial B_1(0)} = 0$

$$\begin{aligned}\int\limits_{B_1(0)\setminus\overline{B_\varepsilon(0)}} u\varphi_{x_i} &= \int\limits_{\partial(B_1(0)\setminus\overline{B_\varepsilon(0)})} u\varphi\nu_i - \int\limits_{B_1(0)\setminus\overline{B_\varepsilon(0)}} u_{x_i}\varphi \\ &= - \int\limits_{\partial B_\varepsilon(0)} u\varphi\nu_i - \int\limits_{B_1(0)\setminus\overline{B_\varepsilon(0)}} u_{x_i}\varphi . \end{aligned} \tag{2.7}$$

Dabei ist unter ν immer die äußere Normale an den „Integrationsbereich" zu verstehen. Wir haben dabei verwendet, dass $u \in C^1(\overline{B_1(0)} \setminus \{0\})$ ist. Weil wir nun $\varepsilon \to 0$ streben lassen wollen, müssen wir sicherstellen, dass $u_{x_i} \in L^1(B_1(0))$ ist. Es ist aber

$$|u_{x_i}(x)| \leq s|x|^{s-1},$$

und demnach ist $|u_{x_i}|$ integrierbar, falls $s-1 > -n$, d. h. $s > 1-n$ ist. Also existieren in diesem Fall die Grenzwerte der Volumenintegrale in (2.7) für $\varepsilon \to 0$.

$$\int\limits_{B_1(0)} u\varphi_{x_i} = - \lim_{\varepsilon\to 0} \int\limits_{\partial B_\varepsilon(0)} u\varphi\nu_i - \int\limits_{B_1(0)} u_{x_i}\varphi .$$

Dass der Grenzwert des Oberflächenintegrals Null ist, sieht man so:

$$\left| \int\limits_{\partial B_\varepsilon(0)} u(x)\varphi(x)\nu_i(x) do_x \right| \leq \max_{\overline{B_1(0)}} |\varphi| \int\limits_{\partial B_\varepsilon(0)} |u(x)| do_x$$

und

$$\int_{\partial B_\varepsilon(0)} |u(x)|do_x = \int_{S^{n-1}} \varepsilon^{s+n-1} do = \omega_n \varepsilon^{s+n-1}$$

konvergiert gegen Null für $\varepsilon \to 0$, da $s > 1-n$ ist.

Wir fassen zusammen: Die Funktion $u(x) = |x|^s (x \in B_1(0) \subset \mathbb{R}^n)$ besitzt die schwache Ableitung $u_{x_i}(x) = s|x|^{s-2}x_i$, falls $s > 1-n$ ist.

Nun definieren wir die Räume, die sowohl für die Analysis als auch für die Numerik partieller Differentialgleichungen wichtige Arbeitsmittel sind.

Definition 2.12 (Sobolevräume). Für $m \in \mathbb{N} \cup \{0\}$ und $p \in [1, \infty]$ definieren wir

$$\begin{aligned} H^{m,p}(G) = \{u \in L^p(G) \mid\, & u \text{ besitzt schwache Ableitungen} \\ & D^\alpha u \in L^p(G) \text{ für } 0 \le |\alpha| \le m\}, \end{aligned}$$

$$\|u\|_{H^{m,p}(G)} = \Big(\sum_{|\alpha|=0}^{m} \|D^\alpha u\|^p_{L^p(G)}\Big)^{\frac{1}{p}}, \quad \text{falls } p < \infty,$$

$$\|u\|_{H^{m,\infty}(G)} = \sum_{|\alpha|=0}^{m} \|D^\alpha u\|_{L^\infty(G)}.$$

Außerdem vereinbaren wir folgende Schreibweisen:

$$|u|_{H^{m,p}(G)} = \Big(\sum_{|\alpha|=m} \|D^\alpha u\|^p_{L^p(G)}\Big)^{\frac{1}{p}}, \quad \text{falls } p < \infty,$$

$$|u|_{H^{m,\infty}(G)} = \sum_{|\alpha|=m} \|D^\alpha u\|_{L^\infty(G)},$$

$$H^m(G) = H^{m,2}(G).$$

Wenn keine Verwechslungsgefahr besteht, schreiben wir auch

$$\|u\|_{m,p} = \|u\|_{H^{m,p}(G)}, \qquad |u|_{m,p} = |u|_{H^{m,p}(G)},$$
$$\|u\|_{m} = \|u\|_{H^{m}(G)}, \qquad |u|_{m} = |u|_{H^{m}(G)}.$$

Nach Definition ist $H^{0,p}(G) = L^p(G)$. Der Sobolevraum $H^{m,p}(G)$ ist also so etwas wie „$L^p(G)$ mit schwachen Ableitungen bis zur Ordnung m, die in $L^p(G)$ liegen".

Beispiel 2.13. Führen wir nun das Beispiel 2.11 fort, indem wir untersuchen, ob $u \in H^{1,p}(B_1(0))$ ist. Dazu ist zunächst nachzusehen, ob $u \in L^p(B_1(0))$ für ein $1 \le p < \infty$ ist. Wegen

$$|u(x)|^p \le |x|^{sp}$$

ist $u \in L^p(B_1(0))$, wenn $sp > -n$ ist. Für die schwache Ableitung gilt

$$|u_{x_i}(x)|^p \le s^p |x|^{p(s-1)},$$

d. h. $u_{x_i} \in L^p(B_1(0))$, falls $p(s-1) > -n$ ist. Also ist $u \in H^{1,p}(B_1(0))$, wenn $s > 1 - \frac{n}{p}$ gilt.

Funktionen aus Sobolevräumen sind im Allgemeinen nicht stetig. Ein prominentes Beispiel ist das folgende.

Beispiel 2.14. $u(x) = \log|\log|x||$ $(x \in G = B_{\frac{1}{e}}(0) \subset \mathbb{R}^2)$. Es ist $u \in H^{1,2}(G)$, aber $u \notin C^0(\overline{G})$.

Man überlege sich, dass man aus diesem Beispiel Funktionen $v \in H^{1,2}(G)$ mit abzählbar vielen Singularitäten basteln kann:

$$v(x) = \sum_{j=1}^{\infty} \varepsilon_j u(x - \delta_j).$$

Die Sobolevräume $H^{m,p}(G)$ wurden definiert, weil die klassischen Funktionenräume in der entsprechenden Integralnorm nicht vollständig sind. Deshalb ist der folgende Satz der für uns wichtigste.

Satz 2.15. *$H^{m,p}(G)$, $1 \le p \le \infty$, $m \in \mathbb{N}_0$ ist ein Banachraum. $H^m(G)$ ist ein Hilbertraum mit dem Skalarprodukt*

$$(u, v)_{H^m(G)} = \sum_{|\alpha|=0}^{m} (D^\alpha u, D^\alpha v)_{L^2(G)}.$$

Beweis. Der Beweis ist eine direkte Folge aus dem Satz von Fischer-Riesz (Satz 2.8). Sei also $(v_k)_{k\in\mathbb{N}}$ eine Cauchyfolge in $H^{m,p}(G)$. Wegen

$$\|D^\alpha v_k - D^\alpha v_l\|_{L^p(G)} \le \|v_k - v_l\|_{H^{m,p}(G)}$$

für jeden Multiindex $0 \le |\alpha| \le m$ ist $(D^\alpha v_k)_{k\in\mathbb{N}}$ eine Cauchyfolge in $L^p(G)$. Nach Satz 2.8 gibt es einen Grenzwert $v^\alpha \in L^p(G)$ mit $\|D^\alpha v_k - v^\alpha\|_{L^p(G)} \to 0$ für $k \to \infty$. Definiere $v = v^0$. Dann ist zu zeigen, dass v schwache Ableitungen $D^\alpha v$ besitzt und $D^\alpha v = v^\alpha$ ist. Dazu sei $\varphi \in C_0^\infty(G)$. Weil v_k eine schwache Ableitung $D^\alpha v_k \in L^p(G)$ besitzt gilt

$$\begin{aligned}
\int_G v D^\alpha \varphi &= \int_G (v - v_k) D^\alpha \varphi + \int_G v_k D^\alpha \varphi \\
&= \int_G (v - v_k) D^\alpha \varphi + (-1)^{|\alpha|} \int_G D^\alpha v_k \varphi \\
&= \int_G (v - v_k) D^\alpha \varphi + (-1)^{|\alpha|} \int_G (D^\alpha v_k - v^\alpha)\varphi + (-1)^{|\alpha|} \int_G v^\alpha \varphi.
\end{aligned}$$

Mit der Hölderschen Ungleichung erhält man dann mit dem dualen Exponenten p', $p^{-1} + (p')^{-1} = 1$,

$$\left| \int_G vD^\alpha \varphi - (-1)^{|\alpha|} \int_G v^\alpha \varphi \right|$$
$$\leq \|v - v_k\|_{L^p(G)} \|D^\alpha \varphi\|_{L^{p'}(G)} + \|v^\alpha - D^\alpha v_k\|_{L^p(G)} \|\varphi\|_{L^{p'}(G)} \to 0$$

für $k \to \infty$. Das heißt, dass

$$\int_G vD^\alpha \varphi = (-1)^{|\alpha|} \int_G v^\alpha \varphi$$

für alle $\varphi \in C_0^\infty(G)$ gilt, also $v^\alpha = D^\alpha v$ ist. □

Wir befassen uns mit Randwertproblemen für partielle Differentialgleichungen. Wir müssen also einen Weg finden, um Randwerte für $H^{m,p}(G)$-Funktionen im verallgemeinerten Sinn zu definieren. Dies geschieht nun. Die Einführung solcher verallgemeinerter 0-Randwerte ist zunächst ziemlich abstrakt, wird aber später als sehr sinnvoll erkannt werden. Es wird sich herausstellen, dass Funktionen aus $\mathring{H}^{m,p}(G)$ die Eigenschaft besitzen, auf dem Rand von G zu verschwinden. Zunächst ist jedoch überhaupt nicht klar, ob Randwerte solcher Funktionen sinnvoll sind, denn ∂G ist eine Nullmenge!

Definition 2.16. Für $1 \leq p < \infty$, $m \in \mathbb{N} \cup \{0\}$ sei

$$\mathring{H}^{m,p}(G) = \overline{C_0^m(G)}^{\|\cdot\|_{H^{m,p}(G)}}.$$

Für $\mathring{H}^{m,2}(G)$ schreiben wir auch $\mathring{H}^m(G)$. Dabei ist

$$C_0^m(G) = \{\varphi \in C^m(G) \mid \operatorname{supp} \varphi \text{ ist kompakt und } \subset G\}.$$

Das bedeutet, dass $\mathring{H}^{m,p}(G)$ aus den Funktionen besteht (siehe nächster Satz), die sich in der $H^{m,p}(G)$-Norm durch Funktionen aus $C_0^m(G)$ approximieren lassen. Den folgenden Satz beweist man leicht selbst. Man beachte, dass zunächst die Elemente von $\mathring{H}^{m,p}(G)$ als $H^{m,p}(G)$-Funktionen erkannt werden müssen.

Satz 2.17. *$\mathring{H}^{m,p}(G)$ ist für $1 \leq p < \infty$ ein abgeschlossener Teilraum von $H^{m,p}(G)$, also wieder ein Banachraum.*

Demnach sind die Normen in $\mathring{H}^{m,p}(G)$ und $H^{m,p}(G)$ dieselben.

Aus praktischen Gründen führen wir noch eine Bezeichnung für den Dualraum von $\mathring{H}^{m,p}(G)$ ein. Der Dualraum eines Raums X besteht aus den stetigen linearen Abbildungen (Funktionalen) $F : X \to \mathbb{R}$. Siehe dazu auch Definition A.29.

Definition 2.18. Sei $\frac{1}{p} + \frac{1}{p'} = 1$. Dann schreiben wir

$$H^{-m,p'}(G) = (\mathring{H}^{m,p}(G))', \quad \|f\|_{H^{-m,p'}(G)} = \sup_{v \in \mathring{H}^{m,p}(G)\setminus\{0\}} \frac{|f(v)|}{\|v\|_{H^{m,p}(G)}}.$$

Mit dieser Bezeichnung, die wir wie üblich durch die Abkürzung

$$H^{-m}(G) = (\mathring{H}^m(G))'$$

ergänzen, ist es uns möglich, Differentialgleichungen theoretisch und numerisch zu lösen, deren rechte Seiten Funktionale und keine Funktionen sind. Dazu gehören z. B. rechte Seiten, die als Ableitungen von $L^p(G)$-Funktionen interpretiert werden können. Dies zeigt das folgende

Beispiel 2.19. Sei $g \in L^{p'}(G)$ und $j \in \{1, \dots, n\}$ fest gewählt. Dann ist für $m \in \mathbb{N}$ durch

$$f(v) = -\int_G D_j v g$$

ein $f \in H^{-m,p'}(G)$ gegeben. f ist offensichtlich linear. Wir zeigen, dass f beschränkt ist und damit auch $\mathring{H}^{m,p}(G)$ nach $\mathbb{R}$ abbildet. Für jedes $v \in H^{m,p}(G)$ gilt:

$$|f(v)| \le \int_G |D_j v||g| \le \|D_j v\|_{L^p(G)} \|g\|_{L^{p'}(G)} \le \|v\|_{H^{m,p}(G)} \|g\|_{L^{p'}(G)}.$$

Also ist $\|f\|_{H^{-m,p'}(G)} \le \|g\|_{L^{p'}(G)}$.

Nachzutragen ist noch die Poincarésche Ungleichung, die wir nun gleich für Funktionen aus dem Raum $\mathring{H}^{1,p}(G)$ nachweisen. Dabei kümmern wir uns zunächst nicht um die optimale Konstante in dieser Ungleichung und merken uns nur, dass eine Abhängigkeit vom Durchmesser des Gebietes typisch ist.

Satz 2.20 (Poincarésche Ungleichung). *Es gibt eine Konstante $c_P \le 2d$, so dass für alle $v \in \mathring{H}^{1,p}(G)$ gilt:*

$$\|v\|_{L^p(G)} \le c_P \|\nabla v\|_{L^p(G)}. \tag{2.8}$$

Dabei ist d der Durchmesser von G in einer beliebigen festen Richtung.

Beweis. Es reicht aus, die Abschätzung (2.8) für $v \in C_0^1(G)$ nachzuweisen, denn zu $v \in \mathring{H}^{1,p}(G)$ wähle man gemäß Definition 2.16 eine Folge $v_j \in C_0^1(G)$ $(j \in \mathbb{N})$ mit $\|v - v_j\|_{H^{1,p}(G)} \to 0$ $(j \to \infty)$. Ist (2.8) für $C_0^1(G)$-Funktionen bewiesen, so folgt:

$$\begin{aligned}\|v\|_{L^p(G)} &\le \|v_j\|_{L^p(G)} + \|v_j - v\|_{L^p(G)} \le c_P \|\nabla v_j\|_{L^p(G)} + \|v_j - v\|_{L^p(G)} \\ &\le c_P \|\nabla v\|_{L^p(G)} + c_P \|\nabla(v_j - v)\|_{L^p(G)} + \|v_j - v\|_{L^p(G)} \\ &\to c_P \|\nabla v\|_{L^p(G)} \quad (j \to \infty).\end{aligned}$$

Ist nun also $v \in C_0^1(G)$, so setze v durch 0 auf den $\mathbb{R}^n$ fort:

$$\overline{v}(x) := \begin{cases} v(x) & (x \in G) \\ 0 & (x \in \mathbb{R}^n \setminus G). \end{cases}$$

Ist z. B. $G \subset [-d, d] \times \mathbb{R}^{n-1}$, so folgt wegen $\overline{v} \in C^1(\mathbb{R}^n)$

$$\overline{v}(x) = \int_{-d}^{x_1} \overline{v}_{x_1}(s, x_2, \dots, x_n) ds,$$

also mit $\frac{1}{p} + \frac{1}{p'} = 1$ auch

$$\begin{aligned} |\overline{v}(x_1, \dots, x_n)|^p &\le \Big(\int_{-d}^{x_1} |\overline{v}_{x_1}(s, x_2, \dots, x_n)| ds \Big)^p \\ &\le (2d)^{\frac{p}{p'}} \int_{-d}^{d} |\overline{v}_{x_1}(s, x_2, \dots, x_n)|^p ds, \end{aligned}$$

also auch

$$\int_{-d}^{d} |\overline{v}(x_1, \dots, x_n)|^p dx_1 \le (2d)^{\frac{p}{p'}+1} \int_{-d}^{d} |\overline{v}_{x_1}(s, x_2, \dots, x_n)|^p ds,$$

und Integration über die restlichen Richtungen $x_2, \dots, x_n$ liefert

$$\int_{\mathbb{R}^n} |\overline{v}(x)|^p dx \le (2d)^{\frac{p}{p'}+1} \int_{\mathbb{R}^n} |\overline{v}_{x_1}(x)|^p dx$$

beziehungsweise

$$\Big(\int_G |v(x)|^p dx \Big)^{\frac{1}{p}} \le 2d \Big(\int_G |v_{x_1}(x)|^p dx \Big)^{\frac{1}{p}}. \qquad \square$$

2.3 Der Laplace-Operator auf Sobolevräumen

Nun sind alle Räume bekannt, um den Laplace-Operator auf Sobolevräumen zu untersuchen. Dabei sind für uns zunächst nur die Räume $\mathring{H}^1(G)$ und $H^{-1}(G)$ wichtig. Im Folgenden sei $G \subset \mathbb{R}^n$ stets ein beschränktes Gebiet.

Lemma 2.21. *Durch*

$$(-\Delta u)(\varphi) = \int_G \nabla u \cdot \nabla \varphi, \quad (\varphi \in \mathring{H}^1(G)) \tag{2.9}$$

ist eine Abbildung $-\Delta : \mathring{H}^1(G) \to H^{-1}(G)$ *definiert.*

Beweis. Es ist zu zeigen, dass für $u \in \mathring{H}^1(G)$ das Bild $-\Delta u \in H^{-1}(G)$ ist. Für $\varphi \in \mathring{H}^1(G)$ hat man

$$|(-\Delta u)(\varphi)| \leq \int_G |\nabla u||\nabla \varphi| \leq \|\nabla u\|_{L^2(G)} \|\nabla \varphi\|_{L^2(G)} \leq \|\nabla u\|_{L^2(G)} \|\varphi\|_{H^1(G)}. \tag{2.10}$$

Die Linearität von $-\Delta u$ ist klar. Aus der Abschätzung (2.10) folgt dann die Stetigkeit des linearen Funktionals $-\Delta u$:

$$\| - \Delta u\|_{H^{-1}(G)} = \sup_{\varphi \in \mathring{H}^1(G) \setminus \{0\}} \frac{(-\Delta u)(\varphi)}{\|\varphi\|_{\mathring{H}^1(G)}} \leq \|\nabla u\|_{L^2(G)}.$$

Und damit ist das Lemma bewiesen. □

Satz 2.22. *Zu jedem* $f \in H^{-1}(G)$ *gibt es genau ein* $u \in \mathring{H}^1(G)$ *mit* $-\Delta u = f$*, das heißt*

$$\int_G \nabla u \cdot \nabla \varphi = f(\varphi) \qquad \forall \varphi \in \mathring{H}^1(G).$$

Es gilt die A-Priori-Abschätzung

$$\|u\|_{H^1(G)} \leq c\|f\|_{H^{-1}(G)} \tag{2.11}$$

mit einer nicht von u *abhängenden Konstanten* c.

Beweis. Den Beweis haben wir eigentlich schon in Paragraph 2.1 erledigt. Nur verwenden wir nun von Beginn an den Raum $X = \mathring{H}^1(G)$, in dem dann unsere Cauchyfolge konvergieren wird. Wie dort setzen wir $d = \inf_{v \in X} I(v)$ mit dem Funktional

$$I(v) = \frac{1}{2} \int_G |\nabla v|^2 - f(v).$$

Es ist $d < \infty$, weil $0 \in X$. Die Beschränktheit von unten sieht etwas anders aus. Wir verwenden die Definition der Norm im Dualraum und erhalten mit der Poincaréschen

Ungleichung

$$\begin{aligned}
I(v) &\geq \frac{1}{2}\|\nabla v\|^2_{L^2(G)} - |f(v)| \geq \frac{1}{2}\|\nabla v\|^2_{L^2(G)} - \|f\|_{H^{-1}(G)}\|v\|_{H^1(G)} \\
&\geq \frac{1}{2}\|\nabla v\|^2_{L^2(G)} - \|f\|_{H^{-1}(G)}\sqrt{1+c_P^2}\,\|\nabla v\|_{L^2(G)} \\
&\geq \frac{1}{2}(1-\varepsilon)\|\nabla v\|^2_{L^2(G)} - \frac{1+c_P^2}{2\varepsilon}\|f\|^2_{H^{-1}(G)}.
\end{aligned}$$

Eine geeignete Wahl von ε liefert die Beschränktheit von I von unten und demnach $d > -\infty$.

Wie in Paragraph 2.1 wählen wir nun eine Minimalfolge $(v_m)_{m\in\mathbb{N}}$ mit $I(v_m) \to d$ für $m \to \infty$ und weisen nach, dass sie eine Cauchyfolge in X ist. Dies ist fast wörtlich derselbe Beweis wie in Paragraph 2.1. Nur ist $\int_G fv$ durch $f(v)$ zu ersetzen. Nun können wir fortfahren mit dem

5. Schritt: Da $X = \mathring{H}^1(G)$ nach Satz 2.17 vollständig ist, gibt es ein $u \in X$, so dass $\|v_m - u\|_X \to 0$ für $m \to \infty$.

6. Schritt: $I(u) = d$. Dazu zeigen wir, dass I als Abbildung von X nach $\mathbb{R}$ stetig ist. Dies geht so:

$$\begin{aligned}
|I(u) - I(v_m)| &= \left|\frac{1}{2}\|\nabla u\|^2_{L^2(G)} - f(u) - \frac{1}{2}\|\nabla v_m\|^2_{L^2(G)} + f(v_m)\right| \\
&\leq \frac{1}{2}\left|\|\nabla u\|^2_{L^2(G)} - \|\nabla v_m\|^2_{L^2(G)}\right| + |f(u - v_m)| \\
&\leq \frac{1}{2}(\|\nabla u\|_{L^2(G)} + \|\nabla v_m\|_{L^2(G)})\|\nabla(u - v_m)\|_{L^2(G)} \\
&\quad + \|f\|_{H^{-1}(G)}\|u - v_m\|_{H^1(G)}.
\end{aligned}$$

Die rechte Seite dieser Ungleichung konvergiert gegen Null, denn $\|\nabla v_m\|_{L^2(G)} \leq \|v_m\|_{H^1(G)} \leq C$ und $\|u - v_m\|_{H^1(G)} \to 0$ für $m \to \infty$.

7. Schritt: Wie im Beweis von Satz 2.1 erhält man dann für das Minimum u die gewünschte Gleichung

$$\int_G \nabla u \cdot \nabla\varphi = f(\varphi) \quad \text{für alle } \varphi \in \mathring{H}^1(G), \tag{2.12}$$

was ja gerade $-\Delta u = f$ im schwachen Sinn bedeutet.

8. Schritt: Die Eindeutigkeit folgt sofort mit der Poincaréschen Ungleichung. Sind nämlich u_1 und u_2 Lösungen von (2.12), so genügt ihre Differenz $u = u_1 - u_2$ der homogenen Gleichung

$$\int_G \nabla u \cdot \nabla\varphi = 0 \quad \text{für alle } \varphi \in \mathring{H}^1(G).$$

Wählen wir $\varphi = u$, so folgt $\|\nabla u\|_{L^2(G)} = 0$ und mit der Poincaréschen Ungleichung auch $\|u\|_{H^1(G)} = 0$. Demnach wäre $u_1 = u_2$.

9. Schritt: Die A-Priori-Abschätzung (2.11) folgt, indem wir $\varphi = u$ als Testfunktion einsetzen und die Poincarésche Ungleichung verwenden. □

Wir halten den wichtigen Begriff der schwachen Lösung in einer eigenen Definition fest.

Definition 2.23. Es seien $f \in H^{-1}(G)$ und $g \in H^1(G)$ gegeben. Dann heißt $u \in H^1(G)$ schwache Lösung von

$$-\Delta u = f \quad \text{in } G, \quad u = g \quad \text{auf } \partial G, \tag{2.13}$$

falls

$$u - g \in \mathring{H}^1(G) \quad \text{und} \quad \int_G \nabla u \cdot \nabla \varphi = f(\varphi)$$

für alle $\varphi \in \mathring{H}^1(G)$ gilt.

Bisher haben wir nur schwache Lösungen mit Nullrandwerten untersucht. Der allgemeine Fall gemäß der vorigen Definition ist eine kleine Folgerung aus Satz 2.22.

Folgerung 2.24. *Zu jedem $f \in H^1(G)$ und jedem $g \in H^1(G)$ gibt es genau eine schwache Lösung des Randwertproblems* (2.13) *für die Poissongleichung. Es gilt die A-Priori-Abschätzung*

$$\|u\|_{H^1(G)} \leq c(\|f\|_{H^{-1}(G)} + \|g\|_{H^1(G)}). \tag{2.14}$$

Beweis. Wir transformieren das Problem auf Nullrandwerte durch $\tilde{u} = u - g$ und setzen

$$\tilde{f}(\varphi) = f(\varphi) - \int_G \nabla g \cdot \nabla \varphi.$$

Dann ist offensichtlich $\tilde{f} \in H^{-1}(G)$ und wir erhalten mit Satz 2.22 genau eine Lösung $\tilde{u} \in \mathring{H}^1(G)$ von

$$\int_G \nabla \tilde{u} \cdot \nabla \varphi = \tilde{f}(\varphi)$$

für alle Testfunktionen $\varphi \in \mathring{H}^1(G)$. Die Funktion $u = \tilde{u} + g$ ist dann die schwache Lösung des inhomogenen Randwertproblems gemäß Definition 2.23. □

Die Abbildungseigenschaften von $-\Delta$ sind nun fast vollständig geklärt. Wir fassen sie im folgenden Satz zusammen.

Satz 2.25. *Die Abbildung $-\Delta : \mathring{H}^1(G) \to H^{-1}(G)$ ist linear, bijektiv und stetig. Es gilt mit einer nur von G abhängenden positiven Konstanten c_G*

$$c_G \|u\|_{H^1(G)} \leq \|-\Delta u\|_{H^{-1}(G)} \leq \|u\|_{H^1(G)} \tag{2.15}$$

für jedes $u \in \mathring{H}^1(G)$. In der üblichen Schreibweise (Definition A.27) für lineare beschränkte Operatoren impliziert dies, dass $-\Delta \in L(\mathring{H}^1(G), H^{-1}(G))$ ist.

Beweis. Beginnen wir mit der Abschätzung nach unten, die dann die Injektivität der Abbildung $-\Delta$ ergibt. Es ist für $u \neq 0$

$$\|-\Delta u\|_{H^{-1}(G)} = \sup_{\varphi \in H^1(G)\setminus\{0\}} \frac{(-\Delta u)(\varphi)}{\|\varphi\|_{H^1(G)}} \geq \frac{(-\Delta u)(u)}{\|u\|_{H^1(G)}} = \frac{\|\nabla u\|^2_{L^2(G)}}{\|u\|_{H^1(G)}}$$

und mit der Poincaréschen Ungleichung weiter mit $\alpha = \frac{c_P^2}{1+c_P^2}$,

$$\begin{aligned}
&\geq \frac{\alpha \|\nabla u\|^2_{L^2(G)} + (1-\alpha)\|\nabla u\|^2_{L^2(G)}}{\|u\|_{H^1(G)}} \\
&\geq \frac{\frac{\alpha}{c_P^2}\|u\|^2_{L^2(G)} + (1-\alpha)\|\nabla u\|^2_{L^2(G)}}{\|u\|_{H^1(G)}} \\
&\geq \frac{1}{1+c_P^2}\|u\|_{H^1(G)}.
\end{aligned}$$

Die Abschätzung nach oben ist klar. □

Zum Abschluss dieses Paragraphen soll veranschaulicht werden, dass Funktionen aus einem Sobolevraum in einer Raumdimension stetig sind. Das folgende Lemma dient gleichzeitig dazu zu zeigen, wie man sogenannte Sobolevsche Einbettungssätze beweist und wie diese zu interpretieren sind. Es handelt sich hier um den einfachsten Fall eines solchen Einbettungssatzes. Allgemeinere Resultate werden wir später herleiten.

Lemma 2.26. *Sei $-\infty < a < b < \infty$ und $I = (a,b) \subset \mathbb{R}$. Dann gibt es zu $u \in \mathring{H}^1(I)$ eine Funktion $\tilde{u} \in C^0(\overline{I})$ mit $u = \tilde{u}$ fast überall in I und $\tilde{u}(a) = \tilde{u}(b) = 0$. Außerdem gilt*

$$\|\tilde{u}\|_{C^0(\overline{I})} \leq \sqrt{b-a}\|u\|_{H^1(I)}.$$

Beweis. 1. Schritt: Für eine klassisch stetig differenzierbare Funktion $v \in C_0^1(I)$ hat man für jeden Punkt $x \in I$

$$|v(x)| = |v(x) - v(a)| = \left| \int_a^x v'(s)\, ds \right|$$

$$\leq \int_a^b |v'(s)|\, ds \leq \sqrt{b-a} \Big(\int_a^b v'(s)^2\, ds \Big)^{\frac{1}{2}},$$

also folgt für die Maximumnorm

$$\|v\|_{C^0([a,b])} = \max_{x \in [a,b]} |v(x)| \leq \sqrt{b-a} \|v\|_{H^1((a,b))}.$$

2. Schritt: Zu $u \in \mathring{H}^1(I)$ gibt es nach Definition eine Folge $u_m \in C_0^1(I)$ mit $\|u_m - u\|_{H^1(I)} \to 0$ für $m \to \infty$. Aus dem ersten Schritt angewandt auf die Funktion $v = u_m - u_l$ erhält man

$$\|u_m - u_l\|_{C^0([a,b])} \leq \sqrt{b-a} \|u_m - u_l\|_{H^1((a,b))}.$$

Also ist $(u_m)_{m \in \mathbb{N}}$ auch eine Cauchyfolge im Banachraum $C^0(\overline{I})$. Aus der Analysis wissen wir, dass es dann eine Funktion $\tilde{u} \in C^0(\overline{I})$ gibt, mit $\|u_m - \tilde{u}\|_{C^0(\overline{I})} \to 0$ für $m \to \infty$ (gleichmäßige Konvergenz).

3. Schritt: $\tilde{u} = u$ fast überall, denn

$$\|\tilde{u} - u\|_{L^2(I)} \leq \|\tilde{u} - u_m\|_{L^2(I)} + \|u_m - u\|_{L^2(I)}$$
$$\leq \sqrt{b-a} \|\tilde{u} - u_m\|_{C^0(\overline{I})} + \|u_m - u\|_{H^1(I)} \to 0$$

für $m \to \infty$. Also ist $\|\tilde{u} - u\|_{L^2(I)} = 0$.

4. Schritt: Einbettungsabschätzung:

$$\|\tilde{u}\|_{C^0(\overline{I})} = \lim_{m \to \infty} \|u_m\|_{C^0(\overline{I})} \leq \sqrt{b-a} \lim_{m \to \infty} \|u_m\|_{H^1(I)} = \sqrt{b-a} \|u\|_{H^1(I)}.$$

Dies gilt wegen der Stetigkeit der Norm in einem normierten Raum.

5. Schritt: Randwerte: $\tilde{u}(a) = \lim_{m \to \infty} u_m(a) = 0$ und dasselbe für b. □

Dieses Resultat besagt, dass wir in einer Raumdimension eine $H^1(G)$-Funktion u nur auf einer Menge vom Lebesguemaß Null abändern müssen, um eine stetige Funktion $\tilde{u}$ zu erhalten. Beachten wir, dass Funktionen in Sobolevräumen sowieso nur bis auf Nullmengen erklärt sind, so ist also in diesem Sinn $\tilde{u} = u$.

2.4 Randwerte

Es ist nun zu klären, was es bedeutet, dass eine Funktion $u \in \mathring{H}^1(G)$ ist. Wir hatten diesen Funktionenraum in Definition 2.16 sehr indirekt definiert. Wir werden jedoch zum Beispiel benötigen, dass eine Funktion aus $C^0(\overline{G}) \cap \mathring{H}^1(G)$ auf dem Rand eines polygonalen Gebietes G verschwindet. Wir werden sehen, dass für „gutartig" berandete Gebiete diese Aussage gilt, für nicht „gutartig" berandete Gebiete jedoch im Allgemeinen falsch ist.

Wir beginnen mit dem positiven Resultat. Der Rand von G bestehe zu einem Teil aus einem Ebenenstück, das ohne Beschränkung der Allgemeinheit als $x_n = 0$ angenommen wird. Es gebe ein $\delta > 0$ und ein beschränktes Gebiet $\underline{G} \subset \mathbb{R}^{n-1}$, so dass

$$G \supset \{x = (\underline{x}, x_n) \,|\, \underline{x} \in \underline{G}, 0 < x_n < \delta\} = G_\delta, \quad \partial G \supset \{(\underline{x}, 0) \,|\, \underline{x} \in \underline{G}\}. \tag{2.16}$$

Sei nun $u \in C^0(\overline{G}) \cap \mathring{H}^1(G)$. Nach Definition von $\mathring{H}^1(G)$ gibt es zu $u \in \mathring{H}^1(G)$ eine Folge $u_j \in C_0^1(G)$ $(j \in \mathbb{N})$ mit $\|u - u_j\|_{H^1(G)} \to 0$ für $j \to \infty$. Insbesondere verschwindet u_j auf dem Rand von G. Sei nun $\underline{x} \in \underline{G}$ fest gewählt. Dann ist also $x = (\underline{x}, x_n)$, und wir erhalten

$$u_j(\underline{x}, x_n) = u_j(\underline{x}, x_n) - u_j(\underline{x}, 0) = \int_0^{x_n} \frac{\partial u_j}{\partial x_n}(\underline{x}, s)\, ds$$

und also auch

$$|u_j(\underline{x}, x_n)| \le \int_0^\delta |\nabla u_j(\underline{x}, s)|\, ds \le \sqrt{\delta} \Big(\int_0^\delta |\nabla u_j(\underline{x}, s)|^2\, ds \Big)^{\frac{1}{2}}.$$

Wir quadrieren diese Ungleichung und integrieren bezüglich $\underline{x}$ über $\underline{G}$ und bezüglich x_n von 0 bis δ. Damit folgt

$$\int_{\underline{G}} \int_0^\delta |u_j(\underline{x}, x_n)|^2\, dx_n d\underline{x} \le \delta^2 \int_{\underline{G}} \int_0^\delta |\nabla u_j(\underline{x}, s)|^2\, ds d\underline{x},$$

und wir haben bewiesen, dass

$$\|u_j\|_{L^2(G_\delta)} \le \delta \|\nabla u_j\|_{L^2(G)}$$

gilt. Und für $j \to \infty$ (Stetigkeit der Norm!) erhalten wir

$$\|u\|_{L^2(G_\delta)} \le \delta \|\nabla u\|_{L^2(G)}. \tag{2.17}$$

Wir beobachten nun, dass wegen der Stetigkeit von u in $\overline{G}$

$$\lim_{\delta\to 0}\frac{1}{\delta}\|u\|^2_{L^2(G_\delta)} = \lim_{\delta\to 0}\int_{\underline{G}}\frac{1}{\delta}\int_0^\delta u(\underline{x},x_n)^2\,dx_n d\underline{x} = \int_{\underline{G}} u(\underline{x},0)^2\,d\underline{x}$$

ist. Wir verwenden noch (2.17) und erhalten

$$\int_{\underline{G}} u(\underline{x},0)^2\,d\underline{x} = \lim_{\delta\to 0}\frac{1}{\delta}\|u\|^2_{L^2(G_\delta)} \le \lim_{\delta\to 0}\delta\|\nabla u\|^2_{L^2(G)} = 0.$$

Demnach folgt, dass $u(\underline{x},0) = 0$ für $\underline{x} \in \underline{G}$ ist. Damit haben wir folgenden Satz bewiesen.

Satz 2.27. *Es liege die Situation* (2.16) *vor, und es sei* $u \in C^0(\overline{G}) \cap \mathring{H}^1(G)$. *Dann folgt* $u(\underline{x},0) = 0$ *für* $\underline{x} \in \underline{G}$.

An einem einfachen Beispiel sehen wir, dass für Gebiete mit einem nicht „gutartigen" Rand Aussagen wie im vorigen Satz nicht zu erwarten sind.

Beispiel 2.28. Als Gebiet wählen wir $G = B_1(0)\setminus\{0\} \subset \mathbb{R}^n$, $n \ge 2$. Wir zeigen, dass für dieses Gebiet

$$\mathring{H}^1(G) \cap C^0(\overline{G}) \ne \{u \in C^0(\overline{G}) \cap H^1(G) \mid u = 0 \text{ auf } \partial G\}$$

ist. Für $n \ge 3$ ($n = 2$ geht ähnlich) definiere $u(x) = 1 - |x|$. Man rechnet nach, dass $u \in H^1(G) \cap C^0(\overline{G})$ ist. Außerdem ist $u \in \mathring{H}^1(G)$. Dazu konstruiert man eine Funktion u_ϵ (und verwendet dann als Folge $\epsilon = \frac{1}{j}$) von der Form

$$u_\epsilon(x) = \eta_\epsilon(|x|)u(x)$$

mit $\eta_\epsilon \in C^1([0,1])$, $0 \le \eta_\epsilon \le 1$, $\eta_\epsilon(|x|) = 0$ für $|x| \le \epsilon$, $\eta_\epsilon(|x|) = 1$ für $2\epsilon \le |x| \le 1$ und insgesamt $|\eta'_\epsilon| \le \frac{c}{\epsilon}$. Man zeigt dann leicht, dass

$$\|u - u_\epsilon\|_{L^2(G)} \le \|1-\eta_\epsilon\|_{L^2(G)},$$
$$\|\nabla(u-u_\epsilon)\|_{L^2(G)} \le \|1-\eta_\epsilon\|_{L^2(G)} + \|\nabla\eta_\epsilon\|_{L^2(G)}$$

gilt und bemerkt, dass

$$\|1-\eta_\epsilon\|_{L^2(G)} \to 0\,(\epsilon\to 0), \quad \|\nabla\eta_\epsilon\|_{L^2(G)} \le c\epsilon^{\frac{n}{2}-1} \to 0\,(\epsilon \to 0)$$

geht. Damit hat man gezeigt, dass zwar $u \in C^0(\overline{G}) \cap \mathring{H}^1(G)$ liegt, jedoch $u(0) = 1 \ne 0$ ist.

Die Existenz einer schwachen Lösung der Poissongleichung mit Nullrandwerten ist nach Satz 2.22 für beliebige beschränkte Gebiete gesichert. Wir erinnern uns aber daran, dass für die Existenz einer klassischen Lösung der Rand nur aus regulären Randpunkten bestehen durfte (siehe zum Beispiel Satz 1.35). Wir zeigen im folgenden Beispiel, dass diese Problematik auch bei schwachen Lösungen auftritt. Es ist nämlich so, dass bei „schlechtem" Rand auch eine schwache Lösung die Randwerte nicht annimmt. Man besitzt dann zwar eine schwache Lösung des Randwertproblems für die Poissongleichung, aber sie tut nicht das, was gefordert ist. Dies widerspricht nicht unseren Beobachtungen über Randwerte von Sobolevfunktionen in Satz 2.27, denn der dort untersuchte Gebietsrand ist „gut".

Beispiel 2.29. Wir erinnern uns an Beispiel 1.19. Zur Vereinfachung setzen wir hier $R = 1$. Das Gebiet ist $G = \{x \in \mathbb{R}^n \mid 0 < |x| < 1\} \subset \mathbb{R}^n$, $n \geq 2$, und die Randwerte sind durch $g(x) = 1$ auf $|x| = 1$ und $g(0) = 0$ gegeben. Als rechte Seite der Differentialgleichung wählen wir $f = 0$. Wir setzen g als $g(x) = |x|$ für $x \in G$ fort. Dann ist $g \in H^1(G)$. Nach Satz 2.24 gibt es nun eine Funktion $u \in H^1(G)$ mit $u - g \in \mathring{H}^1(G)$, so dass für alle $\varphi \in \mathring{H}^1(G)$

$$\int_G \nabla u \cdot \nabla \varphi = 0 \tag{2.18}$$

ist. Diese eindeutig bestimmte schwache Lösung ist aber $u(x) = 1$ $(x \in G)$. Offensichtlich genügt diese konstante Funktion der schwachen Differentialgleichung (2.18). Aber vor allem ist $u - g \in \mathring{H}^1(G)$. Dies beweist man ganz ähnlich wie im Beispiel 2.28.

2.5 Regularität

Es gibt viele Methoden, Regularität schwacher Lösungen elliptischer partieller Differentialgleichungen zu beweisen. Wir folgen hier dem am häufigsten verwendeten Verfahren. Wir verwenden Differenzenquotienten der schwachen Lösung, die wir in geeigneten Normen gleichmäßig im Parameter δ (siehe (2.20)) abschätzen. Dann liefert die elementare lineare Funktionalanalysis die Existenz der gewünschten schwachen Ableitung zusammen mit der entsprechenden Abschätzung.

Wir führen den Beweis hier nur für den Modellfall des Laplace-Operators. Zum Beweis steht uns nur die schwache Differentialgleichung zur Verfügung: $u \in H^1(G)$

$$\int_G \nabla u \nabla \varphi = \int_G f \varphi \quad \forall \varphi \in \mathring{H}^1(G). \tag{2.19}$$

Dabei ist $f \in L^2(G)$.

Hilfssatz 2.30. *Es sei $G \subset \mathbb{R}^n$ offen und beschränkt, $G' \subset\subset G$ und $u \in H^1(G)$. Für $0 < \delta < \operatorname{dist}(G', \partial G) = \inf_{x \in G', y \in \partial G} |x - y|$ definieren wir die Differenzenquotienten*

$$(D_{\delta k} u)(x) = \frac{u(x + \delta e_k) - u(x)}{\delta}, \quad (D_{-\delta k} u)(x) = \frac{u(x) - u(x - \delta e_k)}{\delta}. \tag{2.20}$$

für $x \in G'$. Dabei ist e_k der k-te Standardbasisvektor im $\mathbb{R}^n$. Dann ist $D_{\pm\delta k} u \in L^2(G')$, und es gilt

$$\|D_{\pm\delta k} u\|_{L^2(G')} \le \|u_{x_k}\|_{L^2(G)}. \tag{2.21}$$

Beweis. Zum Beweis dürfen wir nach Satz 5.53 annehmen, dass $u \in C^1(G) \cap H^1(G)$ ist. Dann erhalten wir

$$(D_{\delta k} u)(x) = \frac{1}{\delta} \int_0^\delta u_{x_k}(x_1, \ldots, x_{k-1}, x_k + s, x_{k+1}, \ldots, x_n)\, ds$$

und demnach

$$(D_{\delta k} u)(x)^2 \le \frac{1}{\delta} \int_0^\delta u_{x_k}(x_1, \ldots, x_{k-1}, x_k + s, x_{k+1}, \ldots, x_n)^2\, ds.$$

Wir integrieren diese Ungleichung bezüglich x über G' und erhalten

$$\begin{aligned}
\int_{G'} (D_{\delta k} u)(x)^2\, dx &\le \frac{1}{\delta} \int_0^\delta \int_{G'} u_{x_k}(x_1, \ldots, x_{k-1}, x_k + s, x_{k+1}, \ldots, x_n)^2\, dx ds \\
&= \frac{1}{\delta} \int_0^\delta \int_{G' + s e_k} u_{x_k}(x)^2\, dx ds \le \frac{1}{\delta} \int_0^\delta \int_G u_{x_k}(x)^2\, dx ds \\
&= \int_G u_{x_k}(x)^2\, dx.
\end{aligned}$$

Hierbei ist selbstverständlich $G' + s e_k = \{x + s e_k \mid x \in G'\}$. □

Aufgabe 2.31. Man verallgemeinere das obige Resultat zunächst auf $1 \le p < \infty$ und dann auf den Fall $p = \infty$. Dazu verwende man, dass $\lim_{p \to \infty} \|f\|_{L^p(G)} = \|f\|_{L^\infty(G)}$ ist.

Auch für die Differenzenquotienten gilt eine (triviale) Formel für partielle Integration.

Hilfssatz 2.32. *Für* $v \in L^2(G)$ *mit* $\operatorname{supp} v \subset G$, $u \in L^2(G)$ *und* $0 < \delta < \operatorname{dist}(\operatorname{supp} v, \partial G)$ *gelten*

$$\int_G u D_{\delta k} v = -\int_G v D_{-\delta k} u \tag{2.22}$$

und

$$D_{\delta k}(uv)(x) = u(x + he_k) D_{\delta k} v(x) + v(x) D_{\delta k} u(x). \tag{2.23}$$

Beweis. Zu (2.22):

$$\begin{aligned} \int_G u(x) D_{\delta k}(x)\, dx &= \frac{1}{\delta} \int_G u(x)(v(x + \delta e_k) - v(x))\, dx \\ &= \frac{1}{\delta}\Big(\int_{G+\delta e_k} u(y - \delta e_k) v(y)\, dy - \int_G u(x) v(x)\, dx \Big) \\ &= -\int_G D_{-\delta k} u(y)\, v(y)\, dy. \end{aligned}$$

Die Produktregel (2.23) folgt sofort, indem man die beteiligten Terme ausschreibt. □

Wir wenden uns nun dem Nachweis einer Abschätzung der Form

$$\| D_{\delta k} u_{x_k} \|_{L^2(G')} \leq c$$

zu, wobei die Konstante c unabhängig von δ ist. Dazu verwenden wir die schwache Differentialgleichung (2.19). Wir wählen eine Abschneidefunktion η mit den Eigenschaften

$$\eta \in C_0^1(G), \quad 0 \leq \eta \leq 1, \quad |\nabla \eta| \leq c, \quad \operatorname{supp} \eta \subset G' \tag{2.24}$$

für eine offene Menge $G' \subset\subset G$. Außerdem sei nun $k \in \{1, \dots, n\}$ fest gewählt. Wir setzen in (2.19) als Testfunktion

$$\varphi = D_{-\delta k}(\eta^2 D_{\delta k} u) \in \mathring{H}^1(G)$$

ein. Dies ergibt die Gleichung

$$\sum_{i=1}^{n} \int_G u_{x_i} (D_{-\delta k}(\eta^2 D_{\delta k} u))_{x_i} = \int_G f D_{-\delta k}(\eta^2 D_{\delta k} u). \tag{2.25}$$

Die linke Seite dieser Gleichung können wir mit Hilfssatz 2.32 umformen:

$$\begin{aligned}\sum_{i=1}^{n}\int_G u_{x_i}(D_{-\delta k}(\eta^2 D_{\delta k}u))_{x_i} &= \sum_{i=1}^{n}\int_G u_{x_i} D_{-\delta k}(\eta^2 D_{\delta k}u)_{x_i}\\ &= -\sum_{i=1}^{n}\int_G D_{\delta k}u_{x_i}(\eta^2 D_{\delta k}u)_{x_i}\\ &= -\sum_{i=1}^{n}\int_G (D_{\delta k}u_{x_i})^2\eta^2 - 2\sum_{i=1}^{n}\int_G \eta\eta_{x_i} D_{\delta k}u_{x_i} D_{\delta k}u.\end{aligned}$$

Indem wir dies in Gleichung (2.25) einsetzen und abschätzen, folgt die Ungleichung

$$\sum_{i=1}^{n}\int_G (D_{\delta k}u_{x_i})^2\eta^2 \le 2\sum_{i=1}^{n}\int_G |D_{\delta k}u_{x_i}|\eta||D_{\delta k}u||\eta_{x_i}| + \int_G |f||D_{-\delta k}(\eta^2 D_{\delta k}u)|.$$

Die Terme auf der rechten Seite lassen sich nun mittels Cauchy-Schwarzscher und Youngscher Ungleichung ($\varepsilon > 0$ beliebig) und mit (2.21) weiter abschätzen zu

$$\le \varepsilon\sum_{i=1}^{n}\int_G (D_{\delta k}u_{x_i})^2\eta^2 + \frac{1}{\varepsilon}\int_G (D_{\delta k}u)^2\eta_{x_i}^2 + \Big(\int_G f^2\Big)^{\frac{1}{2}}\Big(\int_G (\eta^2 D_{\delta k}u)_{x_k}^2\Big)^{\frac{1}{2}},$$

wobei wir beachten, dass die Integrale, die η enthalten, sich jeweils nur über eine kompakte Teilmenge $\overline{G}'$ beziehungsweise $\overline{G}' - \delta e_k$ von G erstrecken. Nun ist

$$(\eta^2 D_{\delta k}u)_{x_k} = 2\eta\eta_{x_k} D_{\delta k}u + \eta^2 D_{\delta k}u_{x_k},$$

und dies erlaubt schließlich die Ungleichung

$$\sum_{i=1}^{n}\int_G (D_{\delta k}u_{x_i})^2\eta^2 \le 2\varepsilon\sum_{i=1}^{n}\int_G (D_{\delta k}u_{x_i})^2\eta^2 + c(\varepsilon)\int_G f^2 + c\int_G u_{x_k}^2.$$

Wähle zum Beispiel $\varepsilon = \frac{1}{4}$ und erhalte die Abschätzung (2.26) im folgenden Lemma.

Lemma 2.33. *u sei eine schwache Lösung der Poissongleichung* (2.19). *Dann gilt für $G' \subset\subset G$ die Abschätzung*

$$\|D_{\delta k}u_{x_i}\|_{L^2(G')} \le c(\|f\|_{L^2(G)} + \|u\|_{H^1(G)}) \tag{2.26}$$

für $i, k = 1, \ldots, n$, wobei die Konstante c von $\operatorname{dist}(G', \partial G)$ *aber nicht von δ abhängt.*

Zu diesem Zeitpunkt ist unter Umständen nicht klar, wie eine Abschneidefunktion η wie in (2.24) zu konstruieren ist. Nachdem wir in Abschnitt 5.8 Friedrichssche Glättungsfunktionen zur Verfügung gestellt haben werden, können wir $\eta = (\chi_{G'})_\varepsilon$ zu gegebenem $G' \subset\subset G$ wählen. Im Moment könnte man $G' = B_{2R}(x_0)$ mit $x_0 \in G$ und $R > 0$ so klein, dass $\overline{B_{2R}(x_0)} \subset G$ gilt, wählen. In diesem Fall ist es einfach, eine Funktion $\eta \in C_0^1(B_{2R}(x_0))$ mit $0 \leq \eta \leq 1$, $\eta = 1$ auf $B_R(x_0)$, sowie $|\nabla\eta| \leq c(R)$ zu konstruieren. Dann hat man die Abschätzungen aus Lemma 2.33 mit $B_R(x_0)$ an der Stelle von G' und $B_{2R}(x_0)$ an der Stelle von G zur Verfügung. Danach überdeckt man ein gegebenes Teilgebiet $G' \subset\subset G$ (wegen der Kompaktheit von $\overline{G'}$) mit endlich vielen Kugeln $B_{2R}(x^{(j)})$ $(j = 1, \ldots, N)$. Dann folgt:

$$\begin{aligned} \|D_{\delta k} u_{x_i}\|^2_{L^2(G')} &\leq \sum_{j=1}^N \|D_{\delta k} u_{x_i}\|^2_{L^2(B_R(x^{(j)}))} \\ &\leq c \sum_{j=1}^N (\|f\|^2_{L^2(B_{2R}(x^{(j)}))} + \|u\|^2_{H^1(B_{2R}(x^{(j)}))}) \\ &\leq c(\|f\|^2_{L^2(G)} + \|u\|^2_{H^1(G)}). \end{aligned}$$

Nachdem nun die Differenzenquotienten der Funktionen u_{x_i} gleichmäßig in δ abgeschätzt sind, verwendet man den folgenden kleinen Hilfssatz.

Hilfssatz 2.34. *Sei $G' \subset\subset G$. Ist $v \in L^2(G)$ so, dass*

$$\|D_{\delta k} v\|_{L^2(G')} \leq C_0$$

für alle $0 < \delta < \operatorname{dist}(G', \partial G)$, so existiert die schwache Ableitung v_{x_k} in G', und es gilt die Abschätzung

$$\|v_{x_k}\|_{L^2(G')} \leq C_0.$$

Der Beweis verwendet einen wichtigen Satz der elementaren Funktionalanalysis (siehe auch Satz A.14). Er ist der Ersatz für den Satz von Bolzano-Weierstraß, der in unendlichdimensionalen Räumen nicht gilt. Der Beweis ist elementar mit dem Cantorschen Diagonalfolgenverfahren und dem Rieszschen Darstellungssatz (Satz 4.2) führbar.

Satz 2.35. *Es sei X ein Hilbertraum mit dem Skalarprodukt $(\cdot,\cdot)_X$. Dann besitzt eine beschränkte Folge $(u_k)_{k\in\mathbb{N}}$, $u_k \in X$ $(k \in \mathbb{N})$,*

$$\|u_k\|_X \leq C \quad (k \in \mathbb{N}),$$

eine schwach konvergente Teilfolge $(u_{k_j})_{j\in\mathbb{N}}$, $u_{k_j} \rightharpoonup u$ $(j \to \infty)$ gegen ein $u \in X$, das heißt es gilt

$$\forall \varphi \in X : (u_{k_j}, \varphi)_X \to (u, \varphi)_X \ (j \to \infty).$$

Außerdem ist $\|u\|_X \leq C$.

Beweis von Hilfssatz 2.34. Wähle eine Folge $\delta_m \to 0$ für $m \to \infty$ mit $0 < \delta_m < \operatorname{dist}(G', \partial G)$. Dann ist $(D_{\delta_m k} v)_{m \in \mathbb{N}}$ eine beschränkte Folge im Hilbertraum $L^2(G')$. Demnach gibt es nach Satz 2.35 eine Teilfolge $(\delta_{m_j})_{j \in \mathbb{N}}$ und eine Funktion $w \in L^2(G')$, so dass $D_{\delta_{m_j} k} v \rightharpoonup w$ für $j \to \infty$, das heißt

$$\int_{G'} D_{\delta_{m_j} k} v \varphi \to \int_{G'} w \varphi \quad (j \to \infty) \quad \forall \varphi \in L^2(G').$$

Dann ist zu zeigen, dass w eine schwache Ableitung von v ist. Sei dazu $\varphi \in C_0^\infty(G')$. Mit (2.22) folgt nun

$$\int_{G'} w\varphi = \lim_{j\to\infty} \int_{G'} D_{\delta_{m_j} k} v \varphi = - \lim_{j\to\infty} \int_{G'} v D_{-\delta_{m_j} k} \varphi = - \int_{G'} v \varphi_{x_k}.$$

Die letzte Gleichheit folgt wegen der Glattheit von φ. Demnach ist $w = v_{x_k}$. Die Abschätzung durch die Konstante C_0 folgt, da die Norm bezüglich schwacher Konvergenz unterhalbstetig ist. □

Satz 2.36. *Es sei $u \in H^1(G)$ eine schwache Lösung der Poissongleichung wie in* (2.19) *zu $f \in L^2(G)$. Sei $G' \subset\subset G$. Dann ist $u \in H^2(G')$, und es gibt eine von* $\operatorname{dist}(G', \partial G)$ *abhängende Konstante c, so dass die Abschätzung*

$$\|u\|_{H^2(G')} \le c(\|f\|_{L^2(G)} + \|u\|_{H^1(G)}) \tag{2.27}$$

besteht. Es ist $-\Delta u = f$ fast überall in G!

Beweis. Das Resultat folgt durch Kombination von Lemma 2.33 mit Hilfssatz 2.34. Die Tatsache, dass die partielle Differentialgleichung nun fast überall erfüllt ist, folgt aus der Definition der schwachen Ableitung, denn für alle $\varphi \in C_0^\infty(G)$ besteht die Gleichung

$$\int_G (f + \Delta u)\,\varphi = \int_G f\varphi - \int_G \nabla u \cdot \nabla\varphi = 0,$$

und $L^2(G)$-Funktionen lassen sich durch $C_0^\infty(G)$-Funktionen approximieren. □

Ist die rechte Seite f der Differentialgleichung noch „glatter“ als $f \in L^2(G)$, ist zum Beispiel $f \in H^1(G)$, so können wir die obigen Resultate verwenden, um nachzuweisen, dass $u \in H^3(G')$ ist. Das Vorgehen beruht auf der Gleichung

$$\int_G \nabla u_{x_k} \cdot \nabla\varphi = - \int_G \nabla u \cdot \nabla\varphi_{x_k} = - \int_G f\varphi_{x_k} = \int_G f_{x_k}\varphi,$$

die für $k = 1, \ldots, n$ und alle $\varphi \in C_0^2(G)$ besteht. Man beachte, dass hier nur das Ergebnis von Satz 2.36 verwendet wird. Indem man dieses Vorgehen iteriert, erhält man leicht den folgenden Satz.

Satz 2.37. *Es sei* $u \in H^1(G)$ *eine schwache Lösung der Poissongleichung wie in* (2.19) *zu* $f \in H^s(G)$ *für ein* $s \in \mathbb{N} \cup \{0\}$. *Sei* $G' \subset\subset G$. *Dann ist* $u \in H^{s+2}(G')$, *und es gibt eine von* $\operatorname{dist}(G', \partial G)$ *abhängende Konstante c, so dass die Abschätzung*

$$\|u\|_{H^{s+2}(G')} \leq c(\|f\|_{H^s(G)} + \|u\|_{H^1(G)}) \tag{2.28}$$

gilt.

In den Abschätzungen der Sätze 2.36 und 2.37 treten auf der rechten Seite noch die $H^1(G)$-Normen der kontinuierlichen Lösung u auf. In sofern sind diese Abschätzungen keine A-Priori-Abschätzungen. Dies liegt daran, dass wir für den Nachweis der Abschätzungen (2.27) und (2.28) keine Randwerte für die kontinuierliche Lösung zur Verfügung hatten beziehungsweise vorausgesetzt hatten. Nach (2.11), (2.14) haben wir jedoch für die schwache Lösung des Randwertproblems für die Poissongleichung die $\|u\|_{H^1(G)}$-Norm durch die Daten abgeschätzt.

Die Regularität der schwachen Lösung bis zum Rand (oder „am Rand“) beweisen wir mit einer nicht üblichen Methode. Weil wir dafür die Fortsetzungstechnik aus dem Abschnitt 3.6 über die Randapproximation verwenden werden, beweisen wir die Randregularität erst in Abschnitt 4.7. Wir notieren hier jedoch schon das Resultat.

Satz 2.38. *Es sei* $G \subset \mathbb{R}^n$ *ein beschränktes Gebiet mit* [1] $\partial G \in C^2$ *Es sei* $u \in \mathring{H}^1(G)$ *die schwache Lösung der Poissongleichung gemäß Satz 2.22 zur rechten Seite* $f \in L^2(G)$. *Dann ist* $u \in H^2(G)$, *und es gilt die A-Priori-Abschätzung*

$$\|u\|_{H^2(G)} \leq c\|f\|_{L^2(G)}. \tag{2.29}$$

Dieser Satz wird als Satz 4.26 für $\partial G \in C^3$ bewiesen.

Ähnlich wie bei der inneren Regularität erhält man für glattere rechte Seiten auch glattere Lösungen, die man entsprechend abschätzen kann. Solche Abschätzungen werden wir bei der Konvergenzanalysis der Finite-Elemente-Methode benötigen.

Satz 2.39. *Zusätzlich zu den Voraussetzungen von Satz* 2.38 *sei* $\partial G \in C^{s+2}$ *für ein* $s \in \mathbb{N} \cup \{0\}$. *Außerdem sei* $f \in H^s(G)$. *Dann gilt für die schwache Lösung der Poissongleichung* $u \in H^{s+2}(G)$, *und*

$$\|u\|_{H^{s+2}(G)} \leq c\|f\|_{H^s(G)}. \tag{2.30}$$

Für Randwerte $g \neq 0$ findet man leicht selbst die entsprechenden Abschätzungen. So ist zum Beispiel das Problem

$$-\Delta u = f \quad \text{in } G, \quad u = g \quad \text{auf } \partial G \tag{2.31}$$

äquivalent zum Problem

$$-\Delta \tilde{u} = f + \Delta g \quad \text{in } G, \quad \tilde{u} = 0 \quad \text{auf } \partial G.$$

[1] Dies wird in Definition 3.43 formuliert.

Folgerung 2.40. *Es seien die Voraussetzungen des vorigen Satzes erfüllt. Allerdings sei u die schwache Lösung des Randwertproblems* (2.31) *zu gegebenem* $g \in H^{s+2}(G)$ *gemäß Definition* 2.23. *Dann ist* $u \in H^{s+2}(G)$ *und*

$$\|u\|_{H^{s+2}(G)} \leq c(\|f\|_{H^s(G)} + \|g\|_{H^{s+2}(G)}). \tag{2.32}$$

Die vollständige Theorie findet man zum Beispiel im Buch [12].

2.6 Ausblick

Wir haben in diesem Kapitel den Existenz- und Eindeutigkeitsbeweis für schwache Lösungen der Poissongleichung auf beschränkten Gebieten des $\mathbb{R}^n$ erbracht. Andererseits wurden im ersten Kapitel klassische Lösungen mit dem Perronverfahren nachgewiesen. Der Zusammenhang dieser beiden Lösungstheorien ist nicht ganz einfach nachzuvollziehen.

Warum waren wir nicht mit den zuerst konstruierten klassischen Lösungen zufrieden? Der wichtigste Grund liegt darin, dass auch in praktischen Anwendungen Lösungen mit Singularitäten auftreten. So können Quellterme f auftreten, die nun einmal keine klassischen Lösungen erlauben. Ein einfaches Beispiel kann man schon in einer Raumdimension konstruieren.

Beispiel 2.41. Wir lösen die Poissongleichung auf dem Intervall $G = (-1, 1)$. Die rechte Seite der Differentialgleichung sei durch die Deltadistribution

$$f(\varphi) = \delta(\varphi) = \varphi(0), \quad \varphi \in \mathring{H}^1(G)$$

gegeben. Gerechtfertigt wird diese Wahl der rechten Seite durch den Einbettungssatz aus Lemma 2.26. Danach ist die Punktauswertung von φ im Punkt 0 sinnvoll. Wir wählen einen stetigen Repräsentanten $\tilde{\varphi}$ der Äquivalenzklasse φ. Dann erhalten wir

$$|f(\varphi)| = |f(\tilde{\varphi})| \leq |\tilde{\varphi}(0)| \leq \sqrt{2}\|\varphi\|_{H^1(G)}.$$

Damit ist $f \in H^{-1}(G)$ und die nun sehr einfache Poissongleichung

$$-u'' = f \quad \text{in } G, \quad u = 0 \quad \text{auf } \partial G$$

besitzt die schwache Lösung

$$u(x) = -\frac{1}{2}|x| + \frac{1}{2},$$

die offensichtlich nicht klassisch differenzierbar ist. Dass u die schwache Lösung ist, sieht man wie folgt ein: Für $\varphi \in C_0^1(G)$ gilt

$$\int_{-1}^{1} u'(x)\varphi'(x)dx = \frac{1}{2}\int_{-1}^{0} \varphi'(x)dx - \frac{1}{2}\int_{0}^{1} \varphi'(x)dx = \varphi(0) = f(\varphi).$$

Daraus erhält man die schwache Form der Differentialgleichung auch für $\varphi \in \mathring{H}^1(G)$ durch Approximation.

Der aus Sicht der theoretischen Mathematik wichtigste Grund für die Untersuchung schwacher Lösungen besteht darin, dass es mit den direkten Methoden der Variationsrechnung relativ einfach ist, die Existenz schwacher Lösungen nachzuweisen. Die volle Kraft entfaltet diese Methode bei der analytischen (und numerischen) Behandlung von nichtlinearen partiellen Differentialgleichungen oder bei Differentialgleichungen mit singulären Koeffizienten.

Aus Sicht der Numerik erlaubt es der schwache Lösungsbegriff, diskrete Lösungen zu berechnen beziehungsweise zu konstruieren. Dies geschieht im nächsten Kapitel.

Schließlich muss man sich die Frage stellen, ob die schwache Lösung bei genügend glatten Daten G und f vielleicht sogar eine klassische Lösung wie im ersten Kapitel ist. Dies ist das sogenannte Regularitätsproblem, das wir in den Abschnitten 4.6 und 4.7 lösen werden und für das wir in Abschnitt 2.5 einen ersten Schritt getan haben, indem wir gezeigt haben, dass eine schwache Lösung der Poissongleichung mit rechter Seite $f \in L^2(G)$ zweite schwache Ableitungen in $L^2(G')$ besitzt. Mit den in Abschnitt 3.5 bewiesenen Sobolevschen Einbettungssätzen kann man dies dann ausnutzen und bei genügend glatten Daten zeigen, dass die schwache Lösung eine klassische Lösung ist.

Nicht zuletzt stellt sich die Frage, ob klassische Lösungen auch schwache Lösungen sind. Dies untersuchen wir nun. Sei dazu $G \subset \mathbb{R}^n$ ein beschränktes Gebiet, und sei $u \in C^0(\overline{G}) \cap C^2(G)$ eine Lösung von $-\Delta u = f$ in G mit $u = 0$ auf ∂G. Wie für eine klassische Lösung notwendig sei dabei $\sup_G |f| < \infty$.

Satz 2.42. *Sei u im beschränkten Gebiet eine klassische Lösung der Poissongleichung zu Nullrandwerten. Dann ist u eine schwache Lösung.*

Beweis. Wir zeigen, dass u eine schwache Lösung ist. Wähle eine Abschneidefunktion $w_k \in C^\infty(\mathbb{R})$, $0 \le w_k \le 1$ so, dass $w_k(t) = 1$ für $|t| \ge \frac{1}{k}$ und $w_k(t) = 0$ für $|t| \le \frac{1}{2k}$ ist ($k \in \mathbb{N}$). Sei nun $\phi_k(t) = \int_0^t w_k(s)\,ds$. Dann ist insbesondere $\phi_k(0) = 0$, und es gilt

$$|\phi_k(t) - t| = \left| \int_0^t w_k(s) - 1\,ds \right| \le \frac{2}{k} \to 0 \quad (k \to \infty).$$

Setze $u_k = \phi_k(u)$. Da u stetig auf $\overline{G}$ ist und auf dem Rand verschwindet, konvergiert demnach $u_k \to u$ gleichmäßig auf $\overline{G}$ für $k \to \infty$. Vor allem ist $u_k \in C_0^2(G)$! Für die Ableitung erhalten wir

$$\nabla u_k = w_k(u) \nabla u.$$

Ist $u(x) \neq 0$ in einem Punkt $x \in G$, so ist $u \neq 0$ in einer Umgebung von x, und wir erhalten, dass $\nabla u_k(x) \to \nabla u(x)$ für $k \to \infty$ gilt. Ist $u(x) = 0$ und außerdem $\nabla u(x) = 0$, so erhalten wir dasselbe Resultat. Wir betrachten die Ausnahmemenge

$$E = \{x \in G \mid u(x) = 0 \text{ und } \nabla u(x) \neq 0\}.$$

Bisher wissen wir, dass $\nabla u_k(x) \to \nabla u(x)$ $(k \to \infty)$ für $x \in G \setminus E$ gilt. Die Ausnahmemenge E ist jedoch eine Lebesgue-Nullmenge. Die Begründung ist, dass in einer Umgebung eines Punktes $z \in E$ die Menge E ein Graph ist, denn $\nabla u(z) \neq 0$. Demnach ist $E \cap B_\epsilon(z)$ eine Nullmenge. Wähle nun offene Mengen $G_k \subset G$, die G für $k \to \infty$ ausschöpfen und setze

$$E_k = \left\{x \in \overline{G_k} \mid u(x) = 0 \text{ und } |\nabla u(x)| \geq \frac{1}{k}\right\}.$$

Nach den obigen Argumenten ist E_k eine Nullmenge, und dies impliziert, dass E eine Nullmenge ist. Also haben wir gezeigt, dass $\nabla u_k \to \nabla u$ $(k \to \infty)$ fast überall auf G gilt.

Wir verwenden, dass u eine Lösung der Poissongleichung ist. Für die folgende partielle Integration benötigen wir keine Glattheit des Randes von G, da wir die beteiligte Funktion u_k durch Null auf eine große Kugel fortsetzen können, die das Gebiet G enthält. Für diese Kugel verwenden wir dann den Gaußschen Integralsatz Satz 1.3.

$$\int_G f u_k = -\int_G \Delta u u_k = \int_G \nabla u \cdot \nabla u_k = \int_G w_k(u) |\nabla u|^2.$$

Das Lemma von Fatou (Satz B.2), angewandt auf die Folge $w_k(u)|\nabla u|^2 \geq 0$, und die Tatsache, dass der Grenzwert $\lim_{k\to\infty} \int_G f u_k$ existiert, liefert, dass $\int_G |\nabla u|^2 < \infty$ ist. Genauso erhält man, dass

$$\int_G |\nabla(u_k - u)|^2 \to 0 \quad (k \to \infty)$$

gilt. Da die Folge $(u_k)_{k\in\mathbb{N}}$ aus $C_0^2(G)$ ist, haben wir damit gezeigt, dass $u \in \mathring{H}^1(G)$ ist. Außerdem erhält man die Gleichung

$$\int_G \nabla u \cdot \nabla \varphi = \int_G f \varphi$$

für alle Testfunktionen $\varphi \in \mathring{H}^1(G)$. □

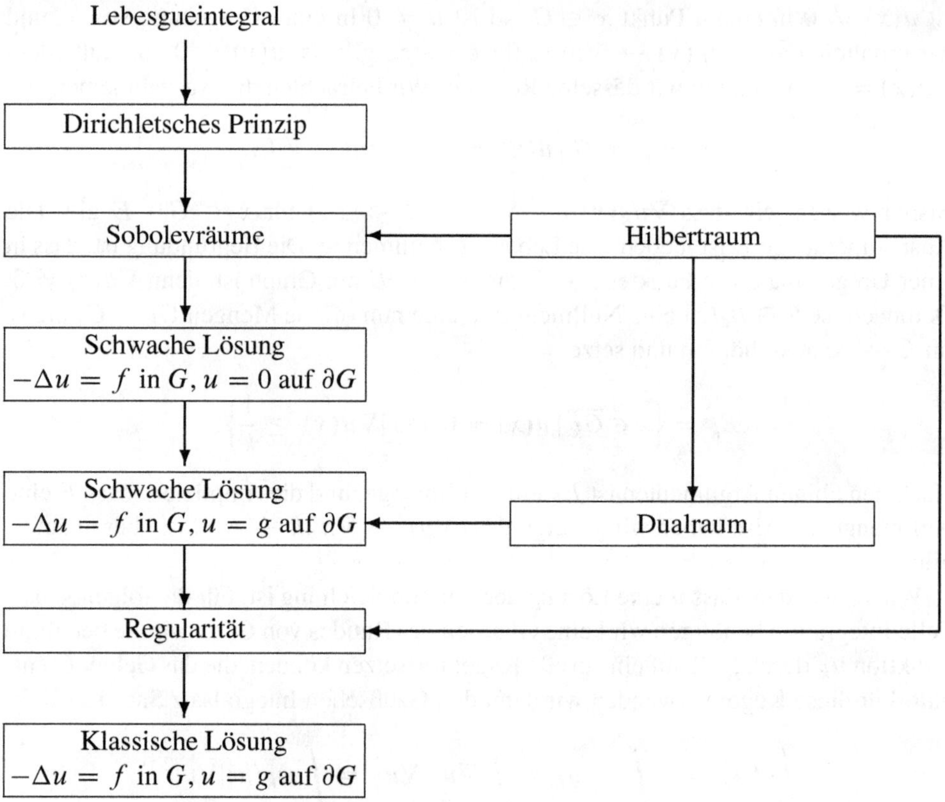

Abbildung 2.1. Struktur der Paragraphen 2.1 bis 2.5: Lösungen des Randwertproblems für die Poissongleichung (Schwache Theorie).

Kapitel 3
Diskretisierung der Poissongleichung

3.1 Diskretisierungstechniken

3.1.1 Diskretisierung am Beispiel eines Differenzenverfahrens

Wir diskretisieren das Randwertproblem für die Poissongleichung

$$-\Delta u = f \quad \text{in } G, \qquad u = g \quad \text{auf } \partial G \tag{3.1}$$

mit finiten Differenzen. Bei dieser Gelegenheit führen wir die grundlegenden Begriffe Konsistenz, Stabilität und Konvergenz ein und schaffen uns einen abstrakten Rahmen für die Diskretsierung partieller Differentialgleichungen.

Ein abstrakter Rahmen für Diskretisierungen ist durch das folgende Schema gegeben.

$$\begin{array}{cccc}
 & X_0 & & Y_0 \\
 & \cup & & \cup \\
T: & X & \longrightarrow & Y \\
 & \downarrow D_h^X & & \downarrow D_h^Y \\
T_h: & X_h & \longrightarrow & Y_h
\end{array}$$

Abbildung 3.1. Schema für die Diskretisierung einer kontinuierlichen Gleichung.

Hierin sind X, Y, X_0, Y_0 geeignete Räume für das kontinuierliche Problem, $Tu = b$ bezeichnet für $u \in X$ und $b \in Y$ das zu lösende kontinuierliche Problem. X_h und Y_h sind geeignete diskrete Räume, die mit den kontinuierlichen Räumen durch Diskretisierungsabbildungen D_h^X und D_h^Y verbunden sind. h steht für die Gitterweite beziehungsweise allgemeiner für einen Diskretisierungsparameter.

Im Fall des Randwertproblems für die Poissongleichung wählen wir nach den analytischen Erfahrungen des ersten Kapitels $Tu = (-\Delta u, u|_{\partial G})$ und $b = (f, g)$, wobei wir als Räume

$$X = \left\{ v \in C^0(\overline{G}) \cap C^{2,\alpha}(G) \mid \sup_G |\Delta v| < \infty \right\} \subset X_0$$

mit $X_0 = C^0(\overline{G})$ und

$$Y = \left\{(v, w) | v \in C^{0,\alpha}(G), w \in C^0(\partial G), \sup_G |v| < \infty\right\} \subset Y_0$$

mit $Y_0 = \{(v, w) \in C^0(G) \times C^0(\partial G) \mid \sup_G |v| < \infty\}$ wählen. Damit ist also

$$Tu = b \Leftrightarrow -\Delta u = f \text{ in } G, \ u = g \text{ auf } \partial G.$$

Lemma 3.1. *Es sei G ein Gebiet, das den Bedingungen von Satz* 1.44 *genügt. Dann ist die Abbildung $T : X \to Y$ linear und bijektiv.*

Beweis. Dass durch T eine Abbildung von X nach Y gegeben ist, sieht man schnell ein. Ist $v \in X$, so folgt $v \in C^0(\overline{G}) \cap C^{2,\alpha}(G)$ und $\sup_G |\Delta v| < \infty$. Durch T wird v abgebildet in $Tv = (-\Delta v, v|_{\partial G})$. Setzen wir $\tilde{v} = -\Delta v$, so ist $\tilde{v} \in C^{0,\alpha}(G)$ und $\sup_G |\tilde{v}| < \infty$. Für $\tilde{w} = v|_{\partial G}$ gilt: $\tilde{w} \in C^0(\partial G)$. Die Linearität von T ist klar.

T ist injektiv. Es reicht zu zeigen: $Tu = 0$ impliziert $u = 0$. Nun bedeutet $Tu = 0$, dass $\Delta u = 0$ in G und $u|_{\partial G} = 0$ ist. Das Maximumprinzip 1.17 liefert dann $u = 0$ in $\overline{G}$.

T ist surjektiv. Zu jedem Paar $(f, g) \in Y$ gibt es ein $u \in X$, so dass $Tu = (f, g)$ gilt. Es ist $(f, g) \in Y$, falls $f \in C^{0,\alpha}(G)$ mit $\sup_G |f| < \infty$ und $g \in C^0(\partial G)$ sind. Nach Satz 1.44 gibt es dann eine Lösung von $-\Delta u = f$ in $G, u = g$ auf ∂G. Beachte dann außerdem, dass $\sup_G |\Delta u| = \sup_G |f| < \infty$ ist. □

Zur Diskretisierung erfinden wir nun diskrete Räume X_h, Y_h zusammen mit den Diskretisierungsabbildungen D_h^X, D_h^Y. Die klassische Methode ist, dass X_h, Y_h aus Gitterfunktionen bestehen. Wir überdecken $\overline{G}$ mit einem Gitter der Gitterweite $h > 0$:

$$\overline{G}_h = \overline{G} \cap h\mathbb{Z}^n$$

und definieren den Gitterrand durch

$$\partial G_h = \{x \in \overline{G}_h \mid \operatorname{dist}(x, \partial G) < h\}.$$

Dabei verwenden wir den dem Gitter angepassten Abstandsbegriff $\operatorname{dist}(x, \partial G) = \inf_{y \in \partial G} \|x - y\|_{l^\infty}$ mit $\|z\|_{l^\infty} = \max_{j=1,\dots,n} |z_j|$ für $z \in \mathbb{R}^n$. Dementsprechend erklären wir

$$G_h = \overline{G}_h \setminus \partial G_h.$$

Siehe dazu Abbildung 3.2. Als diskrete Räume wählen wir die Gitterfunktionen auf $\overline{G}_h$ bzw. ∂G_h:

$$X_h = \{v_h : \overline{G}_h \to \mathbb{R}\}, \quad Y_h = \{(v_h, w_h) | v_h : G_h \to \mathbb{R}, w_h : \partial G_h \to \mathbb{R}\}.$$

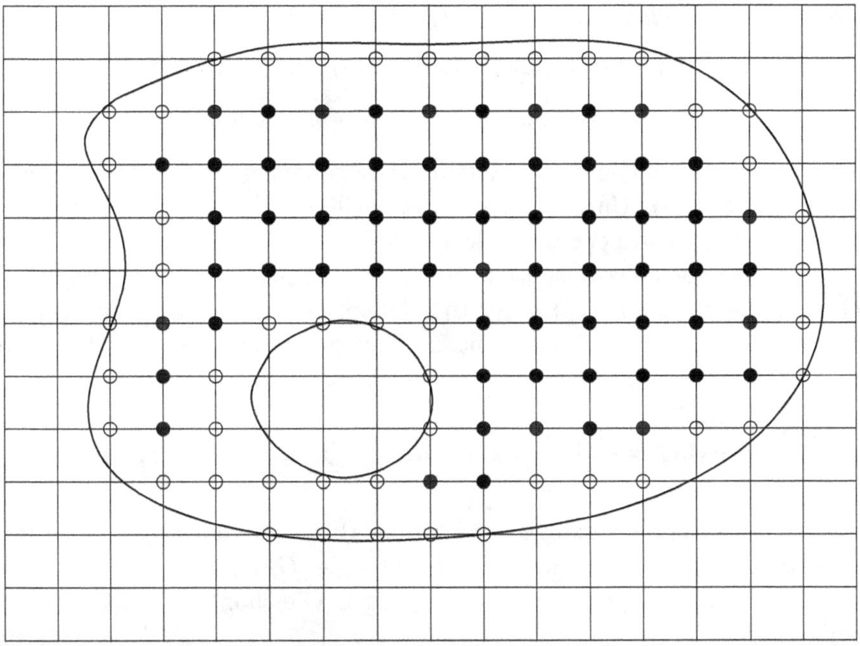

Abbildung 3.2. Darstellung des Gebiets G und des Differenzengitters. Die Punkte • gehören zu G_h, die Punkte ∘ zu ∂G_h.

Die Diskretisierungsabbildungen sind Einschränkungen auf das Gitter. Dabei verlangen wir, dass $\partial G_h \subset \partial G$ ist. Dies ist eine sehr einschränkende Bedingung, die im Allgemeinen durch kompliziertere Abbildungen ersetzt werden muss. Wir wollen hier jedoch nur den Rahmen für Differenzenverfahren kennenlernen. Deshalb ist dies hier legitim.

$$D_h^X v = v|_{\overline{G}_h}, \quad D_h^Y(v, w) = (v|_{G_h}, w|_{\partial G_h}).$$

Den diskreten Operator erklären wir durch

$$T_h u_h = (-\Delta_h u_h, u_h|_{\partial G_h}), \quad u_h \in X_h,$$

wobei für $x \in G_h$ definiert wird:

$$(-\Delta_h u_h)(x) = \frac{1}{h^2}\Big(2n u_h(x) - \sum_{j=1}^{n} u_h(x + he_j) - \sum_{j=1}^{n} u_h(x - he_j)\Big).$$

Man beachte, dass $-\Delta_h$ nur auf inneren Gitterpunkten erklärt ist.

Das diskrete Problem lautet nun: Zu $(f_h, g_h) \in Y_h$ finde (genau ein) $u_h \in X_h$, so dass gilt: $T_h u_h = (f_h, g_h)$.

Lemma 3.2. *Die Abbildung $T_h : X_h \to Y_h$ ist linear und bijektiv.*

Beweis. Die Linearität ist klar. Nun ist $T_h u_h = (f_h, g_h)$ genau dann, wenn

$$-\Delta_h u_h = f_h \quad \text{auf } G_h, \quad u_h = g_h \quad \text{auf } \partial G_h. \tag{3.2}$$

Das ist aber ein lineares Gleichungssystem zur Bestimmung der Werte von u_h auf $\overline{G}_h$. Es handelt sich um $|\overline{G}_h|$ Unbekannte und $|G_h| + |\partial G_h| = |\overline{G}_h|$ Gleichungen. Also ist Injektivität von T_h äquivalent zur Surjektivität. Wir weisen die Injektivität, das heißt die Eindeutigkeit nach. Dazu ist nachzuweisen, dass aus $Tu_h = (0, 0)$ folgt: $u_h = 0$ auf $\overline{G}_h$. Aus $(-\Delta_h u_h, u_h|_{\partial G_h}) = (0, 0)$ folgt sofort, dass $u_h = 0$ auf ∂G_h ist. Es bleibt zu beweisen, dass u_h in den inneren Knoten verschwindet. Aus der diskreten Differentialgleichung $-\Delta_h u_h = 0$ folgt die diskrete Mittelwertgleichung

$$u_h(x) = \frac{1}{2n}\Big(\sum_{j=1}^{n} u_h(x - he_j) + \sum_{j=1}^{n} u_h(x + he_j)\Big) \tag{3.3}$$

für $x \in G_h$. Beachte die Analogie zur kontinuierlichen Mittelwertgleichung in Satz 1.15. Angenommen, es gibt einen Gitterpunkt $x_0 \in G_h$, in dem u_h ein Maximum annimmt, das heißt $u_h(x_0) = \max_{x \in \overline{G}_h} u_h(x)$ gilt. Gleichung (3.3) in diesem Punkt impliziert dann

$$\sum_{j=1}^{n} \underbrace{(u_h(x_0) - u_h(x_0 + he_j))}_{\geq 0} + \sum_{j=1}^{n} \underbrace{(u_h(x_0) - u_h(x_0 + he_j))}_{\geq 0} = 0. \tag{3.4}$$

Damit ist u_h auf dem Differenzenstern $x_0 \pm he_j$ konstant gleich $u_h(x_0)$. Nun müssen wir diese Eigenschaft auf ganz G_h ausdehnen. Das geschieht beim Beweis der Stabilität weiter unten. Damit folgt dann: $u_h = 0$ in $\overline{G}_h$. □

Beispiel 3.3. In zwei Raumdimensionen ($n = 2$) und für das Gebiet $G = (0, 1) \times (0, 1)$ und die Gitterweite $h = 1/(N + 1)$, $N \in \mathbb{N}$, ist

$$\begin{aligned}
\overline{G}_h &= \{(hi, hj) \mid 0 \leq i, j \leq N + 1\},\\
\partial G_h &= \{(hi, hj) \in \overline{G}_h \mid i = 0, N + 1 \text{ oder } j = 0, N + 1\}.
\end{aligned}$$

Wir kürzen für eine Gitterfunktion v ab: $v_{ij} = v(hi, hj)$. Damit lautet das Gleichungssystem (3.2)

$$\begin{aligned}
\frac{1}{h^2}(4u_{ij} - u_{i+1,j} - u_{i-1,j} - u_{i,j+1} - u_{i,j-1}) &= f_{ij} \quad 1 \leq i, j \leq N,\\
u_{ij} &= g_{ij} \quad \text{in den anderen Knoten.}
\end{aligned}$$

Die Lösung solcher Gleichungssysteme ist Gegenstand der Untersuchungen in den einführenden Vorlesungen zur Numerik. Es handelt sich um ein symmetrisches Gleichungssystem mit Block-Tridiagonal-Struktur, wenn man die übliche lexigraphische Numerierung beibehält.

Es erhebt sich die wesentliche Frage, ob die Lösung des diskreten Problems (3.2) eine Approximation des kontinuierlichen Problems (3.1) liefert, das heißt gilt mit einer geeigneten Norm $\|u_h - u\| \to 0$, wenn die Gitterweite $h \to 0$ konvergiert? Zur Untersuchung dieses Problems führen wir die grundlegenden Konzepte der numerischen Analysis ein. Insbesondere benötigen wir nun normierte Räume.

Definition 3.4. Es liege die Situation des Schemas 3.1 vor. Dabei seien X_0, Y_0, X_h, Y_h normierte Räume und $X \subset X_0, Y \subset Y_0$ Teilräume. Das Schema heißt:

konsistent in $u \in X$, falls gilt:

$$\|T_h D_h^X u - D_h^Y T u\|_{Y_h} \to 0 \ (h \to 0),$$

stabil, falls es eine von h unabhängige Konstante $c_{\text{Stab}} > 0$ gibt, so dass für alle $v_h \in X_h$ gilt:

$$\|v_h\|_{X_h} \leq c_{\text{Stab}} \|T_h v_h\|_{Y_h},$$

konvergent, falls für die Lösung $u_h \in X_h$ von $T_h u_h = b_h$ zu $b_h \in Y_h$ und die Lösung $u \in X$ von $Tu = b$ zu $b \in Y$ gilt, d.h.

$$\|u_h - D_h^X u\|_{X_h} \to 0 \ (h \to 0).$$

Satz 3.5. *Konsistenz und Stabilität implizieren Konvergenz, falls die Daten konsistent approximiert werden:*

$$\|b_h - D_h^Y b\|_{Y_h} \to 0 \ (h \to 0).$$

Man kann natürlich auch gleich $b_h = D_h^Y b$ wählen.

Auch die umgekehrte Richtung ist wahr. Der Beweis verwendet dann allerdings das Prinzip der Normbeschränktheit, das in der linearen Funktionalanalysis bewiesen wird. Weitere Informationen findet man in [28]. Für uns ist im Moment aber nur die Aussage des Satzes wichtig. Für nichtlineare Abbildungen T ist die Aussage im Allgemeinen falsch.

Auch eine quantitative Version des Satzes gilt. Hat man Konsistenz der Ordnung α, das heißt gilt für $h \leq h_0$

$$\|T_h D_h^X u - D_h^Y T u\|_{Y_h} \leq c h^\alpha,$$

wird die rechte Seite von der Ordnung α approximiert, und hat man Stabilität, so folgt Konvergenz der Ordnung α:

$$\|u_h - D_h^X u\|_{X_h} \leq c h^\alpha.$$

Der Beweis ist offensichtlich analog zu dem nun folgenden Beweis des Satzes.

Beweis. Es seien also $u \in X$, $u_h \in X_h$, $b \in Y$, $b_h \in Y_h$ und $Tu = b$, $T_h u_h = b_h$. Dann folgt

$$\begin{aligned}
\|u_h - D_h^X u\|_{X_h} &\leq c_{\text{Stab}} \|T_h(u_h - D_h^X u)\|_{Y_h} = c_{\text{Stab}} \|T_h u_h - T_h D_h^X u\|_{Y_h} \\
&= c_{\text{Stab}} \|\underbrace{(T_h u_h - b_h)}_{=0} + (b_h - D_h^Y b) + (D_h^Y b - T_h D_h^X u)\|_{Y_h} \\
&\leq c_{\text{Stab}} \{ \underbrace{\|b_h - D_h^Y b\|_{Y_h}}_{\to 0} + \underbrace{\|D_h^Y Tu - T_h D_h^X u\|_{Y_h}}_{\to 0} \}.
\end{aligned}$$

Und das ergibt die Behauptung des Satzes. □

Für den Fall des Differenzenverfahrens für das Randwertproblem für die Poissongleichung wählen wir folgende Normen auf den am Anfang dieses Paragrafen gewählten Räumen:

$$\begin{aligned}
\|v\|_X &= \max_{\overline{G}} |v|, & \|(v, w)\|_Y &= \sup_G |v| + \sup_{\partial G} |w|, \\
\|v_h\|_{X_h} &= \max_{\overline{G}_h} |v_h|, & \|(v_h, w_h)\|_{Y_h} &= \max_{G_h} |v_h| + \max_{\partial G_h} |w_h|.
\end{aligned}$$

Wir weisen Konsistenz und Stabilität für unser Problem (3.2) nach. Danach folgt mit Satz 3.5 die Konvergenz des Verfahrens.

Der Nachweis der *Konsistenz* besteht wegen der Verwendung der klassischen Funktionenräume in einer angemessenen Taylorentwicklung. Die in der Definition der Konsistenz vorkommenden Größen sind

$$\begin{aligned}
T_h D_h^X u &= (-\Delta_h D_h^X u, D_h^X u|_{\partial G_h}) = (-\Delta_h u|_{G_h}, u|_{\partial G_h}), \\
D_h^Y Tu &= D_h^Y(-\Delta u, u|_{\partial G}) = ((-\Delta u)|_{G_h}, u|_{\partial G_h}).
\end{aligned}$$

Also erhalten wir

$$T_h D_h^X u - D_h^Y Tu = (-\Delta_h (u|_{G_h}) + (\Delta u)|_{G_h}, 0)$$

und damit dann

$$\|T_h D_h^X u - D_h^Y Tu\|_{Y_h} = \max_{x \in G_h} |\Delta_h (u|_{G_h})(x) - \Delta u(x)|.$$

Für $x \in G_h$ entwickeln wir die Funktion $u(x \pm h e_i)$ nach Taylor und erhalten

$$u(x \pm h e_i) = u(x) \pm u_{x_i}(x) h + \frac{1}{2} u_{x_i x_i}(x) h^2 + o(h^2)$$

für $h \to 0$. Addition dieser beiden Gleichungen und Summation über i ergibt

$$\begin{aligned}
&\Delta u(x) - \Delta_h(u|_{G_h})(x) \\
&\quad = \Delta u(x) + \frac{1}{h^2}\Big(2nu(x) - \sum_{j=1}^{n} u(x+he_j) - \sum_{j=1}^{n} u(x-he_j)\Big) = o(1).
\end{aligned}$$

Wir erhalten, falls $u \in C^2(\overline{G})$ ist, Konsistenz in u:

$$\max_{x \in G_h} |\Delta u(x) - \Delta_h(u|_{G_h})(x)| \to 0 \quad \text{für } h \to 0.$$

Außerdem beobachten wir: Ist sogar $u \in C^4(\overline{G})$, so können wir die Taylorentwicklung weitertreiben und erhalten sogar Konsistenz der Ordnung 2:

$$\max_{x \in G_h} |\Delta u(x) - \Delta_h(u|_{G_h})(x)| \le c\|u\|_{C^4(\overline{G})} h^2.$$

Wenden wir uns dem Nachweis der *Stabilität* unseres Algorithmus zu. Wir weisen folgende Aussage nach:

Es sei G beschränkt und $-\Delta_h u_h \le 0$ *in* G_h. *Dann gilt:* $\max_{\overline{G}_h} u_h \le \max_{\partial G_h} u_h$. Sei $C = u_h(x_0) = \max_{\overline{G}_h} u_h$. Liegt $x_0 \in \partial G_h$, so ist die Behauptung richtig. Also müssen wir uns nur den Fall $x_0 \in G_h$ ansehen. Die Argumentation ist nun ähnlich wie beim Nachweis der Eindeutigkeit einer Lösung des linearen Gleichungssystems. Wir haben nach Annahme

$$\begin{aligned}
&\frac{1}{h^2}\Big(2nu_h(x_0) - \sum_{j=1}^{n} u_h(x_0+he_j) - \sum_{j=1}^{n} u_h(x_0-he_j)\Big) \\
&\quad = \sum_{j=1}^{n} \underbrace{(u_h(x_0) - u_h(x_0+he_j))}_{\ge 0} + \sum_{j=1}^{n} \underbrace{(u_h(x_0) - u_h(x_0-he_j))}_{\ge 0} \le 0.
\end{aligned}$$

Also ist $u_h(x_0) = u_h(x_0 \pm he_j) = C$ für $j = 1, \dots, n$. Wir sagen, was ein wegweiser Zusammenhang des Gitters ist: x_0 und $x \in G_h$ sind durch einen Weg in G_h verbunden, falls es $y_0, \dots, y_k \in G_h$ gibt, so dass $y_0 = x_0, y_k = x, y_{i-1} = y_i \pm he_j$ für $i = 1, \dots k$ und jeweils ein $j \in \{1, \dots, n\}$ gilt. Die zu x_0 gehörende Zusammenhangskomponente von G_h bezeichnen wir mit

$$G_h^{\text{weg}}(x_0) = \{x \in G_h \mid x \text{ ist mit } x_0 \text{ durch einen Weg in } G_h \text{ verbunden}\}$$

und entsprechend

$$G_h^{\overline{\text{weg}}}(x_0) = \{x \in \overline{G}_h \mid \exists y \in G_h^{\text{weg}}(x_0) : x = y \pm he_j\}.$$

Man sieht leicht ein, dass $\emptyset \neq G_h^{\overline{\text{weg}}}(x_0) \setminus G_h^{\text{weg}}(x_0) \subset \partial G_h$. Damit gibt es ein $x_1 \in \partial G_h \cap G_h^{\overline{\text{weg}}}(x_0)$ und demnach folgt

$$\max_{\overline{G}_h} u_h = C = u_h(x_0) = u_h(x_1) \leq \max_{\partial G_h} u_h.$$

Die obigen Überlegungen erlauben es uns nun, folgendes kleine Lemma zu beweisen.

Lemma 3.6. *Sei $G_h \subset [-R, R]^n$. Dann ist das Schema* (3.2) *stabil, das heißt es gibt eine Konstante $c_{\text{Stab}} > 0$, so dass für alle h und alle $v_h \in X_h$ gilt:*

$$\|v_h\|_{X_h} \leq c_{\text{Stab}} \, \|T_h v_h\|_{Y_h} = c_{\text{Stab}}\big(\max_{G_h} |\Delta_h v_h| + \max_{\partial G_h} |v_h|_{\partial G_h}|\big).$$

Beweis. Sei $v_h \in X_h$. Dann gilt

$$-\Delta_h v_h = f_h \leq \max_{G_h} f_h = C_h.$$

Nun ist für die quadratische Funktion x_1^2

$$\begin{aligned}-\Delta_h x_1^2 &= \frac{1}{h^2}\Big(2nx_1^2 - \sum_{j=1}^n (x_1 + h\delta_{1j})^2 - \sum_{j=1}^n (x_1 - h\delta_{1j})^2\Big)\\ &= \frac{1}{h^2}(2x_1^2 - (x_1^2 + 2x_1 h + h^2) - (x_1^2 - 2x_1 h + h^2)) = -2.\end{aligned}$$

Wir setzen $u_h(x) = v_h(x) + \frac{\delta}{2} x_1^2$. Dann gilt

$$-\Delta_h u_h(x) = -\Delta_h v_h(x) - \frac{\delta}{2}\Delta_h x_1^2 \leq C_h - \delta.$$

Mit $\delta = C_h$ gilt also $-\Delta_h u_h \leq 0$ auf G_h. Also folgt mit $g_h = v_h|_{\partial G_h}$:

$$\begin{aligned}\max_{\overline{G}_h} u_h \leq \max_{\partial G_h} u_h &= \max_{x \in \partial G_h}\left(v_h(x) + \frac{C_h}{2} x_1^2\right) \leq \max_{\partial G_h} g_h + \frac{C_h}{2} R^2\\ &\leq \max_{\partial G_h} |g_h| + \frac{R^2}{2} \max_{G_h} |f_h|.\end{aligned}$$

Eine analoge Abschätzung nach unten ergibt dann insgesamt

$$\max_{\overline{G}_h} |u_h| \leq \max_{\partial G_h} |g_h| + \frac{R^2}{2} \max_{G_h} |f_h|$$

und damit

$$\max_{\overline{G}_h} |v_h| = \max_{x \in G_h} |u_h(x) - \frac{C_h}{2} x_1^2| \leq \max_{\overline{G}_h} |u_h| + \frac{R^2}{2} C_h \leq \max_{\partial G_h} |g_h| + R^2 \max_{G_h} |f_h|.$$

□

Damit ist nun insgesamt der folgende Konvergenzsatz für ein Differenzenverfahren für die Poissongleichung bewiesen:

Satz 3.7. *Es sei $G \subset \mathbb{R}^n$ ein beschränktes Gebiet, das Gitter $\overline{G}_h$ mit seinem Rand ∂G_h wie oben. Dann gibt es zu jedem $(f_h, g_h) \in Y_h$ genau eine diskrete Lösung $u_h \in X_h$ von $-\Delta_h u_h = f_h$ auf G_h und $u_h = g_h$ auf ∂G_h. Außerdem gilt*

$$\|u_h - D_h^X u\|_{X_h} \to 0$$

für $h \to 0$, falls $u \in C^2(\overline{G})$. Liegt die kontinuierliche Lösung $u \in C^4(\overline{G})$, so gilt sogar

$$\|u_h - D_h^X u\|_{X_h} \leq ch^2.$$

Beweis. Die Existenz einer Lösung folgt mit Lemma 3.1. Die Konvergenz folgt mit Satz 3.5 (mit Ordnung), da wir Konsistenz und Stabilität soeben beweisen haben. □

3.1.2 Das Ritz-Galerkin-Verfahren

In Kapitel 2 haben wir gesehen, dass die Lösung u der Poissongleichung zu Nullrandwerten durch das Minimieren des Funktionals

$$I(v) = \frac{1}{2} \int_G |\nabla v|^2 - f(v) \tag{3.5}$$

über dem Sobolevraum $X = \mathring{H}^1(G)$ gefunden werden konnte:

$$d = I(u) = \inf_{v \in X} I(v).$$

Dieses u ist dann die schwache Lösung gemäß Definition 2.23.

Die Idee des Ritz-Galerkin-Verfahrens ist nun ganz einfach. Man wähle einen endlichdimensionalen Teilraum $X_h \subset X$ und löse das Variationsproblem, ein $u_h \in X_h$ zu finden, so dass

$$d_h = I(u_h) = \inf_{v_h \in X_h} I(v_h). \tag{3.6}$$

Die Wahl geeigneter X_h mit praktisch gut zu verarbeitenden Basen wird Gegenstand der nächsten Paragraphen sein. Offensichtlich ist

$$I(u) \le I(u_h).$$

Ist $u_h \in X_h$ eine Lösung des Variationsproblems (3.6), so folgt wie im unendlichdimensionalen Fall wegen $I(u_h) \le I(u_h + \varepsilon\varphi_h)$ für jedes $\varepsilon \in \mathbb{R}$ und jedes $\varphi_h \in X_h$ die „schwache diskrete Differentialgleichung“

$$\int_G \nabla u_h \cdot \nabla \varphi_h = f(\varphi_h) \quad \forall \varphi_h \in X_h. \tag{3.7}$$

Fassen wir dies in einem Lemma zusammen.

Lemma 3.8. *Es sei $f \in H^{-1}(G)$ zu dem beschränkten Gebiet $G \subset \mathbb{R}^n$. Ist nun $X_h \subset X = \mathring{H}^1(G)$ ein endlichdimensionaler Teilraum, dann gibt es genau eine diskrete Lösung $u_h \in X_h$, so dass* (3.6) *gilt, und*

$$\int_G \nabla u_h \cdot \nabla \varphi_h = f(\varphi_h) \quad \forall \varphi_h \in X_h. \tag{3.8}$$

Außerdem ist $d_h \ge d$.

Beweis. Der Beweis ist wörtlich derselbe wie der Beweis zu Satz 2.22. Nur ist der Beweis einfacher, da wir in dem endlichdimensionalen Raum X_h minimieren und ein solcher Raum immer vollständig ist. □

Die diskrete Differentialgleichung (3.8) ist ein lineares Gleichungssystem zur Bestimmung von $u_h \in X_h$. Um dies einzusehen stellen wir u_h durch eine Basis dar. Sei

$$X_h = \operatorname{span}\{\phi_1, \ldots, \phi_N\}.$$

Demnach lässt sich u_h schreiben als

$$u_h(x) = \sum_{j=1}^{N} u_j \phi_j(x), \quad x \in G \tag{3.9}$$

mit zu bestimmenden reellen Zahlen u_j. Aus diesen Koeffizienten bilden wir den Vektor

$$\underline{u} = (u_1, \ldots, u_N)\,.$$

Die Gleichung (3.8) ist äquivalent zu

$$\int_G \nabla u_h \cdot \nabla \phi_i = f(\phi_i) \quad (i = 1, \dots, N).$$

Mit der Darstellung (3.9) ist dies wiederum äquivalent zu

$$\sum_{j=1}^{N} u_j \int_G \nabla \phi_j \cdot \nabla \phi_i = f(\phi_i), \quad (i = 1, \dots, N), \tag{3.10}$$

und wenn wir die sogenannte Steifigkeitsmatrix mit

$$S_{ij} = \int_G \nabla \phi_j \cdot \nabla \phi_i, \quad (i, j = 1, \dots, N) \tag{3.11}$$

bezeichnen und die rechte Seite mit

$$\underline{f} = (f_1, \dots, f_N), \quad f_i = f(\phi_i) \quad (i = 1, \dots, N), \tag{3.12}$$

so ist (3.8) äquivalent zum linearen Gleichungssystem

$$S\underline{u} = \underline{f}.$$

Dieses Gleichungssystem hat nun wichtige Eigenschaften.

Lemma 3.9. *Die Steifigkeitsmatrix S ist symmetrisch und positiv definit.*

Beweis. Die Symmetrie ist offensichtlich. Sei $\xi \in \mathbb{R}^n$. Setze $v_h(x) = \sum_{j=1}^{N} \xi_j \phi_j(x)$ und erhalte

$$S\xi \cdot \xi = \sum_{i,j=1}^{N} S_{ij} \xi_j \xi_i = \int_G |\nabla v_h|^2 \geq \frac{1}{c_P^2} \int_G v_h^2.$$

Dabei haben wir im letzten Schritt die Poincarésche Ungleichung verwendet. Offensichtlich ist dieser Ausdruck nicht negativ und gleich Null genau dann, wenn $v_h = 0$ ist, das heißt v_h identisch verschwindet. Daraus folgt dann aber, dass $\xi = 0$ ist. Auf die Poincarésche Ungleichung hätte man hier verzichten können, denn $S\xi \cdot \xi = 0$ bedeutet, dass $v_h \in X_h \subset \mathring{H}^1(G)$ konstant, also gleich Null ist. □

Wegen der besonders einfachen mathematischen Struktur der Diskretisierung können wir den Fehler zwischen kontinuierlicher Lösung und diskreter Lösung leicht abschätzen.

Satz 3.10. *Sei $G \subset \mathbb{R}^n$ ein beschränktes Gebiet, $f \in H^{-1}(G)$ und $X_h \subset \mathring{H}^1(G)$ ein endlichdimensionaler Teilraum. Ist $u \in \mathring{H}^1(G)$ die kontinuierliche Lösung aus Satz* 2.22 *und ist $u_h \in X_h$ die diskrete Lösung aus Lemma* 3.8, *so gilt*

$$\|\nabla(u-u_h)\|_{L^2(G)} = \inf_{\varphi_h \in X_h} \|\nabla(u-\varphi_h)\|_{L^2(G)}. \tag{3.13}$$

Damit ist die Abschätzung des Fehlers zwischen kontinuierlicher Lösung und diskreter Lösung auf ein Approximationsproblem zurückgeführt – das uns aber noch beträchtliche Arbeit abverlangen wird.

Beweis. $u \in \mathring{H}^1(G)$ ist die kontinuierliche Lösung:

$$\int_G \nabla u \cdot \nabla \varphi = f(\varphi) \quad \forall \varphi \in \mathring{H}^1(G). \tag{3.14}$$

$u_h \in X_h$ ist die diskrete Lösung:

$$\int_G \nabla u_h \cdot \nabla \varphi_h = f(\varphi_h) \quad \forall \varphi_h \in X_h. \tag{3.15}$$

Wegen $X_h \subset \mathring{H}^1(G)$ dürfen wir in der ersten Gleichung (3.14) auch diskrete Funktionen $\varphi = \varphi_h$ als Testfunktionen einsetzen. Wir subtrahieren danach die Gleichungen (3.14) und (3.15) und erhalten die *Orthogonalität des Fehlers*:

$$\int_G \nabla(u-u_h) \cdot \nabla \varphi_h = 0 \quad \forall \varphi_h \in X_h. \tag{3.16}$$

Nun folgt weiter für jedes $\varphi_h \in X_h$:

$$\begin{aligned}
\|\nabla(u-u_h)\|^2_{L^2(G)} &= \int_G \nabla(u-u_h) \cdot \nabla u - \int_G \nabla(u-u_h) \cdot \nabla u_h \\
&= \int_G \nabla(u-u_h) \cdot \nabla u - \int_G \nabla(u-u_h) \cdot \nabla \varphi_h \\
&= \int_G \nabla(u-u_h) \cdot \nabla(u-\varphi_h) \\
&\le \|\nabla(u-u_h)\|_{L^2(G)} \|\nabla(u-\varphi_h)\|_{L^2(G)}.
\end{aligned}$$

Das ergibt dann

$$\|\nabla(u-u_h)\|_{L^2(G)} \le \|\nabla(u-\varphi_h)\|_{L^2(G)}$$

für jedes φ_h, also die Behauptung des Satzes. □

Zum Abschluss dieses Paragrafen zeigen wir, wie *einfach* sich das Ritz-Galerkin Verfahren in den abstrakten Rahmen einer Diskretisierung, wie in Abbildung 3.1 gezeigt, einbetten lässt. Nun ist X ein Sobolevraum und Y sein Dualraum:

$$X = \mathring{H}^1(G), \quad Y = H^{-1}(G).$$

Für X_0 können wir zum Beispiel $X_0 = L^2(G)$ und für $Y_0 = Y$ wählen. Die lineare Abbildung sei nun $T = -\Delta$ im Sinn von Lemma 2.21 durch

$$T = -\Delta, \quad (Tu)(\varphi) = \int_G \nabla u \cdot \nabla \varphi, \quad u, \varphi \in \mathring{H}^1(G)$$

definiert. Damit ist $T : X \to Y$. X_h ist ein endlichdimensionaler Teilraum von $\mathring{H}^1(G)$ und Y_h definieren wir als den Dualraum:

$$X_h \subset X, \quad Y_h = X_h'.$$

Da X_h ein Teilraum von X ist, können wir den diskreten Differentialoperator als Einschränkung des kontinuierlichen Operators auf den endlichdimensionalen Teilraum definieren:

$$T_h = T|_{X_h}, \quad (T_h u_h)(\varphi_h) = \int_G \nabla u_h \cdot \nabla \varphi_h, \quad u_h, \varphi_h \in X_h.$$

Als Diskretisierungsoperator auf Y wählen wir

$$D_h^Y f = f\big|_{X_h}, \quad f \in Y$$

die Einschränkung des Funktionals $f \in X'$ auf den endlichdimensionalen Teilraum X_h. Damit ist offensichtlich $D_h^Y : Y \to Y_h$ wohldefiniert und linear und stetig, denn für $f \in Y = X'$ haben wir wegen $Y_h = X_h'$

$$\|D_h^Y f\|_{Y_h} = \sup_{\varphi_h \in X_h \setminus \{0\}} \frac{D_h^Y f(\varphi_h)}{\|\varphi_h\|_{X_h}} = \sup_{\varphi_h \in X_h \setminus \{0\}} \frac{f(\varphi_h)}{\|\varphi_h\|_X} \le \|f\|_Y.$$

Die Konstruktion eines Diskretisierungsoperators auf X kann aufwendig sein. Dies geschieht zusammen mit der Konstruktion von für die Praxis geeigneten endlichdimensionalen Teilräumen X_h im nächsten Kapitel.

An dieser Stelle wählen wir die sogenannte Ritzprojektion als Diskretisierungsoperator. Zu gegebenem $u \in X$ sei $D_h^X u = u_h \in X_h$ die Lösung der Gleichung

$$\int_G \nabla u_h \cdot \nabla \varphi_h = \int_G \nabla u \cdot \nabla \varphi_h \quad \forall \varphi_h \in X_h.$$

Nach Lemma 3.8 gibt es genau eine Lösung u_h dieser Gleichung, wobei die rechte Seite durch

$$f(\varphi_h) = \int_G \nabla u \cdot \nabla \varphi_h \quad (\varphi_h \in X_h)$$

gegeben ist. Damit haben wir die Diskretisierung $D_h^X : X \to X_h$ konstruiert.

Konsistenz: Nach Definition haben wir, dass gilt:

$$\begin{aligned}
\|T_h D_h^X u - D_h^Y T u\|_{Y_h} &= \sup_{\varphi_h \in X_h \setminus \{0\}} \frac{|(T_h D_h^X u - D_h^Y T u)(\varphi_h)|}{\|\varphi_h\|_{X_h}} \\
&= \sup_{\varphi_h \in X_h \setminus \{0\}} \frac{1}{\|\varphi_h\|_X} \int_G \nabla(D_h^X u - u) \cdot \nabla \varphi_h \\
&\leq \|\nabla(D_h^X u - u)\|_{L^2(G)}.
\end{aligned}$$

Demnach bedeutet Konsistenz, dass

$$\|\nabla(D_h^X u - u)\|_{L^2(G)} \to 0 \quad (h \to 0) \tag{3.17}$$

gilt. Diese Bedingung ist entweder durch Konstruktion (siehe später) oder durch eine geeignete Voraussetzung zu erfüllen. Immerhin ist bis zu diesem Schritt der Teilraum $X_h \subset X$ ziemlich beliebig. Nach Definition der Ritzprojektion beziehungsweise nach Lemma 3.8 ist $u_h = D_h^X u$ durch

$$\|\nabla(D_h^X u - u)\|_{L^2(G)} = \inf_{v_h \in X_h} \|\nabla(v_h - u)\|_{L^2(G)}$$

charakterisiert. Damit ergibt sich eine geeignete Voraussetzung an die Approximierbarkeit von Funktionen aus X durch Funktionen aus X_h:

$$\inf_{v_h \in X_h} \|\nabla(v_h - u)\|_{L^2(G)} \to 0 \quad (h \to 0).$$

Der Nachweis der *Stabilität* des Verfahrens ist fast trivial, denn mit der Poincaréschen Ungleichung (2.8) erhalten wir für $u_h \in X_h$ mit einer positiven Konstanten c:

$$c\|u_h\|_{X_h} \leq \frac{\|\nabla u_h\|_{L^2(G)}^2}{\|u_h\|_{H^1(G)}} = \frac{(T_h u_h)(u_h)}{\|u_h\|_{H^1(G)}} \leq \sup_{\varphi_h \in X_h \setminus \{0\}} \frac{(T_h u_h)(\varphi_h)}{\|\varphi_h\|_{H^1(G)}} = \|T_h u_h\|_{Y_h}.$$

Satz 3.5 besagt nun, dass wir auf *Konvergenz* des Verfahrens schließen können.

Der Weg zu diesem Konvergenzresultat war geradezu elementar. Es wurde auch offensichtlich, an welcher Stelle nun noch Arbeit zu leisten ist: Die Konsistenz (3.17) ist zu beweisen, wobei wir selbstverständlich Konsistenz geeigneter Ordnungen betrachten wollen. Der Rest der Bedingungen ist für das Ritz-Galerkin-Verfahren bei Wahl der richtigen Funktionenräume fast automatisch erfüllt. Mit der Konstruktion geeigneter diskreter Teilräume befassen wir uns im nächsten Kapitel.

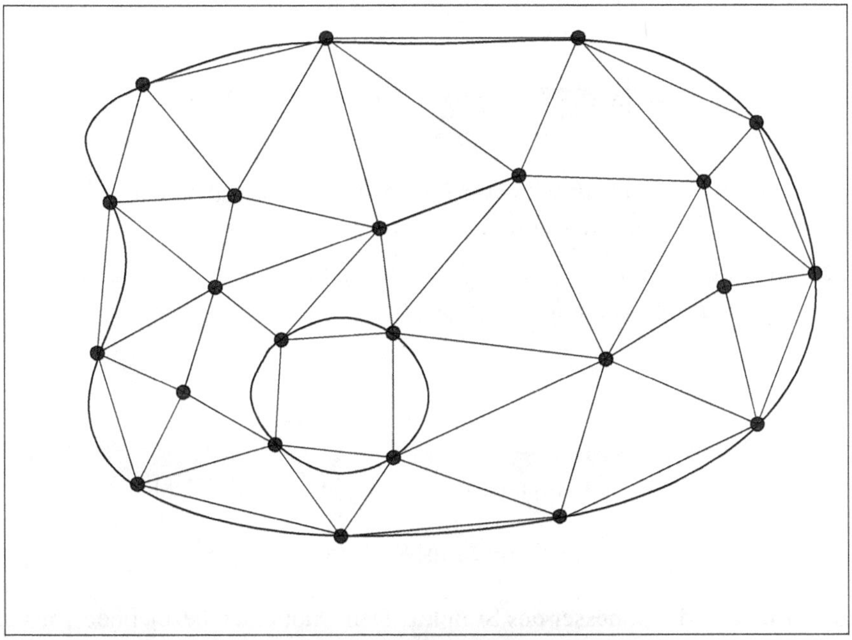

Abbildung 3.3. Eine zulässige Macrotriangulierung des Gebietes aus Abbildung 3.2 mit Dreiecken und Knoten der Triangulierung.

3.2 Finite Elemente

3.2.1 Simplexe

Ziel dieses Abschnitts ist die Konstruktion geeigneter endlichdimensionaler Teilräume X_h, die auf einer simplizialen Zerlegung des Gebietes G beruhen. In zwei Raumdimensionen besteht das Rechengitter aus Dreiecken, in drei Raumdimensionen aus Tetraedern.

Definition 3.11. 1. Für $s \in \{1, \ldots, n\}$ seien $a_0, \ldots, a_s \in \mathbb{R}^n$ derart, dass die Vektoren $(a_j - a_0)_{j=1,\ldots,s}$ linear unabhängig sind. Dann heißt

$$T = \Big\{x \in \mathbb{R}^n \mid x = \sum_{j=0}^{s} \lambda_j a_j,\ 0 \le \lambda_j,\ \sum_{j=0}^{s} \lambda_j = 1\Big\}$$

ein (nicht degeneriertes) s-dimensionales *Simplex* im $\mathbb{R}^n$. Die Punkte $a_0, \ldots, a_s$ heißen *Ecken* des Simplex. Sind $a'_0, \ldots, a'_r \in \{a_0, \ldots, a_s\}$ $(r \in \{0, \ldots, s\})$, so nennt man

$$T' = \left\{ x \in \mathbb{R}^n \mid x = \sum_{j=0}^{r} \lambda_j a'_j,\ 0 \le \lambda_j,\ \sum_{j=0}^{r} \lambda_j = 1 \right\}$$

r-dimensionales *Seitensimplex* von T. Die eindimensionalen Seitensimplexe heißen Kanten, die nulldimensionalen Ecken.

2. Das Simplex T_0 zu $a_0 = e_0 = 0$, $a_j = e_j$ $(j = 1, \ldots, n)$ nennt man n-dimensionales *Einheitssimplex*.

3. Die Größe

$$h(T) = \max\{|a_j - a_k| \mid (j, k = 0, \ldots, s)\}$$

heißt Durchmesser des s-dimensionalen Simplex, und die Zahl

$$\rho(T) = 2 \sup\{R | B_R(x_0) \subset T\}$$

ist der Inkugeldurchmesser des Simplex. Den Quotienten bezeichnen wir mit

$$\sigma(T) = \frac{h(T)}{\rho(T)}.$$

4. Als Schwerpunkt des Simplex bezeichnen wir den Punkt

$$x_T = \frac{1}{s+1} \sum_{j=0}^{s} a_j.$$

Im $\mathbb{R}^2$ ist ein zweidimensionales Simplex das Dreieck mit den Ecken a_0, a_1, a_2, im $\mathbb{R}^3$ ist ein dreidimensionales Simplex der Tetraeder mit den Ecken a_0, a_1, a_2, a_3, sechs eindimensionalen und vier zweidimensionalen Seitensimplexen. Ein s-dimensionales Simplex besitzt $\binom{s+1}{r+1}$ r-dimensionale Seitensimplexe.

Es wird von Vorteil sein, spezielle dem Simplex angepasste Koordinaten zu verwenden. Wir werden diese Koordinaten oft statt der kartesischen Koordinaten verwenden.

Definition 3.12. Als *baryzentrische Koordinaten* $\lambda_0, \ldots, \lambda_s$ eines Punktes $x \in T$ des s-dimensionalen Simplex T bezeichnet man die Lösung des linearen Gleichungssystems

$$\sum_{j=0}^{s} \lambda_j a_j = x, \quad \sum_{j=0}^{s} \lambda_j = 1. \tag{3.18}$$

Das Gleichungssystem (3.18) ist für jedes x eindeutig lösbar. Dass es lösbar ist, folgt daraus, dass $x \in T$ liegt und aus der Definition des Simplex T. Bleibt die Eindeutigkeit nachzuweisen. Diese folgt aber sofort, da das Gleichungssystem die Form

$$\begin{pmatrix} | & | & & | \\ a_0 & a_1 & \cdots & a_s \\ | & | & & | \\ 1 & 1 & & 1 \end{pmatrix} \begin{pmatrix} \lambda_0 \\ \vdots \\ \vdots \\ \lambda_s \end{pmatrix} = \begin{pmatrix} x_1 \\ \vdots \\ x_n \\ 1 \end{pmatrix}$$

hat und für den Rang gilt

$$\begin{aligned} \operatorname{Rang} \begin{pmatrix} | & | & & | \\ a_0 & a_1 & \cdots & a_s \\ | & | & & | \\ 1 & 1 & & 1 \end{pmatrix} &= \operatorname{Rang} \begin{pmatrix} | & | & & | \\ a_0 & a_1 - a_0 & \cdots & a_s - a_0 \\ | & | & & | \\ 1 & 0 & & 0 \end{pmatrix} \\ &= 1 + \operatorname{Rang} \begin{pmatrix} | & & | \\ a_1 - a_0 & \cdots & a_s - a_0 \\ | & & | \end{pmatrix} = 1 + s. \end{aligned}$$

Wir werden bei Fehlerabschätzungen des öfteren ein gegebenes Simplex auf das Einheitssimplex transformieren. Damit wir dabei die auftretenden Konstanten gut verfolgen können, beweisen wir den folgenden kleinen Hilfssatz.

Hilfssatz 3.13. *Jedes s-dimensionale Simplex T im $\mathbb{R}^s$ ist affin äquivalent zum Einheitsimplex T_0 der gleichen Dimension. Es gibt genau eine affine Abbildung*

$$F : T_0 \to T, \quad F(\bar{x}) = A\bar{x} + b$$

mit einer $(s \times s)$-Matrix A, $\det A \neq 0$ und einem $b \in \mathbb{R}^s$, so dass $F(e_j) = a_j$ für $j = 0, \dots, s$ gilt. Außerdem gelten die Abschätzungen

$$|A| \le \frac{h(T)}{\rho(T_0)}, \quad |A^{-1}| \le \frac{h(T_0)}{\rho(T)}, \quad c\rho(T)^s \le |\det A| \le \tilde{c}h(T)^s \tag{3.19}$$

mit nur von s abhängigen Konstanten c und $\tilde{c}$, und man hat außerdem $|\det A| = \frac{|T|}{|T_0|}$.

Dabei ist $|A|$ die zur euklidischen Norm $|x|^2 = x_1^2 + \cdots + x_s^2$ im $\mathbb{R}^s$ gehörende Matrixnorm, d. h. $|A| = \sup_{|e|=1} |Ae|$, und dies bedeutet, dass $|A|$ die Wurzel aus dem größten Eigenwert der Matrix $A^t A$ ist.

Beweis. Sowohl $\{e_j \,|\, j = 1, \dots, s\}$ als auch $\{a_j - a_0 \,|\, j = 1, \dots, s\}$ sind Basen des $\mathbb{R}^s$. A sei die Basistransformation:

$$Ae_j = a_j - a_0 \quad (j = 1, \dots, s).$$

Dann leistet

$$F(\bar{x}) = A\bar{x} + a_0$$

das Verlangte. F ist eindeutig bestimmt, denn aus $Ae_j + b = A'e_j + b'$ für $j = 0, \dots, s$ folgt für $j = 0$ wegen $e_0 = 0$, dass $b = b'$ ist, und demnach $(A - A')e_j = 0$ für alle $j = 1, \dots, s$ gilt, woraus wiederum $A = A'$ folgt.

Es sei $e \in \mathbb{R}^s$ mit $|e| = 1$. Nach Definition von $\rho(T_0)$ gibt es ein $x_0 \in T_0$, so dass $\overline{B_{\frac{\rho(T_0)}{2}}(x_0)} \subset T_0$ ist. Dann gibt es auch Punkte $x_1, x_2 \in T_0$, so dass $x_1 - x_2 = e\rho(T_0)$ gilt. Damit folgt dann

$$|Ae| = |Ax_1 - Ax_2|\rho(T_0)^{-1} \leq h(T)\rho(T_0)^{-1}.$$

Das bedeutet aber gerade, dass

$$|A| \leq h(T)\rho(T_0)^{-1}$$

ist. Genauso folgt die zweite Abschätzung in (3.19).

Weiter ist nach der Transformationsregel

$$|T| = \int_T 1 dx = \int_{T_0} |\det A| d\bar{x} = |T_0||\det A|$$

und demnach $|\det A| = \frac{|T|}{|T_0|}$.

Das Volumen des s-dimensionalen Einheitssimplex T_0 kann man leicht durch Integration berechnen: $|T_0| = \frac{1}{s!}$. Also weiß man, dass $|T| = \frac{1}{s!}|\det A|$ ist. Dies benötigen wir hier zwar nicht, ist aber bei der Implementierung von Bedeutung.

Das Volumen von $|T|$ lässt sich wie folgt abschätzen:

$$|T| \geq |B_{\frac{\rho(T)}{2}}(x_0)| = |S^{s-1}| \frac{\rho(T)^s}{2^s} = \frac{\pi^{\frac{s}{2}}}{2^{s-1}\Gamma(\frac{s}{2})}\rho(T)^s.$$

Die Abschätzung nach oben beweist man analog. Zum Wert von $\omega_s = |S^{s-1}|$ siehe Aufgabe 6.5. □

Wir setzen nun Simplexe zu einer Triangulierung des vorgegebenen beschränkten Gebietes $G \subset \mathbb{R}^n$ zusammen. Es wird verlangt, dass die Simplexe nur an gemeinsamen Seitensimplexen zusammenhängen. Wir werden sehen, dass dann das Gebiet polygonal berandet sein muss.

Definition 3.14. $G \subset \mathbb{R}^n$ sei ein beschränktes Gebiet. Es sei

$$\overline{G} = \bigcup_{j=1}^{m} T_j, \quad \partial G = \bigcup_{j=1}^{m'} T_j' \quad (m, m' \in \mathbb{N})$$

mit n-dimensionalen Simplexen T_j und $(n-k)$-dimensionalen ($k \in \{1, \dots, n\}$) Simplexen T_j', die Seitensimplexe der T_j sind.

$$\mathcal{T} = \{T_j \mid j = 1, \dots, m\}$$

nennt man eine Triangulierung von G. Sie heißt *zulässige Triangulierung*, wenn für je zwei Simplexe $T_1, T_2 \in \mathcal{T}$ gilt, dass $T_1 \cap T_2 = S$ mit $S = \emptyset$ oder einem gemeinsamen $(n-k)$-dimensionalen ($k \in \{1, \dots, n\}$) Seitensimplex von T_1 und T_2 ist. Für eine zulässige Triangulierung $\mathcal{T}$ definieren wir

$$h = \max_{T \in \mathcal{T}} h(T), \quad \rho = \min_{T \in \mathcal{T}} \rho(T), \quad \sigma = \max_{T \in \mathcal{T}} \sigma(T). \tag{3.20}$$

h nennen wir globale Gitterweite oder Feinheit von $\mathcal{T}$.

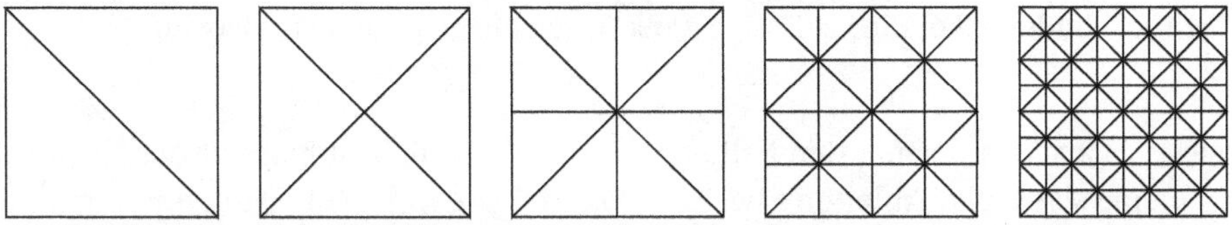

Abbildung 3.4. Eine sukzessive verfeinerte Triangulierung eines Quadrats im $\mathbb{R}^2$. Verfeinerungsstufen 0, 1, 2, 4 und 6.

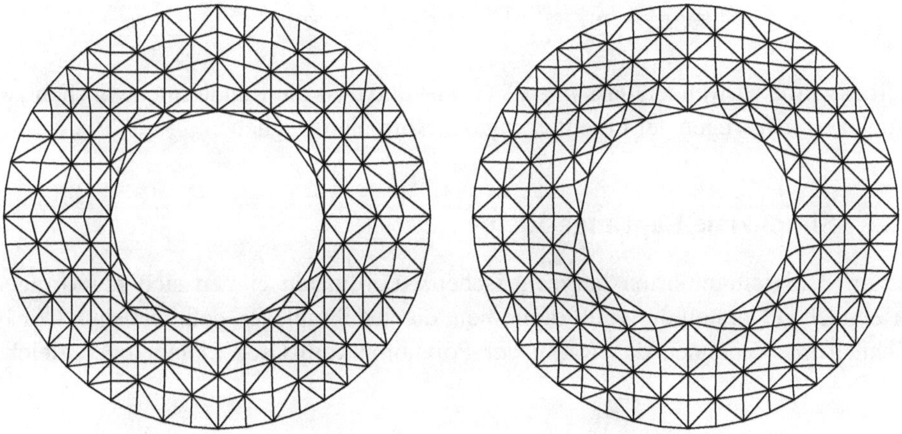

Abbildung 3.5. Zwei Triangulierungen desselben polygonalen Gebietes.

Hilfreich ist der folgende Satz, der uns erlauben wird, stückweise polynomiale Funktionen auf einer gegebenen Triangulierung so zusammenzusetzen, dass wir wie gewünscht endlichdimensionale Teilräume von $H^1(G)$ erhalten.

Satz 3.15. *Es sei G zulässig trianguliert und sei $m \in \mathbb{N}$. Ist dann $v \in C^{m-1}(\overline{G})$ und gilt $v\big|_T \in C^m(T)$, $T \in \mathcal{T}$, so ist $v \in H^m(G)$.*

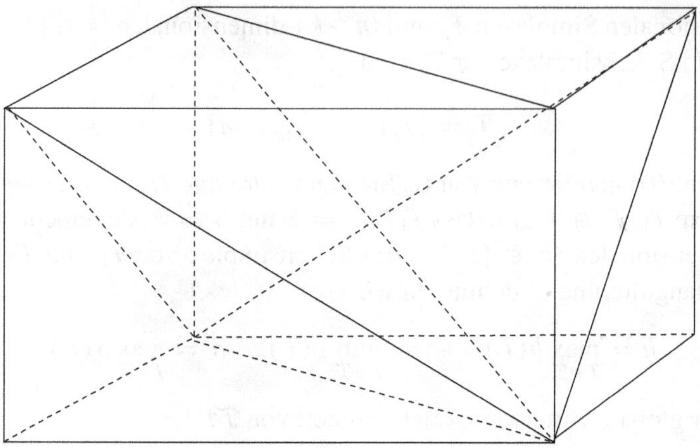

Abbildung 3.6. Eine zulässige grobe Triangulierung eines Quaders im $\mathbb{R}^3$.

Beweis. Wir sehen uns nur den Fall $m = 1$ an. Wesentlich ist hier nur der Nachweis, dass v eine schwache Ableitung besitzt. Dazu sei $\varphi \in C_0^\infty(G)$. Dann erhält man mit dem Gaußschen Integralsatz

$$\int_G v\varphi_{x_i} = \sum_{T\in\mathcal{T}} \int_T v\varphi_{x_i} = \sum_{T\in\mathcal{T}} \Big(- \int_T v_{x_i}\varphi + \int_{\partial T} v\varphi\nu_i \Big) = - \int_G v_{x_i}\varphi.$$

Hierbei wurde verwendet, dass $v \in C^0(G)$ ist und dass die Randterme zwischen zwei Simplexen sich wegen der Orientierung der Normalen wegheben. □

3.2.2 Simpliziale Lagrange-Elemente

Die in (3.18) eingeführten baryzentrischen Koordinaten eignen sich hervorragend zur einfachen Darstellung von Polynomen, die auf Simplexen definiert sind. Wir bezeichnen im Folgenden den Raum der Polynome vom Grad kleiner oder gleich k ($k \in \mathbb{N} \cup \{0\}$) mit

$$\mathbb{P}_k = \Big\{ p : \mathbb{R}^n \to \mathbb{R} \mid p(x) = \sum_{|\alpha|=0}^{k} c_\alpha x^\alpha, c_\alpha \in \mathbb{R} \Big\} \tag{3.21}$$

und verwenden, wenn es dem Verständnis dient, auch die Bezeichnung

$$\mathbb{P}_k(M) = \{ p|_M \mid p \in \mathbb{P}_k \}$$

für eine Menge $M \subset \mathbb{R}^n$. Ist $p \in \mathbb{P}_k$, $p(x) = \sum_{|\alpha|=0}^{k} c_\alpha x^\alpha$, so ist mit (3.18) $x_i = \sum_{j=0}^{n} a_{ji}\lambda_j, x_i = x_i(\lambda), \lambda = (\lambda_0, \dots, \lambda_n)$, also

$$p(x) = \sum_{|\alpha|=0}^{k} c_\alpha \prod_{i=1}^{n} \Big(\sum_{j=0}^{n} a_{ji}\lambda_j \Big)^{\alpha_i}.$$

Wegen $1 = \sum_{j=0}^{n} \lambda_j$ lässt sich dann p als ein Polynom vom Grad k ohne konstanten Term in den $n+1$ Variablen $\lambda_0, \dots, \lambda_n$ schreiben:

$$p(x(\lambda)) = \overline{p}(\lambda) = \sum_{|\beta|=1}^{k} d_\beta \lambda^\beta.$$

Wir geben nun einige typische Beispiele von Finiten Elementen auf Triangulierungen

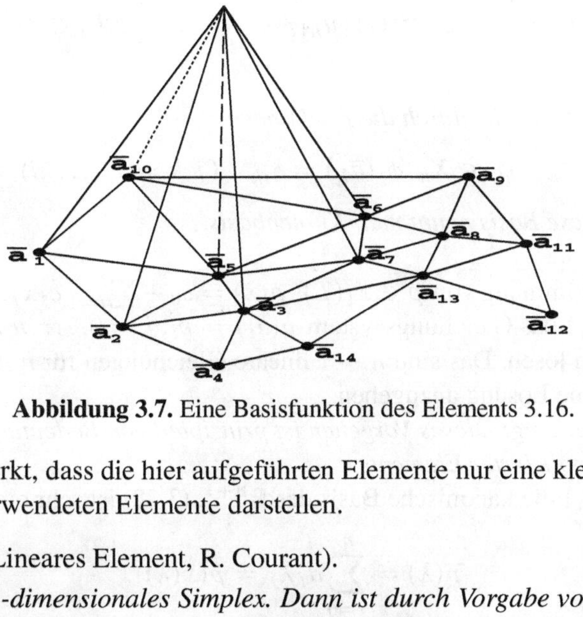

Abbildung 3.7. Eine Basisfunktion des Elements 3.16.

an. Es sei vermerkt, dass die hier aufgeführten Elemente nur eine kleine Auswahl der in der Praxis verwendeten Elemente darstellen.

Element 3.16 (Lineares Element, R. Courant).

1. *Sei T ein n-dimensionales Simplex. Dann ist durch Vorgabe von $p(a_j)$ für $j = 0, \dots, n$ ein $p \in \mathbb{P}_1(T)$ eindeutig bestimmt. Für jedes $p \in \mathbb{P}_1(T)$ hat man die Darstellung*

$$p(x) = \overline{p}(\lambda) = \sum_{j=0}^{n} p(a_j)\lambda_j. \tag{3.22}$$

Es ist $\dim \mathbb{P}_1(T) = n + 1$.

2. *Ist $G \subset \mathbb{R}^n$ zulässig trianguliert und sind $\overline{a}_j$ $(j = 1, \dots, \overline{m})$ die Ecken der Triangulierung $\mathcal{T}$, so ist durch Vorgabe von $u_h(\overline{a}_j)$ $(j = 1, \dots, \overline{m})$ eindeutig eine Funktion*

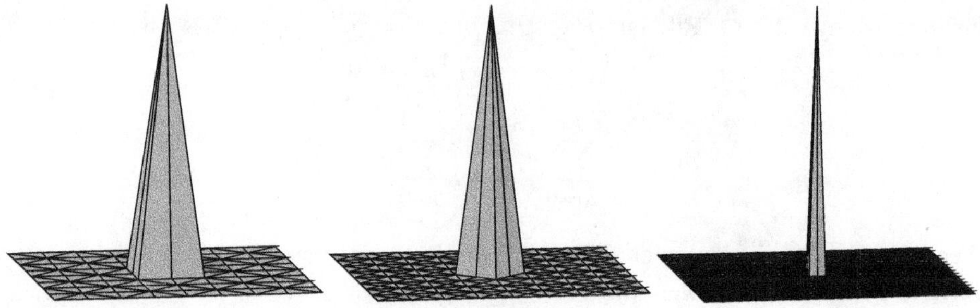

Abbildung 3.8. Realistische Darstellung einer Basisfunktion des Elements 3.16. Von links nach rechts für eine Triangulierung mit $N = 41$, $N = 145$ und $N = 1089$ Knoten.

$u_h \in X_h$,

$$X_h = \{u_h \in C^0(\overline{G}) \mid u_h|_T \in \mathbb{P}_1(T), T \in \mathcal{T}\} \subset H^1(G),$$

bestimmt.

3. *Eine Basis von X_h ist durch die Funktionen*

$$\phi_j \in X_h, \phi_j(\overline{a}_k) = \delta_{jk} \quad (j, k = 1, \dots, \overline{m})$$

gegeben. Diese Basis nennt man Knotenbasis.

Beweis. Zur Bestimmung von $p \in \mathbb{P}_1(T)$, $p(x) = c_0 + \sum_{j=1}^{n} c_j x_j$, ist für gegebene Werte $p_i = p(a_i)$ das Gleichungssystem $p(a_i) = p_i$, $i = 0, \dots, n$ zur Bestimmung von $c_0, \dots, c_n$ zu lösen. Das sind $n + 1$ lineare Gleichungen für $n + 1$ Unbekannte. Also reicht es, eine Lösung anzugeben.

Zwischenbemerkung: Dieses Vorgehen ist prinzipiell von Bedeutung, vor allem zur Konstruktion komplizierter Elemente.

Sei $\{e_0, \dots, e_n\}$ die kanonische Basis des $\mathbb{R}^{n+1}$. (3.22) ist sehr einfach zu zeigen:

$$\overline{p}(\lambda) = \sum_{j=0}^{n} d_j \lambda_j = p(x(\lambda)).$$

Wegen $x(e_k) = a_k$ $(k = 0, \dots, n)$ folgt, dass

$$p(a_k) = \overline{p}(e_k) = \sum_{j=0}^{n} d_j \delta_{jk} = d_k$$

ist. Wenn wir zeigen, dass die damit eindeutig bestimmte stückweise lineare Funktion u_h auf $\overline{G}$ stetig ist, folgt mit Satz 3.15, dass $X_h \subset H^1(G)$ ist. Sind T_1 und T_2 zwei Simplexe der Triangulierung $\mathcal{T}$ und ist $T_1 \cap T_2 = S$ mit einem gemeinsamen $(n-k)$-dimensionalen Seitensimplex, so ist $u_h|_S \in \mathbb{P}_1(S)$ nach dem ersten Teil dieses Beweises schon durch die Werte in den Ecken von S eindeutig bestimmt. □

Es sei hier vermerkt, dass der Finite-Elemente-Raum X_h zwar Teilraum von $H^1(G)$, nicht aber von $H^2(G)$ ist.

Wegen der vermutlich höheren Approximationsordnung versuchen wir ein Element mit quadratischen Ansatzfunktionen zu konstruieren. Dazu sei T wieder ein n-dimensionales Simplex mit den Ecken $a_0, \ldots, a_n$. Ein $p \in \mathbb{P}_2(T)$ schreibt sich in baryzentrischen Koordinaten wie folgt:

$$\overline{p}(\lambda) = \sum_{j=0}^{n} d_j \lambda_j + \sum_{\substack{i,j=0 \\ i<j}}^{n} d_{ij} \lambda_i \lambda_j .$$

Dabei können wir $d_{ij} = d_{ji}$ und $d_{ii} = 0$ annehmen, denn $\lambda_i = 1 - \sum_{\substack{k=0 \\ k \neq i}}^{n} \lambda_k$ impliziert $\lambda_i^2 = \lambda_i - \sum_{\substack{k=0 \\ k \neq i}}^{n} \lambda_i \lambda_k$. Damit folgt

$$\overline{p}(e_k) = \sum_{j=0}^{n} d_j \delta_{kj} + \sum_{\substack{i,j=0 \\ i<j}}^{n} d_{ij} \delta_{ik} \delta_{jk} = d_k,$$

das heißt der lineare Anteil von $\overline{p}$ ist durch die Werte in den „Ecken“ $e_0, \ldots, e_n$ festgelegt.

Den quadratischen Anteil kann man durch die Werte von p in den Kantenmittelpunkten $a_{ij} = \frac{1}{2}(a_i + a_j)$ $(i, j = 0, \ldots, n;\ i < j)$ beziehungsweise die Werte von $\overline{p}$ in $e_{ij} = \frac{1}{2}(e_i + e_j)$ $(i, j = 0, \ldots, n;\ i < j)$ festlegen. Es ist dann

$$\begin{aligned}
\overline{p}(e_{ij}) &= \frac{1}{2}(\overline{p}(e_i) + \overline{p}(e_j)) + \sum_{m=0}^{n} \sum_{l=0}^{m-1} d_{lm} \frac{1}{2}(\delta_{li} + \delta_{lj}) \frac{1}{2}(\delta_{mi} + \delta_{mj}) \\
&= \frac{1}{2}(\overline{p}(e_i) + \overline{p}(e_j)) + \frac{1}{4} \sum_{m=0}^{n} \sum_{l=0}^{m-1} d_{lm} (\delta_{li}\delta_{mi} + \delta_{lj}\delta_{mi} + \delta_{li}\delta_{mj} + \delta_{lj}\delta_{mj}) \\
&= \frac{1}{2}(\overline{p}(e_i) + \overline{p}(e_j)) + \frac{1}{4} d_{ij},
\end{aligned}$$

denn $\delta_{li}\delta_{mi} = \delta_{lj}\delta_{mj} = 0$ wegen $l < m$ und $\delta_{lj}\delta_{mi} = 0$ wegen $l < m$ und $i < j$. Insgesamt haben wir damit gezeigt, dass

$$\begin{aligned}
d_j &= \overline{p}(e_j) = p(a_j), \\
d_{ij} &= 4\overline{p}(e_{ij}) - 2(\overline{p}(e_i) + \overline{p}(e_j)) \\
&= 4p(a_{ij}) - 2(p(a_i) + p(a_j))
\end{aligned}$$

für $i, j = 0, \dots, n; i < j$ ist. Also ist

$$\begin{aligned}
\overline{p}(\lambda) &= \sum_{j=0}^{n} p(a_j)\lambda_j + \sum_{m=0}^{n}\sum_{l=0}^{m-1}(4p(a_{lm}) - 2(p(a_l) + p(a_m)))\lambda_l\lambda_m \\
&= 4\sum_{m=0}^{n}\sum_{l=0}^{m-1} p(a_{lm})\lambda_l\lambda_m + \sum_{j=0}^{n} p(a_j)\lambda_j \\
&\quad - 2\sum_{m=0}^{n} p(a_m)\lambda_m \sum_{l=0}^{m-1}\lambda_l - 2\sum_{l=0}^{n}\sum_{m=l+1}^{n} p(a_l)\lambda_l\lambda_m \\
&= 4\sum_{m=0}^{n}\sum_{l=0}^{m-1} p(a_{lm})\lambda_l\lambda_m + \sum_{j=0}^{n} p(a_j)\lambda_j \\
&\quad - 2\sum_{m=0}^{n} p(a_m)\lambda_m\Big(\sum_{l=0}^{m-1}\lambda_l + \sum_{l=m+1}^{n}\lambda_l\Big) \\
&= 4\sum_{m=0}^{n}\sum_{l=0}^{m-1} p(a_{lm})\lambda_l\lambda_m + \sum_{m=0}^{n} p(a_m)\lambda_m(2\lambda_m - 1).
\end{aligned}$$

Wir fassen diese Rechnungen zum quadratischen Element zusammen.

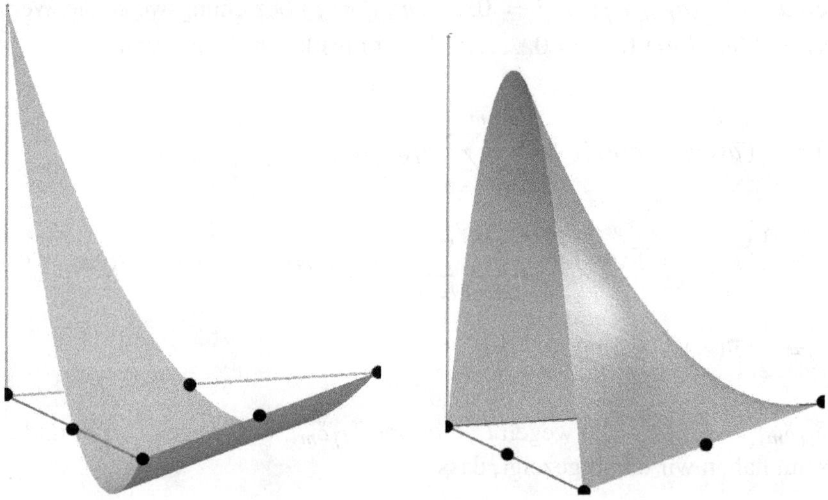

Abbildung 3.9. Basisfunktionen auf dem Dreieck $(0,0), (1,0), (0,1)$. Links: Basisfunktion zum Eckknoten $(0,0)$. Rechts: Basisfunktion zum Kantenknoten $(0.5,0)$.

Element 3.17 (Quadratisches Element).

1. *Sei T ein n-dimensionales Simplex mit Kantenmittelpunkten $a_{ij} = \frac{1}{2}(a_i + a_j)$ $(i, j = 0, \ldots, n;\ i < j)$. Dann ist durch Vorgabe von $p(a_j)$ $(j = 0, \ldots, n)$ und $p(a_{ij})$ $(i, j = 0, \ldots, n;\ i < j)$ ein $p \in \mathbb{P}_2(T)$ eindeutig bestimmt. Jedes $p \in \mathbb{P}_2(T)$ hat die Darstellung*
$$p(x) = \overline{p}(\lambda) = \sum_{j=0}^{n} p(a_j)\lambda_j(2\lambda_j - 1) + 4\sum_{j=0}^{n}\sum_{i=0}^{j-1} p(a_{ij})\lambda_i\lambda_j. \qquad (3.23)$$
Es ist $\dim \mathbb{P}_2(T) = \frac{1}{2}(n+1)(n+2)$.

2. *Ist $G \subset \mathbb{R}^n$ zulässig trianguliert und sind $\overline{a}_j$ $(j = 1, \ldots, \overline{m})$ alle Ecken und Kantenmittelpunkte der Triangulierung $\mathcal{T}$, so ist durch Vorgabe von $u_h(\overline{a}_j)$ $(j = 1, \ldots, \overline{m})$ eindeutig eine Funktion $u_h \in X_h$,*
$$X_h = \{u_h \in C^0(\overline{G}) \mid u_h|_T \in \mathbb{P}_2(T), T \in \mathcal{T}\} \subset H^1(G)$$
bestimmt.

3. *Die Knotenbasis von X_h ist durch die Funktionen*
$$\phi_j \in X_h, \phi_j(\overline{a}_k) = \delta_{jk} \quad (j, k = 1, \ldots, \overline{m})$$
gegeben.

Beweis. Teil 1 wurde schon nachgewiesen; die Dimension ist klar. Zu Teil 2 beobachten wir wie beim linearen Element, dass die globale Stetigkeit von u_h durch die eindeutige Bestimmtheit von $u_h|_S$, $S = T_1 \cap T_2$ auf dem $(n-k)$-dimensionalen gemeinsamen Seitensimplex S von T_1 und T_2 folgt. Wende Teil 1 auf S mit $n - k$ statt n an. Die Basis erkennt man an der Darstellung (3.23). □

Mit (3.23) kann man sich auch die Element-Basisfunktionen veranschaulichen. In einer Raumdimension ist auf dem Einheitselement $T_0 = (0, 1)$ mit den Knoten $a_0 = 0, a_1 = 1, a_{01} = 0.5$
$$\lambda_0 = 1 - x, \quad \lambda_1 = x, \quad \overline{\phi}_0(\lambda) = \lambda_0(2\lambda_0 - 1), \quad \overline{\phi}_1(\lambda) = \lambda_1(2\lambda_1 - 1)$$
also
$$\phi_0(x) = (1 - x)(1 - 2x), \quad \phi_1(x) = x(2x - 1)$$
und in symbolischer Schreibweise
$$\overline{\phi}_{01}(\lambda) = 4\lambda_0\lambda_1, \quad \phi_{01}(x) = 4(x - x^2).$$

Wir können den Polynomgrad weiter erhöhen und so das allgemeine Lagrange-Element konstruieren.

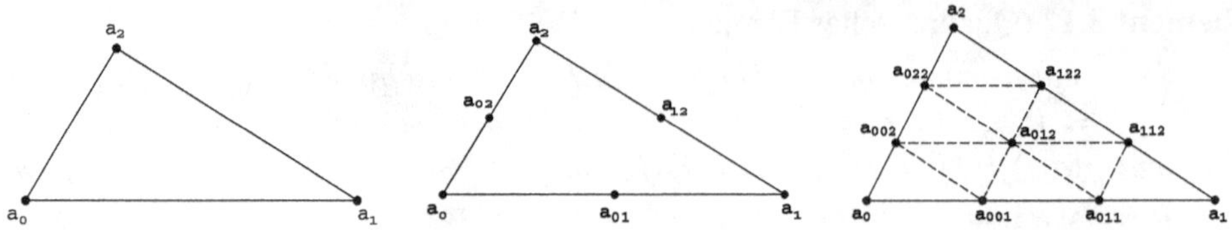

Abbildung 3.10. Lagrange Gitter erster, zweiter und dritter Ordnung eines Dreiecks.

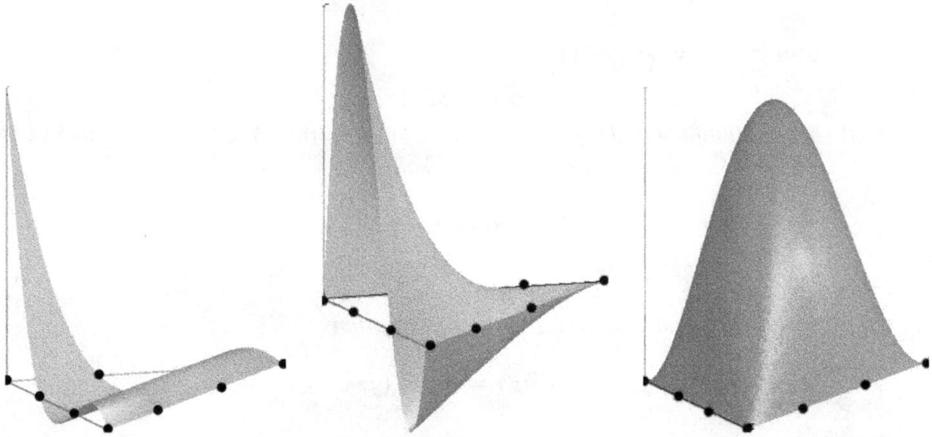

Abbildung 3.11. Basisfunktionen für $\mathbb{P}_3$-Elemente. Von links nach rechts: Basisfunktion zum Knoten $(0,0)$, $(0.\overline{6},0)$ und $(0.\overline{3},0.\overline{3})$.

Hilfssatz 3.18. *Es seien T ein n-Simplex und $k \in \mathbb{N}$. Dann gilt für alle $p \in \mathbb{P}_k(T)$ die Darstellung*

$$p(x(\lambda)) = \overline{p}(\lambda) = \sum_{|i|=k} \overline{p}\Big(\frac{i}{k}\Big)\phi_i(\lambda) \tag{3.24}$$

mit $i = (i_0,\dots,i_n) \in \mathbb{N}_0^{n+1}$, $\frac{i}{k} = \big(\frac{i_0}{k},\dots,\frac{i_n}{k}\big)$ und

$$\phi_i(\lambda) = \prod_{l=0}^{n}\prod_{j_l=0}^{i_l-1} \frac{\lambda_l - \frac{j_l}{k}}{\frac{i_l}{k} - \frac{j_l}{k}}. \tag{3.25}$$

Das bedeutet, dass $p \in \mathbb{P}_k(T)$ eindeutig durch seine Werte auf dem Lagrange-Gitter k-ter Ordnung

$$\mathbb{G}_k(T) = \Big\{x = \sum_{j=0}^{n}\lambda_j a_j \;\Big|\; \lambda_j \in \Big\{\frac{m}{k}\Big| m = 0,\dots,k\Big\}, \lambda_j \ge 0; \sum_{j=0}^{n}\lambda_j = 1\Big\} \tag{3.26}$$

bestimmt ist. Es ist $\dim \mathbb{P}_k = \binom{n+k}{k}$.

Beweis. Zunächst ist klar, dass $\phi_i \in \mathbb{P}_k$ ist, falls $|i| = k$ ist, denn die Produkte in (3.25) bestehen aus

$$\sum_{l=0}^{n} i_l = |i| = k$$

Faktoren. Außerdem ist für $|m| \le k$

$$\phi_i\Big(\frac{m}{k}\Big) = \delta_{im} = \delta_{i_0 m_0} \cdots \delta_{i_n m_n},$$

denn für $m = i$, d. h. $m_l = i_l$ $(l = 0, \dots, n)$, ist

$$\phi_i\Big(\frac{m}{k}\Big) = \prod_{l=0}^{n} \prod_{j_l=0}^{i_l-1} \frac{\frac{m_l}{k} - \frac{j_l}{k}}{\frac{i_l}{k} - \frac{j_l}{k}} = 1.$$

Ist $m \neq i$, so gibt es eine Zahl $l_0 \in \{0, \dots, n\}$, so dass $m_{l_0} \neq i_{l_0}$ ist und auch ein $l^* \in \{0, \dots, n\}$ mit $m_{l^*} < i_{l^*}$, denn sonst hätten wir

$$\begin{aligned} k \ge |m| = \sum_{l^*=0}^{n} m_{l^*} &= \sum_{\substack{l^*=0 \\ l^* \neq l_0}}^{n} m_{l^*} + m_{l_0} \\ &> \sum_{\substack{l^*=0 \\ l^* \neq l_0}}^{n} i_l + i_{l_0} = |i| = k, \end{aligned}$$

was ein Widerspruch ist. Dann ist aber auch

$$\frac{m_{l^*}}{k} - \frac{j_{l^*}}{k} = 0 \quad \text{für ein } j_{l^*} < i_{l^*}$$

und damit $\phi_i(\frac{m}{k}) = 0$ für $m \neq i$. Mit (3.24) ist ein Polynom $p \in \mathbb{P}_k(T)$ konstruiert, das vorgegebene Werte auf $\mathbb{G}_k$ annimmt. Es ist

$$\dim \mathbb{P}_k(T) = |\mathbb{G}_k|,$$

also ist (3.24) die einzige Lösung dieses Problems. □

Element 3.19 (Allgemeines Lagrange-Element). *Es sei $G \subset \mathbb{R}^n$ zulässig trianguliert. Ist $\mathbb{G}_k$ das Gitter k-ter Ordnung zu dieser Triangulierung $\mathcal{T}$, d. h., ist*

$$\mathbb{G}_k = \bigcup_{T \in \mathcal{T}} \mathbb{G}_k(T) = \{\overline{a}_j \mid j = 1, \dots, \overline{m}\},$$

so ist durch Vorgabe von $u_h|_{\mathbb{G}_k}$ *eindeutig ein* $u_h \in X_h$,

$$X_h = \{u_h \in C^0(\overline{G}) \mid u_h|_T \in \mathbb{P}_k(T), T \in \mathcal{T}\} \subset H^1(G)$$

bestimmt. Eine Basis von X_h *ist durch die Funktionen*

$$\phi_j \in X_h, \quad \phi_j(\overline{a}_i) = \delta_{ij} \quad (i, j = 1, \ldots, \overline{m})$$

gegeben.

Beweis. Es bleibt nur noch der stetige Übergang zwischen den Simplexen nachzuprüfen. Dies geschieht aber genau wie beim quadratischen Element. □

Damit haben wir eine Reihe von diskreten Teilräumen X_h von $H^1(G)$ konstruiert mit relativ einfachen Basen und mit Basisfunktionen, die kleinen Träger besitzen. Es ist um einiges schwieriger, Teilräume von $H^2(G)$ zu finden, denn dann müssen die Basisfunktionen global aus $C^1(\overline{G})$ und nicht nur wie eben konstruiert aus $C^0(\overline{G})$ sein. Dies geschieht später in Abschnitt 8.2, wenn wir partielle Differentialgleichungen höherer Ordnung lösen.

3.3 Interpolation

Im Abschnitt 3.1.2 haben wir den Fehler zwischen kontinuierlicher und diskreter Lösung des Randwertproblems für die Poissongleichung abgeschätzt. Satz 3.10 lieferte eine Abschätzung der Form

$$\|\nabla(u - u_h)\|_{L^2(G)} \leq \inf_{\varphi_h \in X_h} \|\nabla(u - \varphi_h)\|_{L^2(G)}.$$

Im vorigen Abschnitt wurden spezielle endlichdimensionale Teilräume X_h des kontinuierlichen Lösungsraumes $X = \mathring{H}^1(G)$ bereitgestellt. Unser Ziel ist eine asymptotische Fehlerabschätzung der Art

$$\|u - u_h\|_{H^1(G)} \leq ch^\alpha$$

mit einer möglichst nur von den Daten abhängenden Konstanten c und einem möglichst großen Exponenten α. Im folgenden Kapitel wird bewiesen, dass unter geeigneten Voraussetzungen

$$\|u - I_h u\|_X \leq ch^\alpha$$

für eine „Interpolierende" $v_h = I_h u \in X_h$ zu $u \in X$ gilt. Die Konstante c hängt dann aber von höheren Normen der kontinuierlichen Lösung u ab. Die Konstruktion von Interpolationsoperatoren

$$I_h \in L(X, X_h)$$

ist aber unabhängig von Bedeutung für die Numerische Analysis.

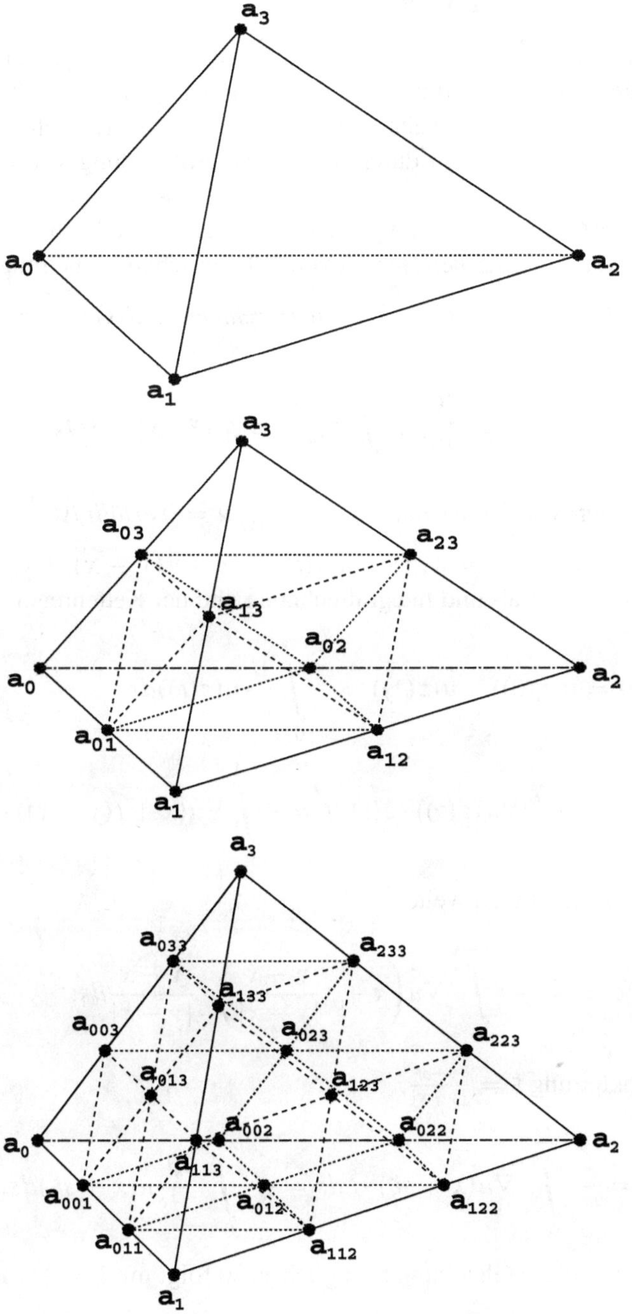

Abbildung 3.12. Lagrange Gitter erster, zweiter und dritter Ordnung für ein 3-Simplex.

3.3.1 Poincaréungleichungen

Die Abschätzung des Interpolationsfehlers geschieht durch Aufspalten der Normen in die Elementanteile und Transformation auf das Einheitssimplex. Damit dabei nur die optimalen Potenzen der Gitterweite entstehen, dürfen nur die höchsten Ableitungen vorkommen. Dies erreicht man durch sukzessive Anwendung von Poincaréungleichungen.

Gleichzeitig erlauben die im Folgenden bewiesenen Ungleichungen als Anwendung später in Abschnitt 3.5 den Beweis von Sobolevschen Einbettungssätzen.

Hilfssatz 3.20. *Für konvexes $G \subset \mathbb{R}^n$ mit Durchmesser $d(G) = \sup_{x,y\in G} |x-y|$ und $u \in C^1(G)$ gilt*

$$|u(x)| \leq \frac{d(G)^n}{n|G|} \int_G \frac{|\nabla u(y)|}{|y-x|^{n-1}} dy \quad (x \in G), \tag{3.27}$$

falls die rechte Seite endlich ist und außerdem $\int_G u = 0$ erfüllt ist.

Beweis. Für $x, y \in G$, $x \neq y$, ist mit $z(t) = x + t(y-x)$, $t \in [0,1]$ mit dem Hauptsatz der Differential- und Integralrechnung und der Kettenregel

$$u(x) - u(y) = u(z(0)) - u(z(1)) = -\int_0^1 \frac{d}{dt} u(z(t)) dt$$

$$= -\int_0^1 \nabla u(z(t)) \cdot \dot{z}(t) dt = -\int_0^1 \nabla u(x + t(y-x)) \cdot (y-x) dt.$$

Mit $s = |y-x|t$ erhält man weiter

$$= -\int_0^{|y-x|} \nabla u\left(x + s\frac{y-x}{|y-x|}\right) \cdot \frac{y-x}{|y-x|} ds,$$

und mit der Abkürzung $\xi = \frac{y-x}{|y-x|}$,

$$= -\int_0^{|y-x|} \nabla u(x+s\xi) \cdot \xi ds = -\int_0^{|x-y|} \frac{d}{ds} u(x+s\xi) ds.$$

Integriert man nun diese Gleichung bezüglich y, so folgt mit $\xi = \xi(y)$

$$|G|u(x) - \int_G u(y) dy = -\int_G \int_0^{|x-y|} \frac{d}{ds} u(x+s\xi) ds\, dy.$$

Zur Abkürzung schreibt man

$$v(x+s\xi)=\begin{cases}\frac{d}{ds}u(x+s\xi), & \text{falls } x+s\xi\in G\\ 0 & \text{sonst.}\end{cases}$$

und erhält

$$u(x)=-\frac{1}{|G|}\int\limits_G\int\limits_0^{|x-y|}v(x+s\xi)ds\,dy,$$

woraus folgt

$$\begin{aligned}
|u(x)| &\le \frac{1}{|G|}\int\limits_G\int\limits_0^{|x-y|}|v(x+s\xi)|ds\,dy\\
&\le \frac{1}{|G|}\int\limits_{\{y\in\mathbb{R}^n\,|\,|y-x|<d(G)\}}\int\limits_0^{|x-y|}|v(x+s\xi)|ds\,dy\\
&= \frac{1}{|G|}\int\limits_{B_{d(G)}(x)}\int\limits_0^{\infty}|v(x+s\xi)|ds\,dy\\
&= \frac{1}{|G|}\int\limits_0^{\infty}\int\limits_0^{d(G)}\int\limits_{S^{n-1}}|v(x+s\xi)|r^{n-1}do(\xi)dr\,ds\\
&\le \frac{d(G)^n}{n|G|}\int\limits_0^{\infty}\int\limits_{S^{n-1}}|v(x+s\xi)|do(\xi)\,ds\\
&= \frac{d(G)^n}{n|G|}\int\limits_0^{\infty}\int\limits_{S^{n-1}}\frac{|v(x+s\xi)|}{s^{n-1}}s^{n-1}do(\xi)\,ds\\
&= \frac{d(G)^n}{n|G|}\int\limits_{\mathbb{R}^n}\frac{|v(z)|}{|z-x|^{n-1}}dz=\frac{d(G)^n}{n|G|}\int\limits_G\frac{|\nabla u(z)|}{|z-x|^{n-1}}dz.
\end{aligned}$$

Damit ist der Hilfssatz bewiesen. □

Die fundamentale Ungleichung (3.27) verwenden wir zunächst zum Nachweis einer Poincaréschen Ungleichung für Funktionen mit Mittelwert Null. Danach werden wir dieses Vorgehen iterieren, um die allgemeine Poincaréungleichung auf dem Raum $H^1(G)/\mathbb{P}_k(G)$ herzuleiten.

Man könnte die Poincarésche Ungleichung auch durch einen indirekten Beweis unter Verwendung von Kompaktheitsargumenten erhalten. Wir ziehen jedoch den konstruktiven Weg vor, der die auftretende – nicht optimale – Konstante ergibt.

Hilfssatz 3.21. *Zu jedem konvexen beschränkten Gebiet $G \subset \mathbb{R}^n$ gibt es eine Konstante c, so dass für alle $u \in H^{1,p}(G) \cap C^1(G)$ mit $\int_G u = 0$ und $1 \leq p \leq \infty$ gilt:*

$$\|u\|_{L^p(G)} \leq c\|\nabla u\|_{L^p(G)}.$$

Für die Konstante c hat man die Abschätzung

$$c \leq d(G)^{n+1}\frac{\omega_n}{n|G|}.$$

Beweis. Aus dem vorangegangenen Hilfssatz folgt

$$\|u\|_{L^p(G)} = \Big(\int_G |u(x)|^p dx\Big)^{\frac{1}{p}} \leq \frac{d(G)^n}{n|G|}\Big(\int_G \Big(\int_G \frac{|\nabla u(y)|}{|y-x|^{n-1}}dy\Big)^p dx\Big)^{\frac{1}{p}}.$$

Das Integral auf der rechten Seite wird für $p > 1$ so behandelt:

$$\begin{aligned}
&\int_G \Big(\int_G \frac{|\nabla u(y)|}{|y-x|^{n-1}}dy\Big)^p dx \\
&\quad = \int_G \Big(\int_G |\nabla u(y)||y-x|^{\frac{1}{p}(1-n)}|y-x|^{\frac{1}{p'}(1-n)}dy\Big)^p dx \\
&\quad \leq \int_G \int_G |\nabla u(y)|^p |y-x|^{1-n}dy\Big(\int_G |y-x|^{1-n}dy\Big)^{\frac{p}{p'}} dx. \qquad (3.28)
\end{aligned}$$

Es ist nun

$$\begin{aligned}
\int_G |y-x|^{1-n}dy &\leq \int_{B_{d(G)}(x)} |y-x|^{1-n}dy \\
&= \int_0^{d(G)} \int_{S^{n-1}} r^{1-n+n-1}do(\xi)dr = d(G)|S^{n-1}|,
\end{aligned}$$

und demnach kann man (3.28) weiter abschätzen zu

$$\begin{aligned}
&\leq (d(G)|S^{n-1}|)^{p-1} \int_G \int_G |\nabla u(y)|^p |y-x|^{1-n} dy\, dx \\
&= (d(G)|S^{n-1}|)^{p-1} \int_G |\nabla u(y)|^p \int_G |y-x|^{1-n} dx\, dy \\
&\leq (d(G)|S^{n-1}|)^p \int_G |\nabla u(y)|^p dy.
\end{aligned}$$

Insgesamt hat man damit gezeigt, dass gilt:

$$\|u\|_{L^p(G)} \leq \frac{d(G)^{n+1}}{n|G|} |S^{n-1}| \|\nabla u\|_{L^p(G)}. \tag{3.29}$$

Der Fall $p = \infty$ folgt dann durch Grenzübergang $p \to \infty$ in (3.29). Den Fall $p = 1$ überlege man sich selbst. □

Wir benötigen diese Poincarésche Ungleichung für $H^{1,p}(G)$-Funktionen. Dazu müssen Sobolevfunktionen durch stetig differenzierbare Funktionen approximiert werden. Dies garantiert der folgende Satz, den wir erst in Satz 5.53 beweisen werden, denn dazu sind einige Techniken notwendig, die wir erst später kennenlernen.

Satz 3.22. *Sei $G \subset \mathbb{R}^n$ offen und $1 \leq p < \infty$. Dann gibt es zu $u \in H^{1,p}(G)$ eine Folge von Funktionen $u_j \in H^{1,p}(G) \cap C^1(G)$ $(j \in \mathbb{N})$, so dass*

$$\|u - u_j\|_{H^{1,p}(G)} \to 0 \quad (j \to \infty).$$

Man beachte, dass dies für Funktionen aus $\mathring{H}^{1,p}(G)$ schon durch die Definition gewährleistet war. Das übliche Approximationsargument liefert nun die Poincarésche Ungleichung „mit Mittelwert Null". Es sei schon hier erwähnt, dass dieser Satz auch für nicht konvexe beschränkte Gebiete richtig bleibt, wenn der Rand nicht zu irregulär ist.

Satz 3.23 (Poincarésche Ungleichung). *Zu jedem konvexen beschränkten Gebiet $G \subset \mathbb{R}^n$ gibt es eine Konstante $c_{P_0} \leq d(G)^{n+1}\frac{\omega_n}{n|G|}$, so dass für alle $u \in H^{1,p}(G)$ mit $\int_G u = 0$ und $1 \leq p \leq \infty$ gilt:*

$$\|u\|_{L^p(G)} \leq c_{P_0} \|\nabla u\|_{L^p(G)}.$$

Beweis. Den Nachweis führe man selbst unter Verwendung von Hilfssatz 3.21, Satz 3.22 und in Anlehnung an den Beweis der Poincaréschen Ungleichung mit Nullrandwerten (2.8). □

Mehrfache Anwendung der eben bewiesenen Poincaréschen Ungleichung für Funktionen mit Mittelwert Null liefert nun das folgende Resultat.

Satz 3.24. *Es seien $G \subset \mathbb{R}^n$ ein beschränktes konvexes Gebiet, $u \in H^{l,p}(G)$ und*

$$\int_G D^\alpha u = 0 \quad (|\alpha| = 0, \ldots, l-1). \tag{3.30}$$

Dann ist

$$\|u\|_{H^{l,p}(G)} \leq c|u|_{H^{l,p}(G)}$$

mit einer nur von G, l und p abhängenden Konstanten c.

Beweis. Da für $|\alpha| = 0, \ldots, l-1$ $D^\alpha u \in H^{l-|\alpha|,p}(G)$ ist, folgt die Behauptung durch sukzessive Anwendung von Satz 3.23. □

Zu einer gegebenen Funktion lässt sich die Voraussetzung (3.30) durch das Abziehen eines geeigneten Polynoms erfüllen.

Hilfssatz 3.25. *Zu $u \in H^{k+1,p}(G)$ gibt es genau ein Polynom $q \in \mathbb{P}_k(G)$, so dass*

$$\int_G D^\alpha (u - q) = 0 \quad (|\alpha| = 0, \ldots, k). \tag{3.31}$$

Beweis. Das Polynom hat die Form $q(x) = \sum_{|\beta|=0}^{k} c_\beta x^\beta$, und (3.31) ist äquivalent zu

$$\sum_{|\beta|=0}^{k} c_\beta \int_G D^\alpha x^\beta dx = \int_G D^\alpha u(x) dx.$$

Dieses lineare Gleichungssystem

$$\sum_{|\beta|=0}^{k} a_{\alpha\beta} c_\beta = b_\alpha \quad (|\alpha| = 0, \ldots, k) \tag{3.32}$$

enthält so viele Gleichungen wie Unbekannte c_β. Es reicht also aus, die Eindeutigkeit nachzuweisen. Es ist

$$\sum_{|\beta|=0}^{k} a_{\alpha\beta} c_\beta = 0 \quad (|\alpha| = 0, \ldots, k)$$

genau dann, wenn

$$\int_G D^\alpha q = 0 \quad (|\alpha| = 0, \ldots, k)$$

gilt, und dies ist nur für $q = 0$ wahr. □

Die Quintessenz aus 3.24 und 3.25 ist der folgende Satz:

Satz 3.26. *Sei $G \subset \mathbb{R}^n$ ein beschränktes konvexes Gebiet und $k \in \mathbb{N}$. Dann gibt es eine Konstante $c = c(G, k, p)$, so dass für alle $u \in H^{k+1,p}(G)/\mathbb{P}_k(G)$ gilt:*

$$\|u\|_{H^{k+1,p}(G)/\mathbb{P}_k(G)} \leq c|u|_{H^{k+1,p}(G)}.$$

Dabei ist wie üblich

$$\|u\|_{H^{k+1,p}(G)/\mathbb{P}_k(G)} = \inf_{q \in \mathbb{P}_k(G)} \|u + q\|_{H^{k+1,p}(G)}.$$

3.3.2 Interpolationsabschätzungen

Da man die punktweise Interpolation leicht verstehen kann, und da diese Interpolation bei der Implementierung wirklich vorkommt, haben wir uns entschlossen, diese Interpolationstechnik in diesem Abschnitt zu verwenden. Wir bezahlen dafür damit, dass wenigstens theoretisch für stückweise lineare Elemente die Dimension auf $n \leq 3$ eingeschränkt werden muss. Eine sehr gute Darstellung von Interpolationstechniken findet man zum Beispiel in [4].

Wir erinnern an die Bezeichnungen der elementaren Funktionalanalysis (siehe auch Abschnitt A.3). Für normierte Räume X und Y bezeichnet

$$L(X, Y) = \{A : X \to Y \mid A \text{ ist stetig und linear}\}.$$

Die Menge $L(X, Y)$ ist mit der punktweisen Addition und Skalarmultiplikation ein linearer Raum. Darauf ist durch

$$\|A\| = \|A\|_{L(X,Y)} = \sup_{x \in X \setminus \{0\}} \frac{\|Ax\|_Y}{\|x\|_X}$$

eine Norm erklärt. Demnach ist $L(X, Y)$ mit dieser Norm ein normierter Raum.

Definition 3.27. Für normierte Räume X, Y bedeutet

$$X \hookrightarrow Y,$$

dass X in Y linear und stetig eingebettet ist, das heißt es gibt einen linearen Operator $E \in L(X, Y)$, der injektiv ist. Ist X ein Teilraum von Y, so verlangen wir von einer Einbettung, dass sie auf X die Identität ist.

Folgerung 3.28. *Es sei $G \subset \mathbb{R}^n$ ein beschränktes konvexes Gebiet und $k, m \in \mathbb{N}_0$, $p, q \geq 1$, sowie*

$$E \in L(H^{k+1,p}(G), H^{m,q}(G)) \tag{3.33}$$

eine Einbettung, die auf $\mathbb{P}_k(G)$ die Identität ist. Sei

$$I \in L(H^{k+1,p}(G), H^{m,q}(G))$$

ein Interpolations-Operator, der $\mathbb{P}_k(G)$ invariant lässt: $Is = s$ $(s \in \mathbb{P}_k(G))$. Dann gibt es ein $c = c(k, m, p, q, G, \|I\|, \|E\|)$, so dass für alle $u \in H^{k+1,p}(G)$ gilt:

$$\|Eu - Iu\|_{H^{m,q}(G)} \leq c|u|_{H^{k+1,p}(G)}. \tag{3.34}$$

Beweis. Für $s \in \mathbb{P}_k(G)$ ist

$$\begin{aligned} \|Eu - Iu\|_{H^{m,q}(G)} &= \|E(u-s) - I(u-s)\|_{H^{m,q}(G)} \\ &\leq (\|E\| + \|I\|)\|u - s\|_{H^{k+1,p}(G)}. \end{aligned} \tag{3.35}$$

Also hat man

$$\|Eu - Iu\|_{H^{m,q}(G)} \leq (\|E\| + \|I\|)\|u\|_{H^{k+1,p}(G)/\mathbb{P}_k(G)}.$$

Der Rest folgt mit Satz 3.26. □

Für uns besteht der Vorteil der eben bewiesenen Folgerung darin, dass auf der rechten Seite der Interpolationsabschätzung (3.34) nur die Halbnorm und nicht die gesamte Norm auftaucht. Damit können wir das Skalierungsverhalten dieser Halbnorm ausnutzen. Deshalb untersuchen wir nun im Wesentlichen das Verhalten einiger oft benötigter Normen unter affinen Transformationen.

Satz 3.29. *Seien G_1, $G_2 \subset \mathbb{R}^n$ offen, beschränkt und affin äquivalent, d. h. es gibt eine invertierbare affine Abbildung $x = F(y) = Ay + b$ $(x, y \in \mathbb{R}^n)$, so dass $G_1 = F(G_2)$ ist. Mit $m \in \mathbb{N}_0$, $p \in [1, \infty]$ gelten dann für $u \in H^{m,p}(G_1)$ und $v(y) = u(F(y))$, $(y \in G_2)$ die Abschätzungen*

$$|v|_{H^{m,p}(G_2)} \leq c_1 |A|^m |\det A|^{-\frac{1}{p}} |u|_{H^{m,p}(G_1)}, \tag{3.36}$$

$$|u|_{H^{m,p}(G_1)} \leq c_2 |A^{-1}|^m |\det A|^{\frac{1}{p}} |v|_{H^{m,p}(G_2)} \tag{3.37}$$

mit Konstanten c_1, c_2, die nur von m, n und p abhängen.

Beweis. Dazu seien ohne Beschränkung der Allgemeinheit $u \in C^m(G_1) \cap H^{m,p}(G_1)$, $v \in C^m(G_2) \cap H^{m,p}(G_2)$. Wegen

$$v_{y_j}(y) = \sum_{i=1}^n u_{x_i}(F(y)) \frac{\partial F_i}{\partial y_j}(y) = \sum_{i=1}^n u_{x_i}(F(y)) A_{ij}$$

folgt

$$|v_{y_j}(y)| \leq |A^t \nabla u(F(y))| \leq |A||\nabla u(F(y))| = |A|\Big(\sum_{k=1}^n |u_{x_k}(F(y))|^2\Big)^{\frac{1}{2}}.$$

Und ebenso

$$
\begin{aligned}
|v_{y_i y_j}(y)| &\le |A|\Big(\sum_{k=1}^{n}\Big(\frac{\partial}{\partial y_j}(u_{x_k}(F(y)))\Big)^2\Big)^{\frac{1}{2}} \\
&= |A|\Big(\sum_{k=1}^{n}|A^t\nabla u_{x_k}(F(y))|^2\Big)^{\frac{1}{2}} \le |A|^2\Big(\sum_{k,l=1}^{n}\Big(u_{x_k x_l}(F(y))\Big)^2\Big)^{\frac{1}{2}}.
\end{aligned}
$$

Mit vollständiger Induktion beweist man dann, dass für $|\alpha| = m$ gilt:

$$
|D^\alpha v(y)| \le |A|^{|\alpha|}\Big(\sum_{|\beta|=|\alpha|}\Big(D^\beta u(F(y))\Big)^2\Big)^{\frac{1}{2}} \le c(m,n)|A|^m \sum_{|\beta|=m}|D^\beta u(F(y))|.
$$

Integration und Verwendung der Transformationsformel liefern dann für $p < \infty$ die Abschätzung

$$
\|D^\alpha v\|_{L^p(G_2)} \le c(m,n)|A|^m \sum_{|\beta|=m}\|(D^\beta u)\circ F\|_{L^p(G_2)},
$$

und wegen

$$
\begin{aligned}
\|(D^\beta u)\circ F\|_{L^p(G_2)} &= \Big(\int_{G_1}|(D^\beta u)(x)|^p|\det A^{-1}|dx\Big)^{\frac{1}{p}} \\
&= |\det A|^{-\frac{1}{p}}\|D^\beta u\|_{L^p(G_1)}
\end{aligned}
$$

folgt insgesamt

$$
\begin{aligned}
|v|_{H^{m,p}(G_2)} &= \Big(\sum_{|\alpha|=m}\|D^\alpha v\|^p_{L^p(G_2)}\Big)^{\frac{1}{p}} \\
&\le c(m,n,p)|A|^m|\det A|^{-\frac{1}{p}}\Big(\sum_{|\beta|=m}\|D^\beta u\|^p_{L^p(G_1)}\Big)^{\frac{1}{p}} \\
&= c(m,n,p)|A|^m|\det A|^{-\frac{1}{p}}|u|_{H^{m,p}(G_1)}.
\end{aligned}
$$

Die zweite Abschätzumg des Satzes folgt dann aus der ersten, wenn man A durch A^{-1} ersetzt. □

Die soeben bewiesenen Abschätzungen sind relativ grob und außerdem isotrop, das heißt richtungsunabhängig. Es geht nämlich nur $|A|$, das heißt der größte Eigenwert von $\sqrt{A^t A}$ in die Abschätzung ein. Sie decken jedoch eine große Anzahl wichtiger Normen und Fälle ab.

Folgerung 3.30. *Es sei T ein n-Simplex, T_0 das n-dimensionale Einheitssimplex und $F(\bar{x}) = A\bar{x} + b$ die affine Abbildung aus Hilfssatz* 3.13. *Dann hat man unter den Voraussetzungen von Satz* 3.29 *für*

$$\bar{u}(\bar{x}) = u(F(\bar{x})) \quad (\bar{x} \in T_0)$$

die Abschätzungen

$$|\bar{u}|_{H^{m,p}(T_0)} \leq c_1(m,n,p)\frac{h(T)^m}{\rho(T_0)^m}\rho(T)^{-\frac{n}{p}}|u|_{H^{m,p}(T)} \tag{3.38}$$

und

$$|u|_{H^{m,p}(T)} \leq c_2(m,n,p)\frac{h(T_0)^m}{\rho(T)^m}h(T)^{\frac{n}{p}}|\bar{u}|_{H^{m,p}(T_0)}. \tag{3.39}$$

Beweis. Verwende Satz 3.29 und Hilfssatz 3.13. □

Satz 3.31. *Es sei T ein n-Simplex, T_0 das Einheitssimplex, und $F : T_0 \to T$, $F(\bar{x}) = A\bar{x} + b$ die kanonische affine Abbildung. Sind $k, m \in \mathbb{N}_0$, $p, q \geq 1$ so, dass die Einbettung*

$$H^{k+1,p}(T_0) \hookrightarrow H^{m,q}(T_0)$$

besteht, und ist

$$I_0 \in L(H^{k+1,p}(T_0), H^{m,q}(T_0))$$

ein Interpolationsoperator, der $\mathbb{P}_k(T_0)$ invariant lässt, $I_0 s_0 = s_0$ für alle $s_0 \in \mathbb{P}_k(T_0)$, so folgt für den durch

$$(Iu) \circ F = I_0(u \circ F)$$

definierten Interpolationsoperator $I \in L(H^{k+1,p}(T), H^{m,q}(T))$ die Fehlerabschätzung

$$\begin{aligned}|u - Iu|_{H^{m,q}(T)} &\leq c\sigma(T)^m |T|^{\frac{1}{q}-\frac{1}{p}} h(T)^{k+1-m} |u|_{H^{k+1,p}(T)} \\ &\leq c\sigma(T)^{m-n\min\{0,\frac{1}{q}-\frac{1}{p}\}} h(T)^{k+1-m+n(\frac{1}{q}-\frac{1}{p})} |u|_{H^{k+1,p}(T)}\end{aligned}$$

für jedes $u \in H^{k+1,p}(T)$ mit $c = c(k,m,p,q,T_0,\|I_0\|)$. Hierbei haben wir, wie bei Sobolevräumen üblich, die Einbettung E nicht explizit ausgeschrieben.

Beweis. Die Existenz des Interpolationsoperators I auf T ist klar wegen der Invertierbarkeit von F. Sei nun $u \in H^{k+1,p}(T)$ [1] Dann ist vermöge der vorausgesetzten Einbettungseigenschaft $u \in H^{m,q}(T)$ und

$$|u - Iu|_{H^{m,q}(T)} \leq c|A^{-1}|^m |\det A|^{\frac{1}{q}} |(u - Iu) \circ F|_{H^{m,q}(T_0)}$$

nach Satz 3.29, und weiter

$$= c|A^{-1}|^m |\det A|^{\frac{1}{q}} |u \circ F - I_0(u \circ F)|_{H^{m,q}(T_0)}$$

nach Definition von I, und für jedes $s_0 \in \mathbb{P}_k(T_0)$

$$\leq c|A^{-1}|^m |\det A|^{\frac{1}{q}} (|u \circ F - s_0|_{H^{m,q}(T_0)} + |I_0(s_0 - u \circ F)|_{H^{m,q}(T_0)}).$$

Mit der Einbettungskonstante $\|E_0\|$ weiter

$$\leq c|A^{-1}|^m |\det A|^{\frac{1}{q}} (\|E_0\| + \|I_0\|) |s_0 - u \circ F|_{H^{k+1,p}(T_0)}.$$

Insgesamt ergibt dies mit einer nur von den behaupteten Parametern abhängenden Konstanten c

$$\begin{aligned}|u - Iu|_{H^{m,q}(T)} &\leq c|A^{-1}|^m |\det A|^{\frac{1}{q}} \inf_{s_0 \in \mathbb{P}_k(T_0)} |s_0 - u \circ F|_{H^{k+1,p}(T_0)} \\ &\leq c|A^{-1}|^m |\det A|^{\frac{1}{q}} \|u \circ F\|_{H^{k+1,p}(T_0)/\mathbb{P}_k(T_0)},\end{aligned}$$

nach Satz 3.26 mit $G = T_0$

$$\leq c|A^{-1}|^m |\det A|^{\frac{1}{q}} |u \circ F|_{H^{k+1,p}(T_0)}$$

und nach Rücktransformation gemäß Satz 3.29

$$\leq c|A^{-1}|^m |A|^{k+1} |\det A|^{\frac{1}{q} - \frac{1}{p}} |u|_{H^{k+1,p}(T)}.$$

Hilfssatz 3.13 liefert dann

$$\leq c\rho(T)^{-m} h(T)^{k+1} |T|^{\frac{1}{q} - \frac{1}{p}} |u|_{H^{k+1,p}(T)}.$$

Mit $c\rho(T)^n \leq |\det A| \leq ch(T)^n$ und $\sigma(T) = h(T)/\rho(T)$ erhält man schließlich

$$\leq c\rho(T)^{-m} h(T)^{k+1+n(\frac{1}{q} - \frac{1}{p})} |u|_{H^{k+1,p}(T)}, \quad \text{falls } p \geq q,$$

und

$$\leq c\rho(T)^{n(\frac{1}{q} - \frac{1}{p}) - m} h(T)^{k+1} |u|_{H^{k+1,p}(T)}, \quad \text{falls } p \leq q$$

ist. Also insgesamt

$$\leq c\sigma(T)^{m - n\min\{0, \frac{1}{q} - \frac{1}{p}\}} h(T)^{k+1-m+n(\frac{1}{q} - \frac{1}{p})} |u|_{H^{k+1,p}(T)},$$

was zu beweisen war. □

[1] Eigentlich müssten wir hier $H^{k+1,p}(\mathring{T})$ schreiben, denn Sobolevräume sind nur auf offenen Mengen erklärt. Es ist aber offensichtlich, was gemeint ist.

Beispiel 3.32. Bei der Approximation des Randwertproblems für die Poissongleichung tritt nach Satz 3.10 typischerweise die Fehlerabschätzung

$$|u - u_h|_{H^1(G)} = \inf_{\varphi_h \in X_h} |u - \varphi_h|_{H^1(G)}$$

auf. Die rechte Seite dieser Ungleichung kann man nun durch die spezielle Wahl $\varphi_h = Iu$ weiter abschätzen:

$$|u - u_h|_{H^1(G)} \leq |u - Iu|_{H^1(G)}.$$

Setzen wir für den Moment voraus, daṡs die kontinuierliche Lösung $u \in H^2(G)$ ist. Demnach ist für uns in Satz 3.31 der Fall $k = 1$, $p = q = 2$ und $m = 1$ von besonderem Interesse. Die Einbettung $H^2(T_0) \hookrightarrow H^m(T_0)$ für $m = 0, 1$ ist trivial. Wir werden außerdem nachweisen, dass nach dem Sobolevschen Einbettungssatz Satz 3.40 $H^2(T_0) \hookrightarrow C^0(T_0)$ gilt, wenn die Raumdimension $n \leq 3$ ist. Dies gestattet es uns, für $n \leq 3$ einen in den Voraussetzungen von Satz 3.31 geforderten Interpolationsoperator $I_0 \in L(H^2(T_0), H^m(T_0))$ in einfacher Weise zu konstruieren. Wir wählen

$$I_0 u_0 \in \mathbb{P}_1(T_0), \quad I_0 u_0(\overline{a}_j) = u_0(\overline{a}_j)$$

für die Ecken $\overline{a}_j$ des Simplex T_0. I_0 ist offensichtlich linear, und mit den Basisfunktionen (baryzentrische Koordinaten zu T_0) $\varphi_j(\overline{x}) = \lambda_j(\overline{x})$, $(j = 0, \ldots, n)$ lässt sich I_0 als

$$(I_0 u_0)(\overline{x}) = \sum_{j=0}^{n} u_0(\overline{a}_j)\varphi_j(\overline{x})$$

schreiben und wie gefordert beschränken ($m = 0, 1$):

$$\begin{aligned}
\|I_0 u_0\|_{H^m(T_0)} &\leq \sum_{j=0}^{n} |u_0(\bar{a}_j)| \|\varphi_j\|_{H^m(T_0)} \\
&\leq \|u_0\|_{L^\infty(T_0)} \sum_{j=0}^{n} \|\varphi_j\|_{H^m(T_0)} \leq c\|u_0\|_{L^\infty(T_0)} \leq c\|u_0\|_{H^2(T_0)}.
\end{aligned}$$

Damit sind die Voraussetzungen von Satz 3.31 erfüllt, und wir können schließen

$$|u - Iu|_{H^m(T)} \leq c\,\sigma(T)^m h(T)^{2-m} |u|_{H^2(T)}$$

für $m = 0, 1$. Insbesondere also

$$\|u - Iu\|_{L^2(T)} \leq ch(T)^2 |u|_{H^2(T)}, \quad \|\nabla(u - Iu)\|_{L^2(T)} \leq c\sigma(T)h(T)|u|_{H^2(T)}.$$

Verlangen wir von der Triangulierung $\mathcal{T}$, dass $\sigma \leq c < \infty$ ist, so können wir schließen, dass

$$|u - u_h|_{H^1(G)} \leq |u - Iu|_{H^1(G)} \leq ch|u|_{H^2(G)}$$

gilt.

Die elementweise Abschätzung des Interpolationsfehlers für Elemente k-ter Ordnung aus Satz 3.31 verwenden wir nun, um den Interpolationsfehler auf einem polygonalen Gebiet abzuschätzen.

Satz 3.33. *Es sei $G \subset \mathbb{R}^n$ offen, beschränkt und durch $\mathcal{T}$ zulässig trianguliert. Weiter sei*

$$X_h = \{u_h \in C^0(\overline{G}) \mid u_h|_T \in \mathbb{P}_k(T), T \in \mathcal{T}\}.$$

Ist nun $H^{2,p}(G) \hookrightarrow C^0(\overline{G})$, so gilt für den gemäß Hilfssatz 3.18 *erklärten Lagrange-Interpolationsoperator*

$$Iu \in \mathbb{P}_k(T), \quad Iu = u \quad \text{auf}\, \mathbb{G}_k(T), \quad T \in \mathcal{T},$$

dass I auf $\mathbb{P}_k(T)$ invariant ist, $I \in L(H^{2,p}(G), X_h)$ gilt und für $m \in \{0, 1\}$ und $s \in \mathbb{N}_0$ mit $1 \leq s \leq k$ die Interpolationsabschätzung

$$|u - Iu|_{H^{m,p}(G)} \leq c_1\Big(\sum_{T\in\mathcal{T}} \sigma(T)^{mp} h(T)^{(s+1-m)p} |u|^p_{H^{s+1,p}(T)}\Big)^{\frac{1}{p}}$$

für alle $u \in H^{s+1,p}(G)$ gilt. Das impliziert nach der Definition von σ und h:

$$|u - Iu|_{H^{m,p}(G)} \leq c_1\sigma^m h^{s+1-m}|u|_{H^{s+1,p}(G)}.$$

Außerdem hat man für den Fall $H^{1,p}(G) \hookrightarrow C^0(\overline{G})$ und $m = 0, 1$

$$\begin{aligned}|u - Iu|_{H^{m,p}(G)} &\leq c_2\Big(\sum_{T\in\mathcal{T}} \sigma(T)^{mp} h(T)^{p(1-m)} |u|^p_{H^{1,p}(T)}\Big)^{\frac{1}{p}}\\ &\leq c_2\sigma^m h^{1-m}|u|_{H^{1,p}(G)}.\end{aligned}$$

Man beachte, dass bei Interpolationsabschätzungen in $L^p(G)$ – das ist der Fall $m = 0$ – die Gitterregularität σ nicht in der Abschätzung auftritt.

Der Sobolevsche Einbettungssatz 3.40 liefert unter geeigneten Voraussetzungen an das Gebiet G die Einbettungen $H^{2,p}(G) \hookrightarrow C^0(\overline{G})$ für $p > \frac{n}{2}$ und $H^{1,p}(G) \hookrightarrow C^0(\overline{G})$ für $p > n$.

Beweis. Die Existenz des Interpolationsoperators I ist nach Hilfssatz 3.19 und der Einbettung $H^{2,p}(G) \hookrightarrow C^0(\overline{G})$ klar, denn wegen der Einbettung ist die punktweise Interpolierende wohldefiniert,

$$Iu(x) = \sum_{j=1}^{\overline{m}} u(\overline{a}_j)\phi_j(x),$$

und ist invariant auf $\mathbb{P}_k(T)$ für $T \in \mathcal{T}$. Außerdem liefert I eine stetige Abbildung von $H^{2,p}(G)$ nach $X_h \subset H^{m,p}(G)$. Die Interpolationsabschätzungen für $u \in H^{s+1,p}(G)$ folgen so:

$$|u - Iu|^p_{H^{m,p}(G)} = \sum_{T \in \mathcal{T}} |u - Iu|^p_{H^{m,p}(T)}$$

mit Satz 3.31 weiter (hierzu ist $H^{s+1,p}(T_0) \hookrightarrow H^{m,p}(T_0)$, also $s + 1 \geq m$, nötig),

$$\leq c \sum_{T \in \mathcal{T}} \sigma(T)^{mp} h(T)^{(s+1-m)p} |u|^p_{H^{s+1,p}(T)} \leq c\sigma^{mp} h^{(s+1-m)p} |u|^p_{H^{s+1,p}(G)}.$$

Der zweite Fall geht wegen $q > n$ und damit $H^{1,q}(G) \hookrightarrow C^0(\overline{G})$ analog. □

3.4 Konvergenz und Abschätzung des Fehlers

An dieser Stelle ist es uns nun möglich, den Fehler zwischen kontinuierlicher und diskreter Lösung der Poissongleichung abzuschätzen.

Satz 3.34. *Es sei $G \subset \mathbb{R}^n$ mit $n \leq 3$ ein durch $\mathcal{T}$ zulässig trianguliertes beschränktes Gebiet. Die Triangulierung genüge der Bedingung $\sigma \leq \sigma_0$ mit einer nicht von der Gitterweite abhängigen Konstanten σ_0. Es sei weiter $u \in \mathring{H}^1(G)$ die schwache Lösung der Poissongleichung mit Nullrandwerten zur rechten Seite $f \in L^2(G)$,*

$$\int_G \nabla u \cdot \nabla \varphi = \int_G f\varphi \quad \forall \varphi \in \mathring{H}^1(G).$$

Sei für $k \in \mathbb{N}$

$$X_h = \{v_h \in C^0(\overline{G}) \mid v_h|_T \in \mathbb{P}_k(T)(T \in \mathcal{T})\} \cap \mathring{H}^1(G) \tag{3.40}$$

der Raum der Finiten Elemente k-ter Ordnung mit Nullrandwerten. Die diskrete Lösung $u_h \in X_h$ ist definiert durch

$$\int_G \nabla u_h \cdot \nabla \varphi_h = \int_G f\varphi_h \quad \forall \varphi_h \in X_h.$$

Liegt nun die kontinuierliche Lösung $u \in H^{s+1}(G)$ für ein $s \in \{1, \ldots, k\}$, so gilt für den Fehler zwischen kontinuierlicher und diskreter Lösung die Abschätzung

$$\|u - u_h\|_{H^1(G)} \leq ch^s |u|_{H^{s+1}(G)}.$$

Die Konstante c hängt ab von n, s, k, σ_0 und G. Sie hängt nicht ab von u, f und h.

Beweis. Wir dürfen im Wesentlichen auf das Vorgehen in Beispiel 3.32 verweisen. Dann folgt das Resultat. □

Wir haben in (3.40) einen Finite-Elemente-Raum mit Nullrandwerten definiert. Wir zeigen im Folgenden, dass wir den Raum X_h auch wie folgt hätten definieren können:

$$X_h = \{v_h \in C^0(\overline{G}) \mid v_h|_T \in \mathbb{P}_k(T), T \in \mathcal{T}, v_h = 0 \text{ auf } \partial G\}. \tag{3.41}$$

Dies liegt daran, dass wir in Abschnitt 2.4 einen sogenannten Spursatz bewiesen haben. Für uns ist vor allem diese Folgerung aus Satz 2.27 wichtig:

Folgerung 3.35. *Sei $G \subset \mathbb{R}^n$ zulässig so trianguliert, dass der Rand von G aus einer Vereinigung von $(n-1)$-Simplexen besteht. Ist dann $u \in C^0(\overline{G}) \cap \mathring{H}^1(G)$, so ist $u = 0$ auf ∂G. Ist X_h ein Lagrange-Finite-Elemente-Raum wie in* (3.40) *und ist $u_h \in X_h \cap \mathring{H}^1(G)$, so ist $u_h = 0$ auf ∂G.*

Beweis. Der Beweis dieser Folgerung ist klar, denn Funktionen aus X_h sind nach Definition stetig in $\overline{G}$. Die erste Aussage folgt direkt aus Satz 2.27 auf dem Inneren von Randsimplexen. Die Stetigkeit von u und die Tatsache, dass u_h auf Randsimplexen ein Polynom festen Grades ist, sorgen dann dafür, dass u auf dem gesamten Rand des Gebiets G verschwindet. □

Zwar gibt es zu einer rechten Seite $f \in H^{-1}(G)$ eine schwache Lösung der Poissongleichung, jedoch impliziert die Mindestvoraussetzung $u \in H^2(G)$, dass $f = -\Delta u \in L^2(G)$ ist. Deshalb setzen wir dies gleich so voraus.

Die Verwendung der Differenzierbarkeitsordnung s in Satz 3.34 trägt der Tatsache Rechnung, dass das von uns konstruierte Verfahren mit Finiten Elementen k-ter Ordnung auch eine Konvergenzordnung liefert, nämlich s, wenn die Lösung u nicht zur maximalen Regularitätsklasse $H^{k+1}(G)$ gehört. In diesem Sinn adaptiert sich das Verfahren an die reale Situation.

Wir lösen das Randwertproblem (1.1) für die Poissongleichung für einen Fall, bei dem die kontinuierliche Lösung bekannt ist, um auch experimentell die Konvergenzordnung zu sehen.

Beispiel 3.36. Hierbei wählen wir in zwei Raumdimensionen als Gebiet $G = (0,1) \times (0,1)$ und als kontinuierliche Lösung

$$u(x_1, x_2) = \frac{1}{4} e^{-(a_1 x_1^2 + a_2 x_2^2)}$$

mit $a_1 = 5.0$, $a_2 = -1.0$. Als rechte Seite wählen wir

$$f = -\Delta u = \frac{1}{2}(a_1 + a_2 - 2(a_1^2 x_1^2 + a_2^2 x_2^2))e^{-(a_1 x_1^2 + a_2 x_2^2)}.$$

Man beachte, dass trotz des nicht glatten Randes von G die Lösung $u \in H^2(G)$ ist. In Abbildung 3.13 ist die numerische Lösung für verschiedene Verfeinerungen dargestellt. Tabelle 3.1 enthält die Gitterweiten h, die Fehler in der $L^2(G)$-Norm und in der $H^1(G)$-Halbnorm zwischen kontinuierlicher und diskreter Lösung für diese Gitterweiten und die sogenannte experimentelle Konvergenzordnung eoc, die aus jeweils zwei aufeinander folgenden Verfeinerungsstufen gemäß

$$\mathrm{eoc}(h_1, h_2) = \log \frac{E(h_1)}{E(h_2)} \left(\log \frac{h_1}{h_2} \right)^{-1} \tag{3.42}$$

berechnet wird. Dabei bezeichnet $E(h)$ den Fehler in einer gegebenen Norm. Dieser Formel liegt die Idee zugrunde, dass vermutlich $E(h) \cong ch^{\mathrm{eoc}}$ gilt.

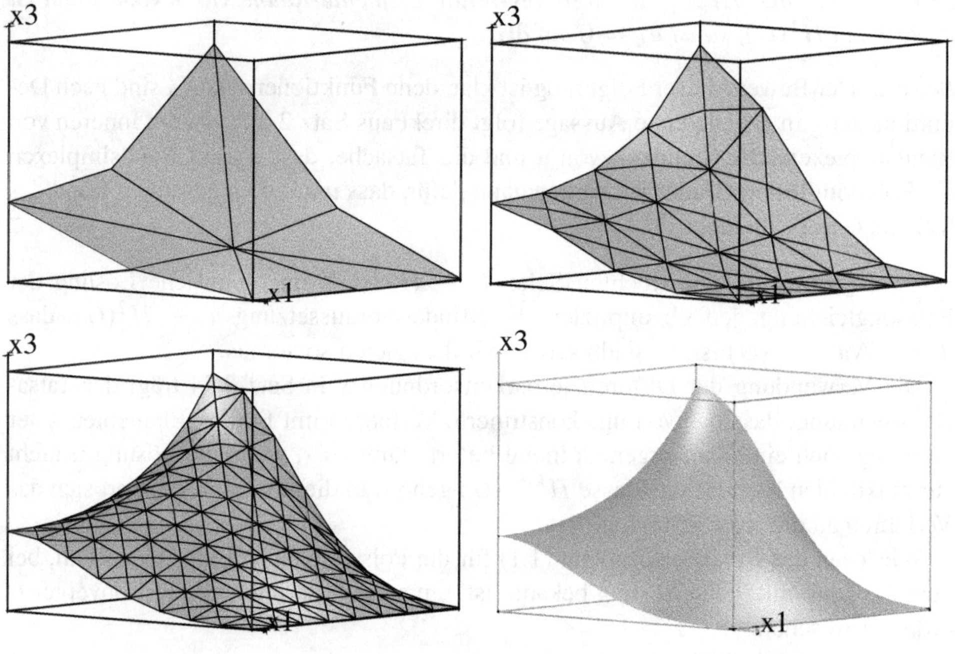

Abbildung 3.13. Lösung des Randwertproblems für die Poissongleichung mit den Daten aus Beispiel 3.36. Global verfeinertes Gitter; links oben $N = 9$, rechts oben: $N = 41$, links unten: $N = 145$, rechts unten: $N = 16641$ Knoten.

N	h	$L^2(G)$	eoc	$H^{1,2}(G))$	eoc
4	1.4142136	0.1692133	-	0.4144152	-
9	0.7071068	2.9763055 E-02	2.507	0.1711424	1.276
25	0.3535534	9.9723443 E-03	1.578	0.1014180	0.755
81	0.1767767	2.5503217 E-03	1.967	5.3172370 E-02	0.932
289	8.8388348 E-02	6.3369808 E-04	2.009	2.6427903 E-02	1.009
1089	4.4194174 E-02	1.5773425 E-04	2.006	1.3154480 E-02	1.007
4225	2.2097087 E-02	3.9321173 E-05	2.004	6.5603181 E-03	1.004
16641	1.1048544 E-02	9.8138439 E-06	2.002	3.2757036 E-03	1.002
66049	5.5242717 E-03	2.4512634 E-06	2.001	1.6367118 E-03	1.001
263169	2.7621359 E-03	6.1260703 E-07	2.001	8.1806776 E-04	1.001
1050625	1.3810679 E-03	1.5324733 E-07	1.999	4.0896146 E-04	1.000

Tabelle 3.1. Fehler und experimentelle Konvergenzordnung für Beispiel 3.36 mit stückweise linearen Finiten Elementen.

3.5 Sobolevsche Einbettungssätze

Ein wichtiges Hilfsmittel aus der Analysis ist für uns der Sobolevsche Einbettungssatz, der aussagt, dass $H^{k,p}(G)$-Funktionen in $H^{k-1,p^*}(G)$ für ein $p^* > p$ liegen. Außerdem kann bewiesen werden, dass für geeignete Zahlen k, p Funktionen aus $H^{k,p}(G)$ sogar in klassischen Funktionenräumen $C^{m,\alpha}(\overline{G})$ liegen.

Im vorigen Abschnitt haben wir solche Einbettungssätze als Voraussetzung für Interpolationen benötigt.

Beispiel 3.37. Wir betrachten die Funktion $u(x) = |x|^s$ im Gebiet $G = B_1(0) \subset \mathbb{R}^n$. Diese Funktion ist nach Beispiel 2.13 aus $H^{1,p}(G)$, falls $s > 1 - \frac{n}{p}$ gilt. Es ist aber auch $u \in L^{p^*}(G)$ für $s > -\frac{n}{p^*}$, wieder nach Beispiel 2.13. Wir berechnen das maximal mögliche $p^* > p$. Dies ist gegeben durch $1 - \frac{n}{p} \geq -\frac{n}{p^*}$, und diese Ungleichung ist äquivalent zu der Bedingung $\frac{1}{p^*} \geq \frac{n-p}{np}$. Wir versuchen, p^* möglichst groß zu wählen. Ist $p > n$, so können wir $p^* = \infty$ wählen. Ist dagegen $p < n$, so erhalten wir als obere Schranke $p^* \leq \frac{np}{n-p}$. Der Fall $p = n$ ist im Allgemeinen ein Sonderfall, für die spezielle Funktion u wäre dann $p^* = \infty$ zulässig.

Wir erinnern an die mehrfache Hölderungleichung.

Aufgabe 3.38 (Hölderungleichung). *Es seien $p_k \in [1, \infty]$ Zahlen mit $\frac{1}{p_1} + \cdots + \frac{1}{p_m} = 1$ und $u_k \in L^{p_k}(G)$. Dann ist das Produkt $u_1 \cdots u_m \in L^1(G)$ und*

$$\|u_1 \cdots u_m\|_{L^1(G)} \leq \|u_1\|_{L^{p_1}(G)} \cdots \|u_m\|_{L^{p_m}(G)}.$$

Wir beginnen mit dem Einbettungssatz von Sobolevräumen in Sobolevräume.

Satz 3.39 (Erster Sobolevscher Einbettungssatz). *Sei $G \subset \mathbb{R}^n$ offen und beschränkt. Weiter seien Zahlen $k_1 \geq k_2$; $k_1, k_2 \in \mathbb{N}_0$ und $p_1, p_2 \in [1, \infty)$ gegeben. Dann gilt:*

$$\mathring{H}^{k_1,p_1}(G) \hookrightarrow \mathring{H}^{k_2,p_2}(G), \quad \textit{falls} \quad k_1 - \frac{n}{p_1} \geq k_2 - \frac{n}{p_2}.$$

Insbesondere ist

$$\mathring{H}^{k,p}(G) \hookrightarrow L^{\bar{p}}(G) \quad \textit{mit} \quad \bar{p} = \frac{np}{n-kp}, \quad \textit{falls} \quad kp < n$$

ist. Ist $\partial G \in C^{0,1}$, so gelten die obigen Aussagen auch ohne „$\circ$".[2]

Beweis. Wir beweisen die Aussage für Funktionen mit Null-Randwerten. Zunächst wird gezeigt, dass für $p < n$

$$\mathring{H}^{1,p}(G) \hookrightarrow L^{p^*}(G)$$

mit $p^* = \frac{np}{n-p}$ gilt. Dazu nehmen wir an, dass $u \in C_0^1(G)$ ist und betrachten zunächst den Fall $p = 1$, also $1^* = \frac{n}{n-1}$. Dazu sei u durch 0 auf den $\mathbb{R}^n$ fortgesetzt. Dann ist für $i \in \{1, \ldots, n\}$

$$u(x) = \int_{-\infty}^{x_i} u_{x_i}(x_1, \ldots, x_{i-1}, s, x_{i+1}, \ldots, x_n) ds,$$

also auch

$$|u(x)|^n \leq \prod_{i=1}^{n} \int_{-\infty}^{x_i} |u_{x_i}(x_1, \ldots, x_{i-1}, s, x_{i+1}, \ldots, x_n)| ds.$$

Für $n > 1$ folgt demnach

$$\begin{aligned} \int_{\mathbb{R}} |u(x)|^{\frac{n}{n-1}} dx_1 &\leq \int_{\mathbb{R}} \Big(\prod_{i=1}^{n} \int_{\mathbb{R}} |u_{x_i}(x)| dx_i \Big)^{\frac{1}{n-1}} dx_1 \\ &\leq \Big(\int_{\mathbb{R}} |u_{x_1}| dx_1 \Big)^{\frac{1}{n-1}} \int_{\mathbb{R}} \Big(\int_{\mathbb{R}} |u_{x_2}| dx_2 \cdots \int_{\mathbb{R}} |u_{x_n}| dx_n \Big)^{\frac{1}{n-1}} dx_1. \end{aligned}$$

Mit der m-fachen Hölderungleichung für $m = n-1$, $p_1 = p_2 = \cdots = p_{n-1} = n-1$ schätzen wir weiter ab

$$\leq \Big(\int_{\mathbb{R}} |u_{x_1}| dx_1 \Big)^{\frac{1}{n-1}} \Big(\int_{\mathbb{R}} \int_{\mathbb{R}} |u_{x_2}| dx_2 dx_1 \Big)^{\frac{1}{n-1}} \cdots \Big(\int_{\mathbb{R}} \int_{\mathbb{R}} |u_{x_n}| dx_n dx_1 \Big)^{\frac{1}{n-1}}.$$

[2]Dies bedeutet, dass sich ∂G lokal als Graph einer lipschitzstetigen Funktion schreiben lässt. Beschränkte konvexe Gebiete besitzen diese Eigenschaft, und nur für solche Gebiete verwenden wir den Satz.

Insgesamt wurde also gezeigt, dass gilt:

$$\int_{\mathbb{R}} |u|^{\frac{n}{n-1}} dx_1 \leq \left(\int_{\mathbb{R}} \int_{\mathbb{R}} |u_{x_2}| dx_2 dx_1 \right)^{\frac{1}{n-1}}$$
$$\times \left(\int_{\mathbb{R}} |u_{x_1}| dx_1 \int_{\mathbb{R}} \int_{\mathbb{R}} |u_{x_3}| dx_3 dx_1 \cdots \int_{\mathbb{R}} \int_{\mathbb{R}} |u_{x_n}| dx_n dx_1 \right)^{\frac{1}{n-1}}.$$

Integriere diese Ungleichung bezüglich x_2, erhalte

$$\int_{\mathbb{R}} \int_{\mathbb{R}} |u|^{\frac{1}{n-1}} dx_2 dx_1 \leq \left(\int_{\mathbb{R}} \int_{\mathbb{R}} |u_{x_2}| dx_2 dx_1 \right)^{\frac{1}{n-1}}$$
$$\times \int_{\mathbb{R}} \left(\int_{\mathbb{R}} |u_{x_1}| dx_1 \int_{\mathbb{R}} \int_{\mathbb{R}} |u_{x_3}| dx_3 dx_1 \cdots \int_{\mathbb{R}} \int_{\mathbb{R}} |u_{x_n}| dx_n dx_1 \right)^{\frac{1}{n-1}} dx_2,$$

und wende wieder die m-fache Hölderungleichung an.

$$\leq \left(\int_{\mathbb{R}} \int_{\mathbb{R}} |u_{x_1}| dx_2 dx_1 \right)^{\frac{1}{n-1}}$$
$$\times \left(\int_{\mathbb{R}} \int_{\mathbb{R}} \int_{\mathbb{R}} |u_{x_3}| dx_3 dx_2 dx_1 \right)^{\frac{1}{n-1}} \cdots \left(\int_{\mathbb{R}} \int_{\mathbb{R}} \int_{\mathbb{R}} |u_{x_n}| dx_n dx_2 dx_1 \right)^{\frac{1}{n-1}}.$$

Indem man so weiter fortfährt, erhält man die Ungleichung

$$\int_{\mathbb{R}^n} |u|^{\frac{n}{n-1}} dx \leq \left(\prod_{i=1}^{n} \int_{\mathbb{R}^n} |u_{x_i}| dx \right)^{\frac{1}{n-1}} \leq \left(\int_{\mathbb{R}^n} |\nabla u| dx \right)^{\frac{n}{n-1}}$$

oder

$$\left(\int_{\mathbb{R}^n} |u|^{\frac{n}{n-1}} dx \right)^{\frac{n-1}{n}} \leq \int_{\mathbb{R}^n} |\nabla u| dx.$$

Das bedeutet aber, dass wir bewiesen haben, dass gilt:

$$\|u\|_{L^{1^*}(G)} \leq \|\nabla u\|_{L^1(G)}. \tag{3.43}$$

Der Fall $p > 1$ wird auf diese Ungleichung zurückgeführt. Man verwende (3.43) für $|u|^\lambda$ mit einem noch zu wählenden $\lambda > 1$. Das ergibt mit dem dualen Exponenten p':

$$\Big(\int_{\mathbb{R}^n} |u|^{\frac{\lambda n}{n-1}} dx\Big)^{\frac{n-1}{n}} \leq \int_{\mathbb{R}^n} |\nabla |u|^\lambda| dx \leq \lambda \int_{\mathbb{R}^n} |u|^{\lambda-1} |\nabla u| dx$$
$$\leq \lambda \Big(\int_{\mathbb{R}^n} |u|^{p'(\lambda-1)} dx\Big)^{\frac{1}{p'}} \Big(\int_{\mathbb{R}^n} |\nabla u|^p dx\Big)^{\frac{1}{p}}.$$

Unser Ziel ist es, $\frac{\lambda n}{n-1} = p^* = \frac{np}{n-p}$ zu erhalten. Das bedeutet, dass $\lambda = \frac{p(n-1)}{n-p}$ zu wählen ist. Wegen $\frac{1}{p'} = \frac{p-1}{p}$ ist dann

$$(\lambda - 1)p' = \Big(\frac{p(n-1)}{n-p} - 1\Big)\frac{p}{p-1} = \frac{np}{n-p} = p^*.$$

Mit dieser Wahl von λ erhalten wir demnach die Ungleichung

$$\Big(\int_{\mathbb{R}^n} |u|^{p^*} dx\Big)^{\frac{n-1}{n}} \leq \lambda \Big(\int_{\mathbb{R}^n} |u|^{p^*} dx\Big)^{\frac{1}{p'}} \Big(\int_{\mathbb{R}^n} |\nabla u|^p dx\Big)^{\frac{1}{p}},$$

also wegen

$$\frac{n-1}{n} - \frac{1}{p'} = \frac{n-1}{n} - \frac{p-1}{p} = \frac{n-p}{np} = \frac{1}{p^*}$$

auch

$$\|u\|_{L^{p^*}(G)} \leq \frac{p(n-1)}{n-p} \|\nabla u\|_{L^p(G)}. \tag{3.44}$$

Man beachte, dass der Koeffizient in dieser Ungleichung für $p \to n$, $p < n$ degeneriert. Das entspricht unserer Beobachtung aus Beispiel 2.14, dass $H^{1,2}(G)$ für $n = 2$ nicht in $L^\infty(G)$ $(n = 2)$ eingebettet ist.

Die Ungleichung (3.44) wurde nur für Funktionen $u \in C_0^1(G)$ bewiesen. Seien nun $u \in \mathring{H}^{1,p}(G)$ und $u_j \in C_0^1(G)$ $(j \in \mathbb{N})$ mit $\|u - u_j\|_{H^{1,p}(G)} \to 0$ $(j \to \infty)$. Wegen

$$\|u_j - u_k\|_{L^{p^*}(G)} \leq c\|\nabla(u_j - u_k)\|_{L^p(G)} \to 0 \quad (j, k \to \infty)$$

ist $(u_j)_{j \in \mathbb{N}}$ eine Cauchyfolge in $L^{p^*}(G)$. Es gibt demnach nach Satz 2.8 eine Funktion $\tilde{u} \in L^{p^*}(G)$, so dass

$$\|u_j - \tilde{u}\|_{L^{p^*}(G)} \to 0 \quad (j \to \infty).$$

$\tilde{u}$ ist aber fast überall gleich u, denn da G beschränkt ist, folgt mit $p^* > p$

$$\|u - \tilde{u}\|_{L^p(G)} \leq \|u - u_j\|_{L^p(G)} + \|u_j - \tilde{u}\|_{L^{p^*}(G)} |G|^{\frac{1}{p} - \frac{1}{p^*}} \to 0 \quad (j \to \infty),$$

also $u = \tilde{u}$ fast überall in G. Ungleichung (3.44) folgt nun leicht für $\tilde{u}$.

Der Fall $\mathring{H}^{k,p}(G) \hookrightarrow L^{\bar{p}}(G)$ für $kp < n$ wird auf den Fall $k = 1, \bar{p} = p^*$ wie folgt zurückgeführt: $u \in \mathring{H}^{k,p}(G)$ mit $kp < n$ impliziert $D^\alpha u \in \mathring{H}^{k-j,p}(G) \subset \mathring{H}^{1,p_1}(G)$ für $|\alpha| = j \in \{0, \ldots, k-1\}$ und $p(k-j) < n$. Also ist nach dem oben Bewiesenen $D^\alpha u \in L^{p^*}(G)$ für $p^* = \frac{np}{n-p}$, das heißt $u \in \mathring{H}^{k-1,p_1}(G)$ für $p_1 = \frac{np}{n-p}$. Wie oben folgt für $k \geq 2$, dass $u \in \mathring{H}^{k-2,p_1^*}(G) = \mathring{H}^{k-2,p_2}(G)$ mit

$$p_2 = p_1^* = \frac{np_1}{n - p_1} = \frac{n\frac{np}{n-p}}{n - \frac{np}{n-p}} = \frac{np}{n - 2p}$$

ist. Indem man dies so fortführt, erreicht man $\mathring{H}^{k,p}(G) \hookrightarrow L^{\bar{p}}(G)$ mit $\bar{p} = \frac{np}{n-kp}$, falls $kp < n$ ist. Der Beweis der allgemeinen Aussage bleibt dem Leser überlassen.

Den Fall $n = 1$ haben wir im Wesentlichen bereits in Lemma 2.26 untersucht. □

An unserem Beispiel 3.37 sieht man, dass das Resultat optimal ist. Der zweite Sobolevsche Einbettungssatz behandelt die Einbettung von Sobolevräumen in die $C^{m,\alpha}(G)$-Räume. Dabei bezeichnet (siehe Abschnitt A.2.2)

$$C^{m,\alpha}(\overline{G}) = \{v \in C^m(\overline{G}) \mid D^\beta u \in C^{0,\alpha}(\overline{G}), |\beta| = m\}.$$

Satz 3.40 (Zweiter Sobolevscher Einbettungssatz). *Unter den Voraussetzungen des vorigen Satzes gilt:*

$$\mathring{H}^{k,p}(G) \hookrightarrow C^{m,\alpha}(\overline{G})$$

mit $0 < \alpha < 1$, $m \in \mathbb{N}_0$, *falls*

$$k - \frac{n}{p} \geq m + \alpha$$

ist. Für $\partial G \in C^{0,1}$, *so gilt die Aussage auch ohne „∘".*

Beweis. Wir beweisen die Aussage ohne „∘" für konvexes $G \subset \mathbb{R}^n$. Dazu sei zunächst $u \in C^1(G) \cap H^{1,p}(G)$. Hilfssatz 3.21 liefert mit $c = \frac{d(G)^n}{n|G|}$

$$\left| u(x) - \frac{1}{|G|} \int_G u \right| \leq c \int_G \frac{|\nabla u(y)|}{|x - y|^{n-1}} dy. \tag{3.45}$$

Das zweite Integral schätzt man nun so ab:

$$\begin{aligned}\int\limits_G \frac{|\nabla u(y)|}{|x-y|^{n-1}}dy &= \Big(\int\limits_G |\nabla u(y)|^p dy\Big)^{\frac{1}{p}} \Big(\int\limits_G |x-y|^{-(n-1)p'}dy\Big)^{\frac{1}{p'}} \\ &\le \|\nabla u\|_{L^p(G)} \Big(\int\limits_{B_{d(G)}(x)} |x-y|^{-p'(n-1)}dy\Big)^{\frac{1}{p'}} \\ &\le \|\nabla u\|_{L^p(G)} \Big(|S^{n-1}| \int\limits_0^{d(G)} r^{-p'(n-1)+n-1}dr\Big)^{\frac{1}{p'}}.\end{aligned}$$

Der Exponent

$$-p'(n-1)+(n-1)=(n-1)(1-p')=-\frac{n-1}{p-1}$$

ist größer als -1, wenn $n < p$ ist. Da wir den Fall $k = 1$, $m = 0$, $0 < \alpha < 1$ untersuchen, ist nach Voraussetzung $\gamma = 1 - \frac{n}{p} \ge \alpha > 0$, also $p > n$ und demnach

$$\Big|u(x) - \frac{1}{|G|}\int\limits_G u\Big| \le c(n,p)\frac{d(G)^{n+\gamma}}{|G|}\|\nabla u\|_{L^p(G)}. \tag{3.46}$$

Daraus erhält man sofort die Abschätzung

$$\sup_G |u| \le c\|u\|_{H^{1,p}(G)}. \tag{3.47}$$

Man beachte, dass diese Abschätzung nichts über die Stetigkeit von u am Rand von G aussagt, wohl aber die Beschränktheit von u garantiert. Wir merken uns diese Ungleichung und beweisen einen Hilfssatz, mit dessen Hilfe wir u bis zum Rand verfolgen können.

Hilfssatz 3.41. *Unter den Voraussetzungen des Satzes für konvexes G lässt sich die Oszillation von $u \in C^1(G) \cap H^{1,p}(G)$ abschätzen:*

$$\operatorname{osc}_{G\cap B_R(x_0)} u = \sup_{x,y\in G\cap B_R(x_0)} |u(x)-u(y)| \le cR^\gamma \|\nabla u\|_{L^p(G)} \tag{3.48}$$

mit $\gamma = 1 - \frac{n}{p}$ und einer nur von n, p und G abhängenden Konstanten c. Dabei ist $B_R(x_0)$ eine beliebige Kugel mit Mittelpunkt $x_0 \in \partial G$ im $\mathbb{R}^n$.

Beweis. Wir verwenden die Abschätzung (3.47) für das konvexe Gebiet $G_R = G \cap B_R(x_0)$. Dies liefert dann für $x, y \in G \cap B_R(x_0)$ die Ungleichung

$$|u(x) - u(y)| \leq \left| u(x) - \frac{1}{|G_R|} \int\limits_{G_R} u \right| + \left| u(y) - \frac{1}{|G_R|} \int\limits_{G_R} u \right|$$
$$\leq c \frac{d(G_R)^{n+\gamma}}{|G_R|} \|\nabla u\|_{L^p(G)},$$

wobei wir die $L^p(G_R)$-Norm noch durch die $L^p(G)$-Norm abgeschätzt haben. Es ist $d(G_R) \leq cR$. Wegen der Konvexität der offenen Menge G lässt sich nun nachweisen, dass $|G_R| \geq cR^n$ mit einer positiven Konstanten c gilt (siehe Abbildung 3.14). Das Volumen des in der Abbildung schraffierten Bereichs, des Schnitts eines Kegels mit der Kugel $B_R(x_0)$, ist eine untere Schranke für das Volumen von G_R. Damit erhält man dann insgesamt

$$|u(x) - u(y)| \leq cR^{\gamma} \|\nabla u\|_{L^p(G)} \tag{3.49}$$

wie behauptet. □

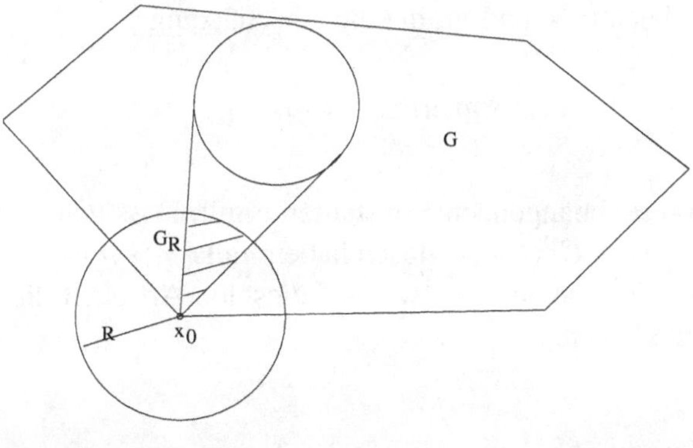

Abbildung 3.14. Geometrische Situation im Beweis von Hilfssatz 3.41.

Wir können nun den Beweis des zweiten Sobolevschen Einbettungssatzes für den Spezialfall beenden. Wie im Beweis des ersten Sobolevschen Einbettungssatzes ist eine Folge $u_j \in C^1(G) \cap H^{1,p}(G)$ mit $u_j \to u$ $(j \to \infty)$ in $H^{1,p}(G)$ wegen der Abschätzung (3.47) auch Cauchyfolge im Banachraum

$$X = \left\{ v \in C^0(G) \mid \sup_G |v| < \infty \right\}, \quad \|v\|_X = \sup_G |v|.$$

Demnach gibt es eine Funktion $\tilde{u} \in X$, so dass $\sup_G |u_j - \tilde{u}| \to 0$ für $j \to \infty$. Man zeigt dann leicht (wie früher), dass $u = \tilde{u}$ fast überall in G ist.

Es bleibt nachzuweisen, dass $\tilde{u}$ stetig auf den Rand fortgesetzt werden kann. Dazu wird der vorige Hilfssatz verwendet. Dort haben wir den „Stetigkeitsmodul“ von $\tilde{u}$ am Rand abgeschätzt. Dazu sei x_0 ein Punkt aus dem Rand von G. Dann gibt es eine Folge von Punkten $x_m \in G$ ($m \in \mathbb{N}$) mit $x_m \to x_0$ für $m \to \infty$. Die Werte $(\tilde{u}(x_m))_{m\in\mathbb{N}}$ bilden eine Cauchyfolge in $\mathbb{R}$, denn nach Hilfssatz 3.41 gilt für genügend große $m, l \in \mathbb{N}$:

$$|\tilde{u}(x_m) - \tilde{u}(x_l)| \leq c\delta^\gamma \|\nabla u\|_{L^p(G)}$$

für $|x_m - x_l| \leq \delta$. Die Unabhängigkeit des Wertes

$$\tilde{u}(x_0) = \lim_{m\to\infty} \tilde{u}(x_m)$$

von der Auswahl der Folge zeige man selbst. Außerdem folgt selbstverständlich

$$|\tilde{u}(x_0)| = |\lim_{m\to\infty} \tilde{u}(x_m)| \leq c\|u\|_{H^{1,p}(G)}.$$

Insgesamt haben wir also nachgewiesen, dass es eine Funktion $\tilde{u} \in C^0(\overline{G})$ gibt, die fast überall in G gleich u ist und für die die Abschätzung

$$\sup_G |\tilde{u}| \leq c\|u\|_{H^{1,p}(G)}$$

mit einer nicht von u abhängenden Konstanten c gilt. Dass heißt, dass wir eine Einbettung von $H^{1,p}(G)$ in $C^0(\overline{G})$ bewiesen haben, falls $p > n$ ist.

Man überzeuge sich davon, dass wir auf dieselbe Art auch die Einbettung nach $C^{0,\gamma}(\overline{G})$ beweisen können. □

3.6 Randapproximation

Für den Existenzsatz für schwache Lösungen des Randwertproblems für die Poissongleichung (2.13) hatten wir in Abschnitt 2.3 lediglich vorausgesetzt, dass G ein beschränktes Gebiet im $\mathbb{R}^n$ ist.

Für die Finite-Elemente-Methode zur numerischen Lösung des Randwertproblems hatten wir in Abschnitt 3.4 vorausgesetzt, dass G ein polygonal berandetes Gebiet ist.

In diesem Abschnitt besprechen wir die Approximation krummlinig berandeter Gebiete durch polygonal berandete Gebiete und die Auswirkung dieser Approximation auf den Fehler zwischen diskreter und kontinuierlicher Lösung. Die bisher numerisch untersuchten polygonal berandeten Gebiete sind in gewisser Weise der singuläre Fall. Dies sieht man an folgendem kleinen Beispiel.

Beispiel 3.42. Betrachte zu festem Winkel $\alpha \in (0, 2\pi)$ und $R > 0$ das Gebiet

$$G = \{x = (r\cos\varphi, r\sin\varphi) \in \mathbb{R}^2 \mid 0 < r < R, 0 < \varphi < \alpha\pi\}.$$

Dann ist die Funktion

$$u(r\cos\varphi, r\sin\varphi) = r^{\frac{1}{\alpha}} \sin\frac{\varphi}{\alpha}$$

eine auf G harmonische Funktion mit Nullrandwerten auf $\varphi = 0$ und $\varphi = \alpha\pi$. Wegen $|\nabla u| = \frac{1}{\alpha} r^{\frac{1}{\alpha}-1}$ ist $u \in H^1(G)$. u ist schwache Lösung des Randwertproblems für die Poissongleichung zur rechten Seite $f = 0$ und zu den Randwerten $g(r\cos\varphi, r\sin\varphi) = R^{\frac{1}{\alpha}-1} r \sin\frac{\varphi}{\alpha}$. Jedoch ist $u \in H^2(G)$ nur genau dann, wenn $\alpha \le 1$ ist, das heißt, wenn G konvex ist.

Trotz dieses Beispiels ist im Einzelfall selbstverständlich nicht ausgeschlossen, dass eine Lösung auf einem polygonalen Gebiet in $H^2(G)$ oder sogar in einem höheren Sobolevräumen liegt.

Zunächst leiten wir einige grundlegende Eigenschaften des Randes beschränkter Gebiete her. Um die Approximation der Gebiete durch diskrete Gebiete zu beschreiben und den dadurch entstehenden Fehler abzuschätzen, benötigen wir die Glattheit des kontinuierlichen Gebiets.

Definition 3.43. Es sei $G \subset \mathbb{R}^n$ ein Gebiet. Für $k \in \mathbb{N}$ und $0 \le \alpha \le 1$ ist $\partial G \in C^{k,\alpha}$ ($C^k = C^{k,0}$), falls es zu jedem Punkt $x_0 \in \partial G$ eine offene Umgebung $U \subset \mathbb{R}^n$ von x_0 und eine Funktion $\phi \in C^{k,\alpha}(U, \mathbb{R})$ mit $\nabla\phi \neq 0$ in U gibt, so dass

$$\partial G \cap U = \{x \in \mathbb{R}^n \mid \phi(x) = 0\}$$

ist. Damit ist der Rand des Gebietes G eine reguläre Hyperfläche.

Aus praktischen Gründen verwenden wir für die numerische Analysis eine spezielle Funktion ϕ, die den Rand von G *global* beschreibt, nämlich die orientierte Distanzfunktion. Dazu sei im Folgenden G ein beschränktes Gebiet, so dass der Rand ∂G eine kompakte Teilmenge des $\mathbb{R}^n$ ist.

Die Distanzfunktion gibt zu jedem Punkt $x \in \mathbb{R}^n$ seinen Abstand zum Rand des Gebietes an:

Hilfssatz 3.44. *Es sei $G \subset \mathbb{R}^n$ ein beschränktes Gebiet. Dann ist die Distanzfunktion*

$$\operatorname{dist}(x, \partial G) = \inf_{y \in \partial G} |x - y| \quad (x \in \mathbb{R}^n).$$

global lipschitzstetig mit Lipschitzkonstante Eins auf dem $\mathbb{R}^n$: $\operatorname{dist}(\cdot, \partial G) \in C^{0,1}(\mathbb{R}^n)$,

$$|\operatorname{dist}(x, \partial G) - \operatorname{dist}(x', \partial G)| \le |x - x'| \quad \forall x, x' \in \mathbb{R}^n.$$

Beweis. Der Rand ∂G ist abgeschlossen und beschränkt, also ist $\mathrm{dist}(\cdot, \partial G)$ wohldefiniert. Seien $x, x' \in \mathbb{R}^n$ und sei $z \in \partial G$, so dass $|x - z| = \mathrm{dist}(x, \partial G)$ ist. Dann folgt

$$\mathrm{dist}(x', \partial G) \leq |x' - z| \leq |x' - x| + |x - z| = |x' - x| + \mathrm{dist}(x, \partial G)$$

und die analoge Ungleichung mit x und x' vertauscht. □

Es ist für das Folgende von Vorteil, geeignete Koordinaten zu verwenden, die den Rand des Gebietes G global beschreiben. Wir verwenden die sogenannten *Normalkoordinaten*. Zur Herleitung verweisen wir zum Beispiel auf [17]. Diese Koordinaten verwenden die orientierte Distanzfunktion:

Definition 3.45. Für ein beschränktes Gebiet $G \subset \mathbb{R}^n$ definieren wir die *orientierte Distanzfunktion* d durch

$$d(x) = \begin{cases} \mathrm{dist}(x, \partial G), & \text{falls } x \in \mathbb{R}^n \setminus G \\ -\mathrm{dist}(x, \partial G), & \text{falls } x \in \overline{G}. \end{cases}$$

Die Geometrie des Randes von G lässt sich vollständig durch die Distanzfunktion beschreiben. Dies fassen wir im folgenden Hilfssatz zusammen.

Abbildung 3.15. Graph (rechts) der orientierten Distanzfunktion zum Gebiet (links). Aus [5].

Hilfssatz 3.46. *Es sei G ein beschränktes Gebiet mit $\partial G \in C^{k,\alpha}$ für ein $k \geq 2$. Dann gibt es eine Zahl $\delta > 0$, so dass die orientierte Distanzfunktion*

$$d \in C^{k,\alpha}(U_\delta), \quad U_\delta = \{x \in \mathbb{R}^n \mid \mathrm{dist}(x, \partial G) < \delta\}$$

ist. Zu jedem Punkt $x \in U_\delta$ gibt es genau ein $a(x) \in \partial G$, so dass

$$x = a(x) + d(x)\nu(a(x)) \tag{3.50}$$

ist. Außerdem gilt

$$|\nabla d(x)| = 1, \quad \nu(a(x)) = \nabla d(x) \quad (x \in U_\delta),$$

und $\nu(a(x))$ *ist die äußere Normale an* G *im Punkt* $a(x)$. *Wir definieren* $\nu(x) = \nu(a(x))$ *für* $x \in U_\delta$.

Die Matrix

$$H_{ij}(x) = d_{x_i x_j}(x) \quad (i, j = 1, \dots, n)$$

besitzt die reellen Eigenwerte $0, \kappa_1(x), \dots, \kappa_{n-1}(x)$. *Für* $x \in \partial G$ *heißen* $\kappa_1(x), \dots, \kappa_{n-1}(x)$ *Hauptkrümmungen von* ∂G *im Punkt* x.

Offensichtlich ist $a \in C^{k-1,\alpha}(U_\delta)$. Weiter ist zu vermerken, dass gilt:

$$\delta < \inf_{x \in \partial G} \delta(x), \quad \delta(x) = \inf\{|\kappa_j(x)|^{-1} \mid j = 1, \dots, n-1\}.$$

Die wichtigste Eigenschaft der orientierten Distanzfunktion ist, dass sie die Eikonalgleichung $|\nabla d| = 1$ in einer Umgebung von ∂G löst, ja sogar $\nabla d = \nu$ ist. Dies sieht man wie folgt ein. Für $x \in \partial G$ und kleines $\varepsilon \in \mathbb{R}$ hat man nach Definition 3.45 die Relation $d(x + \varepsilon \nu(x)) = \varepsilon$. Differenziert man diese Gleichung nach ε, so erhält man für $\varepsilon = 0$, dass $\nabla d(x) \cdot \nu(x) = 1$ ist.

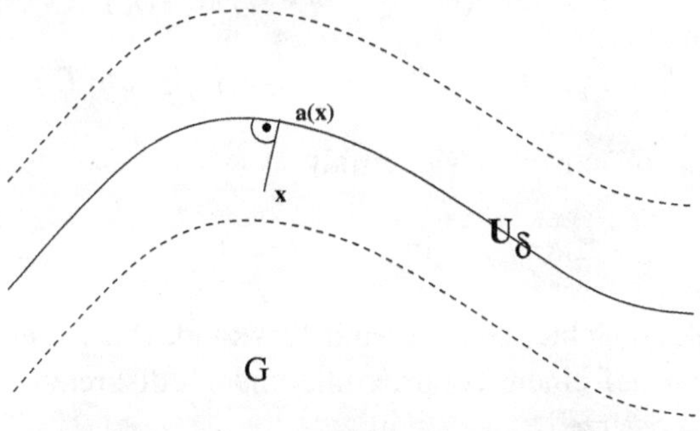

Abbildung 3.16. Situation am Rand des Gebietes G, Projektion $a(x)$ eines Punktes $x \in U_\delta$ auf ∂G.

Technisch am wichtigsten ist, dass man jeden Punkt $x \in U_\delta$ wie in (3.50) durch seine *Normalkoordinaten* $(a(x), d(x))$ darstellen kann.

Beispiel 3.47. Für $G = B_R(x_0) \subset \mathbb{R}^n$ ist

$$\operatorname{dist}(x, \partial G) = ||x - x_0| - R|.$$

Die orientierte Distanzfunktion lautet $d(x) = |x - x_0| - R$ mit

$$\nabla d(x) = \frac{x - x_0}{|x - x_0|} = \nu(x), \quad H_{ik}(x) = \frac{1}{R}(\delta_{ik} - \nu_i(x)\nu_k(x))$$

für $x \in \partial G$. Die Eigenwerte von $H(x)$ sind 0 in Normalenrichtung und $\kappa_1(x) = \cdots = \kappa_{n-1}(x) = \frac{1}{R}$ in Tangentialrichtung. Der Parameter δ kann gleich R gewählt werden.

Hilfssatz 3.48. *Es sei $\partial G \in C^2$. Ist dann T' ein nicht degeneriertes $(n-1)$-dimensionales Simplex mit Ecken auf ∂G, das im δ-Streifen U_δ um ∂G liegt, $T' \subset U_\delta$, so folgt*

$$|d(x)| \leq ch(T')^2, \quad |\nu(x) - \nu_h| \leq ch(T') \quad (x \in T').$$

Dabei bezeichnet ν_h die Normale an das Simplex T' in Richtung ν.

Beweis. Ohne Einschränkung dürfen wir annehmen, dass die Situation $T' \subset \mathbb{R}^{n-1}$ vorliegt. Dann ist die lineare Interpolierende der orientierten Distanzfunktion $Id = 0$ und Satz 3.31 liefert

$$\|d\|_{L^\infty(T')} = \|d - Id\|_{L^\infty(T')} \leq ch(T')^2 |d|_{H^{2,\infty}(T')} \leq c(\partial G) h(T')^2,$$

sowie für $j = 1, \ldots, n-1$

$$\|\nu_j\|_{L^\infty(T')} = \|d_{x_j}\|_{L^\infty(T')} \|(d - Id)_{x_j}\|_{L^\infty(T')} \leq c(\partial G) h(T'),$$

wobei $c(\partial G) = c\|d\|_{C^2(U_\delta)}$ ist. Und $\|\nu_n - 1\|_{L^\infty(T')} \leq ch(T')$. □

Wir studieren nun zunächst den Modellfall

$$-\Delta u = f \quad \text{in } G, \quad u = 0 \quad \text{auf } \partial G \tag{3.51}$$

auf einem beschränkten Gebiet $G \subset \mathbb{R}^n$ mit C^2-Rand. Das zugehörige diskrete Problem formulieren wir auf einem „approximierenden" diskreten Gebiet G_h, das folgende Eigenschaften besitze.

Wir setzen voraus, dass die zulässige Triangulierung $\mathcal{T}$ die folgenden Eigenschaften hat:

$$G_h = \Big(\bigcup_{T \in \mathcal{T}} T\Big)^\circ, \quad \sigma(T) \leq \sigma_0 \quad (T \in \mathcal{T}). \tag{3.52}$$

Für alle $T \in \mathcal{T}$ liegen die Ecken von T in $\overline{G}$, und

$$\partial G_h = \bigcup_{T' \in \mathcal{T}'} T' \subset U_\delta \tag{3.53}$$

mit $(n-1)$-Simplexen T', deren Ecken alle auf ∂G liegen. Außerdem besitzt jedes T mindestens einen Eckpunkt in G.

Wir werden unter anderem folgende anschaulich klare Eigenschaft nachweisen:

$$|G \setminus G_h \cup G_h \setminus G| \le ch^2.$$

Für stückweise lineare Finite Elemente lautet das diskrete Problem: Bestimme $u_h \in X_h = \{v_h \in C^0(\overline{G}_h) \mid v_h|_T \in \mathbb{P}_1(T), T \in \mathcal{T}\} \cap \mathring{H}^1(G_h)$, so dass

$$\int\limits_{G_h} \nabla u_h \nabla \varphi_h = \int\limits_{G_h} \overline{f} \varphi_h \forall \varphi_h \in X_h, \quad u_h|_{\partial G_h} = 0. \tag{3.54}$$

Da die rechte Seite f der Differentialgleichung (3.51) nur auf G und nicht auch auf G_h definiert ist, müssen wir in (3.54) eine geeignete Fortsetzung $\overline{f}$ von f verwenden. Arbeiten wir mit stückweise linearen Elementen auf G_h, so fragen wir uns, ob die Güte der Randapproximation ausreicht, damit die Fehlerabschätzung

$$\|\nabla(u - u_h)\|_{L^2(G)} \le ch\|u\|_{H^2(G)}$$

erhalten bleibt. Dabei setzen wir $u_h = 0$ auf $G \setminus G_h$. Wir müssen jedoch in Kauf nehmen, dass im Allgemeinen $u \neq 0$ auf ∂G_h ist.

Falls nicht zufällig G konvex ist, ist die kontinuierliche Lösung u von (3.51) auf $G_h \setminus G$ nicht definiert. Es seien aber zunächst $\overline{u}$ und $\overline{f}$ Fortsetzungen von u und f von G auf $G \cup G_h$. Von diesen Fortsetzungen verlangen wir:

$$\overline{u} \in H^2(G \cup G_h), \quad \overline{u}|_G = u, \quad \overline{f} \in L^2(G \cup G_h), \quad \overline{f}|_G = f. \tag{3.55}$$

Erst jetzt lässt sich das diskrete Problem (3.54) formulieren. Es sei nochmals bemerkt, dass jetzt $X_h \not\subset \mathring{H}^1(G)$, sondern $X_h \subset \mathring{H}^1(G_h)$ ist. Die im folgenden Hilfssatz bewiesene Abschätzung ist der wesentliche Baustein zur Untersuchung der Randapproximation. Der Beweis wird später nachgeliefert.

Hilfssatz 3.49. *Es sei $\partial G \in C^2$. Unter den Voraussetzungen* (3.52), (3.53) *gibt es eine Konstante $c(\delta)$, so dass für $\psi \in \mathring{H}^1(G_h)$ gilt:*

$$\|\psi\|_{L^2(G_h \setminus G)} \le ch^2\|\nabla\psi\|_{L^2(G_h \setminus G)}. \tag{3.56}$$

Hilfssatz 3.50. *Sei $\partial G \in C^2$. Es seien $u \in H^2(G)$ Lösung von* (3.51) *und die Voraussetzungen* (3.52), (3.53) *und* (3.55) *erfüllt. Dann hat das diskrete Problem* (3.54) *genau eine Lösung $u_h \in X_h$, und für den Fehler gilt die Abschätzung*

$$\|\nabla(\overline{u} - u_h)\|_{L^2(G_h)} \le c \inf_{\varphi_h \in X_h} \|\nabla(\overline{u} - \varphi_h)\|_{L^2(G_h)} + ch^2\|\overline{f} + \Delta\overline{u}\|_{L^2(G_h \setminus G)}.$$

Beweis. Wegen $\overline{u} \in H^2(G_h)$ erhalten wir nach Definition der schwachen Ableitung und unter Beachtung der Konvention $\varphi_h = 0$ außerhalb G_h die Gleichung

$$\begin{aligned}\int_{G_h} \nabla\overline{u} \cdot \nabla\varphi_h &= -\int_{G_h} \Delta\overline{u}\,\varphi_h = -\int_{G_h\cap G} \Delta\overline{u}\,\varphi_h - \int_{G_h\setminus G} \Delta\overline{u}\,\varphi_h \\ &= -\int_{G} \Delta\overline{u}\,\varphi_h - \int_{G_h\setminus G} \Delta\overline{u}\,\varphi_h \\ &= -\int_{G} \Delta u\,\varphi_h - \int_{G_h\setminus G} \Delta\overline{u}\,\varphi_h \\ &= \int_{G} f\varphi_h - \int_{G_h\setminus G} \Delta\overline{u}\,\varphi_h. \end{aligned} \tag{3.57}$$

Dabei haben wir (3.51) verwendet.

Aus (3.54) schließen wir:

$$\begin{aligned}\int_{G_h} \nabla u_h \cdot \nabla\varphi_h &= \int_{G_h} \overline{f}\varphi_h = \int_{G_h\cap G} \overline{f}\varphi_h + \int_{G_h\setminus G} \overline{f}\varphi_h \\ &= \int_{G} f\varphi_h + \int_{G_h\setminus G} \overline{f}\varphi_h. \end{aligned} \tag{3.58}$$

Die Differenz von (3.57) und (3.58) führt auf die Abschätzung

$$\begin{aligned}\int_{G_h} \nabla(\overline{u} - u_h) \cdot \nabla\varphi_h &= -\int_{G_h\setminus G} (\Delta\overline{u} + \overline{f})\varphi_h \\ &\le \|\Delta\overline{u} + \overline{f}\|_{L^2(G_h\setminus G)} \|\varphi_h\|_{L^2(G_h\setminus G)} \\ &\le ch^2 \|\Delta\overline{u} + \overline{f}\|_{L^2(G_h\setminus G)} \|\nabla\varphi_h\|_{L^2(G_h\setminus G)}, \end{aligned} \tag{3.59}$$

für alle $\varphi_h \in X_h$, wobei wir Hilfssatz 3.49 verwendet haben. Den Rest des Beweises betrachte man als Übungsaufgabe. □

Es ist nun noch der Beweis von Hilfssatz 3.49 nachzutragen. In zwei Raumdimensionen ist der Beweis anschaulich klar. In höheren Dimensionen bedenke man, dass die von uns gewählten Normalkoordinaten es erlauben, den Rand des kontinuierlichen Gebietes G (vollständig) als Graph über dem Rand des diskreten Gebietes G_h zu schreiben (siehe Abbildung 3.6).

Beweis von Hilfssatz 3.49. Wir wissen, dass (global) ein offener δ-Streifen U_δ um ∂G existiert, so dass $\partial G_h = \cup_{T'\in\mathcal{T}'} T' \subset U_\delta$ mit $(n-1)$-Simplexen T', deren Ecken auf

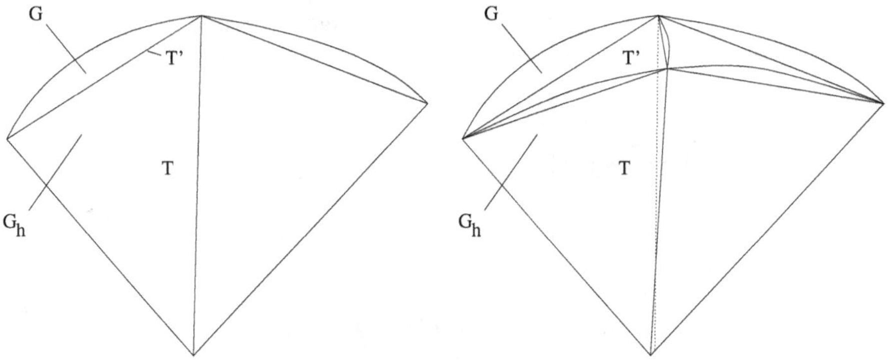

Abbildung 3.17. Situation für zweidimensionale (links) und dreidimensionale (rechts) Gebiete. Approximation des Randes. Der Rand des kontinuierlichen Gebietes wird vollständig durch die Projektion a parametrisiert: $\partial G = a(\partial G_h)$.

∂G liegen. Jedes T besitzt mindestens einen Eckpunkt in G. Für $\psi \in \mathring{H}^1(G_h)$ ist nun $\|\psi\|_{L^2(G_h \setminus G)}$ abzuschätzen. Dies geschieht zunächst auf den einzelnen Randsimplexen $T' \subset U_\delta$. Es ist nicht etwa $T \subset U_\delta$! Wir verwenden die in Hilfssatz 3.46 konstruierten Normalkoordinaten und transformieren das abzuschätzende Integral. Ohne Beschränkung der Allgemeinheit dürfen wir hier $T' \subset \mathbb{R}^{n-1}$ voraussetzen. Sei dann

$$D_h = D_h(T') = \{x \in \mathbb{R}^n \mid x = a(y) + s\nu(y), y \in \mathring{T}', s \in (0, d(y)^+)\}$$

mit $d(y)^+ = \max\{d(y), 0\}$. D_h ist offen im $\mathbb{R}^n$, $D_h \subset \mathbb{R}^n \setminus G$. Sei $D_h \neq \emptyset$. Dann ist

$$\int_{D_h} \psi(x) dx = \int_{\mathring{T}'} \int_0^{d(y)^+} \varphi(y, s) \left| \det \frac{\partial x}{\partial(y, s)} \right| ds\, dy,$$

wenn wir die Transformation $x = x(y, s)$,

$$x = a(y) + s\nu(y), \quad \psi(x) = \varphi(y, s)$$

für $y \in T'$, $s \in (0, d(y)^+)$ verwenden. Wegen $a(y) = y - d(y)\nu(y)$ nach Hilfssatz 3.46 haben wir

$$\frac{\partial x_i}{\partial y_j} = \frac{\partial a_i}{\partial y_j} + s \frac{\partial \nu_i}{\partial y_j} = \delta_{ij} - \nu_i \nu_j + (s - d) H_{ij}, \qquad \frac{\partial x_i}{\partial s} = \nu_i$$

$(i = 1, \ldots, n; j = 1, \ldots, n-1)$, und es lässt sich leicht zeigen, dass mit positiven nur von ∂G abhängenden Konstanten c_1, c_2

$$c_1 \leq \left| \det \frac{\partial x}{\partial(y, s)} \right| \leq c_2 \tag{3.60}$$

gilt. Dabei verwendet man die Resultate von Hilfssatz 3.48 und beachtet, dass hier $\nu_h = e_n$ ist. Sind nun $y \in T'$ fest und $s \in (0, d(y)^+)$, so hat man

$$|\varphi(y,s)| = |\varphi(y,s) - \varphi(y, d(y)^+)| \le \int_s^{d(y)^+} |\varphi_s(y,s)|ds, \tag{3.61}$$

und dies impliziert

$$\varphi(y,s)^2 \le d(y)^+ \int_0^{d(y)^+} \varphi_s(y,s)^2\, ds.$$

Integration von 0 bis $d(y)^+$ über s liefert

$$\int_0^{d(y)^+} \varphi(y,s)^2 ds \le ch(T')^4 \int_0^{d(y)^+} \varphi_s(y,s)^2 ds,$$

wobei wir verwendet haben, dass nach Hilfssatz 3.48 $d(y)^+ \le ch(T')^2$ für $y \in T'$ gilt, und demnach erhalten wir nach Integration über $y \in T'$ die Ungleichung

$$\int_{T'} \int_0^{d(y)^+} \varphi(y,s)^2 ds dy \le ch(T')^4 \int_{T'} \int_0^{d(y)^+} \varphi_s(y,s)^2 ds dy.$$

Verwendet man noch (3.60) und $|\varphi_s(y,s)| \le |\nabla\psi(x(y,s))|$, so folgt schließlich

$$\|\psi\|_{L^2(D_h(T'))} \le ch(T')^2 \|\nabla\psi\|_{L^2(D_h(T'))}. \tag{3.62}$$

Aufsummieren des Quadrats dieser Ungleichung führt dann auf (3.56), und Hilfssatz 3.49 ist bewiesen. Implizit haben wir hier ψ durch eine glatte Funktion approximiert. □

Wenn wir also eine H^2-Fortsetzung $\overline{u}$ auf $G \cup G_h$ mit

$$\|\overline{u}\|_{H^2(G\cup G_h)} \le c\|u\|_{H^2(G)}$$

konstruieren und $\overline{f} = -\Delta\overline{u}$ außerhalb G setzen, so erhalten wir aus Hilfssatz 3.50 unter geeigneten Voraussetzungen für lineare Elemente die Fehlerabschätzung

$$\|\nabla(\overline{u} - u_h)\|_{L^2(G_h)} \le ch\|u\|_{H^2(G)},$$

also das Gewünschte. Es ist aber nicht unbedingt nötig, $\overline{f} = -\Delta\overline{u}$ zu setzen, denn für $\overline{f} = 0$ außerhalb G ist $f \in L^2(G \cup G_h)$, und es folgt

$$ch^2\|\overline{f} + \Delta\overline{u}\|_{L^2(G_h\setminus G)} = ch^2\|\Delta\overline{u}\|_{L^2(G_h\setminus G)} \le ch^2\|\overline{u}\|_{H^2(G_h)} \le ch^2\|u\|_{H^2(G)}.$$

Das ist gut so, denn sonst müsste man $\overline{f} = -\Delta\overline{u}$ wirklich im Programm verwenden. Man beachte jedoch, dass in jedem Fall die Fortsetzung $\overline{f}$ von f bei der Implementierung verwendet werden muss. Will man dann Quadraturformeln verwenden, so ist eine gewisse Regularität der Fortsetzung $\overline{f}$ nötig.

Das Fortsetzungsproblem für u ist ein rein theoretisches Problem. Jedoch ist der Nachweis der H^2-Fortsetzbarkeit der kontinuierlichen Lösung auf ein größeres Gebiet notwendig, um einen Konvergenzsatz der diskreten Lösung gegen die kontinuierliche Lösung zu beweisen.

Sehen wir uns eine mögliche Fortsetzungstechnik zunächst in einer Raumdimension an.

Beispiel 3.51. Ist $u \in H^2(-1,0) \cap \mathring{H}^1(-1,0)$, so sei die Fortsetzung auf $(-1,1)$ durch

$$\bar{u}(x) = \begin{cases} u(x) & (x \le 0) \\ -u(-x) & (x > 0) \end{cases}$$

erklärt. $\bar{u} \in L^2(-1,1)$ ist klar. Ist aber auch $\bar{u} \in H^1(-1,1)$? Für $\varphi \in C_0^\infty(-1,1)$ gilt

$$\begin{aligned}
\int_{-1}^{1} \varphi'\bar{u}\,dx &= \int_{-1}^{0} \varphi'(x)u(x)\,dx + \int_{0}^{1} \varphi'(x)(-u(-x))\,dx \\
&= \varphi(0)u(0) - \int_{-1}^{0} \varphi(x)\,u'(x)\,dx + \varphi(0)u(0) - \int_{0}^{1} \varphi(x)u'(-x)\,dx \\
&= -\int_{-1}^{0} \varphi(x)u'(x)\,dx - \int_{0}^{1} \varphi(x)u'(-x)\,dx \\
&= -\int_{-1}^{1} \varphi(x)\bar{u}'(x)\,dx
\end{aligned}$$

wegen $u(0) = 0$. Offensichtlich ist $\bar{u}' \in L^2(-1,1)$, also auch $\bar{u} \in \mathring{H}^1(-1,1)$. Damit haben wir eine H^1-Fortsetzung $\bar{u}$ von u konstruiert mit

$$\bar{u}'(x) = \begin{cases} u'(x) & (x < 0) \\ u'(-x) & (x > 0) \end{cases}.$$

Ist nun auch $\bar{u}' \in H^1(-1,1)$? Für $\varphi \in C_0^\infty(-1,1)$ ist

$$\begin{aligned}\int_{-1}^{1} \varphi'(x)\bar{u}'(x)\,dx &= \int_{-1}^{0} \varphi'(x)u'(x)\,dx + \int_{0}^{1} \varphi'(x)u'(-x)\,dx \\ &= \varphi(0)u'(0) - \int_{-1}^{0} \varphi(x)u''(x)\,dx - \varphi(0)u'(0) + \int_{0}^{1} \varphi(x)u''(-x)\,dx \\ &= -\int_{-1}^{1} \varphi(x)\bar{u}''(x)\,dx.\end{aligned}$$

Dabei existiert der Wert $u'(0)$ nach Satz 3.40, da wir vorausgesetzt haben, dass $u \in H^2(-1,0)$ ist. Dass die Funktion

$$\bar{u}''(x) = \begin{cases} u''(x) & (x < 0) \\ -u''(-x) & (x > 0) \end{cases}$$

in $L^2(-1,1)$ liegt, ist klar. Also wurde eine H^2-Fortsetzung von u konstruiert. Ist u auf $(-1,0)$ Lösung der Differentialgleichung

$$-u'' = f,$$

so löst auch $\bar{u}$ auf $(-1,1)$ eine Differentialgleichung, nämlich

$$-\bar{u}''(x) = \begin{cases} -u''(x) & (x < 0) \\ u''(-x) & (x > 0) \end{cases} = \begin{cases} f(x) & (x < 0) \\ -f(-x) & (x > 0) \end{cases}.$$

Definiert man $\bar{f}$ auf $(-1,1)$ entsprechend, so hat man

$$-\bar{u}'' = \bar{f} \quad \text{in } (-1,1) \text{ f. ü.}$$

Zudem gilt offensichtlich

$$\|\bar{u}\|_{H^2(-1,1)} \leq \sqrt{2}\|u\|_{H^2(-1,0)}.$$

Mit dieser Idee können wir einen H^2-Fortsetzungssatz im $\mathbb{R}^n$ beweisen. Dabei setzen wir voraus, dass der Rand des Gebietes aus C^3 ist. Diese Bedingung ließe sich durch sorgfältigeres Vorgehen auf C^2 verringern, wodurch jedoch die Verständlichkeit der Methode erschwert würde. Wir verwenden die in Hilfssatz 3.46 eingeführten Normalkoordinaten.

Lemma 3.52. *Es sei $G \subset \mathbb{R}^n$ offen, beschränkt und $\partial G \in C^3$. Dann ist durch*

$$\bar{u}(x) = \begin{cases} u(x) & (x \in G) \\ -u(x - 2d(x)\nu(x)) & (x \in G_{\delta'} \setminus G) \end{cases}$$

eine Fortsetzung $\bar{u} \in H^2(G_{\delta'})$ $(\delta' < \delta)$ von $u \in H^2(G) \cap \mathring{H}^1(G)$ mit

$$\|\bar{u}\|_{H^2(G_{\delta'})} \leq c\|u\|_{H^2(G)}$$

gegeben. Dabei ist $G_{\delta'} = G \cup U_{\delta'}$, $U_{\delta'} = \{x \in \mathbb{R}^n \mid |d(x)| < \delta'\}$.

Beweis. Die Idee ist dieselbe wie in Beispiel 3.51. Im Folgenden schreiben wir δ statt δ'. Dass $\bar{u} \in L^2(G \cup U_\delta)$ gilt, ist klar. Außerdem rechnet man leicht nach, dass $\|\bar{u}\|_{L^2(G_\delta)} \leq c\|u\|_{L^2(G)}$ gilt. $\bar{u} \in H^1(G_\delta)$, denn mit $\varphi \in C_0^\infty(G_\delta)$ gilt

$$\begin{aligned}
\int_{G_\delta} \varphi_{x_i}\bar{u} &= \int_G \varphi_{x_i} u + \int_{G_\delta \setminus G} \varphi_{x_i}\bar{u} \\
&= \int_{\partial G} \varphi u\big|_G \nu_i - \int_G \varphi u_{x_i} + \int_{\partial(G_\delta \setminus G)} \varphi\bar{u}\nu_i - \int_{G_\delta \setminus G} \varphi\bar{u}_{x_i} \\
&= \int_{\partial G} \varphi u\big|_G \nu_i - \int_{\partial G} \varphi\bar{u}\big|_{G_\delta \setminus G} \nu_i - \int_{G_\delta} \varphi\bar{u}_{x_i}
\end{aligned}$$

mit der Normalen ν an G. Auf ∂G ist $d = 0$, also auch

$$u(x) = u(x - d(x)\nu(x)) = \bar{u}(x) \quad (x \in \partial G).$$

Dass $\bar{u}_{x_i} \in L^2(G_\delta)$ ist und außerdem

$$\|\nabla\bar{u}\|_{L^2(G_\delta)} \leq c\|\nabla u\|_{L^2(G)}$$

gilt, prüft man leicht nach. Wir untersuchen, ob $\bar{u} \in H^2(G_\delta)$ ist. Für $\varphi \in C_0^\infty(G_\delta)$ gilt

$$\begin{aligned}
\int_{G_\delta} \varphi_{x_j}\bar{u}_{x_i} &= \int_G \varphi_{x_j} u_{x_i} + \int_{G_\delta \setminus G} \varphi_{x_j}\bar{u}_{x_i} \\
&= \int_{\partial G} \varphi u_{x_i}|_G \nu_j - \int_G \varphi u_{x_i x_j} + \int_{\partial(G_\delta \setminus G)} \varphi\bar{u}_{x_i}|_{G_\delta \setminus G}\nu_j - \int_{G_\delta \setminus G} \varphi\bar{u}_{x_i x_j} \\
&= \int_{G_\delta \setminus G} \varphi\bar{u}_{x_i x_j} + \int_{\partial G} \varphi\nu_j(u_{x_i}|_G - \bar{u}_{x_i}|_{G_\delta \setminus G}),
\end{aligned}$$

denn wegen

$$\bar{u}(x) = \begin{cases} u(x) & (x \in G) \\ -u(x - 2d(x)\nu(x)) & (x \in G_\delta \setminus G) \end{cases}$$

folgt

$$\bar{u}_{x_i}(x) = \begin{cases} u_{x_i}(x) \quad (x \in G) \\ -\sum_{k=1}^n u_{x_k}(x - 2d(x)\nu(x))(\delta_{ik} - 2d(x)H_{ik}(x) - 2\nu_i(x)\nu_k(x)) \\ \hfill (x \in G_\delta \setminus G) \end{cases}$$

und für $x \in \partial G$ ist das gleich

$$= \begin{cases} u_{x_i}(x) \\ -\sum_{k=1}^n u_{x_k}(x)(\delta_{ik} - 2\nu_i(x)\nu_k(x)) \end{cases} .$$

Um nachzuweisen, dass $\bar{u}$ in $H^2(G_\delta)$ liegt, müssen wir also zeigen, dass für $x \in \partial G$ gilt:

$$-\sum_{k=1}^n u_{x_k}(x)(\delta_{ik} - 2\nu_i(x)\nu_k(x)) = u_{x_i}(x).$$

Das funktioniert so: Da u auf ∂G Null ist, sind die Ableitungen in tangentialer Richtung Null, das heißt $u_{x_k} = (\nabla u, \nu)\nu_k$ auf ∂G. Damit ist dann aber auch

$$-\sum_{k=1}^n u_{x_k}(\delta_{ik} - 2\nu_i\nu_k) = -u_{x_i} + 2(\nabla u, \nu)\nu_i = u_{x_i},$$

was zu beweisen war. Die Abschätzung

$$\|\bar{u}\|_{H^2(G_{\delta'})} \le c\|u\|_{H^2(G)}$$

folgt dann leicht.

Wir haben in diesem Beweis den Spursatz 5.38 verwendet, um deutlicher zu sehen, was geschieht. Man überlege sich, wie ein Approximationsargument verwendet werden kann, um den Spursatz zu vermeiden. □

Satz 3.53. *Es sei G ein beschränktes Gebiet im $\mathbb{R}^n$ $(n \le 3)$ mit $\partial G \in C^3$. Zu $f \in L^2(G)$ sei $u \in \mathring{H}^1(G) \cap H^2(G)$ die Lösung von*

$$-\Delta u = f \quad \textit{fast überall in } G$$

mit Nullrandwerten. Seien weiter die Voraussetzungen (3.52), (3.53) *erfüllt,*

$$G_h = \Big(\bigcup_{t\in\mathcal{T}} T\Big)^{\circ},$$

$$X_h = \{v \in C^0(\bar{G}_h) \mid v|_T \in \mathbb{P}_1(T), T \in \mathcal{T}\} \cap \mathring{H}^1(G_h).$$

Ist dann $\bar{f} \in L^2(G \cup G_h)$ *eine Fortsetzung von* f *mit* $\|\bar{f}\|_{L^2(G\cup G_h)} \le c\|f\|_{L^2(G)}$ *und ist* $u_h \in X_h$ *die Lösung von*

$$\int_{G_h} \nabla u_h \nabla \varphi_h = \int_{G_h} \bar{f}\varphi_h \quad \forall \varphi_h \in X_h,$$

dann gilt die Fehlerabschätzung

$$\|u - u_h\|_{H^1(G)} \le ch(\|u\|_{H^2(G)} + \|f\|_{L^2(G)}),$$

wobei $u_h = 0$ *außerhalb* G_h *gesetzt ist.*

Beweis. Hilfssatz 3.50 liefert

$$\|\bar{u} - u_h\|_{H^1(G_h)} \le c \inf_{\varphi_h\in X_h} \|\bar{u} - \varphi_h\|_{H^1(G_h)} + ch^2\|\bar{f} + \Delta\bar{u}\|_{L^2(G_h\setminus G)},$$

wenn $\bar{u}$ eine Fortsetzung aus $H^2(G \cup G_h)$ von u gemäß Lemma 3.52 ist. Wie üblich folgt mit den Interpolationsabschätzungen

$$\begin{aligned}\|\bar{u} - u_h\|_{H^1(G_h)} &\le ch(\|\bar{u}\|_{H^2(G\cup G_h)} + \|\bar{f}\|_{L^2(G\cup G_h)})\\ &\le ch(\|u\|_{H^2(G)} + \|f\|_{L^2(G)}).\end{aligned}$$

Also folgt auch, dass wegen $u_h = 0$ außerhalb G_h gilt:

$$\begin{aligned}\|u - u_h\|_{H^1(G)} &\le c\|\bar{u} - u_h\|_{H^1(G_h)} + c\|u\|_{H^1(G\setminus G_h)}\\ &\le ch(\|u\|_{H^2(G)} + \|f\|_{L^2(G)}) + c\|u\|_{H^1(G\setminus G_h)}.\end{aligned}$$

Hilfssatz 3.49 (analoge Abschätzung für $G \setminus G_h$) liefert

$$\|u\|_{H^1(G\setminus G_h)} \le ch\|u\|_{H^2(G)}.$$

Damit ist der Beweis vollständig. □

Damit haben wir gezeigt, dass der Fehler zwischen kontinuierlicher und diskreter Lösung, zumindest was die Ordnung angeht, nicht vergrößert wird, wenn wir das krummlinig berandete Gebiet durch ein polygonal berandetes Gebiet approximieren – wenn wir stückweise lineare Finite Elemente verwenden. Verwendet man Elemente höherer Ordnung, so beginnen nun die Probleme erst. Man muss sich mit sogenannten „isoparametrischen Elementen“ befassen. Wir sind zufrieden mit dem bisher erreichten und verweisen für die isoparametrischen Elemente auf das klassische Buch [6].

3.7 Die Kondition der Steifigkeitsmatrix

Der größte Vorteil des bei einer Diskretisierung einer elliptischen partiellen Differentialgleichung durch Finite Elemente entstehenden linearen Gleichungssystems ist, dass die beteiligte Matrix schwach besetzt ist. Man weiß a priori, dass an den meisten Stellen der Matrix eine Null steht. Dies liegt daran, dass die vewendeten Basisfunktionen einen kleinen Träger haben. Dadurch ist nicht nur das Speicherplatzproblem leicht zu lösen. Auch die Matrix-Vektor-Multiplikation kann dies berücksichtigen. In Abbildung 3.18 sind die Stellen einer Finite-Elemente-Matrix geschwärzt, an denen eine Zahl ungleich Null steht.

Bei der Lösung des durch die Diskretisierung der Poissongleichung mit Finiten Elementen entstehenden linearen Gleichungssysteme kann man auf das klassische CG-Verfahren zurückgreifen. Wie wir bereits im Abschnitt 3.1.2 und insbesondere in Lemma 3.9 gesehen haben, ist die bei der Diskretisierung der Poissongleichung entstehende Steifigkeitsmatrix

$$S_{ij} = \int_G \nabla\varphi_i \cdot \nabla\varphi_j \quad (i, j = 1, \ldots, N)$$

zu einer Basis $\varphi_1, \ldots, \varphi_N$ eines Finite-Elemente-Raums $X_h \subset \mathring{H}^1(G)$ symmetrisch und positiv definit.

Wir haben sowohl das kontinuierliche Problem in Satz 2.22 als auch diskrete Problem in Lemma 3.8 durch das Minimieren eines Funktionals gelöst. Es ist sicher ein richtiger Weg zur Lösung des Gleichungssystems $S\underline{u} = \underline{b}$ wieder ein Funktional zu minimieren, das diesmal auf dem $\mathbb{R}^N$ definiert ist, nämlich

$$I(\underline{v}) = \frac{1}{2} S\underline{v} \cdot \underline{v} - b \cdot \underline{v}, \quad \underline{v} \in \mathbb{R}^N,$$

und das ist genau das Funktional, das wir im Ritz-Galerkin-Verfahren minimiert haben. Damit kann man die Ideen der Methode des steilsten Abstiegs und in seiner angepassten Form damit das Verfahren der konjugierten Gradienten, das CG-Verfahren, zur Lösung des linearen Gleichungssystems verwenden. Wie wir wissen ist dabei die Symmetrie von S und zumindest im CG-Verfahren die positive Definitheit von S wesentlich.

Allerdings hängt die Konvergenzgeschwindigkeit des CG-Verfahrens von der Kondition der Matrix S ab. Ist $\underline{u}$ die Lösung des linearen Gleichungssystems $S\underline{u} = \underline{b}$, und ist $\underline{u}^m$ die m-te Interierte des CG-Verfahrens mit Startwert $\underline{u}^0$, so gilt für den Fehler in der angepassten Norm $\|\underline{v}\|_S = \sqrt{S\underline{v} \cdot \underline{v}}$ die Abschätzung [8]

$$\|\underline{u}^m - \underline{u}\|_S \le 2 \left(\frac{\sqrt{\kappa(S)} - 1}{\sqrt{\kappa(S)} + 1} \right)^m \|\underline{u}^0 - \underline{u}\|_S .$$

$S =$

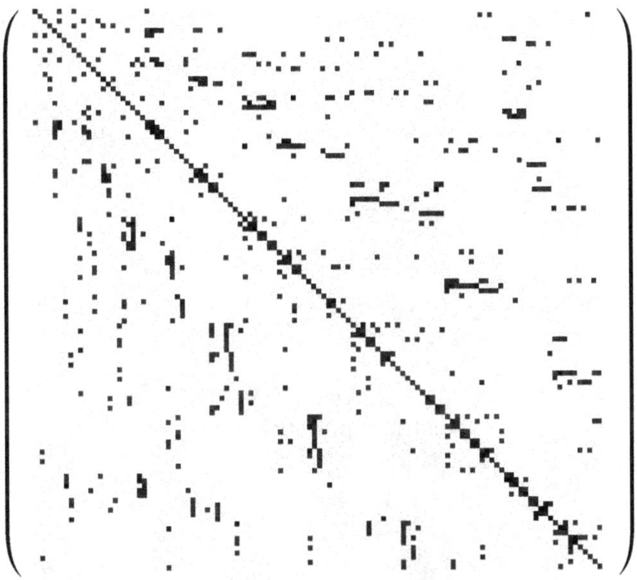

Abbildung 3.18. Typische Verteilung der von Null verschiedenen Matrixelemente bei Verwendung von Finiten Elementen mit 116 Basisfunktionen.

Dabei ist $\kappa(S)$ die *Kondition* der symmetrischen und positiv definiten Matrix S, das heißt

$$\kappa(S) = \frac{\lambda_{\max}(S)}{\lambda_{\min}(S)}$$

mit dem größten Eigenwert $\lambda_{\max}(S)$ und dem kleinsten Eigenwert $\lambda_{\min}(S)$ von S.

Diese Tatsache motiviert uns, im Folgenden die Kondition der Steifigkeitsmatrix für die Poissongleichung zu untersuchen. Selbstverständlich besitzt die Steifigkeitsmatrix N Eigenwerte. Aber die Steifigkeitsmatrix ist nach unseren Untersuchungen eine Diskretisierung beziehungsweise Approximation des Laplace-Operators. Der Laplace-Operator (zu Nullrandwerten) besitzt aber abzählbar viele Eigenwerte, die sich bei ∞ häufen. Der kleinste Eigenwert des Laplace-Operators ist größer oder gleich einer festen positiven Konstante. Damit ist klar, dass die Kondition von S in Abhängigkeit vom Diskretisierungsparameter gegen Unendlich streben muss, wenn $h \to 0$, also $N \to \infty$ geht. Dies ist die Aussage des folgenden Satzes.

Satz 3.54. *Es sei $X = \mathring{H}^1(G)$ auf einem beschränkten Gebiet $G \subset \mathbb{R}^n$, das zulässig durch $\mathcal{T}$ mit $\sigma \leq \sigma_0$ und $\min_{T \in \mathcal{T}} h(T) \geq c^{-1}h$ trianguliert ist. Mit X_h bezeichnen wir einen Lagrange-Finite-Elemente-Raum k-ter Ordnung $X_h \subset X$ wie in* (3.40) *mit Gitterweite h. Dann gilt für die Kondition der Steifigkeitsmatrix S die Abschätzung*

$$\kappa(S) \leq ch^{-2}. \tag{3.63}$$

Beweis. Wir verwenden die die übliche Charakterisierung der Eigenwerte der Matrix $S_{ij} = B(\varphi_i, \varphi_j), i, j = 1, \ldots, N$ durch den Rayleigh Quotienten:

$$\lambda_{\max}(S) = \sup_{\xi \in \mathbb{R}^N \setminus \{0\}} \frac{S\xi \cdot \xi}{|\xi|^2}, \quad \lambda_{\min}(S) = \inf_{\xi \in \mathbb{R}^N \setminus \{0\}} \frac{S\xi \cdot \xi}{|\xi|^2}.$$

Sei $\xi \in \mathbb{R}^N$. Dann gilt mit der Bilinearform $B(u, v) = (\nabla u, \nabla v)_{L^2(G)}$

$$S\xi \cdot \xi = \sum_{i,j=1}^{N} S_{ij} \xi_i \xi_j = \sum_{i,j=1}^{N} B(\varphi_i, \varphi_j) \xi_i \xi_j = B(u_h, u_h),$$

wenn man definiert $u_h(x) = \sum_{j=1}^N \xi_j \varphi_j(x)$. Wir lokalisieren die Bilinearform, indem wir eine Elementsteifigkeitsmatrix einführen.

$$B(u_h, u_h) = |u_h|^2_{H^1(G)} = \sum_{T \in \mathcal{T}} |u_h|^2_{H^1(T)} = \sum_{T \in \mathcal{T}} B^T(u_h^T, u_h^T),$$

$u_h^T = u_h \chi_T$ mit der charakteristischen Funktion χ_T von T und $B^T(u, v) = (\nabla u, \nabla v)_{L^2(\mathring{T})}$. In Matrixform lautet diese Lokalisierung mit der Elementsteifigkeitsmatrix S^T

$$\sum_{i,j=1}^{N} S_{ij} \xi_i \xi_j = \sum_{T \in \mathcal{T}} \sum_{k,l=1}^{N^T} S^T_{kl} \xi^T_k \xi^T_l, \quad S^T_{kl} = \int_T \nabla \varphi^T_k \cdot \nabla \varphi^T_l.$$

Dabei ist N^T die Dimension des auf das Simplex eingeschränkten Finite-Elemente-Raums und φ_k^T sind die lokalen Basisfunktionen. Nach unseren Voraussetzungen gilt für die Beziehung der lokalen Koeffizienten $\xi^T \in \mathbb{R}^{N^T}$ zu den globalen Koeffizienten $\xi \in \mathbb{R}^N$, dass

$$\frac{1}{c_1} |\xi|^2 \le \sum_{T \in \mathcal{T}} |\xi^T|^2 \le c_1 |\xi|^2$$

mit einer positiven, von der Gitterweite unabhängigen Konstanten c_1, die von der Anzahl von Simplexen abhängt, auf denen eine Basisfunktion nicht Null ist.

Damit ist unsere Untersuchung auf ein Element T lokalisiert und wir schätzen mittels Transformation auf das Einheitselement gemäß Folgerung 3.30 und Hilfssatz 3.13 ab:

$$\begin{aligned} |S^T_{kl}| = |(\nabla \varphi^T_k, \nabla \varphi^T_l)_{L^2(\mathring{T})}| &\le |\varphi^T_k|_{H^1(\mathring{T})} |\varphi^T_l|_{H^1(\mathring{T})} \\ &\le c \frac{h(T)^n}{\rho(T)^2} |\varphi^{T_0}_k|_{H^1(\mathring{T}_0)} |\varphi^{T_0}_l|_{H^1(\mathring{T}_0)} \\ &\le c h(T)^{n-2}. \end{aligned}$$

Und daraus erhält man sofort, dass

$$S\xi \cdot \xi \leq c \sum_{T \in \mathcal{T}} h(T)^{n-2} |\xi^T|^2 \leq c h^{n-2} |\xi|^2,$$

also $\lambda_{\max}(S) \leq c h^{n-2}$.

Für die Abschätzung des kleinsten Eigenwerts von S nach unten verwenden wir die Poincarésche Ungleichung (2.8).

$$c_P^2 S\xi \cdot \xi = c_P^2 |u_h|^2_{H^1(G)} \geq \|u_h\|^2_{L^2(G)} = \sum_{T \in \mathcal{T}} M^T \xi^T \cdot \xi^T$$

mit der Elementmassematrix

$$M^T_{kl} = \int_{\mathring{T}} \varphi_k^T \varphi_l^T = \frac{|T|}{|T_0|} \int_{\mathring{T}_0} \varphi_k^{T_0} \varphi_l^{T_0} \quad k, l = 1, \ldots, N^T.$$

Da die Elementmassematrix von T_0 positiv definit ist, können wir folgern, dass

$$S\xi \cdot \xi \geq c h^n \sum_{T \in \mathcal{T}} |\xi^T|^2 \geq c h^n$$

ist. Also ist $\lambda_{\min}(S) \geq c h^n$. Insgesamt ist damit die Abschätzung für die Kondition (3.63) bewiesen. □

Die im obigen Beweis verwendete Lokalisierungsmethode mit einer Elementsteifigkeitsmatrix ist genau die Methode, mit der üblicherweise Finite-Elemente-Algorithmen implementiert werden. Die Gesamtmatrix S wird in einer Schleife über die Elemente $T \in \mathcal{T}$ gefüllt. Auf jedem Element wird die Elementsteifigkeitsmatrix bestimmt – möglicherweise durch affine Transformation vom Einheitselement – und an die richtigen Stellen in der Matrix S summiert.

Dass die Kondition sich tatsächlich wie h^{-2} verhält und wir nicht nur ungenau abgeschätzt haben, sieht man schon an dem einfachsten eindimensionalen Beispiel.

Beispiel 3.55. In einer Raumdimension ist die Steifigkeitsmatrix für stückweise lineare Elemente eine Tridiagonalmatrix, nämlich die $(N \times N)$-Matrix

$$S = \frac{1}{h} \begin{pmatrix} 2 & -1 & 0 & \cdots & 0 & 0 \\ -1 & 2 & -1 & \cdots & 0 & 0 \\ & & & \ddots & & \\ 0 & 0 & 0 & \cdots & 2 & -1 \\ 0 & 0 & 0 & \cdots & -1 & 2 \end{pmatrix}$$

Hier ist $h = \frac{1}{N+1}$ und man kann leicht nachrechnen, dass für die Kondition

$$\kappa(S) = \frac{4}{\pi^2} h^{-2} + O(1) \quad \text{für } h \to 0$$

gilt, denn hier kennt man die Eigenwerte von S explizit: $\lambda_j = 2(1 - \cos(j\pi h))$, $j = 1, \ldots, N$.

An dieser Stelle ist es sinnvoll kurz innezuhalten und zu überlegen, wie sich die Kondition für die im Ritz-Galerkin-Verfahren entstehende Matrix $S_{ij} = B(\varphi_i, \varphi_j)$ verhält, wenn wir einen anderen naheliegenden diskreten Teilraum $X_h = \text{span}\{\varphi_1, \ldots, \varphi_N\}$ wählen als einen Finite-Elemente-Raum. Wir sehen uns dies an

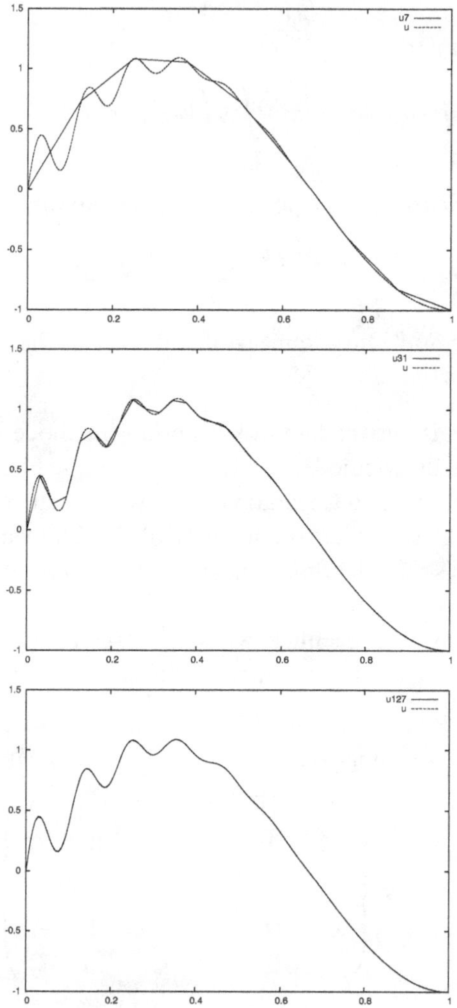

Abbildung 3.19. Diskrete Lösung bei Verwendung linearer Finiter Elemente für $N = 7, 31$ und 127. Die kontinuierliche Lösung ist gestrichelt dargestellt.

dem einfachen eindimensionalen Beispiel des Randwertproblems

$$-u'' = f \quad \text{in } (0,1), \quad u(0) = 0, \quad u'(1) = 0 \tag{3.64}$$

an. Um den Fehler zu berechnen oder darzustellen, geben wir die exakte Lösung

$$u(x) = \sin\left(\frac{3}{2}\pi x\right)\left(\frac{1}{10}(x-1)^2 + 1\right) + \frac{1}{3}(x-1)^4 \sin(18\pi x)$$

vor, berechnen dann $f = -u''$ und verwenden diese rechte Seite zum Berechnen der diskreten Lösung.

Eine naheliegende Wahl für X_h besteht darin, für $\varphi_1, \ldots, \varphi_N$ die ersten N L^2-normierten *Eigenfunktionen*

$$-\varphi_j'' = \lambda_j \varphi_j \quad \text{in } (0,1), \quad \varphi_j(0) = 0, \quad \varphi_j'(1) = 0 \tag{3.65}$$

zu wählen. In diesem einfachen Fall kann man sie explizit angeben. Bei dieser Wahl für X_h wird die Matrix S des zu lösenden Gleichungssystems eine Diagonalmatrix.

$$S_{jk} = B(\varphi_j, \varphi_k) = \int_0^1 \varphi_j' \varphi_k' = -\int_0^1 \varphi_j'' \varphi_k = \lambda_j \int_0^1 \varphi_j \varphi_k = \lambda_j \delta_{jk}.$$

Die Lösung des diagonalen Gleichungssystems ist damit trivial: Einfacher geht es nicht! Die diskrete Lösung ist durch eine einfache Formel gegeben. Zwar ist die Kondition der Diagonalmatrix groß, jedoch ist dies nun belanglos, da man die Matrix per Hand invertieren kann. Demnach könnten wir mit dieser Wahl von X_h zufrieden sein, wenn wir die Eigenfunktionen φ_j auch in allgemeinen Fällen und für die Poissongleichung auf beliebigen beschränkten Gebieten im $\mathbb{R}^n$ kennten. Die Bestimmung

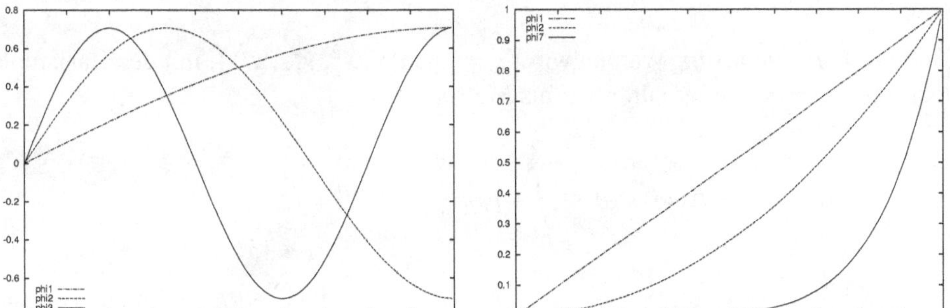

Abbildung 3.20. Basisfunktionen zweier endlichdimensionaler Teilräume. Links: Die ersten drei Eigenfunktionen des Problems (3.65). Rechts: Drei polynomiale Basisfunktionen.

einer Eigenfunktion φ_j ist, bis auf explizit bekannte Fälle, genauso aufwendig wie die Lösung des Randwertproblems (3.64). selbst. Verwendet man statt der zur Differentialgleichung gehörenden Eigenfunktionen irgendein Orthogonalsystem, so ist die Matrix S im Allgemeinen voll besetzt. Diese Wahl des diskreten Teilraums ist also nur für spezielle Probleme sinnvoll.

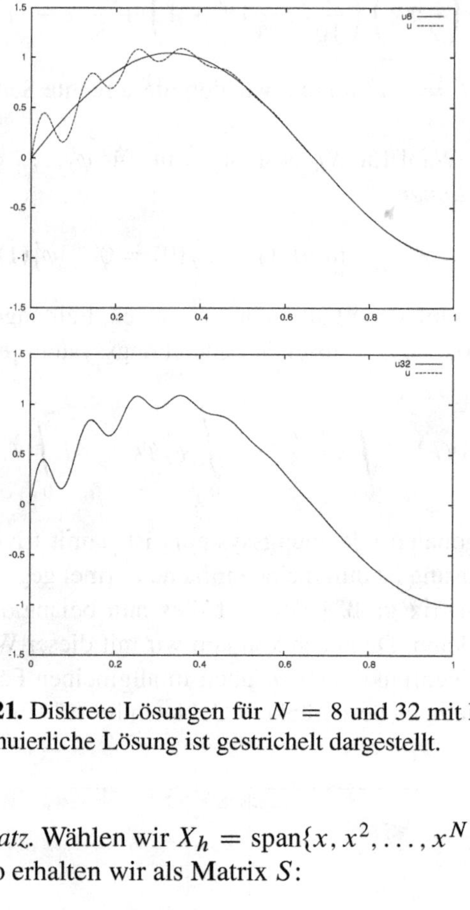

Abbildung 3.21. Diskrete Lösungen für $N = 8$ und 32 mit Eigenfunktionen. Die kontinuierliche Lösung ist gestrichelt dargestellt.

Globaler Polynomansatz. Wählen wir $X_h = \operatorname{span}\{x, x^2, \ldots, x^N\}$, mit den Basisfunktionen $\varphi_j(x) = x^j$, so erhalten wir als Matrix S:

$$S_{jk} = B(\varphi_j, \varphi_k) = \int_0^1 \varphi_j' \varphi_k'$$

$$= jk \int_0^1 x^{j-1} x^{k-1} dx = \frac{jk}{j+k-1}.$$

Diese Matrix ist voll besetzt und ist extrem schlecht konditioniert, wie man an den Werten in Tabelle 3.2 sieht.

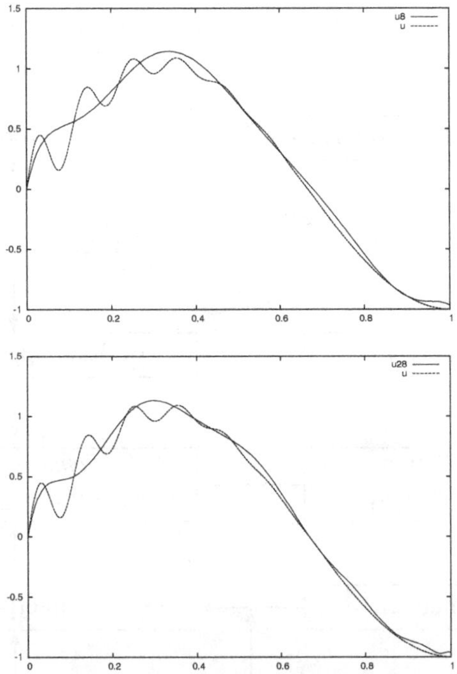

Abbildung 3.22. Diskrete Lösungen bei Verwendung des globalen Polynomansatzes für $N = 8$ und 28. Die kontinuierliche Lösung ist gestrichelt dargestellt.

N	Lineare Finite Elemente	Globale Polynome
1	3.0000 E+00	1.0000 E+00
2	5.8284 E+00	1.4263 E+01
3	9.4721 E+00	2.7958 E+02
4	1.3928 E+01	6.9595 E+03
5	1.9196 E+01	1.9140 E+05
6	2.5274 E+01	5.5546 E+06
7	3.2163 E+01	1.6662 E+08
8	3.9863 E+01	5.1103 E+09
9	4.8374 E+01	1.5922 E+11
10	5.7695 E+01	5.0193 E+12
11	6.7827 E+01	1.5959 E+14
12	7.8770 E+01	5.1103 E+15
13	9.0523 E+01	1.7120 E+17

Tabelle 3.2. Kondition der Matrix S bei linearen Finiten Elementen (links) und bei globalem Polynomansatz (rechts).

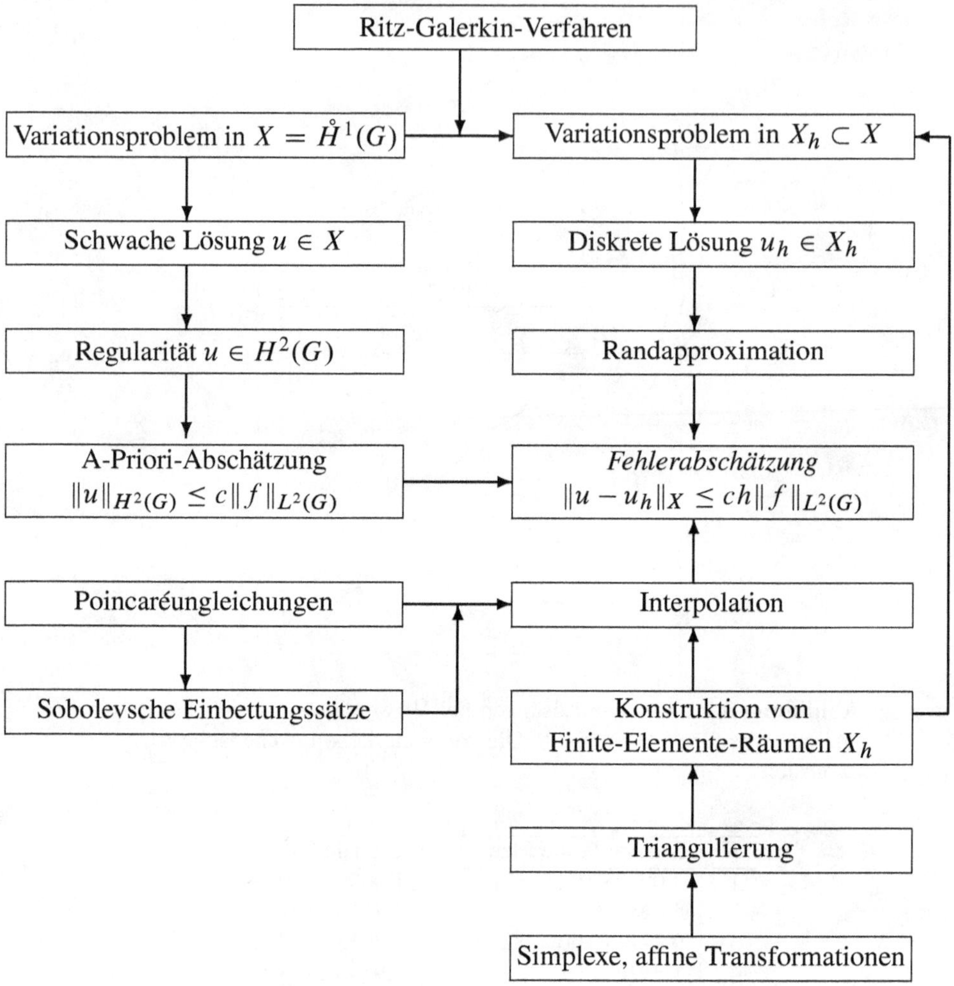

Abbildung 3.23. Struktur des Kapitels 3: Ineinandergreifen von Analysis und Numerik. Lösung des Randwertproblems für die Poissongleichung mit Finiten Elementen. Abschätzung des Fehlers.

Teil II

Theorie und Numerik linearer Differentialgleichungen zweiter Ordnung

Kapitel 4
Theorie und Numerik elliptischer Differentialgleichungen 2. Ordnung

In diesem Kapitel sollen Existenzsatz und Fehlerabschätzung für allgemeine lineare Differentialgleichungen zweiter Ordnung bewiesen werden. Wir werden dabei sehen, dass sich unsere Methoden aus den vorhergenden Kapiteln sehr schnell und ziemlich einfach auf den Fall allgemeinerer Differentialgleichungen übertragen lassen. Die Differentialgleichungen haben die Form

$$-\sum_{i,j=1}^{n}(a_{ij}u_{x_i})_{x_j}-\sum_{i=1}^{n}(a_iu)_{x_i}+\sum_{i=1}^{n}b_iu_{x_i}+cu=f-\sum_{i=1}^{n}G_{ix_i}\quad\text{in } G,\tag{4.1}$$

wobei die Koeffizienten a_{ij}, a_i, b_i, c und die rechte Seite f und G_i für $i, j = 1, \ldots, n$ vorgegeben sind. Diese Differentialgleichung hat eine sogenannte Divergenzform. Dies macht sie unseren Methoden zugänglich. Wir geben Randwerte

$$u=g\quad\text{auf } \partial G\tag{4.2}$$

vor. Zu dieser Gleichung definieren wir die Bilinearform

$$B(u,\varphi)=\int_G\sum_{i,j=1}^{n}a_{ij}u_{x_i}\varphi_{x_j}+\sum_{i=1}^{n}a_iu\varphi_{x_i}+\sum_{i=1}^{n}b_iu_{x_i}\varphi+c\,u\varphi\tag{4.3}$$

und das Funktional

$$F(\varphi)=\int_G f\varphi+\sum_{i=1}^{n}G_i\varphi_{x_i}.\tag{4.4}$$

Die Bilinearform B ist im Allgemeinen nicht symmetrisch.

Definition 4.1. Eine Funktion u heißt schwache Lösung des Dirichletschen Randwertproblems (4.1), (4.2), falls $u \in H^1(G)$, $u - g \in \mathring{H}^1(G)$ und

$$B(u,\varphi)=F(\varphi)\quad\forall\varphi\in\mathring{H}^1(G)\tag{4.5}$$

gilt.

4.1 Der funktionalanalytische Rahmen

In diesem Abschnitt werden die funktionalanalytischen Methoden formuliert, die zur Existenz einer schwachen Lösung führen. Diese Methoden helfen danach auch bei der Untersuchung der numerischen Approximation dieser Lösung durch Finite Elemente. Diese Methoden sind analog zu den für die Poissongleichung entwickelten Methoden.

Satz 4.2 (Darstellungssatz von Riesz). *Es seien X ein Hilbertraum mit Skalarprodukt $(\cdot,\cdot)_X$ und $f \in X'$. Dann gibt es genau ein $x_0 \in X$, so dass für alle $x \in X$ gilt:*

$$f(x) = (x, x_0)_X. \tag{4.6}$$

Beweis. Wir beweisen den Satz für reelle Hilberträume. Man beachte, dass der Beweis das Dirichletsche Prinzip (Satz 2.22) imitiert. So ist dieser Beweis historisch auch entstanden. Wir definieren das Funktional

$$I(x) = \frac{1}{2}\|x\|_X^2 - f(x).$$

Es liefert eine Abbildung $I : X \to \mathbb{R}$, und wir merken uns schon hier die einfache Relation

$$\|x\|_X^2 = 2I(x) + 2f(x). \tag{4.7}$$

Wir beweisen, dass es ein Minimum $x_0 \in X$ des Funktionals I auf X gibt. Dazu setzen wir

$$d = \inf_{v \in X} I(v).$$

1. Schritt: Klar ist, dass $d < \infty$ ist, denn $X \neq \emptyset$.

2. Schritt: I ist auf X nach unten beschränkt, $d > -\infty$, denn für $x \in X$ hat man nach der Definition der Norm im Dualraum

$$I(x) \geq \frac{1}{2}\|x\|_X^2 - \|f\|_{X'}\|x\|_X \geq \left(\frac{1}{2} - \frac{\varepsilon}{2}\right)\|x\|_X^2 - \frac{1}{2\varepsilon}\|f\|_{X'}^2$$

für jedes positive ε nach der Youngschen Ungleichung (2.4). Man wähle z. B. $\varepsilon = 1$.

3. Schritt: Nach der Definition des Infimums gibt es eine Folge $(x_m)_{m \in \mathbb{N}}$, $x_m \in X$, eine sogenannte Minimalfolge, mit der Eigenschaft

$$I(x_m) \to d (m \to \infty).$$

4. Schritt: Die Minimalfolge ist eine Cauchyfolge. Dies sieht man mit der Parallelogrammgleichung

$$\|a+b\|_X^2 + \|a-b\|_X^2 = 2(\|a\|_X^2 + \|b\|_X^2),$$

ein, die man durch Nachrechnen beweist. Das ergibt dann

$$\begin{aligned}\|x_m - x_n\|_X^2 &= 2(\|x_m\|_X^2 + \|x_n\|_X^2) - \|x_m + x_n\|_X^2 \\ &= 4I(x_m) + 4I(x_n) - 8I\left(\frac{x_m + x_n}{2}\right) \\ &\le 4I(x_m) + 4I(x_n) - 8d \\ &\to 4d + 4d - 8d = 0\end{aligned}$$

für $m, n \to \infty$.

5. Schritt: Da X vollständig ist, konvergiert die Cauchyfolge, d. h. es gibt ein $x_0 \in X$, so dass $\|x_m - x_0\|_X \to 0$ für $m \to \infty$.

6. Schritt: Da die Norm in einem normierten Raum stetig ist und f als Element des Dualraums nach Definition stetig ist, ist auch das Funktional I stetig, und wir erhalten

$$d = \lim_{m\to\infty} I(x_m) = I\big(\lim_{m\to\infty} x_m\big) = I(x_0).$$

Also ist auch

$$I(x_0) = \inf_{x\in X} I(x).$$

7. Schritt: Wie im Beweis von Satz 2.1 erhält man dann für das Minimum x_0 die gewünschte Gleichung (4.6), denn für $x \in X$ und $\varepsilon \in \mathbb{R}$ ist auch $x_0 + \varepsilon x \in X$, und die Funktion $\phi(\varepsilon) = I(x_0 + \varepsilon x)$ hat in $\varepsilon = 0$ ihr Minimum. Aus

$$\phi(\varepsilon) = \frac{1}{2}\|x_0\|_X^2 + \varepsilon(x, x_0)_X + \frac{1}{2}\varepsilon^2\|x\|_X^2 - f(x_0) - \varepsilon f(x)$$

folgt dann wegen $\phi'(0) = 0$ die Behauptung.

Die Eindeutigkeit von x_0 ist klar, denn aus $(x, x_0) = 0\ \forall x \in X$ folgt $x_0 = 0$. □

Dieser Rieszsche Darstellungssatz lässt sich nun zum allgemeinen Satz von Lax-Milgram erweitern, den wir dann verwenden werden, um die Existenz einer schwachen Lösung unserer Differentialgleichung zu beweisen.

Satz 4.3 (Lax-Milgram). *Es sei X ein reeller Hilbertraum. Weiter sei $B : X \times X \to \mathbb{R}$ eine Bilinearform, die beschränkt (stetig),*

$$\exists c_1 \ge 0 \forall x_1, x_2 \in X : \quad |B(x_1, x_2)| \le c_1\|x_1\|_X\|x_2\|_X, \tag{4.8}$$

und koerziv,

$$\exists c_0 > 0 \forall x \in X : \quad B(x, x) \ge c_0\|x\|_X^2, \tag{4.9}$$

ist. Sei weiter $f \in X'$. Dann gibt es genau ein $u \in X$, so dass für alle $\varphi \in X$

$$B(u, \varphi) = f(\varphi) \tag{4.10}$$

gilt. Außerdem gibt es (genau) ein $T \in L(X, X)$ mit $T^{-1} \in L(X, X)$ und

$$\|T\|_{L(X,X)} \leq c_1, \quad \|T^{-1}\|_{L(X,X)} \leq \frac{1}{c_0},$$

so dass für alle $x_1, x_2 \in X$ gilt:

$$B(x_1, x_2) = (x_2, Tx_1)_X. \tag{4.11}$$

Dieser Satz gilt auch für komplexe Hilberträume, wenn B eine Sesquilinearform ist, d. h. linear im ersten Argument und antilinear im zweiten Argument ist.

Beweis. Für festes $x_0 \in X$ definiere

$$F(x) = B(x_0, x) \quad (x \in X).$$

Offensichtlich ist F linear und stetig mit $\|F\|_{X'} \leq c_1 \|x_0\|_X$. Nach dem Rieszschen Darstellungssatz Satz 4.2 gibt es dann genau ein Element (wir nennen es so) $Tx_0 \in X$, so dass

$$B(x_0, x) = F(x) = (x, Tx_0)_X, \quad \forall x \in X$$

gilt. Damit ist die Abbildung $T : X \to X$ definiert. T ist linear, denn für jedes $x \in X$ und alle $x_1, x_2 \in X$ und alle $\lambda_1, \lambda_2 \in \mathbb{R}$ hat man

$$\begin{aligned}(x, T(\lambda_1 x_1 + \lambda_2 x_2))_X &= B(\lambda_1 x_1 + \lambda_2 x_2, x) = \lambda_1 B(x_1, x) + \lambda_2 B(x_2, x)\\ &= \lambda_1 (x, Tx_1)_X + \lambda_2 (x, Tx_2)_X = (x, \lambda_1 Tx_1 + \lambda_2 Tx_2)_X.\end{aligned}$$

Da diese Gleichung für alle $x \in X$ gilt, erhalten wir

$$T(\lambda_1 x_1 + \lambda_2 x_2) = \lambda_1 Tx_1 + \lambda_2 Tx_2.$$

T ist auch stetig, denn mit (4.8) folgt

$$\|Tx\|_X^2 = (Tx, Tx)_X = B(x, Tx) \leq c_1 \|x\|_X \|Tx\|_X$$

und demnach

$$\|Tx\|_X \leq c_1 \|x\|_X.$$

T ist injektiv wegen der Koerzivität (4.9) von B. Mit der Cauchy-Schwarzschen Ungleichung folgt

$$c_0 \|x\|^2 \leq B(x, x) = (x, Tx)_X \leq \|x\|_X \|Tx\|_X,$$

also

$$c_0 \|x\|_X \leq \|Tx\|_X.$$

Also folgt aus $Tx = 0$, dass $x = 0$ ist, und da T linear ist, impliziert dies die Injektivität der Abbildung T. Der Bildbereich $R(T) = TX = \{y \in X \mid \exists x \in X : Tx = y\}$ ist abgeschlossen. Dazu sei $y_m \in R(T)$ eine konvergente Folge: $y_m \to y$ $(m \to \infty)$. Es ist zu zeigen, dass es ein $x \in X$ gibt, so dass $y = Tx$ ist. Jedes y_m lässt sich als Bild darstellen, $y_m = Tx_m$, mit geeignetem $x_m \in X$. Diese Folge $(x_m)_{m \in \mathbb{N}}$ ist aber eine Cauchyfolge, denn

$$\begin{aligned} c_0 \|x_m - x_l\|_X \leq \|T(x_m - x_l)\|_X &= \|Tx_m - Tx_l\|_X \\ &= \|y_m - y_l\|_X \to 0 \quad (m \to \infty). \end{aligned}$$

Demnach gibt es ein x im Hilbertraum X, gegen das diese Folge konvergiert: $x_m \to x$ $(m \to \infty)$. Wegen der Stetigkeit von T erhält man dann schließlich $Tx = y$.

Nun ist aber T auch surjektiv, das heißt $R(T) = X$. Wäre $R(T) \subset X$ ein echter Teilraum, also $R(T) \neq X$, so gäbe es ein Element $x_0 \in X \setminus \{0\}$, so dass $(x_0, y)_X = 0$ für alle $y \in R(T)$. Dies ergibt sich durch eine einfache Anwendung dies Rieszschen Darstellungssatzes. Dann erhält man aber einen Widerspruch zu $x_0 \neq 0$:

$$c_0 \|x_0\|_X^2 \leq B(x_0, x_0) = (x_0, Tx_0)_X = 0.$$

Schließlich ist noch zu beweisen, dass es zu gegebenem Funktional $f \in X'$ genau ein $u \in X$ gibt, so dass für alle $\varphi \in X$ die Gleichung (4.10) gilt. Nach dem Rieszschen Darstellungssatz hat man genau ein $x_0 \in X$, so dass für alle $\varphi \in X$ gilt $f(\varphi) = (\varphi, x_0)_X$. Nach obigen Beweisschritten gibt es ein $u \in X$ mit $Tu = x_0$. Demnach hat man für alle $\varphi \in X$:

$$B(u, \varphi) = (\varphi, Tu)_X = (\varphi, x_0)_X = f(\varphi).$$

Die Eindeutigkeit von u erhält man durch eine erneute Anwendung der Koerzivität der Bilinearform. □

4.2 Schwache Lösungen

In der Einleitung zu diesem Kapitel haben wir der Differentialgleichung (4.1) die Bilinearform (4.3) zugeordnet. Außerdem haben wir eine rechte Seite (4.4) definiert. Nach den Resultaten des vorherigen Abschnitts müssen wir nun die Stetigkeit und die Koerzivität der Bilinearform – unter geeigneten Annahmen an die Daten – nachweisen. Danach können wir den Satz von Lax-Milgram anwenden und erhalten die Existenz einer schwachen Lösung gemäß Definition 4.1.

Untersuchen wir zunächst die Stetigkeit von B auf $H^1(G)$. Dabei verwenden wir Eigenschaften der Koeffizienten der Differentialgleichung in dem Umfang, in dem sie uns im Moment nötig erscheinen. Diese werden dann im Existenzsatz vorausgesetzt. Einige dieser Bedingungen lassen sich noch durch eine Anwendung des Sobolevschen Einbettungssatzes abschwächen. Es ist für $v, w \in H^1(G)$

$$\begin{aligned}
&|B(v,w)| \\
&\leq \sum_{i,j=1}^{n} \|a_{ij}\|_{L^\infty(G)} \int_G |v_{x_i}|\,|w_{x_j}| + \sum_{i=1}^{n} \|a_i\|_{L^\infty(G)} \int_G |v|\,|w_{x_i}| \\
&\quad + \sum_{i=1}^{n} \|b_i\|_{L^\infty(G)} \int_G |v_{x_i}|\,|w| + \|c\|_{L^\infty(G)} \int_G |v|\,|w| \\
&\leq \sum_{i,j=1}^{n} \|a_{ij}\|_{L^\infty(G)} \|v_{x_i}\|_{L^2(G)} \|w_{x_j}\|_{L^2(G)} + \sum_{i=1}^{n} \|a_i\|_{L^\infty(G)} \|v\|_{L^2(G)} \|w_{x_i}\|_{L^2(G)} \\
&\quad + \sum_{i=1}^{n} \|b_i\|_{L^\infty(G)} \|v_{x_i}\|_{L^2(G)} \|w\|_{L^2(G)} + \|c\|_{L^\infty(G)} \|v\|_{L^2(G)} \|w\|_{L^2(G)} \\
&\leq C_1 \|v\|_{H^1(G)} \|w\|_{H^1(G)},
\end{aligned}$$

mit der Konstanten

$$C_1 = \sum_{i,j=1}^{n} \|a_{ij}\|_{L^\infty(G)} + \sum_{i=1}^{n} \|a_i\|_{L^\infty(G)} + \sum_{i=1}^{n} \|b_i\|_{L^\infty(G)} + \|c\|_{L^\infty(G)}. \tag{4.12}$$

Die Koerzivität der Bilinearform ist ohne zusätzliche Voraussetzung an die Koeffizienten nicht gegeben, wie man am folgenden Beispiel sieht.

Beispiel 4.4. Für den Spezialfall $G = (0,1)^2 \subset \mathbb{R}^2$, $a_{ij} = \delta_{ij}$, $a_i = b_i = 0$, $c = -2\pi^2$, $f = g = 0$ gilt für die zugehörige Bilinearform

$$B(v,w) = \int_G \nabla v \cdot \nabla w - 2\pi^2 \int_G vw,$$

dass

$$B(v,v) = \int_G |\nabla v|^2 - 2\pi^2 \int_G v^2 = 0$$

für $v(x_1,x_2) = 0$ oder $v(x_1,x_2) = \sin(\pi x_1)\sin(\pi x_2)$ ist. Also kann B nicht koerziv sein.

Eine einfache Bedingung, die die Koerzivität sichert, ist die folgende sogenannte *L-Bedingung*.

Es gibt eine Zahl $c_0 > 0$, so dass für alle $\xi = (\xi_0, \xi_1, \ldots, \xi_n) \in \mathbb{R}^{n+1}$

$$\sum_{i,j=1}^{n} a_{ij}\xi_i\xi_j + \sum_{i=1}^{n} a_i\xi_0\xi_i + \sum_{i=1}^{n} b_i\xi_i\xi_0 + c\,\xi_0^2 \geq c_0 \sum_{i=1}^{n} \xi_i^2 \tag{4.13}$$

fast überall in G gilt.

Für $\xi_0 = 0$ ist das die sogenannte Elliptizitätsbedingung

$$\sum_{i,j=1}^{n} a_{ij}\xi_i\xi_j \geq c_0|\xi|^2 \quad \forall \xi \in \mathbb{R}^n, \tag{4.14}$$

und für $\xi_1 = \cdots = \xi_n = 0$, $\xi_0 = 1$ impliziert (4.13), dass $c \geq 0$ fast überall in G ist.

Damit können wir den Existenz- und Eindeutigkeitssatz für schwache Lösungen von (4.1) formulieren.

Satz 4.5. *Genügen die Koeffizienten $a_{ij}, a_i, b_i, c \in L^\infty(G)$ auf dem beschränkten Gebiet $G \subset \mathbb{R}^n$ der Bedingung* (4.13) *und sind $g \in H^1(G)$, $f \in L^2(G)$, $G_i \in L^2(G)$ $(i, j = 1, \ldots, n)$, so gibt es genau eine schwache Lösung $u \in H^1(G)$ der Differentialgleichung* (4.1), *das heißt es ist $u - g \in \mathring{H}^1(G)$ und*

$$\int_G \Big(\sum_{i,j=1}^{n} a_{ij}u_{x_i}\varphi_{x_j} + \sum_{i=1}^{n} a_i u\varphi_{x_i} + \sum_{i=1}^{n} b_i u_{x_i}\varphi + cu\varphi \Big) = \int_G \Big(f\varphi + \sum_{i=1}^{n} G_i\varphi_{x_i} \Big)$$

für alle $\varphi \in \mathring{H}^1(G)$.

Außerdem hat man die A-Priori-Abschätzung

$$\|u\|_{H^1(G)} \leq c_2 \Big(\|f\|_{L^2(G)} + \sum_{i=1}^{n} \|G_i\|_{L^2(G)} + \|g\|_{H^1(G)} \Big)$$

mit einer nur von C_1 aus (4.12), *c_0 und der Poincarékonstanten C_P des Gebiets G abhängenden Konstanten c_2.*

Beweis. Mit der Bilinearform B aus (4.3) und dem Funktional F aus (4.4) transformieren wir das Problem durch $v = u - g$ auf Nullrandwerte. Dann ist ein $v \in X = \mathring{H}^1(G)$ gesucht, so dass für alle $\varphi \in X$

$$B(v, \varphi) = F(\varphi) - B(g, \varphi) = \tilde{F}(\varphi)$$

ist. X ist ein Hilbertraum. Wir werden gleich zeigen, dass $\tilde{F} \in H^{-1}(G) = X'$ und B eine stetige, koerzive Bilinearform auf X ist. Der Satz 4.3 von Lax-Milgram liefert dann genau ein v und damit genau ein u wie verlangt. Die Koerzivität von B zeigt man wie folgt. Für jedes $v \in \mathring{H}^1(G)$ ist

$$B(v,v) = \int_G \sum_{i,j=1}^n a_{ij} v_{x_i} v_{x_j} + \sum_{i=1}^n a_i v v_{x_i} + \sum_{i=1}^n b_i v_{x_i} v + cv^2 \geq c_0 \int_G \sum_{i=1}^n v_{x_i}^2$$

für $\xi_0 = v(x)$, $\xi_i = v_{x_i}(x)$ in (4.13). Wegen der Poincaréungleichung folgt

$$B(v,v) \geq C_0 \|v\|_{H^1(G)}^2$$

mit einer geeigneten Zahl $C_0 > 0$. Also ist B auf X koerziv. Leicht zeigt man mit der Stetigkeitskonstante C_1 von B, dass $\tilde{F} \in X'$ ist:

$$\begin{aligned}|\tilde{F}(\varphi)| &\leq |F(\varphi)| + |B(g,\varphi)| \\ &\leq \|f\|_{L^2(G)} \|\varphi\|_{L^2(G)} + \sum_{i=1}^n \|G_i\|_{L^2(G)} \|\nabla\varphi\|_{L^2(G)} + C_1 \|g\|_{H^1(G)} \|\varphi\|_{H^1(G)} \\ &\leq \Big(\|f\|_{L^2(G)} + \sum_{i=1}^n \|G_i\|_{L^2(G)} + C_1 \|g\|_{H^1(G)} \Big) \|\varphi\|_{H^1(G)}.\end{aligned}$$

Die A-Priori-Abschätzung folgt hieraus und aus der schwachen Differentialgleichung:

$$\begin{aligned}C_0 \|v\|_{H^1(G)}^2 &\leq B(v,v) = \tilde{F}(v) \\ &\leq \Big(\|f\|_{L^2(G)} + \sum_{i=1}^n \|G_i\|_{L^2(G)} + c_1 \|g\|_{H^1(G)} \Big) \|v\|_{H^1(G)}.\end{aligned}$$

Dies liefert eine Abschätzung für die $H^1(G)$-Norm von v und somit auch eine für die $H^1(G)$-Norm von u wegen der Ungleichung

$$\|u\|_{H^1(G)} \leq \|v\|_{H^1(G)} + \|g\|_{H^1(G)}.$$

Optimale Konstanten kann man leicht selbst herleiten. □

4.3 Diskrete Lösungen und Fehlerabschätzung

Für diesen Abschnitt nehmen wir an, dass die Voraussetzungen des Existenzsatzes Satz 4.5 erfüllt sind. Zunächst beweisen wir eine einfache abstrakte Fehlerabschätzung für Bilinearformen.

Satz 4.6. *Es seien X ein normierter Raum und $X_h \subset X$ ein Teilraum. Weiter sei $F \in X'$ ein lineares Funktional auf X. Durch $B : X \times X \to \mathbb{R}$ sei eine stetige und koerzive Bilinearform gegeben,*

$$|B(v,w)| \leq c_1 \|v\|_X \|w\|_X, \quad B(v,v) \geq c_0 \|v\|_X^2 \quad (v, w \in X).$$

Sind dann $u \in X$ und $u_h \in X_h$ Lösungen von

$$B(u,\varphi) = F(\varphi) \quad \forall \varphi \in X, \quad B(u_h,\varphi_h) = F(\varphi_h) \quad \forall \varphi_h \in X_h,$$

so folgt die Fehlerabschätzung

$$\|u - u_h\|_X \le \frac{c_1}{c_0} \inf_{v_h \in X_h} \|u - v_h\|_X. \tag{4.15}$$

Außerdem gilt:

$$B(u - u_h, \varphi_h) = 0 \quad \forall \varphi_h \in X_h. \tag{4.16}$$

Die Relation (4.16) nennt man „Orthogonalität" des Fehlers $u - u_h$. Für eine symmetrische Bilinearform B ist nach unseren Voraussetzungen durch $B(\cdot,\cdot)$ ein Skalarprodukt auf X gegeben. Daher stammt diese Bezeichnung.

Beweis. Wegen $X_h \subset X$ folgt für alle diskreten Testfunktionen $\varphi_h \in X_h$

$$B(u - u_h, \varphi_h) = B(u,\varphi_h) - B(u_h,\varphi_h) = F(\varphi_h) - F(\varphi_h) = 0,$$

also (4.16). Mit dieser Gleichung folgt nun für jedes $v_h \in X_h$

$$\begin{aligned} c_0\|u - u_h\|_X^2 &\le B(u - u_h, u - u_h) = B(u - u_h, u) - B(u - u_h, u_h) \\ &= B(u - u_h, u) \\ &= B(u - u_h, u) - B(u - u_h, v_h) = B(u - u_h, u - v_h) \\ &\le c_1\|u - u_h\|_X \|u - v_h\|_X, \end{aligned}$$

also auch

$$\|u - u_h\|_X \le \frac{c_1}{c_0}\|u - v_h\|_X \quad \forall v_h \in X_h,$$

was (4.15) ergibt. □

Diskretisiert man die Randwerte g noch nicht, so lässt sich leicht folgendes Resultat nachweisen. G sei dabei ein beschränktes Gebiet. Man beachte, dass die Lösung u_h keine diskrete Funktion aus X_h, sondern Summe einer diskreten Funktion und einer gegebenen Funktion ist.

Satz 4.7. *Es seien B und F wie in Satz 4.6, speziell $X = \mathring{H}^1(G)$ und $g \in H^1(G)$. Weiter sei $X_h \subset \mathring{H}^1(G)$ ein abgeschlossener*[1] *Teilraum. Dann gibt es genau eine Lösung $u_h \in g + X_h = \{g + v_h \mid v_h \in X_h\}$ von*

$$B(u_h,\varphi_h) = F(\varphi_h) \quad \forall \varphi_h \in X_h.$$

[1] zum Beispiel endlichdimensionaler

Beweis. Wir transformieren auf Nullrandwerte durch

$$\tilde{F}(\varphi) = F(\varphi) - B(g, \varphi) \quad (\varphi \in \mathring{H}^1(G)).$$

Wegen der Abgeschlossenheit ist X_h ein Hilbertraum. Wir lösen mit dem Satz von Lax-Milgram das Problem, ein $v_h \in X_h$ zu finden, so dass

$$B(v_h, \varphi_h) = \tilde{F}(\varphi_h) \quad \forall \varphi_h \in X_h$$

gilt. Die Voraussetzungen sind erfüllt. Danach setzen wir $u_h = v_h + g$. □

Nun sind wir in der Lage die Existenz einer diskreten Lösung des Randwertproblems (4.1), (4.2) zu beweisen zusammen mit einer Abschätzung des Fehlers zwischen kontinuierlicher und diskreter Lösung.

Satz 4.8. *Es seien die Voraussetzungen des Existenzsatzes* 4.5 *erfüllt, und u sei die dort gefundene schwache Lösung. Das Gebiet G sei zulässig mit $\sigma \leq \sigma_0$ trianguliert. Dabei sei σ_0 unabhängig von h. Als diskreten Raum wählen wir*

$$X_h = \{v_h \in C^0(\overline{G}) \mid v_h|_T \in \mathbb{P}_k(T), T \in \mathcal{T}_h\} \tag{4.17}$$

für eine natürliche Zahl k und $\mathring{X}_h = X_h \cap \mathring{H}^1(G)$. Sei weiter $g_h \in X_h$. Dann gibt es genau eine diskrete Lösung $u_h \in X_h$ von (4.1), (4.2), *das heißt $u_h - g_h \in \mathring{X}_h$ und*

$$\int_G \Big(\sum_{i,j=1}^n a_{ij} u_{hx_i} \varphi_{hx_j} + \sum_{i=1}^n a_i u_h \varphi_{hx_i} + \sum_{i=1}^n b_i u_{hx_i} \varphi_h + c u_h \varphi_h \Big)$$

$$= \int_G \Big(f \varphi_h + \sum_{i=1}^n G_i \varphi_{hx_i} \Big) \quad \forall \varphi_h \in \mathring{X}_h.$$

Liegt dann die schwache Lösung u in $H^{s+1}(G)$ und ist $g \in H^{s+1}(G)$ für ein $s \in \{1, \dots, k\}$ mit $s > \frac{n}{2} - 1$, so folgt die Fehlerabschätzung

$$\|u - u_h\|_{H^1(G)} \leq c h^s (|u|_{H^{s+1}(G)} + |g|_{H^{s+1}(G)}) + c\|g - g_h\|_{H^1(G)}. \tag{4.18}$$

Wählt man für g_h die Interpolierende $g_h = Ig$ von g, so fehlt der letzte Term auf der rechten Seite in dieser Abschätzung. Die Konstanten in (4.18) *sind abhängig von σ_0, C_0, C_1 und von der Konstanten C_I in der Interpolationsabschätzung aus Satz* 3.33, *jedoch nicht von der Gitterweite h.*

Beweis. Dass es genau ein u_h wie behauptet gibt, erschließt sich durch eine Anwendung von Satz 4.7. Dort wählt man für g die Funktion g_h und X ist $\mathring{H}^1(G)$. Und man verwendet die Eigenschaft $X_h \subset H^1(G)$. Damit bleibt der Nachweis der Fehlerabschätzung (4.18). Für den Spezialfall $g = g_h = 0$ folgt sie sofort aus Satz 4.6 und der Interpolationsabschätzung. Für beliebige Randwerte ist ein Zusatzterm zu untersuchen.

Wir transformieren auf Nullrandwerte, $\tilde{u} = u - g$, $\tilde{u}_h = u_h - g_h$. Dann ist

$$B(\tilde{u}, \varphi) = F(\varphi) - B(g, \varphi), \quad B(\tilde{u}_h, \varphi_h) = F(\varphi_h) - B(g_h, \varphi_h)$$

für alle Testfunktionen $\varphi \in \mathring{H}^1(G)$ und $\varphi_h \in \mathring{X}_h$. Wie im Beweis von Satz 4.6 erhält man für die Wahl $\varphi = \varphi_h$

$$B(\tilde{u} - \tilde{u}_h, \varphi_h) = -B(g - g_h, \varphi_h)$$

und mit den früher hergeleiteten Konstanten C_1 und C_0 für eine beliebige Funktion $\tilde{v}_h \in \mathring{X}_h$:

$$\begin{aligned}
C_0\|\tilde{u} - \tilde{u}_h\|^2_{H^1(G)} &\leq B(\tilde{u} - \tilde{u}_h, \tilde{u} - \tilde{u}_h) \\
&= B(\tilde{u} - \tilde{u}_h, \tilde{u} - \tilde{v}_h) + B(g - g_h, \tilde{u} - \tilde{v}_h) - B(g - g_h, \tilde{u} - \tilde{u}_h) \\
&\leq C_1(\|\tilde{u} - \tilde{u}_h\|_{H^1(G)}\|\tilde{u} - \tilde{v}_h\|_{H^1(G)} + \|g - g_h\|_{H^1(G)}\|\tilde{u} - \tilde{v}_h\|_{H^1(G)} \\
&\qquad + \|g - g_h\|_{H^1(G)}\|\tilde{u} - \tilde{u}_h\|_{H^1(G)}).
\end{aligned}$$

Dies ergibt die Ungleichung

$$\begin{aligned}
\frac{C_0}{C_1}\|\tilde{u} - \tilde{u}_h\|^2_{H^1(G)} &\leq \|\tilde{u} - \tilde{u}_h\|_{H^1(G)}\|\tilde{u} - \tilde{v}_h\|_{H^1(G)} \\
&\quad + \|g - g_h\|_{H^1(G)}\|\tilde{u} - \tilde{v}_h\|_{H^1(G)} + \|g - g_h\|_{H^1(G)}\|\tilde{u} - \tilde{u}_h\|_{H^1(G)}.
\end{aligned}$$

Wir verwenden nun die Youngsche Ungleichung aus Lemma 2.4 mit $\epsilon = \frac{1}{2}\frac{C_0}{C_1}$ und erhalten die Abschätzung

$$\begin{aligned}
\frac{1}{2}\frac{C_0}{C_1}\|\tilde{u} - \tilde{u}_h\|^2_{H^1(G)} &\leq \frac{C_1}{C_0}(\|\tilde{u} - \tilde{v}_h\|^2_{H^1(G)} + \|g - g_h\|^2_{H^1(G)}) \\
&\quad + \|g - g_h\|_{H^1(G)}\|\tilde{u} - \tilde{v}_h\|_{H^1(G)}.
\end{aligned}$$

Daraus erhält man offensichtlich eine Abschätzung der Form

$$\|\tilde{u} - \tilde{u}_h\|_{H^1(G)} \leq C(\|\tilde{u} - \tilde{v}_h\|_{H^1(G)} + \|g - g_h\|_{H^1(G)}) \tag{4.19}$$

mit einer nur von C_0 und C_1 abhängenden Konstanten C.

Wir haben in Satz 2.27 bewiesen, dass (zumindest für zulässig triangulierte Gebiete) Funktionen aus $C^0(\overline{G}) \cap \mathring{H}^1(G)$ auf dem Rand von G verschwinden. Nun ist nach unseren Voraussetzungen $\tilde{u} \in H^{s+1}(G) \cap \mathring{H}^1(G)$ mit einem $s > \frac{n}{2} - 1$. Der zweite Sobolevsche Einbettungssatz (Satz 3.40) garantiert dann, dass $\tilde{u} \in C^0(\overline{G}) \cap \mathring{H}^1(G)$

ist. Demnach ist $u|_{\partial G} = 0$ und die Interpolierende $I\tilde{u}$ gemäß Satz 3.33 liegt demnach in $\mathring{X}_h$. Wir dürfen also in (4.19) $\tilde{v}_h = I\tilde{u}$ wählen und erhalten mit Satz 3.33 die Abschätzung

$$\begin{aligned}\|\tilde{u} - \tilde{u}_h\|_{H^1(G)} &\le C(\|\tilde{u} - I\tilde{u}\|_{H^1(G)} + \|g - g_h\|_{H^1(G)}) \\ &\le C(C_I h^s |\tilde{u}|_{H^{s+1}(G)} + \|g - g_h\|_{H^1(G)}).\end{aligned}$$

Wegen

$$|\tilde{u}|_{H^{s+1}(G)} = |u - g|_{H^{s+1}(G)} \le |u|_{H^{s+1}(G)} + |g|_{H^{s+1}(G)}$$

und wegen

$$\begin{aligned}\|\tilde{u} - \tilde{u}_h\|_{H^1(G)} &= \|(u - g) - (u_h - g_h)\|_{H^1(G)} \\ &\ge \|u - u_h\|_{H^1(G)} - \|g - g_h\|_{H^1(G)}\end{aligned}$$

folgt dann insgesamt

$$\|u - u_h\|_{H^1(G)} \le C(|u|_{H^{s+1}(G)} + |g|_{H^{s+1}(G)})\, h^s + C\|g - g_h\|_{H^1(G)},$$

mit nur von σ_0, C_0, C_1 und C_I abhängenden Konstanten C. Man beachte, dass C_I auch von G, s, k und n abhängt. Damit ist der Satz bewiesen. □

4.4 Monotone elliptische Probleme

In diesem Paragraphen untersuchen wir die numerische Approximation von nichtlinearen partiellen Differentialgleichungen, die sich aber formal in unsere funktionalanalytischen Methoden einordnen lassen. Dies zeigt die potentielle Kraft dieser Methoden. Der Vorteil ist, dass eine kleine Erweiterung der mathematischen Begriffe es erlaubt, ähnlich wie bei linearen Problemen vorzugehen. Als wichtigstes Beispiel untersuchen wir das Randwertproblem

$$-\nabla \cdot (|\nabla u|^{p-2} \nabla u) = f \quad \text{in } G, \quad u = 0 \quad \text{auf } \partial G. \tag{4.20}$$

Dabei ist p eine geeignete Zahl, die größer als 1 ist. Für $p = 2$ reduziert sich diese Differentialgleichung auf die (lineare) Poissongleichung. Der geeignete Rahmen sind die sogenannten Monotonen Operatoren.

Definition 4.9. Es sei X ein Banachraum und X' sein Dualraum. Eine Abbildung $T : X \to X'$ heißt *monoton*, wenn

$$(T(x_1) - T(x_2))(x_1 - x_2) \ge 0 \quad \forall x_1, x_2 \in X. \tag{4.21}$$

T heißt stark monoton, wenn es eine monoton wachsende bijektive Funktion $\mu : (0, \infty) \to (0, \infty)$ gibt, so dass

$$(T(x_1) - T(x_2))(x_1 - x_2) \ge \mu(\|x_1 - x_2\|_X)\|x_1 - x_2\|_X \quad \forall x_1, x_2 \in X. \tag{4.22}$$

Sehen wir uns zunächst an, wie die lineare Poissongleichung sich bezüglich dieser Monotonie verhält.

Beispiel 4.10. Der Banachraum sei der Sobolevraum $X = \mathring{H}^1(G)$ nun aber ausnahmsweise mit der zur üblichen Norm äquivalenten Norm $\|v\|_X = \|\nabla v\|_{L^2(G)}$ versehen. Dann definieren wir

$$T(u)\varphi = \int_G \nabla u \cdot \nabla \varphi$$

für $u \in \mathring{H}^1(G)$ und $\varphi \in \mathring{H}^1(G)$. Den Dualraum von $\mathring{H}^1(G)$ haben wir mit $H^{-1}(G)$ bezeichnet. Da wir nun eine andere Norm verwenden ist dies formal widersprüchlich zur bisherigen Definition. Dies ist aber eine im Moment unwichtige Bezeichnungsfrage. Zunächst ist T eine Abbildung von X nach X', denn die Abbildungseigenschaft $T : \mathring{H}^1(G) \to H^{-1}(G)$, ist klar, denn

$$|T(u)\varphi| \leq \|\nabla u\|_{L^2(G)} \|\nabla \varphi\|_{L^2(G)},$$

und damit ist

$$\|T(u)\|_{H^{-1}(G)} \leq \|\nabla u\|_{L^2(G)} = \|u\|_X.$$

Außerdem ist $T(u)$ lineare Abbildung. Die Monotonie sehen wir leicht wie folgt ein:

$$\begin{aligned}(T(u_1) - T(u_2))(u_1 - u_2) &= T(u_1)(u_1 - u_2) - T(u_2)(u_1 - u_2)\\ &= \int_G \nabla u_1 \cdot \nabla(u_1 - u_2) - \int_G \nabla u_2 \cdot \nabla(u_1 - u_2)\\ &= \int_G |\nabla(u_1 - u_2)|^2 = \|u_1 - u_2\|_X^2.\end{aligned}$$

Also ist es vernünftig, $\mu(s) = s$ zu wählen, und T ist stark monoton.

Damit haben wir den Fall $p = 2$ untersucht. Uns interessiert aber vor allem die nichtlineare Gleichung. Deshalb sei im folgenden Beispiel $p > 2$.

Beispiel 4.11. Hier wählen wir als Banachraum $X = \mathring{H}^{1,p}(G)$, $\|u\|_X = \|\nabla u\|_{L^p(G)}$ mit dem Dualraum $X' = H^{-1,p'}(G)$. Wir definieren für $u, \varphi \in X$

$$T(u)\varphi = \int_G |\nabla u|^{p-2} \nabla u \cdot \nabla \varphi. \tag{4.23}$$

Zunächst weisen wir nach, dass für festes $u \in X$ durch $T(u)$ eine lineare Abbildung von X nach $\mathbb{R}$ gegeben ist. Die Linearität ist dabei klar. Für $\varphi \in X$ ist $T(u)\varphi \in \mathbb{R}$, denn mit der Hölderschen Ungleichung folgt

$$|T(u)\varphi| \leq \int_G |\nabla u|^{p-1}|\nabla\varphi| \leq \Big(\int_G |\nabla u|^{(p-1)p'}\Big)^{\frac{1}{p'}}\Big(\int_G |\nabla\varphi|^p\Big)^{\frac{1}{p}} = \|u\|_X^{p-1}\|\varphi\|_X.$$

Also folgt

$$\|T(u)\|_{X'} \leq \|u\|_X^{p-1}.$$

Der Nachweis der Monotonie ist etwas schwieriger. Zunächst erhalten wir für $u_1, u_2 \in X$

$$\begin{aligned}
&(T(u_1) - T(u_2))(u_1 - u_2) \\
&\quad = \int_G |\nabla u_1|^{p-2}\nabla u_1 \cdot \nabla(u_1 - u_2) - \int_G |\nabla u_2|^{p-2}\nabla u_2 \cdot \nabla(u_1 - u_2) \\
&\quad = \int_G (|\nabla u_1|^{p-2}\nabla u_1 - |\nabla u_2|^{p-2}\nabla u_2) \cdot (\nabla u_1 - \nabla u_2)\,. \qquad (4.24)
\end{aligned}$$

Damit reduziert sich der Nachweis von (4.22) auf ein Problem im $\mathbb{R}^n$, für das wir folgendes kleine Lemma formulieren. Der Beweis bleibt dem Leser überlassen.

Lemma 4.12. *Es sei $p \geq 2$. Dann gibt es eine Konstante $c_0 > 0$, so dass für alle $a, b \in \mathbb{R}^n$ gilt:*

$$(|a|^{p-2}a - |b|^{p-2}b) \cdot (a - b) \geq c_0|a - b|^p.$$

Mit diesem Resultat erhalten wir aus (4.24) sofort

$$(T(u_1) - T(u_2))(u_1 - u_2) \geq c_0 \int_G |\nabla(u_1 - u_2)|^p = c_0\|u_1 - u_2\|_X^p,$$

und können $\mu(s) = c_0 s^{p-1}$ als Monotoniefunktion wählen.

Für die Fehlerabschätzung zwischen kontinuierlicher und diskreter Lösung benötigen wir noch eine Information über die Glattheit der Abbildung T. Dazu legen wir fest, wann eine solche Abbildung lokal lipschitzstetig ist.

Definition 4.13. $T : X \to X'$ heißt lokal lipschitzstetig, wenn gilt:

$$\forall R > 0\, \exists L(R) \forall u_1, u_2 \in B_R(0) \subset X : \|T(u_1) - T(u_2)\|_{X'} \leq L(R)\|u_1 - u_2\|_X.$$

Für unser einfaches Beispiel 4.10, d. h. für $p = 2$ erhalten wir sofort

$$\begin{aligned}|(T(u_1) - T(u_2))\varphi| &= |T(u_1 - u_2)\varphi| \\ &= \Big|\int_G \nabla(u_1 - u_2)\nabla\varphi\Big| \le \|u_1 - u_2\|_X \; \|\varphi\|_X,\end{aligned}$$

also auch $\|T(u_1) - T(u_2)\|_{X'} \le \|u_1 - u_2\|_X$ und damit Lipschitzstetigkeit mit Lipschitzkonstante 1.

Für die Lipschitzstetigkeit der Abbildung T aus Beispiel 4.11 benötigen wir wieder ein kleines

Lemma 4.14. *Es gibt eine Konstante $c_1 > 0$, so dass für alle $a, b \in \mathbb{R}^n$ gilt:*

$$\big||a|^{p-2}a - |b|^{p-2}b\big| \le c_1(|a| + |b|)^{p-2}|a - b|.$$

Mit der Definition (4.23) erhalten wir also

$$\begin{aligned}&|(T(u_1) - T(u_2))\varphi| \\ &\le \int_G \big||\nabla u_1|^{p-2}\nabla u_1 - |\nabla u_2|^{p-2}\nabla u_2\big||\nabla\varphi| \\ &\le c_1 \int_G (|\nabla u_1| + |\nabla u_2|)^{p-2}|\nabla(u_1 - u_2)||\nabla\varphi| \\ &\le c_1\Big(\int_G \{(|\nabla u_1| + |\nabla u_2|)^{p-2}|\nabla(u_1 - u_2)|\}^{p'}\Big)^{\frac{1}{p'}} \|\nabla\varphi\|_{L^p(G)} \\ &= c_1\|\varphi\|_X\Big(\int_G (|\nabla u_1| + |\nabla u_2|)^{p'(p-2)}|\nabla(u_1 - u_2)|^{p'}\Big)^{\frac{1}{p'}} \\ &\le c_1\|\varphi\|_X\Big(\int_G (|\nabla u_1| + |\nabla u_2|)^{p'(p-2)q'}\Big)^{\frac{1}{p'q'}}\Big(\int_G |\nabla(u_1 - u_2)|^{p'q}\Big)^{\frac{1}{p'q}}.\end{aligned}$$

Es ist $p'q = p$, wenn wir $q = \frac{p}{p'} = p(1 - \frac{1}{p}) = p - 1 > 1$ wählen, und wir können weiter schließen.

$$\begin{aligned}|(T(u_1) - T(u_2))\varphi| &\le c_1\|\varphi\|_X \; \|u_1 - u_2\|_X \; \big\| \, |\nabla u_1| + |\nabla u_2| \, \big\|_X^{p-2} \\ &\le c_1\|\varphi\|_X \; \|u_1 - u_2\|_X \; (\|u_1\|_X + \|u_2\|_X)^{p-2}.\end{aligned}$$

Damit haben wir das Hauptbeispiel 4.11 als stark monoton und lipschitzstetig erkannt. Für solche nichtlinearen Gleichungen lässt sich sehr einfach eine abstrakte Fehlerabschätzung nachweisen.

Satz 4.15. *Es sei X ein normierter Raum, $T : X \to X'$, eine Abbildung mit $T(0) = 0$. T sei lokal lipschitzstetig und stark monoton mit Monotoniefunktion μ. Außerdem sei $f \in X'$. $X_h \subset X$ bezeichne einen Teilraum. Ist dann $u \in X$ Lösung von*

$$T(u) = f \quad \text{in } X', \tag{4.25}$$

und $u_h \in X_h$ Lösung von

$$T(u_h) = f_h \quad \text{in } X_h', \tag{4.26}$$

zu $f_h = f|_{X_h}$, so folgt

$$\mu(\|u - u_h\|_X) \le c \inf_{v_h \in X_h} \|u - v_h\|_X \tag{4.27}$$

mit der Konstanten $c = L(\mu^{-1}\|f\|_{X'})$.

Beweis. Zunächst beweisen wir die A-Priori-Abschätzungen für die kontinuierliche und die diskrete Lösung. Gleichung (4.25) besagt ausgeschrieben, dass

$$T(u)\varphi = f(\varphi) \quad \forall \varphi \in X.$$

Wir setzen $\varphi = u$ ein und erhalten mit (4.22)

$$\begin{aligned} \mu(\|u\|_X)\|u\|_X &= \mu(\|u - 0\|_X)\|u - 0\|_X \le (T(u) - T(0))(u - 0) \\ &= T(u)u = f(u) \le \|f\|_{X'}\|u\|_X. \end{aligned} \tag{4.28}$$

und damit die Abschätzung

$$\mu(\|u\|_X) \le \|f\|_{X'},$$

was wegen der Monotonie von μ bedeutet:

$$\|u\|_X \le \mu^{-1}(\|f\|_{X'}) =: R.$$

Genauso folgt aus (4.26)

$$\|u_h\|_X \le \mu^{-1}(\|f\|_{X'}).$$

Damit ist gezeigt, dass sowohl kontinuierliche als auch diskrete Lösung im Raum X in einer festen von h unabhängigen Kugel vom Radius R enthalten sind. Dies erlaubt uns die gleich folgende Ungleichungskette, in der wir die lokale Lipschitzstetigkeit und die Monotonie verwenden. Zunächst beobachten wir, dass für $\varphi_h \in X_h$ wegen $X_h \subset X$ gilt:

$$(T(u) - T(u_h))\varphi_h = f(\varphi_h) - f(\varphi_h) = 0.$$

Damit erhalten wir für beliebiges $v_h \in X_h$:

$$\begin{aligned}\mu(\|u-u_h\|_X)\|u-u_h\|_X &\le (T(u)-T(u_h))(u-u_h)\\ &= (T(u)-T(u_h))(u-v_h)\\ &\le \|T(u)-T(u_h)\|_{X'}\|u-v_h\|_X\\ &\le L(R)\|u-u_h\|_X\;\|u-v_h\|_X.\end{aligned}$$

Also folgt

$$\mu(\|u-u_h\|_X) \le L(R)\|u-v_h\|_X$$

beziehungsweise

$$\mu(\|u-u_h\|_X) \le L(R)\inf_{v_h\in X_h}\|u-v_h\|_X.$$

wie behauptet. □

Wir wenden diesen abstrakten Satz auf die p-harmonischen Funktionen an. Es sei $u \in \mathring{H}^{1,p}(G)$ schwache Lösung von (4.20) in G, das heißt

$$\int_G |\nabla u|^{p-2}\nabla u\cdot\nabla\varphi = \int_G f\varphi \quad \forall\varphi\in\mathring{H}^{1,p}(G),$$

wobei wir $f \in L^{p'}(G)$ voraussetzen. Das bedeutet, dass wir

$$f(\varphi) = \int_G f\varphi \quad \forall\varphi\in\mathring{H}^{1,p}(G)$$

setzen (auch wenn das einen Missbrauch der Bezeichnung f bedeutet). Das Gebiet G sei zulässig trianguliert durch die Triangulierung $\mathcal{T}$. Als diskreten Teilraum von X wählen wir Finite Elemente k-ter Ordnung:

$$X_h = \{u_h \in C^0(\overline{G}) \mid u_h|_T \in \mathbb{P}_k(T), T\in\mathcal{T}\}, \qquad \mathring{X}_h = X_h \cap \mathring{H}^{1,p}(G). \tag{4.29}$$

Sei $u_h \in \mathring{X}_h$ eine diskrete Lösung von (4.20), das heißt

$$\int_G |\nabla u_h|^{p-2}\nabla u_h\cdot\nabla\varphi_h = \int_G f\varphi_h \quad \forall\varphi_h\in\mathring{X}_h.$$

Dann liefert der vorherige Satz eine Abschätzung des Fehlers zwischen kontinuierlicher und diskreter Lösung.

$$\mu(\|u-u_h\|_X) \le c\inf_{v_h\in\mathring{X}_h}\|u-v_h\|_X.$$

Setzen wir die zugehörige Monotoniefunktion $\mu(s) = s^{p-1}$ ein, so erhalten wir schließlich

$$\|\nabla(u - u_h)\|_{L^p(G)} \le c\big(\inf_{v_h \in \mathring{X}_h} \|\nabla(u - v_h)\|_{L^p(G)}\big)^{\frac{1}{p-1}}. \tag{4.30}$$

Nehmen wir an, dass $u \in H^{s+1,p}(G)$ ist, so folgt mit den Interpolationsabschätzungen bei der speziellen Wahl $v_h = Iu$

$$\|\nabla(u - Iu)\|_{L^p(G)} \le c\, h^s |u|_{H^{s+1,p}(G)},$$

falls $\sigma \le c$, $s + 1 - \frac{n}{p} > 0$, und $0 \le s \le k$ sind. Dies folgt jedoch nur dann, wenn $u \in H^{s+1,p}(G)$ ist. Ob diese Regularität erreichbar ist, müsste noch untersucht werden. Damit haben wir bis auf die Existenzaussage für die diskrete Gleichung den folgenden Satz bewiesen. Die Existenz und Eindeutigkeit im diskreten Fall erledige man selbst.

Satz 4.16. *Sei $G \subset \mathbb{R}^n$ ein beschränktes Gebiet, das zulässig trianguliert ist. Sei weiter $\sigma \le c$, $p \ge 2$, und $f \in L^{p'}(G)$. X_h sei der Raum der Finiten Elemente k-ter Ordnung aus* (4.29). *Es sei $u \in \mathring{H}^{1,p}(G)$ eine Lösung von*

$$\int_G |\nabla u|^{p-2} \nabla u \cdot \nabla \varphi = \int_G f \varphi \quad \forall \varphi \in \mathring{H}^{1,p}(G)$$

zu $f \in L^{p'}(G)$. Dann gibt es genau ein $u_h \in \mathring{X}_h$ so dass

$$\int_G |\nabla u_h|^{p-2} \nabla u_h \cdot \nabla \varphi_h = \int_G f \varphi_h \quad \forall \varphi_h \in \mathring{X}_h,$$

und es gilt:

$$\|u - u_h\|_{H^{1,p}(G)} \le c\, h^{\frac{s}{p-1}} |u|_{H^{s+1,p}(G)}^{\frac{1}{p-1}},$$

falls zusätzlich $u \in H^{s+1,p}(G)$ für ein $s \in \{0, \dots, k\}$ mit $s + 1 - \frac{n}{p} > 0$ ist.

Beispiel 4.17. Wir betrachten ein Beispiel für eine Lösung der p-harmonischen Gleichung in einer Raumdimension, um die Problematik der Regularität dieser Gleichung zu verstehen. Wir wählen $G = (-1, 1) \subset \mathbb{R}$, $a \ge 0$, $1 < p < \infty$. Dann ist

$$u(x) = \left(1 - \frac{1}{p}\right) a^{\frac{1}{p-1}} (1 - |x|^{\frac{p}{p-1}}) \quad (x \in \overline{G}).$$

eine Funktion aus $\mathring{H}^{1,p}(G)$, die der Differentialgleichung

$$\int_G |u'|^{p-2} u' \varphi' = \int_G a \varphi \quad \forall \varphi \in \mathring{H}^{1,p}(G)$$

genügt. Ebenso leicht sieht man, dass diese Lösung nur für Exponenten $\frac{3}{2} - \frac{\sqrt{5}}{2} < p < \frac{\sqrt{5}}{2} + \frac{3}{2}$ auch in $H^{2,p}(G)$ liegt.

4.5 Das Neumann-Problem

Im Folgenden sei G so, dass der Gaußsche Integralsatz gilt. Bisher wurden nur Dirichlet-Probleme untersucht, d. h. Probleme mit vorgeschriebenen Randwerten. In diesem Abschnitt lernen wir das sogenannte Neumann-Problem kennen. Hierbei wird nicht die Lösung auf dem Rand vorgeschrieben, sondern es wird eine geeignete Ableitung der Lösung in nicht tangentialer Richtung auf dem Rand des Gebietes vorgeschrieben. Es reicht uns, das Modellproblem

$$-\Delta u = f \quad \text{in } G, \qquad \frac{\partial u}{\partial \nu} = 0 \quad \text{auf } \partial G \tag{4.31}$$

zu betrachten. Wieder lösen wir unser Problem durch Minimieren eines geeigneten Funktionals,

$$I(v) = \frac{1}{2}\int_G |\nabla v|^2 - \int_G f v, \quad v \in X = H^1(G).$$

Man zeigt, dass glatte Minima u automatisch die Randbedingung (4.31) erfüllen. Sei $u \in C^1(\overline{G})$ so, dass

$$I(u) \le I(v) \quad \forall v \in C^1(\overline{G})$$

ist. Ist $\varphi \in C^1(\overline{G})$ beliebig vorgegeben, so ist für die Funktion $\phi(\varepsilon) = I(u + \varepsilon\varphi)$

$$\phi(0) \le \phi(\varepsilon) \quad (\varepsilon \in \mathbb{R}),$$

also auch $\phi'(0) = 0$, und das bedeutet

$$\int_G \nabla u \, \nabla \varphi - \int_G f\varphi = 0.$$

Ist nun u sogar aus $C^2(\overline{G})$, so liefert eine partielle Integration, dass gilt:

$$\int_G (-\Delta u - f)\varphi + \int_{\partial G} \frac{\partial u}{\partial \nu}\varphi = 0 \quad \forall \varphi \in C^1(\overline{G}). \tag{4.32}$$

Für jedes $\varphi \in C_0^1(G)$ ist also

$$\int_G (-\Delta u - f)\varphi = 0,$$

das heißt $-\Delta u = f$ in G. Indem wir dieses Ergebnis in (4.32) einsetzen, folgt:

$$\int_{\partial G} \frac{\partial u}{\partial \nu}\varphi = 0 \quad \forall \varphi \in C^1(\overline{G}),$$

und das bedeutet, dass $\frac{\partial u}{\partial \nu} = 0$ auf ∂G ist. Diese Randbedingung ist also eine natürliche Randbedingung für $-\Delta$, was praktisch zur Folge hat, dass wir sie gar nicht implementieren müssen. Der zugehörige schwache Existenzsatz lautet dann (beachte, dass $\frac{\partial u}{\partial \nu}|_{\partial G}$ nicht definiert ist!):

Satz 4.18. *Zu einem beschränkten Gebiet $G \subset \mathbb{R}^n$ und rechter Seite $f \in (H^1(G)/\mathbb{R})'$ gibt es eine bis auf eine additive Konstante eindeutig bestimmte schwache Lösung von*

$$-\Delta u = f \quad \textit{in } G, \qquad \frac{\partial u}{\partial \nu} = 0 \quad \textit{auf } \partial G,$$

das heißt es gibt genau ein $u \in H^1(G)/\mathbb{R}$, so dass für jedes $\varphi \in H^1(G)/\mathbb{R}$ gilt:

$$\int_G \nabla u \, \nabla \varphi = f(\varphi).$$

Es ist klar, dass eine Lösung von (4.31) nur bis auf eine additive Konstante eindeutig bestimmt ist. Das Problem (4.31) ist aber nicht für beliebige rechte Seiten lösbar, denn für glattes u und f hat man

$$\int_G f = \int_G -\Delta u = -\int_{\partial G} \frac{\partial u}{\partial \nu} = 0.$$

Beweis. Wir verwenden den Satz von Lax-Milgram für

$$\bar{v}, \bar{w} \in X = H^1(G)/\mathbb{R}, \qquad (\bar{v}, \bar{w})_X = \int_G \nabla v \nabla w,$$

wobei $\bar{v} = v + \mathbb{R}$, $\bar{w} = w + \mathbb{R}$ sind. X ist damit ein Hilbertraum, denn aus $(\bar{v}, \bar{v})_X = 0$ folgt, dass v konstant, also $\bar{v} = 0$ ist. Die Bilinearform

$$B(\bar{v}, \bar{w}) = \int_G \nabla v \nabla w \quad (\bar{v}, \bar{w} \in X)$$

ist wegen $B(\bar{v}, \bar{v}) = \|\bar{v}\|_X^2$ stetig und koerziv (mit $c_0 = c_1 = 1$). $f \in X'$ nach Voraussetzung. Damit gibt es genau ein $\bar{u} \in X$, so dass für alle $\bar{\varphi} \in X$

$$\int_G \nabla u \, \nabla \varphi = f(\varphi).$$

erfüllt ist. □

Beispiel 4.19. Wenn die rechte Seite eine Funktion $f \in L^2(G)$ ist und wie üblich $f(\bar{\varphi}) = \int_G f\varphi$ für $\bar{\varphi} \in X$ gewählt wird, dann ist zwar $f \in H^1(G)'$, aber wir benötigen $f \in X'$. Damit ist notwendigerweise wegen $\bar{0} = \mathbb{R}$,

$$f(\bar{0}) = \int_G f1 = 0. \tag{4.33}$$

Wir versuchen, die Beschränktheit des Funktionals f nachzuweisen. Dazu sei $\varphi \in H^1(G)$, $\bar{\varphi} = \varphi + \mathbb{R}$. Dann impliziert (4.33)

$$f(\overline{\varphi}) = \int_G f\varphi = \int_G f\Big(\varphi - \frac{1}{|G|}\int_G \varphi\Big) \le \|f\|_{L^2(G)}\|\varphi - \frac{1}{|G|}\int_G \varphi\|_{L^2(G)},$$

und wegen der Poincaréungleichung mit Mittelwert Null (Satz 3.23) folgt

$$|f(\bar{\varphi})| \le c\|f\|_{L^2(G)}\|\nabla\varphi\|_{L^2(G)} = c\|f\|_{L^2(G)}\|\bar{\varphi}\|_X.$$

Nachdem das theoretische Existenzproblem für (4.31) gelöst ist, versuchen wir Konvergenz für das analoge diskrete Problem nachzuweisen. Ein endlichdimensionaler Teilraum von $X = H^1(G)/\mathbb{R}$ hilft uns praktisch nicht weiter, denn wie sollte man mit $\bar{u} = u + \mathbb{R}$ rechnen? Deshalb legen wir die freie Konstante durch

$$\int_G u = 0 \tag{4.34}$$

fest. Diese Bedingung ist gegenüber allen anderen Festlegungen der freien Konstante ausgezeichnet, denn

$$\|v\|_{H^1(G)/\mathbb{R}} = \inf_{c\in\mathbb{R}} \|v + c\|_{H^1(G)}$$

nach üblicher Definition der Norm auf einem Quotientenraum. Wegen

$$\begin{aligned}\phi(c) = \|v + c\|^2_{H^1(G)} &= \|v + c\|^2_{L^2(G)} + \|\nabla v\|^2_{L^2(G)}\\ &= \|v\|^2_{L^2(G)} + 2c\int_G v + c^2|G| + \|\nabla v\|^2_{L^2(G)}\end{aligned}$$

lässt sich das Minimum der Funktion ϕ ausrechnen. Es ist nämlich

$$\inf_{c\in\mathbb{R}} \phi(c) = \phi(c_0) \quad \text{mit } c_0 = -\frac{1}{|G|}\int_G v.$$

Damit haben wir das folgende kleine Lemma bewiesen.

Lemma 4.20.

$$\|v\|_{H^1(G)/\mathbb{R}} = \|v - \frac{1}{|G|}\int_G v\|_{H^1(G)}.$$

Es ist also sinnvoll, gleich mit Funktionen zu arbeiten, die Mittelwert Null besitzen, für die also (4.34) gilt. Diese Bedingung ist auch einfach zu implementieren.

Nach Satz 4.18 und Beispiel 4.19 gibt es zu $f \in L^2(G)$ mit $\int_G f = 0$ genau ein $u \in H^1(G)$ mit (4.34) und

$$\int_G \nabla u \, \nabla\varphi = \int_G f\varphi \quad \forall \varphi \in H^1(G).$$

Ist nun X_h ein endlichdimensionaler Teilraum von $X = \{v \in H^1(G) \mid \int_G v = 0\}$, so gibt es genau ein $u_h \in X_h$ mit

$$\int_G \nabla u_h \nabla\varphi_h = \int_G f\varphi_h \quad \forall \varphi_h \in X_h.$$

Hierbei wurde wieder verwendet, dass wegen Satz 3.23 der Raum X mit der Norm $\|v\|_X = \|\nabla v\|_{L^2(G)}$ ein Hilbertraum ist. Der abstrakte Satz 4.6 liefert dann die Fehlerabschätzung

$$\|u - u_h\|_X \le \inf_{v_h \in X_h} \|u - v_h\|_X \le ch^s \|u\|_{H^{s+1}(G)}$$

für geeignetes X_h und reguläres u. Damit haben wir folgendes Resultat bewiesen.

Satz 4.21. *Das beschränkte Gebiet $G \subset \mathbb{R}^n$ sei zulässig trianguliert. Zu $f \in L^2(G)$ mit $\int_G f = 0$ sei $u \in H^1(G)$ mit $\int_G u = 0$ die schwache Lösung des Neumannschen Randwertproblems gemäß Satz* 4.18. *Es sei $u \in H^{s+1}(G)$. Ist $X_h \subset H^1(G)$ ein endlichdimensionaler Raum mit*

$$\inf_{v_h \in X_h} \|u - v_h\|_{H^1(G)} \le ch^{s+1} \|u\|_{H^{s+1}(G)},$$

so gibt es genau eine diskrete Lösung $u_h \in X_h$ mit $\int_G u_h = 0$, und es gilt die Fehlerabschätzung

$$\|u - u_h\|_{H^1(G)} \le ch^{s+1} \|u\|_{H^{s+1}(G)}.$$

Die Diskretisierung des Neumannproblems gestaltet sich also einfacher als die Diskretisierung des Dirichletproblems. Ist $X_h = \text{span}\{\varphi_1, \dots, \varphi_m\}$, so ist das lineare Gleichungssystem

$$\sum_{j=1}^m u_j \int_G \nabla\varphi_j \nabla\varphi_k = \int_G f\varphi_k \quad (k = 1, \dots, m) \tag{4.35}$$

zur Bestimmung von $u_h(x) = \sum_{j=1}^m u_j \varphi_j(x)$ zu lösen. Es sind also keinerlei Randwerte zu implementieren. Allerdings ist (4.35) nicht eindeutig lösbar, denn u_h ist nur bis auf Konstanten eindeutig bestimmt. Als Nebenbedingung muss die Bedingung (4.34) implementiert werden, das heißt

$$\sum_{j=1}^{m} u_j \int_G \varphi_j = 0. \tag{4.36}$$

Die Neumann-Bedingung $\frac{\partial u}{\partial \nu} = 0$ auf ∂G ist, wie wir gesehen haben, die natürliche Randbedingung zum Laplace-Operator. Man hüte sich aber davor anzunehmen, dass auch $\frac{\partial u_h}{\partial \nu} = 0$ auf ∂G ist. Am besten sieht man das am eindimensionalen Fall.

Beispiel 4.22. Ist u_h die diskrete Lösung von

$$-u'' = f \quad \text{in } G = (0,1), \quad u'(0) = u'(1) = 0,$$

zu stückweise linearen Elementen, so folgt

$$|u_h'(0)| \le \frac{1}{\sqrt{3}} \|f\|_{L^2(0,h)} \sqrt{h}.$$

Nehmen wir an, dass die Triangulierung $\mathcal{T}$ von (0, 1) das Intervall $[0, h]$ enthält. Dann dürfen wir in der diskreten Gleichung

$$\int_0^1 u_h' \varphi_h' = \int_0^1 f \varphi_h \tag{4.37}$$

als Testfunktion die Basisfunktion zum linken Randknoten,

$$\varphi_0(x) = \begin{cases} 1 - \frac{x}{h}, & x \in [0,h] \\ 0, & x \in (h,1] \end{cases}$$

einsetzen. Auf dem Intervall $[0, h]$ sieht die diskrete Lösung nun wie folgt aus:

$$u_h(x) = u_0 + \frac{x}{h}(u_1 - u_0), \quad u_0 = u_h(0), \quad u_1 = u_h(h),$$

und demnach ist $u_h'(0) = (u_1 - u_0)/h$. Aus (4.37) erhalten wir mit $\varphi_h = \varphi_0$

$$\int_0^h \frac{u_1 - u_0}{h}\Big(-\frac{1}{h}\Big) dx = \int_0^h f(x)\Big(1 - \frac{x}{h}\Big) dx,$$

woraus folgt

$$u_h'(0) = -\int_0^h f(x)\Big(1 - \frac{x}{h}\Big)\, dx,$$

und die rechte Seite ist im Allgemeinen nicht gleich Null. Es folgt dann aber wenigstens

$$|u_h'(0)| \leq \left(\int_0^h f(x)^2 dx \right)^{\frac{1}{2}} \left(\int_0^h (1 - \frac{x}{h})^2 dx \right)^{\frac{1}{2}} = \|f\|_{L^2(0,h)} \sqrt{\frac{h}{3}}.$$

Man kann eine analoge Abschätzung von $\frac{\partial u_h}{\partial \nu}$ auf Randsimplexen in höheren Raumdimensionen herleiten.

4.6 A-Priori-Abschätzungen

Wir haben bisher lineare elliptische partielle Differentialgleichungen gelöst und mit Finiten Elementen beliebiger Ordnung diskretisiert. Außerdem haben wir Fehlerabschätzungen zwischen kontinuierlicher Lösung u und diskreter Lösung u_h bewiesen, die für $g = 0$ von der Form

$$\|u - u_h\|_{H^1(G)} \leq ch^s |u|_{H^{s+1}(G)}$$

waren. Auf der rechten Seite steht eine Norm der kontinuierlichen Lösung. Jedoch wollen wir diese Lösung mit unserem numerischen Verfahren gerade approximieren. Deshalb ist es notwendig und wichtig, diese Norm durch die Daten des Problems abzuschätzen. Erst dann hat man eine aussagekräftige Fehlerabschätzung. Außerdem wäre nachzuweisen, dass unter geeigneten Annahmen an die Daten des Problems und an das Gebiet die schwache Lösung auch wirklich in $H^{s+1}(G)$ liegt.

Beispiel 4.23. Für eine Raumdimension sind diese Probleme leicht zu erledigen. Hier ist $G = (a, b)$ mit $-\infty < a < b < \infty$, und für die schwache Lösung gilt $u \in \mathring{H}^1(G)$ und

$$\int_G u'\varphi' = \int_G f\varphi \quad \forall \varphi \in \mathring{H}^1(G).$$

Dabei sei $f \in L^2(G)$. Dann ist $u \in H^2(G)$, denn es gibt ja eine Funktion $v \in L^2(G)$, nämlich $v = -f$, so dass $\forall \varphi \in C_0^\infty(G)$ gilt:

$$\int_G u'\varphi' = -\int_G v\varphi.$$

Nach Definition 2.9 der schwachen Ableitung ist demnach $u'' = v = -f \in L^2(G)$ und

$$-\int_G u''\varphi = \int_G f\varphi \quad \forall \varphi \in L^2(G).$$

Also folgt insbesondere auch

$$\|u''\|_{L^2(G)} \le \|f\|_{L^2(G)}.$$

Damit haben wir gezeigt, dass die schwache Lösung in $H^2(G)$ liegt und die A-Priori-Abschätzung $|u|_{H^2(G)} \le \|f\|_{L^2(G)}$ gilt. Erst nun erhalten wir unter den üblichen Annahmen zum Beispiel die Fehlerabschätzung

$$\|u - u_h\|_{H^1(G)} \le ch\|f\|_{L^2(G)}$$

für lineare Finite Elemente.

Wir beweisen im Folgenden zunächst lediglich eine A-Priori-Abschätzung für die $H^2(G)$-Norm einer schwachen Lösung unter geeigneten Annahmen an die Daten und unter der Annahme, dass wir bereits wissen, dass $u \in H^2(G)$ ist. Wir schätzen die Norm $\|u\|_{H^2(G')}$ für ein beliebiges $G' \subset\subset G$ ab.

Sei $u \in \mathring{H}^1(G) \cap H^3(G)$ – die Reduktion auf $H^2(G)$ folgt durch ein Approximationsargument –, und es sei die schwache Differentialgleichung erfüllt:

$$\int_G \Big(\sum_{i,j=1}^n a_{ij} u_{x_i} \varphi_{x_j} + \sum_{i=1}^n a_i u \varphi_{x_i} + \sum_{i=1}^n b_i u_{x_i} \varphi + cu\varphi \Big) = \int_G \Big(f\varphi + \sum_{i=1}^n G_i \varphi_{x_i} \Big) \quad \forall \varphi \in \mathring{H}^1(G). \tag{4.38}$$

Wähle eine Abschneidefunktion $\eta \in C_0^1(G)$ mit $0 \le \eta \le 1$ und $|\nabla \eta| \le c$. Setze für festes k die Funktion

$$\varphi = (u_{x_k} \eta^2)_{x_k} \in \mathring{H}^1(G).$$

als Testfunktion in die schwache Differentialgleichung ein. Damit erhält man

$$\int_G \Big(\sum_{i,j=1}^n a_{ij} u_{x_i} (u_{x_k}\eta^2)_{x_k x_j} + \sum_{i=1}^n a_i u (u_{x_k}\eta^2)_{x_k x_i} + \sum_{i=1}^n b_i u_{x_i} (u_{x_k}\eta^2)_{x_k} + cu(u_{x_k}\eta^2)_{x_k} \Big) = \int_G \Big(f(u_{x_k}\eta^2)_{x_k} + \sum_{i=1}^n G_i (u_{x_k}\eta^2)_{x_k x_i} \Big). \tag{4.39}$$

Wir sehen uns die einzelnen Terme in dieser Gleichung nun separat an und schätzen sie geeignet ab. Dabei verwenden wir Eigenschaften der Koeffizienten der Differentialgleichung, die über die bisher geforderten Eigenschaften hinausgehen. Im Satz werden diese Eigenschaften dann vorausgesetzt werden.

Der *1. Term* auf der linken Seite von (4.39) wird so abgeschätzt:

$$\begin{aligned}
\sum_{i,j=1}^{n} \int_G a_{ij} u_{x_i} (u_{x_k} \eta^2)_{x_k x_j} &= - \sum_{i,j=1}^{n} \int_G (a_{ij} u_{x_i})_{x_k} (u_{x_k} \eta^2)_{x_j} \\
&= - \sum_{i,j=1}^{n} \int_G (a_{ij} u_{x_i x_k} + a_{ij x_k} u_{x_i})(u_{x_k x_j} \eta^2 + 2 u_{x_k} \eta \eta_{x_j}) \\
&= - \sum_{i,j=1}^{n} \int_G (a_{ij} u_{x_i x_k} u_{x_j x_k} \eta^2 + 2 a_{ij} u_{x_i x_k} \eta\, u_{x_k} \eta_{x_j} + a_{ij x_k} u_{x_i} \eta^2 u_{x_k x_j} \\
&\qquad + 2 a_{ij x_k} u_{x_i} u_{x_k} \eta \eta_{x_j}) \\
&\leq - \sum_{i,j=1}^{n} \int_G a_{ij} u_{x_k x_i} u_{x_k x_j} \eta^2 + 2 \sum_{i,j=1}^{n} \|a_{ij}\|_{L^\infty(G)} \int_G |u_{x_i x_k}| \eta |u_{x_k}| |\eta_{x_j}| \\
&\quad + \sum_{i,j=1}^{n} \|a_{ij x_k}\|_{L^\infty(G)} \int_G |u_{x_i}| \eta^2 |u_{x_k x_j}| \\
&\quad + 2 \sum_{i,j=1}^{n} \|a_{ij x_k}\|_{L^\infty(G)} \int_G |u_{x_i}|\, |u_{x_k}|\, \eta\, |\eta_{x_j}| \\
&\leq - \sum_{i,j=1}^{n} \int_G a_{ij} u_{x_k x_i} u_{x_k x_j} \eta^2 + c \sum_{i,j=1}^{n} \Big(\int_G (u_{x_i x_k})^2 \eta^2 \Big)^{\frac{1}{2}} \Big(\int_G |u_{x_k}|^2 \eta_{x_j}^2 \Big)^{\frac{1}{2}} \\
&\quad + c \sum_{i,j=1}^{n} \Big(\int_G u_{x_k x_j}^2 \eta^2 \Big)^{\frac{1}{2}} \Big(\int_G u_{x_i}^2 \eta^2 \Big)^{\frac{1}{2}} + c \int_G |\nabla u|^2 \eta |\nabla \eta|,
\end{aligned}$$

und c hängt hier ab von $\|a_{ij}\|_{H^{1,\infty}(G)}$, $(i, j = 1, \dots n)$ und im Folgenden auch von $\|\nabla \eta\|_{L^\infty(G)}$. Wir schätzen mit der Youngschen Ungleichung für $\varepsilon > 0$ weiter ab:

$$\begin{aligned}
&\sum_{i,j=1}^{n} \int_G a_{ij} u_{x_i} (u_{x_k} \eta^2)_{x_k x_j} \\
&\qquad \leq - \sum_{i,j=1}^{n} \int_G a_{ij} u_{x_k x_i}\, u_{x_k x_j}\, \eta^2 + \varepsilon \int_G |D^2 u|^2 \eta^2 + c(\varepsilon) \int_G |\nabla u|^2. \qquad (4.40)
\end{aligned}$$

Hierbei verwenden wir die Abkürzung $|D^2 u|^2 = \sum_{i,j=1}^{n} u_{x_i x_j}^2$.

Wir schätzen nun den *2. Term* auf der linken Seite von (4.39) ab. Die Konstanten hängen in der folgenden Abschätzung von $\|a_i\|_{H^{1,\infty}(G)}$ für $i = 1, \ldots, n$ ab.

$$\begin{aligned}
\sum_{i=1}^{n} \int_G a_i\, u(u_{x_k}\eta^2)_{x_k x_i} &= -\sum_{i=1}^{n} \int_G (a_i\, u)_{x_i} (u_{x_k}\eta^2)_{x_k} \\
&= -\sum_{i=1}^{n} \int_G (a_{i x_i} u + a_i u_{x_i})(u_{x_k x_k}\eta^2 + 2u_{x_k}\eta\eta_{x_k}) \\
&\le c \int_G (|u| + |\nabla u|)(|D^2 u|\eta^2 + |\nabla u|\,\eta\,|\nabla\eta|) \\
&\le c \int_G (|\nabla u|\,|D^2 u|\,\eta^2 + |u|\,|D^2 u|\eta^2 + |u|\,|\nabla u| + |\nabla u|^2) \\
&\le \varepsilon \int_G |D^2 u|^2\eta^2 + c(\varepsilon) \int_G (|\nabla u|^2 + |u|^2).
\end{aligned}$$

Zum *3. Term* auf der linken Seite von (4.39): Hier hängen die Konstanten von $\|b_i\|_{L^\infty(G)}$ für $i = 1, \ldots, n$ ab.

$$\begin{aligned}
\sum_{i=1}^{n} \int_G b_i u_{x_i} (u_{x_k}\eta^2)_{x_k} &= \sum_{i=1}^{n} \int_G b_i u_{x_i} (u_{x_k x_k}\eta^2 + 2u_{x_k}\eta\eta_{x_k}) \\
&\le c \int_G (|\nabla u||D^2 u|\eta^2 + |\nabla u|^2) \\
&\le \varepsilon \int_G |D^2 u|^2\eta^2 + c(\varepsilon) \int_G |\nabla u|^2.
\end{aligned}$$

4. Term: Dies ist der erste Term auf der rechten Seite von (4.39). Er wird deshalb nach unten abgeschätzt.

$$\begin{aligned}
\int_G f(u_{x_k}\eta^2)_{x_k} &= \int_G (f u_{x_k x_k}\eta^2 + f u_{x_k} 2\eta\eta_{x_k}) \\
&\ge -\|f\|_{L^2(G)} \Big(\int_G |D^2 u|^2\eta^2 \Big)^{\frac{1}{2}} - c\|f\|_{L^2(G)} \Big(\int_G |\nabla u|^2 \Big)^{\frac{1}{2}} \\
&\ge -\varepsilon \int_G |D^2 u|^2\eta^2 - c(\varepsilon)\|f\|_{L^2(G)}^2 - c\|\nabla u\|_{L^2(G)}^2.
\end{aligned}$$

5. Term: Dies ist der zweite Term auf der rechten Seite von (4.39). Dazu sei $\underline{G} = (G_1, \dots, G_n)$ und $\nabla \cdot \underline{G} = \sum_{i=1}^n G_{ix_i} \in L^2(G)$. Die Konstanten hängen dann von der entsprechenden Norm ab.

$$\begin{aligned}\sum_{i=1}^n \int_G G_i (u_{x_k}\eta^2)_{x_k x_i} &= -\sum_{i=1}^n \int_G G_{ix_i}(u_{x_k}\eta^2)_{x_k} \\ &\geq -\|\nabla\cdot\underline{G}\|_{L^2(G)}\Big(\Big(\int_G |D^2u|^2\eta^2\Big)^{\frac{1}{2}} + \Big(\int_G |\nabla u|^2\Big)^{\frac{1}{2}}\Big) \\ &\geq -\varepsilon\int_G |D^2u|^2\eta^2 - c(\varepsilon)\|\nabla\cdot\underline{G}\|^2_{L^2(G)} - c\|\nabla u\|^2_{L^2(G)}.\end{aligned}$$

Den letzten Term auf der linken Seite von (4.39) schätze man für $c \in L^\infty(G)$ selbst nach oben ab.

Kombinieren wir nun die Ungleichungen für die einzelnen Terme, so erhalten wir insgesamt die folgende Abschätzung:

$$\begin{aligned}-\sum_{i,j=1}^n \int_G a_{ij}u_{x_i x_k}u_{x_j x_k}\eta^2 + 6\,\varepsilon\int_G |D^2u|^2\eta^2 + c(\varepsilon)\Big(\int_G |\nabla u|^2 + \int_G u^2\Big) \\ \geq -c(\varepsilon)\|f\|^2_{L^2(G)} - c(\varepsilon)\|u\|^2_{H^1(G)} - c(\varepsilon)\|\nabla\cdot\underline{G}\|^2_{L^2(G)}.\end{aligned}$$

Wir verwenden jetzt die L-Bedingung (4.13), die für $\xi_0 = 0$ die Form

$$\sum_{i,j=1}^n a_{ij}\xi_i\xi_j \geq c_0\sum_{i=1}^n \xi_i^2 \quad \forall \xi \in \mathbb{R}^n$$

hat. Sie ergibt für die Wahl $\xi_i = u_{x_i x_k}$ für $i = 1, \dots, n$:

$$c_0\sum_{i=1}^n \int_G u^2_{x_i x_k}\eta^2 - 6\varepsilon\int_G |D^2u|^2\eta^2 \leq c(\varepsilon)(\|f\|^2_{L^2(G)} + \|\nabla\cdot\underline{G}\|^2_{L^2(G)} + \|u\|^2_{H^1(G)}).$$

Summiere über k von 1 bis n und erhalte schließlich

$$(c_0 - 6n\varepsilon)\int_G |D^2u|^2\eta^2 \leq c(\varepsilon)(\|f\|^2_{L^2(G)} + \|\nabla\cdot\underline{G}\|^2_{L^2(G)} + c\|u\|^2_{H^1(G)}).$$

Die Wahl $\varepsilon = \frac{c_0}{12n}$ führt nun auf die Abschätzung

$$\int_G |D^2u|^2\eta^2 \leq c(\|u\|^2_{H^1(G)} + \|f\|^2_{L^2(G)} + \|\nabla\cdot G\|^2_{L^2(G)}). \tag{4.41}$$

Sei $\overline{B_{2R(x_0)}} \subset G$. Wähle eine Funktion η mit den Eigenschaften $\eta = 1$ auf $B_R(x_0)$, $\eta = 0$ außerhalb $B_{2R}(x_0)$, $\eta \in C^1(G)$, $0 \leq \eta \leq 1$, und $|\nabla\eta| \leq c(R)$. Dann erhält man aus der vorigen Ungleichung

$$\int\limits_{B_R(x_0)} |D^2u|^2 = \int\limits_{B_R(x_0)} |D^2u|^2\eta^2 \leq \int\limits_{B_{2R}(x_0)} |D^2u|^2\eta^2 \tag{4.42}$$

$$= \int\limits_G |D^2u|^2\eta^2 \leq c(\|u\|^2_{H^1(G)} + \|f\|^2_{L^2(G)} + \|\nabla\cdot\underline{G}\|^2_{L^2(G)}).$$

Ist nun $G' \subset\subset G$, dann ist $\{B_R(x)|x \in G\}$ mit $R < \frac{1}{2}\text{dist}(\overline{G'}, \partial G)$ eine offene Überdeckung der kompakten Menge $\overline{G'}$, also reichen endlich viele (N Stück) aus, und es folgt schließlich die Ungleichung

$$\int\limits_{G'} |D^2u|^2 \leq \sum_{i=1}^N \int\limits_{B_R(x_i)} |D^2u|^2 \leq c\big(\|u\|^2_{H^1(G)} + \|f\|^2 + \|\nabla\cdot\underline{G}\|^2\big).$$

Damit haben wir den folgenden Satz bewiesen.

Satz 4.24. *Sei u schwache Lösung gemäß Satz 4.5, und es sei $u \in H^2(G')$. für ein $G' \subset\subset G$. Es seien die dortigen Voraussetzungen an die Koeffizienten erfüllt und zusätzlich $a_{ij}, a_i \in H^{1,\infty}(G)$, $\sum_{i=1}^n G_{ix_i} \in L^2(G)$. Dann gibt es eine von den Normen von a_{ij}, a_i, b_i, c und von $\text{dist}(\overline{G'}, \partial G)$ und c_0 abhängende Konstante C_A, so dass gilt:*

$$\|u\|_{H^2(G')} \leq C_A\Big(\|f\|_{L^2(G)} + \|\sum_{i=1}^n G_{ix_i}\|_{L^2(G)} + \sum_{i=1}^n \|G_i\|_{L^2(G)} + \|u\|_{H^1(G)}\Big). \tag{4.43}$$

Damit haben wir eine für uns wichtige A-Priori-Abschätzung bewiesen.

Wir beobachten, dass für eine $H^2(G')$-Abschätzung das Vektorfeld $\underline{G} = (G_1, \ldots, G_n) \in H^1(G)^n$ sein muss – oder wenigstens die Divergenz von $\underline{G}$ im schwachen Sinn existieren und in $L^2(G)$ sein muss. Wir hätten diesen Teil der rechten Seite der Differentialgleichung also gleich unter f subsumieren können als $\tilde{f} = f - \sum_{i=1}^n G_{ix_i}$. Das Vektorfeld $\underline{G}$ hatten wir eingeführt, um Differentialgleichungen lösen zu können, deren rechte Seite Ableitungen von $L^2(G)$-Funktionen enthalten.

Nun wissen wir in diesem Stadium des Vorgehens noch nicht, dass unsere schwache Lösung aus Satz 4.5 zum Raum $H^2(G')$ gehört. Dies ist noch nachzuweisen. Hier können wir uns kurz fassen, denn die Differenzentechnik dafür haben wir bereits im Abschnitt 2.5 kennengelernt. Für den folgenden Regularitätssatz müssen nun diese Techniken mit den oben im Beweis von Satz 4.24 durchgeführten Abschätzungsschritten gekoppelt werden. Genauer: Man verwendet in der schwachen Differentialgleichung (4.38) statt der Testfunktion $\varphi = (\eta^2 u_{x_k})_{x_k}$ die entsprechende diskrete Form

$$\varphi = D_{-\delta k}(\eta^2 D_{\delta k} u).$$

Dann lässt sich der folgende Satz über die innere Regularität beweisen. Dabei verwendet man des öfteren Hilfssatz 2.30.

Satz 4.25. *Sei u schwache Lösung gemäß Satz* 4.5 *Es seien die dortigen Voraussetzungen an die Koeffizienten erfüllt und zusätzlich $a_{ij}, a_i \in H^{1,\infty}(G)$, $\sum_{i=1}^n G_{ix_i} \in L^2(G)$. Dann ist $u \in H^2(G')$ für jedes $G' \subset\subset G$, und es gilt die Abschätzung* (4.43).

Für unsere Anwendungen benötigen wir eine A-Priori-Abschätzung bis zum Rand. Eine Abschätzung der Form (4.43) mit G an Stelle von G' lässt sich wegen unserer Vorarbeiten über die H^2-Fortsetzung in Lemma 3.52 nun relativ leicht nachweisen.

4.7 Randregularität

Wir nutzen die detaillierte Beschreibung des Randes aus Abschnitt 3.6 durch Normalkoordinaten. In diesem Abschnitt beschränken wir uns auf den Modellfall der Poissongleichung, für die wir die Regularität im Inneren des Gebiets G in Satz 2.36 bereits bewiesen haben. Die grundlegende Idee für die Regularität am Rand besteht darin, die Lösung u als schwache Lösung $\overline{u}$ einer Differentialgleichung nach $G_\delta = G \cup U_\delta$ fortzusetzen. Dabei sei $\delta > 0$ klein genug gewählt. Wir verwenden die Bezeichnungen von Abschnitt 3.6 und setzen voraus, dass $\partial G \in C^3$ ist.

Man mache sich klar, dass im Folgenden implizit eine H^2-Fortsetzung konstruiert wird, auch wenn nur erste Ableitungen von $\overline{u}$ vorkommen! Dies liegt daran, dass man dafür sorgen muss, dass die schwache Differentialgleichung erfüllt ist, und das ist zumindest implizit eine Bedingung an die zweiten Ableitungen.

Sei also $u \in \mathring{H}^1(G)$ Lösung der Poissongleichung $-\Delta u = f$ in G. Definiere

$$\overline{u}(x) = \begin{cases} u(x) & (x \in G) \\ -u(R(x)) & (x \in G_\delta \setminus G), \end{cases} \tag{4.44}$$

wobei

$$R(x) = x - 2d(x)\nu(x) \quad x \in U_\delta$$

die Spiegelung des Punktes x am Rand ∂G bezeichnet. Offensichtlich ist $R(R(x)) = x$, denn $d(R(x)) = -d(x)$ und $\nu(R(x)) = \nu(x)$. Außerdem sieht man sofort, dass $\nabla R(R(x))\nabla R(x) = I$ mit der Einheitsmatrix I ist.

Dann gilt für die Ableitung der gespiegelten Funktion wie im Beweis zu Lemma 3.52

$$\nabla\overline{u}(x) = \begin{cases} \nabla u(x) & (x \in G) \\ -\nabla R(x)\nabla u(R(x)) & (x \in G_\delta \setminus G). \end{cases} \tag{4.45}$$

Dabei ist

$$(\nabla R(x))_{ik} = \frac{\partial R_i}{\partial x_k}(x) = S_{ik}(x) - d(x)H_{ik}(x),$$

mit der Spiegelungsmatrix

$$S_{ik}(x) = \delta_{ik} - 2\nu_i(x)\nu_k(x),$$

$(i, k = 1, \ldots, n)$. Insbesondere haben wir also die Relation $S^2 = I$ zur Verfügung. Wir definieren die symmetrische Matrix

$$A(x) = \begin{cases} I & (x \in \overline{G}) \\ (\nabla R(x))^{-2}|\det \nabla R(x)| & (x \in G_\delta \setminus G) \end{cases} \tag{4.46}$$

und merken schon jetzt an, dass $A \in C^{0,1}(\overline{U_\delta})$ gilt. Hier verwenden wir, dass $\partial G \in C^3$ ist.

Für eine beliebige Testfunktion $\varphi \in \mathring{H}^1(\overline{G_\delta})$ mit $\operatorname{supp}\varphi \subset U_\delta$ erhalten wir dann wegen (4.45):

$$\begin{aligned}
&\int\limits_{G_\delta} A(x)\nabla\overline{u}(x)\cdot\nabla\varphi(x)dx \\
&= \int\limits_G \nabla u(x)\cdot\nabla\varphi(x)dx - \int\limits_{G_\delta\setminus G} A(x)\nabla R(x)\nabla u(R(x))\cdot\nabla\varphi(x)dx \\
&= \int\limits_G \nabla u(x)\cdot\nabla\varphi(x)dx \\
&\quad - \int\limits_G A(R(y))\nabla R(R(y))\nabla u(y)\cdot\nabla\varphi(R(y))|\det\nabla R(y)|dy \\
&= \int\limits_G \nabla u(x)\cdot(\nabla\varphi(x) - A(R(x))\,(\nabla R(x))^{-1}\,\nabla\varphi(R(x))|\det\nabla R(x)|)dx.
\end{aligned}$$

Mit der Definition (4.46) von A können wir weiter schließen. Außerdem verwenden wir nun, dass die Funktion $\varphi - \varphi\circ R$ auf dem Rand von G verschwindet und in diesem

Zusammenhang die schwache Differentialgleichung für u auf G.

$$\begin{aligned}\int\limits_{G_\delta} A(x)\nabla\overline{u}(x)\cdot\nabla\varphi(x)dx &= \int\limits_{G} \nabla u(x)\cdot\nabla\varphi(x) - \nabla R(x)\nabla\varphi(R(x))dx \\ &= \int\limits_{G} \nabla u(x)\cdot\nabla\left(\varphi - \varphi\circ R\right)(x)dx \\ &= \int\limits_{G} f(x)\varphi(x)\,dx - \int\limits_{G_\delta\setminus G} f(R(x))|\det\nabla R(x)|\varphi(x)dx.\end{aligned}$$

Wir setzen nun

$$\overline{f}(x) = \begin{cases} f(x) & (x\in G) \\ f(R(x))|\det\nabla R(x)| & (x\in G_\delta\setminus G). \end{cases}$$

Damit haben wir gezeigt, dass die Fortsetzung $\overline{u}$ von u auf G_δ eine schwache Differentialgleichung mit rechter Seite $\overline{f}\in L^2(G_\delta)$ und Koeffizienten $a_{ik} = (A)_{ik} \in C^{0,1}(G_\delta)$ löst. Damit können wir das Resultat über die (nun) innere Regularität aus Satz 4.25 zusammen mit (2.11) anwenden und erhalten den folgenden Satz.

Satz 4.26. *Es sei u die schwache Lösung des Randwertproblems für die Poissongleichung aus Satz* 2.22 *zu $f\in L^2(G)$. Der Rand des Gebietes sei genügend regulär: $\partial G\in C^3$. Dann ist $u\in H^2(G)$, und es gilt die A-Priori-Abschätzung*

$$\|u\|_{H^2(G)} \le c\|f\|_{L^2(G)}.$$

Zum Abschluss dieses Paragraphen soll das allgemeine Resultat für elliptische partielle Differentialgleichungen zitiert werden, dessen Beweis man in [12], Theorem 8.13, findet.

Satz 4.27. *Es sei u die schwache Lösung der allgemeinen elliptischen Differentialgleichung gemäß Satz* 4.5 *unter den dortigen Voraussetzungen. Zusätzlich sei für ein $s\in\mathbb{N}\cup\{0\}$ der Rand $\partial G\in C^{s+2}$, und für die Koeffizienten gelte*

$$a_{ij}, a_i \in H^{s+1,\infty}(G),\quad b_i, c\in H^{s,\infty}(G),\quad f\in H^s(G),\quad G_i\in H^{s+1}(G), \tag{4.47}$$

$(i,j = 1,\dots,n)$. Von den Randwerten verlangen wir $g\in H^{s+2}(G)$. Dann liegt die Lösung u im Raum $H^{s+2}(G)\cap \mathring{H}^1(G)$, und es gilt die A-Priori-Abschätzung

$$\|u\|_{H^{s+2}(G)} \le c(\|f\|_{H^s(G)} + \|g\|_{H^{s+2}(G)})$$

mit einer Konstanten c, die von ∂G, der Konstanten in der L-Bedingung (4.13) *und den Normen* (4.47) *der Koeffizienten abhängt.*

Kapitel 5

Theorie und Numerik parabolischer Differentialgleichungen 2. Ordnung

5.1 Algebraische Klassifizierung linearer partieller Differentialgleichungen zweiter Ordnung

In den vorhergehenden Abschnitten haben wir sogenannte elliptische partielle Differentialgleichungen betrachtet, obwohl wir nicht genau gesagt haben, was wir mit „elliptisch" meinen. Dies holen wir nun am Anfang des Teils über parabolische partielle Differentialgleichungen nach. Wir klassifizieren lineare Differentialgleichungen zweiter Ordnung und verwenden die wohlbekannten Bezeichnungen für quadratische Formen. Lineare Differentialgleichungen zweiter Ordnung haben die allgemeine Form

$$\sum_{i,k=1}^{n} a_{ik}(x)u_{x_i x_k} + \sum_{i=1}^{n} a_i(x)u_{x_i} + a(x)u = f(x), \tag{5.1}$$

wobei wir selbstverständlich voraussetzen wollen, dass nicht alle Koeffizienten $a_{ik}(x)$ verschwinden. Es ist dabei $x \in G \subset \mathbb{R}^n$ mit einer offenen Menge G, und die Koeffizienten $a_{ik} = a_{ki}, a_i, a$ und f sind gegebene Funktionen. Gesucht ist dann eine Funktion $u \in C^2(G)$, die die Differentialgleichung (5.1) in G löst. In der Literatur werden meist die gegebenen Funktionen als Funktionen von x geschrieben, die unbekannten Funktionen, hier die Funktion u, nicht. Mit der Differentialgleichung (5.1) assoziieren wir die quadratische Form

$$Q(\xi) = \sum_{i,k=1}^{n} a_{ik}(x)\xi_i\xi_k, \quad \xi \in \mathbb{R}^n$$

und nutzen dies – wenigstens weitgehend – in der folgenden Definition.

Definition 5.1. Sei $x_0 \in G$ fest. Bezeichnen $\lambda_1, \dots, \lambda_n$ die (reellen) Eigenwerte der symmetrischen Koeffizientenmatrix $A = (a_{ik}(x_0))_{i,k=1,\dots,n}$, so sei t die Anzahl negativer Eigenwerte und d die Anzahl der Eigenwerte gleich Null. Dann heißt (5.1) im Punkt x_0

elliptisch	$\Leftrightarrow\ d = 0$	und	$(t = 0 \text{ oder } t = n)$,
hyperbolisch	$\Leftrightarrow\ d = 0$	und	$(t = 1 \text{ oder } t = n - 1)$,
parabolisch	$\Leftrightarrow\ d > 0$,		
ultrahyperbolisch	$\Leftrightarrow\ d = 0$	und	$t \in \{2, \dots, n-2\}$.

Man beachte, dass die Klassifizierung nur die Terme höchster Ordnung verwendet. Es handelt sich also um eine relativ grobe algebraische Klassifizierung. Außerdem ist zu beachten, dass der Typ der Differentialgleichung vom Punkt x_0 abhängt. In G kann der Typ also wechseln. Sehen wir uns einige Standardbeispiele an.

Beispiel 5.2. 1. Die Poissongleichung zur Bestimmung von $u = u(x_1, \ldots, x_n)$,

$$-\Delta u = f,$$

ist *elliptisch*, denn hier sind $a_{ik} = -\delta_{ik}$ und $a_i = a = 0$ und alle Eigenwerte sind negativ: $\lambda_j = -1, (j = 1, \ldots, n)$.

Die im vorigen Kapitel untersuchte Differentialgleichung (4.1) ist elliptisch wegen (4.14), wobei wir annehmen, dass die Koeffizienten differenzierbar sind.

2. Die Differentialgleichung für $u = u(x,t)$, $x \in \mathbb{R}^n$, $t \in \mathbb{R}$

$$u_{tt} - u_{x_1x_1} - \cdots - u_{x_nx_n} = f$$

ist *hyperbolisch*, denn $a_{n+1,n+1} = 1$ (die t-Variable bezeichnen wir als $n+1$-te Variable) und $a_{ik} = -\delta_{ik}$ sonst. Dies ist die lineare Wellengleichung. Man schreibt sie auch als

$$\Box u = u_{tt} - \Delta u = f$$

und meint damit, dass der Laplace-Operator nur bezüglich der x-Variablen anzuwenden ist.

3. Das Standardbeispiel für eine *parabolische* Differentialgleichung ist die lineare Wärmeleitungsgleichung für $u = u(x,t)$ $(x \in \mathbb{R}^n, t > 0)$,

$$u_t - \Delta u = f.$$

Hier ist mit der Bezeichnung wie bei der Wellengleichung $a_{n+1,n+1} = 0, a_{ik} = -\delta_{ik}$ sonst.

4. Die Differentialgleichung

$$u_{x_1x_1} + u_{x_2x_2} - u_{x_3x_3} - u_{x_4x_4} = 0$$

für $u = u(x)$ mit $x \in \mathbb{R}^4$ ist *ultrahyperbolisch*.

5. Die Differentialgleichung

$$u_{xx} + xu_{yy} = f$$

wechselt auf $x = 0$ den Typ. Für $x > 0$ ist sie elliptisch, für $x = 0$ parabolisch und für $x < 0$ hyperbolisch.

Man beachte, dass zur Klassifizierung immer eine Angabe der Variablen gehört, zumindest wenn die Situation nicht von vornherein klar ist. So ist die Differentialgleichung $u_{xx} = f$ für eine gesuchte Funktion $u = u(x,y)$ von zwei Veränderlichen parabolisch, für eine gesuchte Funktion $u = u(x)$ von einer Veränderlichen aber elliptisch.

5.2 Das Cauchyproblem für die Wärmeleitungsgleichung

In diesem Paragraphen werden einige grundlegende Dinge über klassische Lösungen der Wärmeleitungsgleichung bereitgestellt. Das Vorgehen ähnelt dabei dem Vorgehen bei der Poissongleichung. Zunächst versuchen wir geeignete spezielle Lösungen der Wärmeleitungsgleichung

$$u_t - \Delta u = 0 \tag{5.2}$$

zu finden. Der Ansatz

$$u(x,t) = \frac{1}{t^\alpha}\phi\left(\frac{|x|}{t^\beta}\right)$$

mit geeigneten Zahlen α und β eingesetzt in die radialsymmetrische Form

$$u_t - \left(u_{rr} + \frac{n-1}{r}u_r\right) = 0$$

von (5.2) ($r = |x|$) führt für die Wahl $\alpha = \frac{n}{2}$ und $\beta = \frac{1}{2}$ auf die gewöhnliche Differentialgleichung

$$\phi''(s) + \left(\frac{s}{2} + \frac{n-1}{s}\right)\phi'(s) + \frac{n}{2}\phi(s) = 0,$$

wobei $s = rt^{-\beta}$ gesetzt ist. Löst man sie und wählt geeignete Konstanten, so folgt

$$\phi(s) = ce^{-\frac{s^2}{4}},$$

wobei $c \in \mathbb{R}$ frei gewählt werden kann. Rückwärts gerechnet erhält man folgendes kleine Lemma.

Lemma 5.3. *Für festes $c \in \mathbb{R}$ ist die Funktion $u \in C^\infty(\mathbb{R}^n \times (0,\infty), \mathbb{R})$,*

$$u(x,t) = ct^{-\frac{n}{2}}e^{-\frac{|x|^2}{4t}}, \tag{5.3}$$

eine Lösung der Wärmeleitungsgleichung (5.2).

Mit Hilfe dieser Funktion sagen wir, was wir unter einer Grundlösung der Wärmeleitungsgleichung verstehen.

Definition 5.4. Die Funktion

$$H(x,t) = \frac{1}{(4\pi t)^{n/2}}e^{-\frac{|x|^2}{4t}} \quad (t > 0,\ x \in \mathbb{R}^n)$$

heißt *Grundlösung* der Wärmeleitungsgleichung im $\mathbb{R}^n$. Man nennt sie auch „Heat kernel“ oder Wärmeleitungskern.

Eine sehr nützliche und leicht herleitbare Eigenschaft dieser Funktion ist (siehe auch Aufgabe 6.5):

Lemma 5.5. *Für $t > 0$ ist*

$$\int_{\mathbb{R}^n} H(x,t)dx = 1.$$

Mit diesen sehr einfachen Resultaten können wir direkt eine Lösungsformel für das sogenannte Cauchyproblem für die Wärmeleitungsgleichung angeben. Der Begriff „Cauchyproblem" wird in der Analysis partieller Differentialgleichungen für ein Problem auf dem ganzen $\mathbb{R}^n$ verwendet, bei dem lediglich Anfangswerte vorgegeben sind.

Satz 5.6. *Für gegebenes $u_0 \in C^0(\mathbb{R}^n)$ mit $\sup_{\mathbb{R}^n} |u_0| < \infty$ ist durch*

$$u(x,t) = \int_{\mathbb{R}^n} H(x-y,t)\, u_0(y)dy$$

eine Lösung des Cauchyproblems $u \in C^0(\mathbb{R}^n \times [0,\infty)) \cap C^2(\mathbb{R}^n \times (0,\infty))$,

$$u_t - \Delta u = 0 \quad in\ \mathbb{R}^n \times (0,\infty), \quad u(\cdot,0) = u_0 \quad in\ \mathbb{R}^n$$

gegeben.

Offensichtlich ist u sogar unendlich oft differenzierbar für $t > 0$ und $x \in \mathbb{R}^n$. Außerdem sieht man an der Lösungsformel, dass für nicht negative Anfangswerte u_0, die einen kompakten nicht leeren Träger besitzen, die Lösung sofort überall positiv ist. Dies entspricht einer unendlichen Ausbreitungsgeschwindigkeit der „Information" aus den Anfangsdaten, scheint also physikalisch nicht besonders sinnvoll zu sein. Jedoch ist dies ein Effekt der Modellierung. Die Ausbreitungsgeschwindigkeit wird als so groß angesehen, dass sie durch diese Gleichung in vernünftigen Grenzen modelliert werden kann.

Beweis. Zunächst überzeugt man sich leicht, dass u die Differentialgleichung für $t > 0$ löst. Dies liegt an der Eigenschaft des Wärmeleitungskerns in Lemma 5.3.

Die eigentliche Arbeit besteht darin, die stetige Annahme der Anfangswerte nachzuweisen. Sei dazu $x_0 \in \mathbb{R}^n$ beliebig und $\varepsilon > 0$ vorgegeben. Mit noch zu bestimmendem $\delta > 0$ sei $|x - x_0| < \frac{\delta}{2}$. Dann folgt zunächst wegen Lemma 5.5

$$u(x,t) - u_0(x_0) = \int_{\mathbb{R}^n} H(x-y,t)(u_0(y) - u_0(x_0))dy,$$

und wir können abschätzen

$$\begin{aligned}|u(x,t)-u_0(x_0)| &\le \int\limits_{\mathbb{R}^n} H(x-y,t)|u_0(y)-u_0(x_0)|\,dy \\ &\le \int\limits_{B_\delta(x_0)} H(x-y,t)|u_0(y)-u_0(x_0)|\,dy \\ &\quad + \int\limits_{\mathbb{R}^n\setminus B_\delta(x_0)} H(x-y,t)|u_0(y)-u_0(x_0)|dy = I_1 + I_2.\end{aligned}$$

Das erste Integral auf der rechten Seite behandelt man so:

$$\begin{aligned} I_1 &\le \max_{y\in\overline{B_\delta(x_0))}} |u_0(y)-u_0(x_0)| \int\limits_{B_\delta(x_0)} H(x-y,t)dy \\ &\le \max_{y\in\overline{B_\delta(x_0))}} |u_0(y)-u_0(x_0)| \int\limits_{\mathbb{R}^n} H(x-y,t)dy \\ &= \max_{y\in\overline{B_\delta(x_0))}} |u_0(y)-u_0(x_0)|. \end{aligned}$$

Für die Abschätzung des zweiten Integrals stellen wir folgende Vorüberlegung an: Dort ist $|y-x_0| \ge \delta$, und mit der Annahme $|x-x_0| < \frac{\delta}{2}$ folgt daraus

$$|y-x| \ge |y-x_0| - |x_0-x| \ge \delta - \frac{\delta}{2} = \frac{\delta}{2}, \quad |y-x_0| \le 2|y-x|.$$

Damit erhält man dann

$$\begin{aligned} I_2 &\le 2\sup_{\mathbb{R}^n}|u_0| \int\limits_{\mathbb{R}^n\setminus B_\delta(x_0)} H(x-y,t)dy \le \frac{2\sup_{\mathbb{R}^n}|u_0|}{(4\pi t)^{\frac{n}{2}}} \int\limits_{\mathbb{R}^n\setminus B_\delta(x_0)} e^{-\frac{|x-y|^2}{4t}}dy \\ &\le \frac{2\sup_{\mathbb{R}^n}|u_0|}{(4\pi t)^{\frac{n}{2}}} \int\limits_{\mathbb{R}^n\setminus B_\delta(x_0)} e^{-\frac{|x_0-y|^2}{16t}}dy = \frac{2\omega_n \sup_{\mathbb{R}^n}|u_0|}{(4\pi t)^{\frac{n}{2}}} \int\limits_\delta^\infty e^{-\frac{r^2}{16t}} r^{n-1}dr. \end{aligned}$$

Insgesamt erhalten wir also für $|x-x_0| < \frac{\delta}{2}$:

$$\begin{aligned} &|u(x,t)-u_0(x_0)| \\ &\quad \le \max_{y\in\overline{B_\delta(x_0))}} |u_0(y)-u_0(x_0)| + \frac{2\omega_n \sup_{\mathbb{R}^n}|u_0|}{(4\pi t)^{\frac{n}{2}}} \int\limits_\delta^\infty e^{-\frac{r^2}{16t}} r^{n-1}dr. \quad (5.4)\end{aligned}$$

Zu $\varepsilon > 0$ wähle nun $\delta > 0$ so klein, dass $\max_{|y-x_0|\le\delta} |u_0(y)-u_0(x_0)| < \frac{\varepsilon}{2}$ ist. Damit ist δ festgelegt. Nun wähle $t > 0$ so klein, dass auch der zweite Summand in (5.4) kleiner als $\frac{\varepsilon}{2}$ ist. Damit ist der Satz bewiesen. □

Mit ähnlichen Ideen wie beim Newtonpotential im Rahmen der Untersuchung der Poissongleichung in Abschnitt 1.6 kann man das inhomogene Cauchyproblem für die Wärmeleitungsgleichung behandeln.

Satz 5.7. *Für Funktion $f = f(x,t)$ gelte $f, f_{x_i}, f_{x_i x_j}, f_t \in C^0(\mathbb{R}^n \times [0,\infty))$ für $i, j = 1, \ldots, n$. Außerdem sei der Träger supp f kompakt. Dann löst die Funktion*

$$u(x,t) = \int_0^t \int_{\mathbb{R}^n} H(x-y, t-s) f(y,s) dy ds \tag{5.5}$$

das inhomogene Cauchyproblem $u \in C^0(\mathbb{R}^n \times [0,\infty)$, $u_{x_i}, u_{x_i x_j}, u_t \in C^0(\mathbb{R}^n \times (0,\infty))$ $(i, j = 1, \ldots, n)$,

$$u_t - \Delta u = f \quad in\ \mathbb{R}^n \times (0,\infty), \quad u(\cdot, 0) = 0 \quad in\ \mathbb{R}^n.$$

Beweis. Wir transformieren die Integrale in der Formel (5.5) durch $\tilde{y} = x - y$ und $\tilde{s} = t - s$. Das ergibt

$$u(x,t) = \int_0^t \int_{\mathbb{R}^n} H(\tilde{y}, \tilde{s}) f(x - \tilde{y}, t - \tilde{s}) d\tilde{y} d\tilde{s}.$$

Damit erhält man für $t > 0$ mit Standardargumenten der Analysis die Ableitungen von u. Für die Existenz der Integrale erinnere man sich an Lemma 5.5.

$$u_t(x,t) = \int_{\mathbb{R}^n} H(y,t) f(x-y, 0)\, dy + \int_0^t \int_{\mathbb{R}^n} H(y,s) f_t(x-y, t-s) dy ds,$$

$$u_{x_i}(x,t) = \int_0^t \int_{\mathbb{R}^n} H(y,s) f_{x_i}(x-y, t-s) dy ds,$$

$$u_{x_i x_j}(x,t) = \int_0^t \int_{\mathbb{R}^n} H(y,s) f_{x_i x_j}(x-y, t-s) dy ds.$$

Mit diesen Formeln folgt

$$u_t(x,t) - \Delta u(x,t)$$
$$= \int_0^t \int_{\mathbb{R}^n} H(y,s) \left(f_t - \Delta f\right)(x-y, t-s) dy ds + \int_{\mathbb{R}^n} H(y,t) f(x-y, 0) dy$$

$$= \int_0^\epsilon \int_{\mathbb{R}^n} H(y,s)\,(f_t - \Delta f)\,(x-y,t-s)dyds$$

$$+ \int_\epsilon^t \int_{\mathbb{R}^n} H(y,s)\,(f_t - \Delta f)\,(x-y,t-s)dyds + \int_{\mathbb{R}^n} H(y,t)\,f(x-y,0)dy$$

$$= I_1 + I_2 + I_3.$$

Nun schätzen wir die Integrale auf der rechten Seite nacheinander ab. Es ist

$$|I_1| \le \sup_{\mathbb{R}^n \times (0,\infty)} (|f_t| + |\Delta f|) \int_0^\epsilon \int_{\mathbb{R}^n} H(y,s)dyds = \epsilon \sup_{\mathbb{R}^n \times (0,\infty)} (|f_t| + |\Delta f|) \to 0$$

für $\epsilon \to 0$. Das zweite Integral wird durch partielle Integration umgeformt. Wegen der Kompaktheit des Trägers von f entstehen dabei keine Randterme in Ortsrichtung. Außerdem verwenden wir, dass H eine Lösung der Wärmeleitungsgleichung ist. Damit erhalten wir

$$I_2 = \int_\epsilon^t \int_{\mathbb{R}^n} H(y,s)\Big(-\frac{\partial}{\partial s} f(x-y,t-s) - \sum_{i=1}^n \frac{\partial^2}{\partial y_i^2} f(x-y,t-s)\Big) dyds$$

$$= \Big[-\int_{\mathbb{R}^n} H(y,s) f(x-y,t-s)dy \Big]_{s=\epsilon}^{s=t}$$

$$= -\int_{\mathbb{R}^n} H(y,t) f(x-y,0)dy + \int_{\mathbb{R}^n} H(y,\epsilon) f(x-y,t-\epsilon)dy.$$

Der erste Term hebt sich mit dem Integral I_3 weg, und der zweite Term geht für $\epsilon \to 0$ gegen $f(x,t)$, denn wegen der Voraussetzungen an f gilt mit einer von f abhängenden Konstanten c die Ungleichung $|f(y,t-\epsilon) - f(y,t)| \le c\epsilon$. Wie im Beweis von Satz 5.6 erhält man

$$\int_{\mathbb{R}^n} H(y,\epsilon) f(x-y,t)dy \to f(x,t) \quad (\epsilon \to 0).$$

Dass $u(\cdot,0) = 0$ ist folgt schließlich so:

$$|u(x,t)| \le \sup_{\mathbb{R}^n \times (0,\infty)} |f| \int_0^t \int_{\mathbb{R}^n} H(y,s)dyds = t \sup_{\mathbb{R}^n \times (0,\infty)} |f| \to 0$$

für $t \to 0$. □

Die Kombination von Satz 5.6 und Satz 5.7 führt dann auf die vollständige Lösung des Cauchyproblems für die inhomogene Wärmeleitungsgleichung. Dies liegt an der Linearität des Problems.

Folgerung 5.8. *Unter den Voraussetzungen von Satz* 5.6 *und Satz* 5.7 *ist*

$$u(x,t) = \int_{\mathbb{R}^n} H(x-y,t)u_0(y)\,dy + \int_0^t \int_{\mathbb{R}^n} H(x-y,t-s)f(y,s)\,dyds \tag{5.6}$$

eine Lösung von

$$u_t - \Delta u = f \quad in\, \mathbb{R}^n \times (0,\infty), \quad u(\cdot,0) = u_0 \quad in\, \mathbb{R}^n \tag{5.7}$$

gegeben. Dabei ist $u, u_{x_i}, u_{x_i x_j}, u_t \in C^0(\mathbb{R}^n \times (0,\infty))$, $u \in C^0(\mathbb{R}^n \times [0,\infty))$.

Beweis. Löse mit Satz 5.6 das homogene Problem zum Anfangswert u_0:

$$v_t - \Delta v = 0 \quad \text{in } \mathbb{R}^n \times (0,\infty), \quad v(\cdot,0) = u_0 \quad \text{in } \mathbb{R}^n$$

und mit Satz 5.7 das inhomogene Problem zum Anfangswert 0:

$$w_t - \Delta w = f \quad \text{in } \mathbb{R}^n \times (0,\infty), \quad w(\cdot,0) = 0 \quad \text{in } \mathbb{R}^n.$$

Addiere die beiden Lösungen, $u = v + w$, und erhalte eine Lösung des Gesamtproblems (5.7). □

5.3 Das Maximumprinzip und der Vergleichssatz

Ab jetzt untersuchen wir das realistischere Anfangsrandwertproblem für die Wärmeleitungsgleichung. Dazu sei $G \subset \mathbb{R}^n$ ein beschränktes Gebiet und $T > 0$. Ähnlich wie bei elliptischen Problemen in Abschnitt 1.4 kann man ziemlich leicht Maxima und Minima von Lösungen der Wärmeleitungsgleichung „lokalisieren".

Satz 5.9 (Schwaches Maximumprinzip). *Es sei* $u \in C^0(\overline{G} \times [0,T])$ *mit* $u_t, u_{x_i}, u_{x_i x_j} \in C^0(G \times (0,T])$, $(i,j = 1,\ldots,n)$ *eine Lösung der Differentialungleichung*

$$u_t - \Delta u \le 0 \quad in\, G \times (0,T]. \tag{5.8}$$

Dann gilt:

$$\max_{\overline{G_T}} u = \max_{\Gamma_T} u.$$

Dabei sind $G_T = G \times (0,T)$ *und* $\Gamma_T = (\overline{G} \times \{0\}) \cup (\partial G \times [0,T])$. Γ_T *nennt man parabolischen Rand.*

Beweis. Wir setzen $u^\epsilon(x,t) = u(x,t) - \epsilon t$. Damit genügt u^ϵ der Ungleichung

$$u_t^\epsilon - \Delta u^\epsilon < 0.$$

Gäbe es einen Punkt $(x_0, t_0) \in G \times (0, T]$ mit $u^\epsilon(x_0, t_0) = \max_{\overline{G_T}}$, so wäre in diesem Punkt

$$u_t^\epsilon(x_0, t_0) \geq 0, \qquad \Delta u^\epsilon(x_0, t_0) \leq 0.$$

Dies sieht man so ein: Ist $t_0 < T$, so hat man $u_t^\epsilon(x_0, t_0) = 0$. Im Randpunkt $t_0 = T$ kann man jedoch nur $u_t^\epsilon(x_0, t_0) \geq 0$ schließen. Im Maximum ist die Matrix der zweiten Ableitungen von u negativ semidefinit. Also ist die Spur kleiner oder gleich Null. Dies führt aber auf einen Widerspruch, denn dann wäre ja auch

$$0 \leq (u_t^\epsilon - \Delta u^\epsilon)(x_0, t_0) < 0.$$

Also liegt jedes Maximum (x_0, t_0) in der Menge Γ_T. Und dies impliziert

$$\max_{\overline{G_T}} u^\epsilon = \max_{\Gamma_T} u^\epsilon \leq \max_{\Gamma_T} u \leq \max_{\overline{G_T}} u,$$

und für $\epsilon \to 0$ erhält man die Behauptung des Satzes. □

Aus diesem Maximumprinzip ergibt sich offensichtlich, dass das Anfangsrandwertproblem für die Wärmeleitungsgleichung höchstens eine Lösung haben kann.

Folgerung 5.10. *Das Problem $u \in C^0(\overline{G_T})$, $u_t, u_{x_i}, u_{x_i x_j} \in C^0(G \times (0,T])$,*

$$u_t - \Delta u = f \quad \textit{in } G_T,$$

mit Anfangswert $u(\cdot, 0) = u_0$ und Randwerten $u = g$ auf $\partial G \times [0, T]$ besitzt höchstens eine Lösung.

Das schwache Maximumprinzip besitzt eine Verallgemeinerung, die starke Aussagen über die Lösungen nichtlinearer parabolischer Differentialgleichungen ermöglicht. Der Beweis dieses Vergleichssatzes ist fast so einfach wie der Beweis des schwachen Maximumprinzips. Da dieser Vergleichssatz zum Grundwissen über partielle Differentialgleichungen gehört, formulieren wir ihn in auch für nichtlineare Differentialgleichungen.

Satz 5.11 (Vergleichssatz). *Es sei $G \subset \mathbb{R}^n$ ein beschränktes Gebiet und $T > 0$. Weiter seien u und v zwei Funktionen mit den Eigenschaften $u, v \in C^0(\overline{G_T})$ und $u_t, v_t, u_{x_i}, v_{x_i}, u_{x_i x_j} v_{x_i x_j} \in C^0(G \times (0,T])$ für $i, j = 1, \ldots, n$. u sei Lösung der Differentialungleichung*

$$u_t - F(\cdot, \cdot, u, \nabla u, \nabla^2 u) \leq 0 \tag{5.9}$$

in G_T,[1] *und v sei Lösung der Differentialungleichung*

$$0 < v_t - F(\cdot, \cdot, v, \nabla v, \nabla^2 v) \tag{5.10}$$

in G_T. Dabei sei $F = F(x, t, z, p, r)$ eine Funktion von $x \in \overline{G}$, $t \in [0, T]$, $z \in \mathbb{R}$, $p \in \mathbb{R}^n$ und $r \in \mathbb{R}^{n,n}$ [2]*, die für festes x, t, z, p bezüglich r partiell differenzierbar ist. Die Matrix $\frac{\partial F}{\partial r_{ij}}$ liege in $C^0(\overline{G_T} \times \mathbb{R} \times \mathbb{R}^n \times \mathbb{R}^{n,n})$ und sei positiv semidefinit. Ist dann*

$$u < v \quad \text{auf } \Gamma_T,$$

so folgt

$$u < v \quad \text{auf } G_T \cup \Gamma_T.$$

Die Voraussetzungen dieses Satzes lassen sich noch abschwächen. Man überzeuge sich davon, dass insbesondere die Null in den Differentialungleichungen (5.10) und (5.9) durch eine andere Konstante ersetzt werden kann. Es reicht sogar

$$u_t - F(\cdot, u, \nabla u, \nabla^2 u) < v_t - F(\cdot, v, \nabla v, \nabla^2 v).$$

Beweis. Wir zeigen, dass $w = v - u > 0$ in $\overline{G_T}$ ist. (Auf Γ_T gilt dies nach Voraussetzung.) Dazu sei

$$M = \{\sigma \in (0, T) \mid w(x, t) > 0 \forall (x, t) \in \overline{G} \times [0, \sigma]\}.$$

$M \neq \emptyset$, da nach Voraussetzung $w(x, 0) > 0$ ist, also wegen der Stetigkeit von w auch $w(x, t) > 0$ für $x \in \overline{G}$ und $t \in [0, t^*)$ für ein $t^* > 0$ ist. Wir definieren

$$t_0 = \sup M.$$

Angenommen, $t_0 < T$, also $0 < t_0 = \sup M < T$. Dann wissen wir, dass $w > 0$ auf $\overline{G} \times [0, t_0)$ und $w \geq 0$ auf $\overline{G} \times [0, t_0]$ ist. Es gibt also einen Punkt $(x_0, t_0) \in \overline{G} \times \{t_0\}$ mit $w(x_0, t_0) = 0$ und $(x_0, t_0) \in G \times \{t_0\}$, da nach Voraussetzung $w > 0$ auf $\partial G \times \{t_0\}$ ist. Außerdem gilt

$$0 = w(x_0, t_0) = \min_{\overline{G} \times [0, t_0]} w = \min_{\overline{G} \times \{t_0\}} w.$$

Also folgt

$$w(x_0, t_0) = 0, \quad \nabla w(x_0, t_0) = 0, \quad \nabla^2 w(x_0, t_0) \geq 0, \tag{5.11}$$

[1] Hierbei ist $\nabla^2 u$ als die Matrix der zweiten partiellen Ableitungen von u zu verstehen.
[2] Mit $\mathbb{R}^{n,n}$ bezeichnen wir die reellen $n \times n$-Matrizen

wobei das Letztere bedeutet, dass die Matrix der zweiten Ableitungen von w positiv semidefinit ist. Damit können wir folgern:

$$\begin{aligned}
w_t(x_0,t_0) &= v_t(x_0,t_0) - u_t(x_0,t_0) \\
&> F(x_0,t_0,v(x_0,t_0),\nabla v(x_0,t_0),\nabla^2 v(x_0,t_0)) \\
&\quad - F(x_0,t_0,u(x_0,t_0),\nabla u(x_0,t_0),\nabla^2 u(x_0,t_0)) \\
&= F(x_0,t_0,u(x_0,t_0),\nabla u(x_0,t_0),\nabla^2 v(x_0,t_0)) \\
&\quad - F(x_0,t_0,u(x_0,t_0),\nabla u(x_0,t_0),\nabla^2 u(x_0,t_0)) \\
&= \sum_{i,j=1}^{n} A_{ij}(x_0,t_0)\big(v_{x_ix_j}(x_0,t_0) - u_{x_ix_j}(x_0,t_0)\big) \\
&= \sum_{i,j=1}^{n} A_{ij}(x_0,t_0) w_{x_ix_j}(x_0,t_0),
\end{aligned} \tag{5.12}$$

wobei wir zur Abkürzung gesetzt haben

$$\begin{aligned}
&A_{ij}(x_0,t_0) \\
&= \int_0^1 \frac{\partial F}{\partial r_{ij}}(x_0,t_0,u(x_0,t_0),\nabla u(x_0,t_0),(1-s)\nabla^2 u(x_0,t_0) + s\nabla^2 v(x_0,t_0))ds.
\end{aligned}$$

Nun verwenden wir ein wenig lineare Algebra um zu zeigen, dass

$$\sum_{i,j=1}^{n} A_{ij}(x_0,t_0) w_{x_ix_j}(x_0,t_0) \geq 0$$

ist. Nach Voraussetzung ist die Matrix A_{ij} positiv semidefinit, und aus (5.11) wissen wir, dass $B_{ij} = w_{x_ix_j}(x_0,t_0)$ positiv semidefinit ist. Dann folgt sofort nach Diagonalisierung der symmetrischen Matrix B, $B = CDC^*$ mit orthogonaler Matrix C und Diagonalmatrix $D = \operatorname{diag}(d_1,\dots,d_n)$ mit nicht negativen Einträgen d_k:

$$\sum_{i,j=1}^{n} A_{ij}B_{ij} = \text{Spur}\,(AB^*) = \text{Spur}\,(ACDC^*) = \text{Spur}\,(C^*ACD).$$

Nach Voraussetzung ist $\sum_{i,j=1}^{n} A_{ij}\xi_i\xi_j \geq 0$ für alle $\xi \in \mathbb{R}^n$. Setze speziell für festes $k \in \{1,\dots,n\}$ $\xi_i = C_{ik}$ ein und erhalte

$$0 \leq \sum_{i,j=1}^{n} A_{ij}C_{ik}C_{jk} = \sum_{i,j=1}^{n} C^*_{ki}A_{ij}C_{jk} = (C^*AC)_{kk},$$

also auch

$$\text{Spur}\,(C^*ACD) = \sum_{k=1}^{n}(C^*ACD)_{kk} = \sum_{k=1}^{n}(C^*AC)_{kk}d_k \geq 0.$$

Damit haben wir insgesamt mit (5.12) gezeigt, dass

$$w_t(x_0, t_0) > 0 \tag{5.13}$$

gilt. Es war aber $w > 0$ auf $\overline{G} \times [0, t_0)$. Demnach gilt für $0 \leq t < t_0$: $0 = w(x_0, t_0) < w(x_0, t)$ und also auch

$$\frac{w(x_0, t_0) - w(x_0, t)}{t_0 - t} < 0,$$

was für $t \to t_0$ impliziert: $w_t(x_0, t_0) \leq 0$. Dies ist aber ein Widerspruch zu (5.13). Also war die Annahme $t_0 < T$ falsch, und wir wissen dass $t_0 = T$ ist. Damit ist der Satz bewiesen. □

Wir wenden diesen Vergleichssatz auf ein Beispiel an, um seinen Wert für die Untersuchung nichtlinearer parabolischer partieller Differentialgleichungen zu zeigen.

Beispiel 5.12. Es sei $a > 0$ eine Konstante und u eine Lösung der nichtlinearen Differentialgleichung

$$u_t - \Delta u = a^4 - u^4 \quad \text{in } G \times (0, T].$$

mit Anfangswerten $u(\cdot, 0) = u_0 \geq 0$ in $\overline{G}$ und Nullrandwerten $u = 0$ auf $\partial G \times [0, T]$. Wir zeigen durch Anwendung des Vergleichssatzes, dass diese Lösung nicht negativ ist und geben auch eine Schranke von oben an:

$$0 \leq u \leq \max\{\max_{\overline{G}} u_0, a\} \quad \text{in } \overline{G_T}.$$

Die Struktur dieses Beispiels ist durch

$$F(x, t, z, p, r) = \sum_{k=1}^{n} r_{kk} + a^4 - z^4$$

festgelegt. F genügt den Voraussetzungen des Vergleichssatzes. Zur Anwendung des Vergleichssatzes sind geeignete Vergleichslösungen zu finden.

Für die Abschätzung der Lösung nach unten durch 0 verwenden wir die konstante Funktion $v(x, t) = -\delta$ mit einer positiven Konstanten $\delta < a$. Zunächst ist nach Voraussetzung

$$u_t - F(\cdot, \cdot, u, \nabla u, \nabla^2 u) = u_t - \Delta u - a^4 + u^4 = 0$$

in G_T. Setzen wir v in die nichtlineare Differentialgleichung ein, so erhalten wir

$$0 > -a^4 + \delta^4 = v_t - F(\cdot, \cdot, v, \nabla v, \nabla^2 v)$$

in G_T. Für die Anfangswerte gilt mit $x \in \overline{G}$, dass $u(x,0) = u_0(x) \geq 0 > -\delta = v(x,0)$, und auf dem Gebietsrand ($x \in \partial G$) erhalten wir $u(x,t) = 0 > -\delta = v(x,t)$. Der Vergleichssatz liefert nun $u(x,t) > v(x,t)$ für Punkte $(x,t) \in \overline{G_T}$, d. h. $u > -\delta$. Für $\delta \to 0$ folgt dann, dass $u \geq 0$ in $\overline{G_T}$ ist.

Zur Abschätzung der Lösung nach oben konstruieren wir eine obere Vergleichslösung. Wir wählen die Lösung der gewöhnlichen Differentialgleichung

$$\dot{v} = a^4 - v^4 + \epsilon, \quad v(0) = M + \epsilon$$

mit $M = \max_{\overline{G}} u_0$, und zur Abkürzung setzen wir $c_0^4 = a^4 + \epsilon$. Dabei ist $\epsilon > 0$. Jetzt wählen wir

$$F(x,t,z,p,r) = \sum_{k=1}^{n} r_{kk} + a^4 - z^4 + \epsilon$$

im Vergleichssatz. Dann ist

$$u_t - F(\cdot, u, \nabla u, \nabla^2 u) = u_t - \Delta u - a^4 + u^4 - \epsilon = -\epsilon < 0,$$

$$v_t - F(\cdot, v, \nabla v, \nabla^2 v) = \dot{v} - a^4 + v^4 - \epsilon = 0.$$

Für die Anfangswerte gilt $u(x,0) = u_0(x) \leq M < v(0)$, und für die Randwerte gilt $u(x,t) = 0 < v(t)$, *falls* $v(t) > 0$ für $t > 0$ ist. Ist diese Bedingung erfüllt, so folgt mit dem Vergleichssatz $u(x,t) < v(t)$ ($x \in \overline{G}, t \geq 0$). Die Untersuchung von v ist eine Übungsaufgabe, und diese ergibt in jedem Fall $v > 0$. Genauer: Für Anfangswerte $c_0 \leq v(0) < \infty$ folgt $c_0 < v(t) \leq v(0)$, und für Anfangswerte $0 \leq v(0) < c_0$ folgt $v(0) \leq v(t) < c_0$. Wir haben $v(0) = M + \epsilon > 0$ gewählt. In jedem Fall erhalten wir $v(t) \leq \max\{c_0, M\} + \epsilon$ und damit für $\epsilon \to 0$ die Abschätzung $u(x,t) \leq \max\{M, a\}$.

5.4 Schwache Lösungen der Wärmeleitungsgleichung

Nach den Betrachtungen über klassische Lösungen der Wärmeleitungsgleichung in den vorigen beiden Abschnitten führen wir nun einen für die Numerik adäquaten schwachen Lösungsbegriff für das Anfangsrandwertproblem für die Wärmeleitungsgleichung ein. Dieser Lösungsbegriff beinhaltet schwache Zeitableitungen, ist also verschieden von den meist in der Analysis betrachteten schwachen Lösungen. Da wir die Wärmeleitungsgleichung in Raum und Zeit diskretisieren wollen, werden wir sowieso eine entsprechende Glattheit der Lösung in Zeitrichtung benötigen.

Das Anfangsrandwertproblem für die Wärmeleitungsgleichung besteht darin, zu gegebenem beschränkten Gebiet $G \subset \mathbb{R}^n$, gegebener Endzeit $0 < T < \infty$ und gegebenen Anfangsdaten $u_0 : G \to \mathbb{R}$, Randdaten $g : \partial G \times (0, T) \to \mathbb{R}$ und rechter Seite $f : G \times (0, T) \to \mathbb{R}$ eine Funktion $u = u(x, t)$ zu finden, für die gilt:

$$\begin{aligned} u_t - \Delta u = f \quad & \text{in } G_T = G \times (0, T), \\ u = u_0 \quad & \text{auf } G \times \{0\}, \\ u = g \quad & \text{auf } \partial G \times (0, T). \end{aligned} \tag{5.14}$$

Dabei sind die geeigneten Funktionenklassen noch zu klären. Wir werden im Folgenden den Fall $g = 0$ betrachten.

Inspiriert von unserem Vorgehen bei elliptischen Gleichungen im Abschnitt 2.3 suchen wir daher eine Funktion $u = u(x, t)$ für $x \in G$ und $t \in (0, T)$ mit den Eigenschaften $u(\cdot, t) \in \mathring{H}^1(G), u_t(\cdot, t) \in L^2(G)$ für fast alle $t \in (0, T)$, so dass

$$\int_G u_t \varphi + \int_G \nabla u \cdot \nabla \varphi = \int_G f \varphi \quad \forall \varphi \in \mathring{H}^1(G), \tag{5.15}$$

fast überall auf dem Zeitintervall $(0, T)$ und außerdem $u(\cdot, 0) = u_0$ gilt. Dabei lassen wir die Frage nach geeigneten Räumen zunächst offen. Unsere Lösung u wird aber im Raum $H^1(G_T)$ liegen.

Um die Existenzresultate für schwache Lösungen elliptischer Gleichungen zu nutzen und weil wir diese Art der Diskretisierung später verwenden, versuchen wir eine Zeitdiskretisierung. Sei $\tau > 0$, $M\tau = T$ und f^m eine Approximation an f, die später noch genauer definiert wird. Dann suchen wir Funktionen $u^1, \dots, u^M \in \mathring{H}^1(G)$, so dass:

$$\int_G \frac{u^m - u^{m-1}}{\tau} \varphi + \int_G \nabla u^m \cdot \nabla \varphi = \int_G f^m \varphi \quad \forall \varphi \in \mathring{H}^1(G) \tag{5.16}$$

für $m = 1, \dots M$ und mit $u^0 = u_0$ gilt.

Lemma 5.13. *Sei $u^0 \in L^2(G)$, und sei $f^m \in L^2(G)$ für $m = 1, \dots, M$. Dann gibt es genau eine Folge $(u^m)_{m=1,\dots,M}$, so dass $u^m \in \mathring{H}^1(G)$ der Gleichung* (5.16) *genügt.*

Beweis. Wir gehen induktiv vor. Dazu sei $u^0 = u_0$ und $u^{m-1} \in L^2(G)$. Dann gibt es nach Satz 4.5 eine eindeutig bestimmte Lösung $u^m \in \mathring{H}^1(G)$ von

$$\frac{1}{\tau} \int_G u^m \varphi + \int_G \nabla u^m \cdot \nabla \varphi = \int_G f^m \varphi + \frac{1}{\tau} \int_G u^{m-1} \varphi.$$

Man überprüfe selbst, dass die L-Bedingung (4.13) erfüllt ist. □

Unser Ziel ist nun, für die Lösung der zeitdiskretisierten Gleichung A-Priori-Abschätzungen zu finden, die unabhängig vom Diskretisierungsparameter τ sind. Dazu verwenden wir wie früher zur Abkürzung die folgende Notation für Skalarprodukt und Norm im Hilbertraum $L^2(G)$:

$$(v, w) = (v, w)_{L^2(G)}, \qquad \|v\| = \|v\|_{L^2(G)}.$$

Wir wählen in (5.16) als Testfunktion $\varphi = u^m$. Dann folgt

$$\frac{1}{\tau}\|u^m\|^2 + \|\nabla u^m\|^2 = (f^m, u^m) + \frac{1}{\tau}(u^{m-1}, u^m) \leq \|f^m\|\|u^m\| + \frac{1}{\tau}(u^{m-1}, u^m),$$

und wegen

$$(u^{m-1}, u^m) = -\frac{1}{2}\|u^m - u^{m-1}\|^2 + \frac{1}{2}\|u^m\|^2 + \frac{1}{2}\|u^{m-1}\|^2$$

ergibt sich

$$\frac{1}{2\tau}(\|u^m\|^2 - \|u^{m-1}\|^2) + \frac{1}{2\tau}\|u^m - u^{m-1}\|^2 + \|\nabla u^m\|^2$$
$$\leq \|f^m\| \, \|u^m\| \leq \frac{\varepsilon}{2}\|u^m\|^2 + \frac{1}{2\varepsilon}\|f^m\|^2,$$

wobei wir auf den letzten Term noch die Youngsche Ungleichung (2.4) angewandt haben. Wir verwenden die Poincaréungleichung (2.8),

$$\|u^m\|^2 \leq c_P^2 \|\nabla u^m\|^2,$$

wählen danach $\varepsilon = \frac{1}{c_P^2}$ und erhalten so die Ungleichung

$$\frac{1}{2\tau}(\|u^m\|^2 - \|u^{m-1}\|^2) + \frac{1}{2\tau}\|u^m - u^{m-1}\|^2 + \frac{1}{2}\|\nabla u^m\|^2 \leq \frac{1}{2}\, c_P^2 \|f^m\|^2.$$

Durch Summation über m ergibt sich auf der linken Seite eine Teleskopsumme, und es folgt für alle $l = 1, \dots M$

$$\|u^l\|^2 + \sum_{m=1}^{l} \|u^m - u^{m-1}\|^2 + \tau \sum_{m=1}^{l} \|\nabla u^m\|^2 \leq \|u_0\|^2 + c_P^2 \tau \sum_{m=1}^{l} \|f^m\|^2.$$

Damit ist im Prinzip eine A-Priori-Abschätzung der u^m gelungen, allerdings müssen wir immer noch klären, wie die f^m zu definieren sind und wie sich $\|f^m\|$ in der gerade gezeigten Ungleichung gegen $\|f\|$ abschätzen läßt. Wählen wir

$$f^m(x) = \frac{1}{\tau} \int\limits_{(m-1)\tau}^{m\tau} f(x, s)ds, \tag{5.17}$$

so ergibt sich

$$\|f^m\|^2 = \int_G f^m(x)^2 dx = \frac{1}{\tau^2} \int_G \Big(\int_{(m-1)\tau}^{m\tau} f(x,s) ds \Big)^2 dx$$
$$\le \frac{1}{\tau} \int_{(m-1)\tau}^{m\tau} \int_G f(x,s)^2 dx ds$$

und damit

$$\tau \sum_{m=1}^{l} \|f^m\|^2 \le \sum_{m=1}^{l} \int_{(m-1)\tau}^{m\tau} \int_G f(x,s)^2 dx ds \tag{5.18}$$
$$= \int_0^{l\tau} \int_G f(x,s)^2 dx ds \le \|f\|^2_{L^2(G_T)}.$$

Wir fassen das Endergebnis der A-Priori-Abschätzung in einem Lemma zusammen.

Lemma 5.14. *Sei* $u_0 \in L^2(G)$ *und* $f \in L^2(G_T)$. *Sei* u^m *die Lösungsfolge der zeitdiskreten Gleichung* (5.16) *aus Lemma* 5.13. *Dann gilt für alle* $m = 1, \ldots, M$*:*

$$\|u^m\|^2_{L^2(G)} + \sum_{k=1}^{m} \|u^k - u^{k-1}\|^2_{L^2(G)} + \tau \sum_{k=1}^{m} \|\nabla u^k\|^2_{L^2(G)}$$
$$\le \|u_0\|^2_{L^2(G)} + c_P^2 \, \|f\|^2_{L^2(G_T)}.$$

Insbesondere lassen sich also geeignete Normen von u^m unabhängig von den Parametern M und τ der Zeitdiskretisierung abschätzen.

Das nächste Lemma leitet eine weitere A-Priori-Abschätzung durch die Wahl einer anderen Testfunktion φ in Gleichung (5.16) her. Ziel ist die Kontrolle der diskreten und damit hoffentlich auch der kontinuierlichen Zeitableitung der Lösung.

Lemma 5.15. *Sei* $u_0 \in \mathring{H}^1(G)$ *und* $f \in L^2(G_T)$. *und bezeichne* u^m *die Lösungsfolge der zeitdiskreten Gleichung* (5.16) *aus Lemma* 5.13. *Dann gilt für* $m = 1, \cdots, M$*:*

$$\tau \sum_{k=1}^{m} \Big\| \frac{u^k - u^{k-1}}{\tau} \Big\|^2_{L^2(G)} + \|\nabla u^m\|^2_{L^2(G)} + \sum_{k=1}^{m} \|\nabla (u^k - u^{k-1})\|^2_{L^2(G)}$$
$$\le \|\nabla u_0\|^2_{L^2(G)} + \|f\|^2_{L^2(G_T)}. \tag{5.19}$$

Beweis. Wir wählen die Testfunktion $\varphi = \frac{1}{\tau}(u^m - u^{m-1}) \in \mathring{H}(G)$ in der Gleichung (5.16) und erhalten

$$\|\frac{1}{\tau}(u^m - u^{m-1})\|^2 + \frac{1}{\tau}(\nabla u^m,\ \nabla(u^m - u^{m-1})) = \frac{1}{\tau}(f^m,\ u^m - u^{m-1}).$$

Wie im letzten Lemma verwenden wir die Identität

$$\frac{1}{\tau}(\nabla u^m,\ \nabla(u^m - u^{m-1})) = \frac{1}{2\tau}\|\nabla u^m\|^2 + \frac{1}{2\tau}\|\nabla(u^m - u^{m-1})\|^2 - \frac{1}{2\tau}\|\nabla u^{m-1}\|^2$$

und benutzen wieder die Youngsche Ungleichung. Es folgt:

$$\frac{1}{2}\left\|\frac{1}{\tau}(u^m - u^{m-1})\right\|^2 + \frac{1}{2\tau}(\|\nabla u^m\|^2 - \|\nabla u^{m-1}\|^2) + \frac{1}{2\tau}\|\nabla(u^m - u^{m-1})\|^2 \le \frac{1}{2}\|f^m\|^2.$$

Summation über m unter Beachtung der Teleskopsumme auf der linken Seite ergibt dann die Behauptung des Lemmas:

$$\frac{1}{2}\tau\sum_{m=1}^{l}\left\|\frac{1}{\tau}(u^m - u^{m-1})\right\|^2 + \frac{1}{2}\|\nabla u^l\|^2 + \frac{1}{2}\sum_{m=1}^{l}\|\nabla(u^m - u^{m-1})\|^2$$
$$\le \frac{1}{2}\|\nabla u^0\|^2 + \frac{1}{2}\tau\sum_{m=1}^{l}\|f^m\|^2.$$

Danach verwenden wir wieder die Abschätzung (5.18). □

Unser Ziel ist es nun, aus der Lösung u^m des zeitdiskretisierten Problems zum Diskretisierungsparameter τ eine schwache Lösung u des Anfangsrandwertproblems zu konstruieren. Unsere Strategie dafür ist die folgende. Zuerst interpolieren wir die diskrete Funktion $\{u^m(x) \mid m = 1, \ldots, M, x \in G\}$ zu einer kontinuierlichen Funktion $u^\tau \in H^1(G_T)$. Dann versuchen wir, obige A-Priori-Abschätzungen für u^m auf die Interpolation u^τ zu übertragen. Diese Abschätzungen werden es uns erlauben, wenigstens für eine Teilfolge die Konvergenz von u^τ gegen eine Funktion $u \in H^1(G_T)$ für $\tau \to 0$ nachzuweisen. Damit ist der Grenzwert $u \in H^1(G_T)$ ein guter Kandidat für eine schwache Lösung des Anfangsrandwertproblems. *Dass* u wirklich eine schwache Lösung ist, bleibt dann noch in einem letzten Schritt zu zeigen.

Wir beginnen mit der Definition der Zeitinterpolierten u^τ und interpolieren dazu die u^m linear bezüglich der Zeitvariablen. Für $m = 0, \ldots, M$ verwenden wir die Abkürzung $t_m = m\tau$. Dann setzen wir für $t \in [t_{m-1}, t_m)$ und $x \in G$:

$$u^\tau(x,t) = u^{m-1}(x) + \frac{t - t_{m-1}}{\tau}(u^m(x) - u^{m-1}(x)).$$

Wegen der entsprechenden Eigenschaft der u^m ist $u^\tau(\cdot,t) \in \mathring{H}^1(G)$ für jeden Zeitpunkt $t \in (0,T)$. Darüber hinaus besitzt u^τ auf G_T eine Ableitung u_t^τ im schwachen Sinne. Genauer gilt für $t \in (t_{m-1}, t_m)$ und $x \in G$ im schwachen Sinne:

$$u_t^\tau(x,t) = \frac{u^m(x) - u^{m-1}(x)}{\tau}.$$

Damit können wir zum nächsten Schritt gehen und übertragen im folgenden Lemma die A-Priori-Abschätzungen für u^m aus den Lemmata 5.14 und 5.15 auf u^τ.

Lemma 5.16. *Sei $u_0 \in \mathring{H}^1(G)$ und $f \in L^2(G_T)$. Dann gilt die Abschätzung*

$$\sup_{(0,T)} \|u^\tau\|_{L^2(G)} + \sup_{(0,T)} \|\nabla u^\tau\|_{L^2(G)} + \|u_t^\tau\|_{L^2(G_T)} \\ \leq c\left(\|u_0\|_{H^1(G)} + \|f\|_{L^2(G_T)}\right). \quad (5.20)$$

Insgesamt folgt also

$$\|u^\tau\|_{H^1(G_T)} + \sup_{(0,T)} \|u^\tau\|_{H^1(G)} \leq c(u_0, f, G, T)$$

mit einer Konstanten $c(u_0, f, G, T)$, die nicht von τ abhängt.

Beweis. Unser Ziel ist es zuerst, die Abschätzungen von u^m aus Lemma 5.15 für u^τ anzuwenden. Dazu brauchen wir allerdings nur die Definition der Zeitinterpolation einzusetzen. Für $t \in [t_{m-1}, t_m)$ hat man

$$\begin{aligned} \|\nabla u^\tau(\cdot,t)\|_{L^2(G)} &= \left\| \nabla u^{m-1} + \frac{t - t_{m-1}}{\tau}(\nabla u^m - \nabla u^{m-1}) \right\| \\ &\leq \frac{t_m - t}{\tau}\|\nabla u^{m-1}\| + \frac{t - t_{m-1}}{\tau}\|\nabla u^m\| \\ &\leq \|\nabla u^{m-1}\| + \|\nabla u^m\|. \end{aligned}$$

Damit steht auf der rechten Seite nur noch die Norm der zeitdiskretisierten Lösung, und wir erhalten die Behauptung, indem wir die A-Priori-Abschätzung aus Lemma 5.15 anwenden:

$$\|\nabla u^\tau(\cdot,t)\|_{L^2(G)} \leq c(\|u_0\|_{H^1(G)} + \|f\|_{L^2(G_T)}).$$

Der Nachweis der Ungleichung für $\|u^\tau(\cdot,t)\|_{L^2(G)}$ geht analog. Die Abschätzung der Zeitableitung erfolgt mit

$$\|u_t^\tau\|_{L^2(G_T)}^2 = \int_0^T \|u_t^\tau(\cdot,t)\|_{L^2(G)}^2\, dt = \tau \sum_{m=1}^M \left\| \frac{u^m - u^{m-1}}{\tau} \right\|_{L^2(G)}^2$$

und der entsprechenden Abschätzung aus Lemma 5.15. □

Um mit dieser Beschränktheitsaussage im nächsten Schritt die schwache Konvergenz einer Teilfolge von u^τ nachzuweisen, verwenden wir Satz 2.35, der besagt, dass eine im Hilbertraum beschränkte Folge eine schwach konvergente Teilfolge besitzt. Wir wählen den Hilbertraum $H^1(G_T)$, eine Folge $\tau_k \to 0$ und definieren $u_k = u^{\tau_k}$. Mit dem gerade bewiesenen Lemma 5.16 ergeben sich die Schranken

$$\|u_k\|_{L^2(G_T)} \leq c, \quad \|\nabla u_k\|_{L^2(G_T)} \leq c, \quad \|u_{k,t}\|_{L^2(G_T)} \leq c,$$

also auch $\|u_k\|_{H^1(G_T)} \leq c$ unabhängig von k. Damit folgt nach Satz A.14 schwache Konvergenz einer Teilfolge von u_k in $H^1(G_T)$. Wir gehen einen etwas anderen Weg, weil wir die einzelnen Ableitungen beim Grenzübergang kontrollieren wollen. Dazu wenden wir den Satz 2.35 mehrfach auf den Hilbertraum $L^2(G_T)$ an. Schwache Konvergenz einer Folge $w_k \rightharpoonup w$ für $k \to \infty$ in $L^2(G_T)$ bedeutet, dass

$$\int\limits_{G_T} w_k \varphi \to \int\limits_{G_T} w\varphi$$

für $k \to \infty$ für jede Funktion $\varphi \in L^2(G_T)$ gilt. Dieser Konvergenzbegriff passt also sehr gut zu der von uns in (5.15) angestrebten schwachen Differentialgleichung.

Lemma 5.17. *Sei $\tau_k \to 0$ $(k \to \infty)$ und $u_k = u^{\tau_k}$. Dann gibt es eine Teilfolge $(u_{k_j})_{j\in\mathbb{N}}$ und ein $u \in H^1(G_T)$, so dass für $j \to \infty$ gilt:*

$$u_{k_j} \rightharpoonup u \quad \text{in } L^2(G_T), \quad \nabla u_{k_j} \rightharpoonup \nabla u \quad \text{in } L^2(G_T, \mathbb{R}^n), \quad u_{k_j,t} \rightharpoonup u_t \quad \text{in } L^2(G_T).$$

Beweis. Da die Folge $(u_k)_{k\in\mathbb{N}}$ in $L^2(G_T)$ beschränkt ist, gibt es eine Teilfolge $(u_{k_j})_{j\in\mathbb{N}}$ und eine Funktion $u \in L^2(G_T)$, so dass $u_{k_j} \rightharpoonup u$ in $L^2(G_T)$ für $j \to \infty$. Für diese Teilfolge gilt nach Lemma 5.16 insbesondere auch $\|u_{k_j,t}\|_{L^2(G_T)} \leq c$. Also gibt es eine weitere Teilfolge, die wir ohne Beschränkung der Allgemeinheit wieder mit u_{k_j} bezeichnen, und einen Grenzwert $v \in L^2(G_T)$, so dass $u_{k_{j_i},t} \rightharpoonup v$ in $L^2(G_T)$ für $j \to \infty$. Zu zeigen ist noch die Konsistenz beider Grenzwerte, d. h. dass v eine schwache Zeitableitung von u ist. Sei dazu $\varphi \in C_0^\infty(G_T)$. Dann gilt unter Verwendung der Definition der schwachen Zeitableitung von u_{k_j}:

$$\int\limits_{G_T} u\varphi_t = \lim_{j\to\infty} \int\limits_{G_T} u_{k_j}\varphi_t = -\lim_{j\to\infty} \int\limits_{G_T} u_{k_j,t}\varphi = -\int\limits_{G_T} v\varphi,$$

und damit ist $v = u_t$ fast überall in G_T. Die schwache Konvergenz der Gradienten für eine weitere Teilfolge wird analog nachgewiesen. □

Mit der so gewonnenen Grenzfunktion u haben wir eine aussichtsreiche Kandidatin für eine schwache Lösung unseres Anfangsrandwertproblems (5.14) gewonnen.

Unser Ziel ist der Nachweis, dass u auch tatsächlich die Differentialgleichung löst. Wir gehen dazu folgendermaßen vor: Für Testfunktionen φ der Form

$$\varphi(x,t) = \psi(x)\eta(t) \quad \text{mit } \psi \in \mathring{H}^1(G),\ \eta \in C^1([0,T])$$

versuchen wir die Gleichung

$$\underbrace{\int_{G_T} u_t^\tau \varphi}_{=I_1} + \underbrace{\int_{G_T} \nabla u^\tau \cdot \nabla\varphi}_{=I_2} - \underbrace{\int_{G_T} f\varphi}_{=I_3} = R_\tau(\varphi)$$

nachzuweisen, wobei R^τ für $\tau \to 0$ gegen Null konvergiert. Gelingt dies, so können wir bezüglich τ zum Grenzwert übergehen. Dies natürlich nur für $\tau = \tau_{k_j} \to 0$ für $j \to \infty$. Schließlich werden wir die entsprechende Gleichung ohne Zeitintegration und ohne rechte Seite, also die schwache Form der Differentialgleichung, folgern. Wir betrachten dazu die drei Terme im Einzelnen. Für I_1 setzen wir nur die Definition von u^τ ein:

$$I_1 = \sum_{m=1}^{M} \int_{t_{m-1}}^{t_m} \int_G \frac{u^m - u^{m-1}}{\tau} \varphi dx dt = \sum_{m=1}^{M} \int_G \frac{u^m - u^{m-1}}{\tau} \psi dx \int_{t_{m-1}}^{t_m} \eta dt.$$

Ebenso für I_2:

$$\begin{aligned} I_2 &= \sum_{m=1}^{M} \int_{t_{m-1}}^{t_m} \int_G \left(\nabla u^{m-1} + \frac{1}{\tau}(t - t_{m-1}) \nabla(u^m - u^{m-1}) \right) \cdot \nabla\psi dx \eta(t) dt \\ &= \sum_{m=1}^{M} \int_G \nabla u^m \cdot \nabla\psi dx \int_{t_{m-1}}^{t_m} \eta dt \\ &\quad + \sum_{m=1}^{M} \int_G \nabla(u^m - u^{m-1}) \cdot \nabla\psi dx \int_{t_{m-1}}^{t_m} \frac{t - t_m}{\tau} \eta(t) dt. \end{aligned}$$

Schließlich gilt mit der Definition der zeitdiskreten rechten Seiten f^m wie in (5.17) für I_3:

$$\begin{aligned} I_3 &= \sum_{m=1}^{M} \int_G f^m(x)\psi(x) dx \int_{t_{m-1}}^{t_m} \eta(t)\, dt \\ &\quad + \sum_{m=1}^{M} \int_{t_{m-1}}^{t_m} \int_G (f(x,t) - f^m(x))\psi(x) dx \eta(t) dt. \end{aligned}$$

Wir fassen die drei Terme wieder zusammen und folgern insgesamt:

$$\int\limits_{G_T} u_t^\tau \varphi + \int\limits_{G_T} \nabla u^\tau \cdot \nabla\varphi - \int\limits_{G_T} f\varphi$$

$$= \sum_{m=1}^{M} \underbrace{\Big(\int\limits_G \frac{u^m - u^{m-1}}{\tau}\psi dx + \int\limits_G \nabla u^m \cdot \nabla\psi dx - \int\limits_G f^m \psi dx\Big)}_{=0 \text{ nach } (5.16)}$$

$$\times \int\limits_{t_{m-1}}^{t_m} \eta(t)dt + R_\tau^1(\varphi) + R_\tau^2(\varphi)$$

mit den beiden Resttermen

$$R_\tau^1(\varphi) = \sum_{m=1}^{M} \int\limits_G \nabla(u^m - u^{m-1}) \cdot \nabla\psi dx \int\limits_{t_{m-1}}^{t_m} \frac{t - t_m}{\tau}\eta(t)dt,$$

$$R_\tau^2(\varphi) = \sum_{m=1}^{M} \int\limits_{t_{m-1}}^{t_m} \int\limits_G (f(x,t) - f^m(x))\psi(x)\, dx\, \eta(t)\, dt,$$

und erhalten so mit $R_\tau = R_\tau^1 + R_\tau^2$ die Gleichung:

$$\int\limits_{G_T} u_t^\tau \varphi + \int\limits_{G_T} \nabla u^\tau \cdot \nabla\varphi - \int\limits_{G_T} f\varphi = R_\tau(\varphi)$$

für alle Testfunktionen der Form $\varphi = \psi\eta$.

Um in dieser Gleichung für eine Folge $\tau_k \to 0$ $(k \to \infty)$ zum Grenzwert überzugehen, wenden wir Lemma 5.17 an. Danach gibt es eine in $H^1(G_T)$ schwach konvergente Teilfolge u_{k_j} von u^{τ_k}. Durch termweisen Grenzübergang in der Gleichung

$$\int\limits_{G_T} u_{k_j,t}\varphi + \int\limits_{G_T} \nabla u_{k_j} \cdot \nabla\varphi - \int\limits_{G_T} f\varphi = R_{\tau_{k_j}}(\varphi)$$

erhalten wir die Gleichung:

$$\int\limits_{G_T} u_t\varphi + \int\limits_{G_T} \nabla u \cdot \nabla\varphi - \int\limits_{G_T} f\varphi = \lim_{j\to\infty} R_{\tau_{k_j}}(\varphi).$$

Unser Ziel ist der Nachweis von $R_\tau(\varphi) \to 0$ $(\tau \to 0)$. Dazu untersuchen wir die beiden Terme R_τ^1 und R_τ^2 einzeln. Für R_τ^1 gilt wegen $|t - t_m| \le \tau$ für $t \in [t_{m-1}, t_m)$

die Abschätzung

$$\begin{aligned}
|R_\tau^1| &= \left|\sum_{m=1}^{M} \int_G \nabla(u^m - u^{m-1}) \cdot \nabla\psi dx \int_{t_{m-1}}^{t_m} \frac{t - t_m}{\tau} \eta(t) dt\right| \\
&\le \sum_{m=1}^{M} \|\nabla(u^m - u^{m-1})\|_{L^2(G)} \|\nabla\psi\|_{L^2(G)} \int_{t_{m-1}}^{t_m} |\eta(t)| dt \\
&\le \|\nabla\psi\|_{L^2(G)} \Big(\sum_{m=1}^{M} \|\nabla(u^m - u^{m-1})\|_{L^2(G)}^2\Big)^{\frac{1}{2}} \Big(\sum_{m=1}^{M} \Big(\int_{t_{m-1}}^{t_m} |\eta(t)| dt\Big)^2\Big)^{\frac{1}{2}}.
\end{aligned}$$

Mit der Cauchy-Schwarzschen Ungleichung erhalten wir

$$\sum_{m=1}^{M} \Big(\int_{t_{m-1}}^{t_m} |\eta(t)| dt\Big)^2 \le \sum_{m=1}^{M} \tau \int_{t_{m-1}}^{t_m} \eta(t)^2 dt.$$

Weiterhin gilt nach Lemma 5.15:

$$\Big(\sum_{m=1}^{M} \|\nabla(u^m - u^{m-1})\|_{L^2(G)}^2\Big)^{\frac{1}{2}} \le c(u_0, f, G, T).$$

Insgesamt erhalten wir so die gewünschte Konvergenz.

$$\begin{aligned}
|R_\tau^1| &\le \|\nabla\psi\|_{L^2(G)} \sqrt{\tau} c(u_0, f, G, T) \Big(\int_0^T \eta(t)^2 dt\Big)^{\frac{1}{2}} \\
&\le c(\psi, \eta, u_0, f, G, T)\sqrt{\tau} \to 0 \quad (\tau \to 0).
\end{aligned}$$

Zur Abschätzung des Terms R_τ^2 setzen wir die Definition (5.17) von f^m ein und erhalten

$$\begin{aligned}
R_\tau^2 &= \sum_{m=1}^{M} \int_{t_{m-1}}^{t_m} \int_G (f(x,t) - f^m(x))\psi(x) dx \eta(t) dt \\
&= \sum_{m=1}^{M} \int_G \psi(x) \int_{t_{m-1}}^{t_m} f(x,s)\eta(s) ds - \int_{t_{m-1}}^{t_m} \eta(t) dt \frac{1}{\tau} \int_{t_{m-1}}^{t_m} f(x,s) ds dx \\
&= \sum_{m=1}^{M} \int_G \psi(x) \int_{t_{m-1}}^{t_m} f(x,s)\Big(\eta(s) - \frac{1}{\tau} \int_{t_{m-1}}^{t_m} \eta(t) dt\Big) ds dx
\end{aligned}$$

$$= \sum_{m=1}^{M} \int_{t_{m-1}}^{t_m} \left(\eta(s) - \frac{1}{\tau} \int_{t_{m-1}}^{t_m} \eta(t)dt \right) \int_G f(x,s)\psi(x)dxds$$

und demnach

$$|R_\tau^2| \le \left(\sum_{m=1}^{M} \int_{t_{m-1}}^{t_m} \left(\eta(s) - \frac{1}{\tau} \int_{t_{m-1}}^{t_m} \eta(t)dt \right)^2 ds \right)^{\frac{1}{2}}$$

$$\times \left(\int_0^T \left(\int_G f(x,s)\psi(x)dx \right)^2 ds \right)^{1/2},$$

wobei wir im letzten Schritt die Hölderungleichung auf das äußere Zeitintegral angewendet haben. Wir verwenden die Poincaréungleichung für Funktionen mit Mittelwert Null (Satz 3.23) in einer Raumdimension an und erhalten schließlich

$$\int_{t_{m-1}}^{t_m} \left(\eta(s) - \frac{1}{\tau} \int_{t_{m-1}}^{t_m} \eta(t)dt \right)^2 ds \le c\tau^2 \|\eta'\|^2_{L^2(t_{m-1},t_m)}.$$

Außerdem folgt

$$\left(\int_0^T \left(\int_G f(x,s)\psi(x)dx \right)^2 ds \right)^{\frac{1}{2}} \le \|f\|_{L^2(G_T)} \|\psi\|_{L^2(G)},$$

so dass wir insgesamt erhalten

$$|R_\tau^2| \le c\tau \|\eta'\|_{L^2(0,T)} \|f\|_{L^2(G_T)} \|\psi\|_{L^2(G)} \to 0 \quad (\tau \to 0).$$

Insgesamt haben wir also

$$R_\tau = R_\tau^1 + R_\tau^2 \to 0 \quad (\tau \to 0),$$

und es gilt für alle $\psi \in \mathring{H}^1(G)$ und $\eta \in C^1([0,T])$ die Identität

$$\int_0^T \left(\int_G u_t \psi dx + \int_G \nabla u \cdot \nabla \psi dx - \int_G f \psi dx \right) \eta dt = 0. \tag{5.21}$$

Mithilfe des Fundamentallemmas der Variationsrechnung angewandt auf das Zeitintegral können wir so punktweise[3] für fast alle $t \in (0,T)$ die Gleichung

$$\int_G u_t \psi + \int_G \nabla u \cdot \nabla \psi = \int_G f \psi \quad \forall \psi \in \mathring{H}^1(G).$$

[3] Ein Approximationsargument zeigt, dass die Nullmenge aus $(0,T)$ unabhängig von ψ gewählt werden kann.

folgern. Allerdings muss diese Gleichung richtig interpretiert werden. Wir haben eine Funktion $u \in H^1(G_T)$ konstruiert. Demnach existieren u_t und ∇u als Funktionen in $L^2(G_T)$. Nach dem Satz von Fubini liegen dann die Funktionen $u_t(\cdot, t)$ und $\nabla u(\cdot, t)$ für fast alle $t \in (0, T)$ in $L^2(G)$. Das bedeutet jedoch (noch) nicht, dass $u(\cdot, t) \in H^1(G)$ ist. Auf jeden Fall impliziert der Satz von Fubini, dass $f(\cdot, t) \in L^2(G)$ für fast alle $t \in (0, T)$ ist.

Es ist eine kleine Übungsaufgabe zu zeigen, dass eine Funktion $u \in H^1(G_T)$ für fast alle $t \in (0, T)$ in $H^1(G)$ liegt.

Wir fassen das Ergebnis im nächsten Lemma zusammen.

Lemma 5.18. *Es sei $G \subset \mathbb{R}^n$ ein beschränktes Gebiet und $0 < T < \infty$. Weiter seien $u_0 \in \mathring{H}^1(G)$ und $f \in L^2(G_T)$. Dann gibt es eine Funktion $u \in H^1(G_T)$, so dass*

$$\int_{G_T} u_t \varphi + \int_{G_T} \nabla u \cdot \nabla \varphi = \int_{G_T} f \varphi \tag{5.22}$$

für alle Testfunktionen $\varphi = \psi\eta$ mit $\psi \in \mathring{H}^1(G)$ und $\eta \in C^1([0, T])$ erfüllt ist.

Die Aussage des Lemmas entspricht noch nicht dem von uns gewünschten schwachen Lösungsbegriff, wie wir ihn in (5.15) formuliert hatten. Es sind noch einige kleinere Dinge zu erledigen, um den folgenden Existenz- und Eindeutigkeitssatz für eine schwache Lösung der Wärmeleitungsgleichung zu erhalten.

Satz 5.19. *Es sei $G \subset \mathbb{R}^n$ ein beschränktes Gebiet, $0 < T < \infty$. Für die Daten des Problems gelte $u_0 \in \mathring{H}^1(G)$ und $f \in L^2(G_T)$.*

Dann gibt es genau eine Funktion $u \in H^1(G_T)$ so, dass fast alle $t \in (0, T)$ die Funktion $u(\cdot, t) \in \mathring{H}^1(G)$ ist, und $u(\cdot, t)$ für fast alle $t \in (0, T)$ der schwachen Differentialgleichung

$$\int_G u_t \varphi + \int_G \nabla u \cdot \nabla \varphi = \int_G f \varphi \quad \forall \varphi \in \mathring{H}^1(G) \tag{5.23}$$

genügt.

Außerdem gilt die A-Priori-Abschätzung

$$\left(\int_0^T \|u\|^2_{H^1(G)} dt \right)^{\frac{1}{2}} + \left(\int_0^T \|u_t\|^2_{L^2(G)} \right)^{\frac{1}{2}} \le c(\|f\|_{L^2(G_T)} + \|u_0\|_{H^1(G)}). \tag{5.24}$$

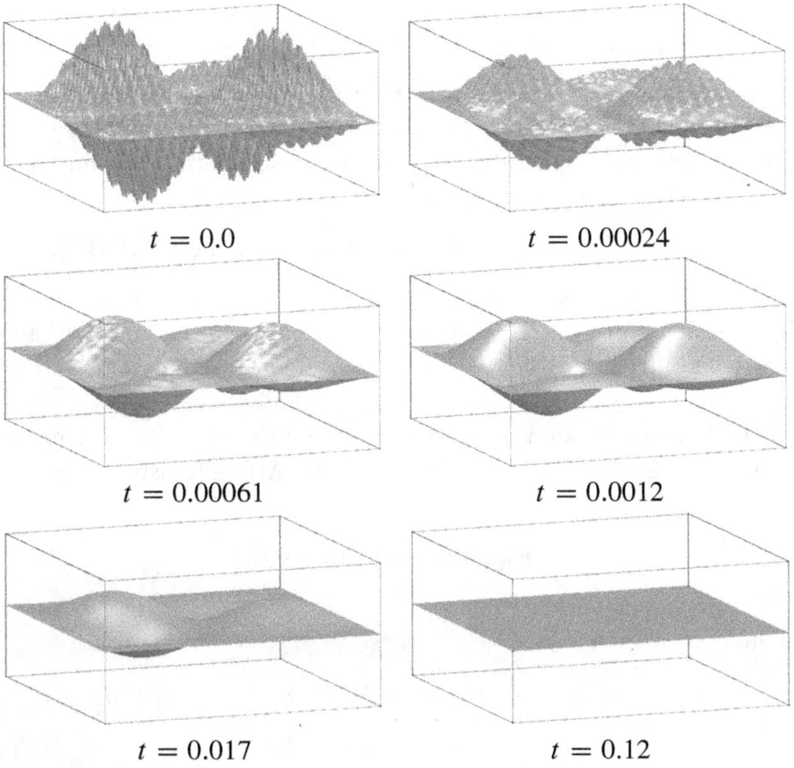

Abbildung 5.1. Glättungseffekt der Wärmeleitungsgleichung. Lösung $u = u(x,t)$ $(x \in G = (-1,1)^2 \subset \mathbb{R}^2)$ für einige Zeiten wie angegeben unter der Randbedingung $u = u_0$ auf ∂G. Der Startwert u_0 ist oben links dargestellt. Als rechte Seite wurde $f = 0$ gewählt.

Die Anfangswerte werden im $L^2(G)$-Sinn angenommen:

$$\lim_{t \to 0, t>0} \|u(\cdot,t) - u_0\|_{L^2(G)} = 0. \tag{5.25}$$

Beweis. Dass die Anfangswerte im angegebenen Sinn angenommen werden ist eine Konsequenz des einfachsten Spursatzes Satz 5.37. Dieser Satz impliziert, dass für jedes (!) $t \in [0,T]$ die Funktion $u(\cdot,t) \in L^2(G)$ ist, und dass man die entsprechenden Normen gegeneinander abschätzen kann. Es gilt für eine Funktion $v \in H^1(G_T)$ und jedes $t \in [0,T]$

$$\|v(\cdot,t)\|_{L^2(G)} \le c\|v\|_{H^1(G\times(0,t))}.$$

Wir verwenden diese Ungleichung für $v = u - u_0$ und erhalten

$$\|u(\cdot,t) - u_0\|_{L^2(G)} \leq c\|u - u_0\|_{H^1(G\times(0,t))} \to 0 \quad (t \to 0).$$

Nun fehlt uns nun noch eine Aussage über die Annahme der Randwerte und die schwache Differentialgleichung (5.23) auf den „Zeitschnitten", wie wir sie in (5.15) geplant hatten. Wir verwenden die Funktionalanalysis (Satz A.15) im Hilbertraum $X = H^1(G_T)$. Als Teilraum wählen wir

$$V = \{v \in H^1(G_T) \mid v(\cdot,t) \in \mathring{H}^1(G) \text{ für fast alle } t \in (0,T)\}.$$

Wenn wir nun zeigen, dass V ein abgeschlossener Teilraum von X ist, so können wir folgern, dass $u(\cdot,t) \in \mathring{H}^1(G)$ ist, denn u hatten wir in Lemma 5.17 als schwachen Grenzwert einer in $H^1(G_T)$ schwach konvergenten Folge $u^{\tau_{k_j}} \in V$, $j \in \mathbb{N}$ konstruiert.

Dass V in X abgeschlossen ist, sieht man so ein: Es sei $(v_m)_{m\in\mathbb{N}}$ eine Folge aus V, die in X konvergiert, $v_m \to v$ in X für $m \to \infty$. Also gilt insbesondere

$$\int_0^T w_m(t)dt \to 0 \quad (m \to \infty)$$

mit der Funktion

$$w_m(t) = \int_G (v(\cdot,t) - v_m(\cdot,t))^2 + |\nabla(v(\cdot,t) - v_m(\cdot,t))|^2\, dx \geq 0.$$

Demnach konvergiert die Folge w_m in $L^1((0,T))$ gegen 0. (Hier wurde der Satz von Fubini verwendet.) Aus der Analysis wissen wir, dass dann eine Teilfolge w_{m_j} ($j \in \mathbb{N}$) punktweise fast überall auf $(0,T)$ gegen 0 konvergiert. Dies bedeutet aber, dass $\lim_{m\to\infty} \|v_m(\cdot,t) - v(\cdot,t)\|_{H^1(G)} = 0$ für fast alle $t \in (0,T)$ ist. Nun war $v_m(\cdot,t) \in \mathring{H}^1(G)$ für alle $t \in (0,T) \setminus N_m$, wobei N_m eine Nullmenge ist. Da die Vereinigung abzählbar vieler Nullmengen wieder eine Nullmenge N ist, erhalten wir, dass $v_m(\cdot,t) \in \mathring{H}^1(G)$ für alle $t \in (0,T) \setminus N$ ist und außerdem $v_m(\cdot,t) \to v(\cdot,t)$ für $m \to \infty$ in $H^1(G)$ konvergiert. Da $\mathring{H}^1(G)$ abgeschlossener Teilraum von $H^1(G)$ ist, folgt $v(\cdot,t) \in \mathring{H}^1(G)$ für fast alle $t \in (0,T)$. Also ist V abgeschlossen.

Die Eindeutigkeit der Lösung ist wegen der Abschätzung (5.24) klar. □

Unsere Erfahrung aus der Diskretisierung der Poissongleichung lässt uns erwarten, dass wir für Fehlerabschätzungen zwischen diskreter und kontinuierlicher Lösung geeignete A-Priori-Abschätzungen benötigen. Hier sehen wir uns nun den einfachsten Schritt dazu an. Für fast jedes feste $t \in (0,T)$ ist nach Satz 5.19 die Lösung $u(\cdot,t) \in H^1(G)$ Lösung der schwachen Differentialgleichung

$$\int_G \nabla u(\cdot,t) \cdot \varphi = \int_G (f(\cdot,t) - u_t(\cdot,t))\varphi.$$

Dabei ist $f(\cdot,t) \in L^2(G)$. Genügt nun das Gebiet den Voraussetzungen des Satzes 2.38, so ist $u(\cdot,t) \in H^2(G)$, und wir haben die Abschätzung

$$\|u(\cdot,t)\|_{H^2(G)} \leq c\|f(\cdot,t)\|_{L^2(G)}.$$

Damit folgt durch Quadrieren und Integration die folgende Aussage.

Folgerung 5.20. *Ist* $\partial G \in C^2$, *so liegt die kontinuierliche Lösung aus Satz* 5.19 *für fast alle* $t \in (0,T)$ *im Raum* $H^2(G)$ *und*

$$\left(\int_G \|u(\cdot,t)\|^2_{H^2(G)} dt\right)^{\frac{1}{2}} \leq c\|f\|_{L^2(G_T)}.$$

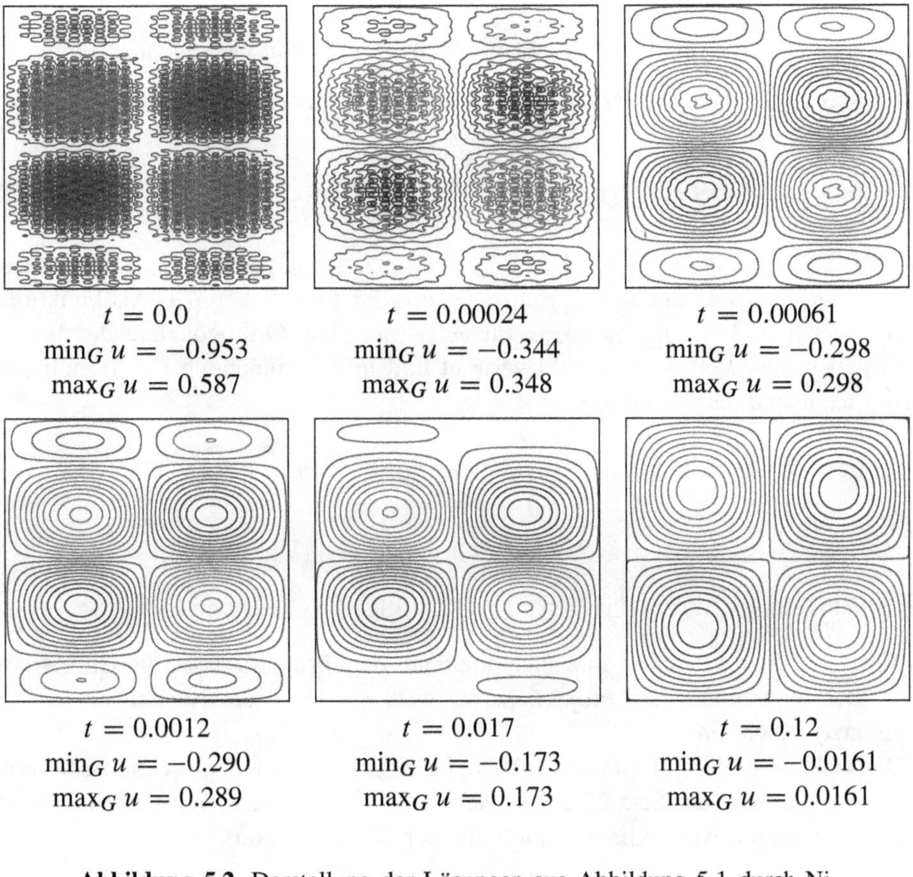

Abbildung 5.2. Darstellung der Lösungen aus Abbildung 5.1 durch Niveaulinien $N_c(t) = \{x \in G \mid u(x,t) = c\}$.

5.5 Die Ritzprojektion

Um einen Vorrat an geeigneten diskreten Testfunktionen zu haben, und um später Fehlerabschätzungen optimaler Ordnung für räumlich diskrete Lösungen der Wärmeleitungsgleichung beweisen zu können, führen wir in diesem Abschnitt die Ritzprojektion ein.

Definition 5.21 (Ritzprojektion). Es sei $X_h \subset \mathring{H}^1(G)$ ein endlichdimensionaler Teilraum. Dann heißt $P_h : \mathring{H}^1(G) \longrightarrow X_h$, definiert durch

$$\int_G \nabla P_h v \cdot \nabla \varphi_h = \int_G \nabla v \cdot \nabla \varphi_h \quad \forall \varphi_h \in X_h, \tag{5.26}$$

Ritzprojektion. Man nennt auch die diskrete Funktion $P_h v$ Ritzprojektion der gegebenen Funktion v.

Damit diese Definition überhaupt sinnvoll ist, zeigen wir das folgende Lemma.

Lemma 5.22. *Die Ritzprojektion P_h ist wohldefiniert und es gilt für jedes $v \in \mathring{H}^1(G)$ die Identität:*

$$\|\nabla(P_h v - v)\|_{L^2(G)} = \inf_{\varphi_h \in X_h} \|\nabla(v - \varphi_h)\|_{L^2(G)}. \tag{5.27}$$

Beweis. Die Aussage folgt aus dem Rieszschen Darstellungssatz 4.2. Man wählt als Hilbertraum X_h mit dem Skalarprodukt $(v, w)_X = (\nabla v, \nabla w)_{L^2(G)}$. Als Funktional wählt man $f(\varphi_h) = \int_G \nabla v \cdot \nabla \varphi_h$ für $\varphi_h \in X_h$. Die Orthogonalität des Fehlers zwischen v und $P_h v$ ist uns wohl vertraut und in der Gleichung (5.26) enthalten. Damit hat man dann wie üblich

$$\begin{aligned}\|\nabla(P_h v - v)\|^2_{L^2(G)} &= \int_G \nabla(P_h v - v) \cdot \nabla(\varphi_h - v) \\ &\le \|\nabla(P_h v - v)\|_{L^2(G)} \|\nabla(\varphi_h - v)\|_{L^2(G)}\end{aligned}$$

für beliebiges $\varphi_h \in X_h$, und wegen $P_h v \in X_h$ folgt die Gleichung (5.27). □

Man kann dieses Resultat aber auch direkt aus dem Projektionssatz im Hilbertraum Satz A.12 entnehmen. Der Projektionssatz wird mit Hilfe des Rieszschen Darstellungssatzes bewiesen.

Die diskrete Lösung der Poissongleichung ist genau die Ritzprojektion der kontinuierlichen Lösung aus Satz 2.22. Man sehe bei Satz 3.10 nach. Wir treffen folgende Annahme über die Approximationsordnung der Ritzprojektion.

Annahme 5.23. *Für ein $v \in H^{s+1}(G) \cap \mathring{H}^1(G)$ mit $s \ge 1$ gilt die Abschätzung*

$$\|v - P_h v\|_{L^2(G)} + h\|\nabla(v - P_h v)\|_{L^2(G)} \le c h^{s+1} \|v\|_{H^{s+1}(G)}. \tag{5.28}$$

Wir zeigen, dass diese Annahme für Finite-Elemente-Räume, wie sie bei der Diskretisierung elliptischer Gleichungen benutzt wurden, gerechtfertigt ist.

Lemma 5.24. *Sei $\mathcal{T}_h$ eine zulässige Triangulierung von G mit $\sigma \leq \sigma_0$. Die Raumdimension sei $n \leq 3$. Wähle den Raum der Finiten Elemente vom Grad s mit $s \in \mathbb{N}$,*

$$X_h = \{v_h \in C^0(\overline{G}) | v_h|_T \in \mathbb{P}_s(T), T \in \mathcal{T}_h\} \cap \mathring{H}^1(G).$$

Dann gilt für $v \in \mathring{H}^1(G) \cap H^{s+1}(G)$ die Fehlerabschätzung

$$\|\nabla(P_h v - v)\|_{L^2(G)} \leq ch^s \|v\|_{H^{s+1}(G)}. \tag{5.29}$$

für die Ritzprojektion von v.

Beweis. Die Ungleichung (5.29) folgt sofort aus Lemma 5.22 und den Interpolationsabschätzungen aus Satz 3.33. Es ist nämlich mit der Interpolierenden Iv von v

$$\begin{aligned} \|\nabla(v - P_h v)\|_{L^2(G)} &= \inf_{\varphi_h \in X_h} \|\nabla(v - \varphi_h)\|_{L^2(G)} \\ &\leq \|\nabla(v - Iv)\|_{L^2(G)} \leq ch^s \|v\|_{H^{s+1}(G)}, \end{aligned}$$

und das war die Behauptung. □

Die Abschätzung (5.29) hängt lediglich von der Glattheit der speziellen Funktion v ab. Für die in (5.28) enthaltene $L^2(G)$-Abschätzung müssen wir eine stärkere Voraussetzung formulieren, die aber gemäß Satz 2.38 zum Beispiel für glatt berandete Gebiete erfüllt ist.

Annahme 5.25. *Für jedes $f \in L^2(G)$ ist die schwache Lösung $u \in \mathring{H}^1(G)$ von $-\Delta u = f$ in G aus $H^2(G)$, und es gilt die Abschätzung $\|u\|_{H^2(G)} \leq c\|f\|_{L^2(G)}$ mit einer nicht von u und f abhängenden Konstanten c.*

Lemma 5.26. *Unter den Voraussetzungen von Lemma 5.24 und der Annahme 5.25 gilt für den $L^2(G)$-Fehler der Ritzprojektion die Abschätzung*

$$\|P_h v - v\|_{L^2(G)} \leq ch^{s+1} \|v\|_{H^{s+1}(G)}. \tag{5.30}$$

Beweis. Die Idee des Beweises dieser Abschätzung ist der sogenannte Aubin-Nitsche-Trick. Wir beginnen mit der Definition von $w \in \mathring{H}^1(G)$ als schwacher Lösung der Gleichung

$$-\Delta w = v - P_h v \quad \text{in } G.$$

Mit der Annahme 5.25 an die Regularität von Lösungen der Poissongleichung erhalten wir

$$\|w\|_{H^2(G)} \leq c\|P_h v - v\|_{L^2(G)}.$$

Mithilfe der Gleichung für w und (5.26) sowie (5.29) können wir nun für alle $\varphi \in X_h$ folgern:

$$\begin{aligned}\|v - P_h v\|^2_{L^2(G)} &= \int_G \nabla w \cdot \nabla(v - P_h v) = \int_G \nabla(w - \varphi_h) \cdot \nabla(v - P_h v) \\ &\leq \|\nabla(w - \varphi_h)\|_{L^2(G)} \|\nabla(v - P_h v)\|_{L^2(G)} \\ &\leq ch^s \|v\|_{H^{s+1}(G)} \|\nabla(w - \varphi_h)\|_{L^2(G)}.\end{aligned}$$

Wir wählen dann $\varphi_h = Iw$ mit dem Interpolationsoperator I im Finite-Elemente-Raum X_h und erhalten schließlich

$$\|v - P_h v\|^2_{L^2(G)} \leq ch^s \|v\|_{H^{s+1}(G)} h \|w\|_{H^2(G)} \leq ch^{s+1} \|v\|_{H^{s+1}(G)} \|v - P_h v\|_{L^2(G)}.$$

Daraus folgt die Behauptung sofort. □

5.6 Ortsdiskretisierung

Nachdem wir in Kapitel 5.4 die Existenz einer schwachen Lösung des Anfangsrandwertproblems für die Wärmeleitungsgleichung nachgewiesen haben, wollen wir nun versuchen, einen Algorithmus zu konstruieren, der die numerische Berechnung einer Näherungslösung erlaubt. Dabei halten wir uns an das Vorgehen bei elliptischen Gleichungen. Wir diskretisieren die Gleichung zuerst bezüglich der Ortsvariablen. Auf diese Weise entsteht ein System gewöhnlicher Differentialgleichungen. Zur tatsächlichen numerischen Berechnung werden wir später in einem weiteren Schritt in Anlehnung an das Vorgehen in Abschnitt 5.4 noch die Zeit diskretisieren.

Ganz analog zu unserem Vorgehen bei elliptischen Gleichungen beginnen wir mit einem geeigneten endlichdimensionalen Unterraum des Lösungsraumes $\mathring{H}^1(G)$,

$$X_h \subset \mathring{H}^1(G), \quad X_h = \operatorname{span}\{\varphi_1, \dots, \varphi_N\},$$

mit einer Basis $\{\varphi_1, \dots, \varphi_N\}$. Unser Ziel ist eine berechenbare Approximation der schwachen Lösung des Anfangsrandwertproblems (5.14), definiert durch $u(\cdot, 0) = u_0$, $u(\cdot, t) \in \mathring{H}^1(G)$ und $u \in H^1(G_T)$, und die schwache Differentialgleichung

$$\int_G u_t \varphi + \int_G \nabla u \cdot \nabla \varphi = \int_G f \varphi \quad \forall \varphi \in \mathring{H}^1(G) \tag{5.31}$$

für fast alle $t \in (0, T)$. Dazu behalten wir die Struktur formal bei, gehen aber zum endlichdimensionalen Unterraum X_h über, das heißt wir suchen eine Funktion u_h mit:

$$u_h(\cdot, 0) = u_{h0}, \quad u_h(\cdot, t) \in X_h,$$

wobei später noch genauer zu klären ist, wie die Approximation u_{h0} der Anfangsbedingung u_0 zu wählen ist. Die Funktion u_h soll die diskretisierte Gleichung lösen:

$$\int_G u_{ht}\varphi_h + \int_G \nabla u_h \cdot \nabla \varphi_h = \int_G f\varphi_h \quad \forall \varphi_h \in X_h. \tag{5.32}$$

Wir stellen $u_h(\cdot, t)$ mit der Basis von X_h dar:

$$u_h(x,t) = \sum_{j=1}^{N} u_j(t)\varphi_j(x).$$

Damit erhält die diskrete Gleichung die Gestalt

$$\sum_{j=1}^{N} \dot{u}_j(t) \int_G \varphi_j\varphi_k + \sum_{j=1}^{N} u_j(t) \int_G \nabla\varphi_j \cdot \nabla\varphi_k = \int_G f(\cdot,t)\varphi_k \quad (k = 1,\dots,N).$$

Wir definieren die *Massematrix* M und die *Steifigkeitsmatrix* S durch

$$M_{ij} = \int_G \varphi_j\varphi_i, \quad S_{ij} = \int_G \nabla\varphi_j \cdot \nabla\varphi_i, \quad (i,j = 1,\dots,N),$$

sowie die rechte Seite $\underline{f} = (f_1, \dots, f_N)$ durch

$$f_i(t) = \int_G f(\cdot,t)\varphi_i \quad (i = 1,\dots,N)$$

und erhalten so mit der vektoriellen Schreibweise $\underline{u} = (u_1, \dots, u_N)$ das gewöhnliche Differentialgleichungssystem

$$M\underline{\dot{u}} + S\underline{u} = \underline{f}.$$

Aus der Definition der Massematrix folgt sofort ihre Symmetrie und positive Definitheit. Dem Vektor $\xi \in \mathbb{R}^n$ ordnen wir die Funktion $v_h = \sum_{j=1}^{N} \xi_j\varphi_j$ zu. Dann gilt

$$M\xi \cdot \xi = \sum_{i,j=1}^{N} M_{ij}\xi_j\xi_i = \int_G \sum_{j=1}^{N} \xi_j\varphi_j \sum_{i=1}^{N} \xi_i\varphi_i = \int_G v_h^2 \geq 0,$$

und dieser Ausdruck ist nur dann identisch Null, wenn ξ der Nullvektor ist. Damit existiert M^{-1} und wir können schreiben:

$$\underline{\dot{u}}(t) + M^{-1}S\underline{u}(t) = M^{-1}\underline{f}(t), \quad t \in [0,T], \quad \underline{u}(0) = \underline{u}_0, \tag{5.33}$$

wobei $\underline{u}_0 = (u_{01}, \dots, u_{0N}) \in \mathbb{R}^N$ der Komponentenvektor der diskreten Anfangsfunktion $u_{h0} = \sum_{j=1}^N u_{0j}\varphi_j$ ist. Mithilfe des Satzes von Picard-Lindelöf zeigt man die eindeutige Existenz einer Lösung mit geeigneten Voraussetzungen an f und u_{h0} problemlos, falls die rechte Seite $\underline{f}$ stetig ist. In unserer Situation ist jedoch $\underline{f}$ lediglich in $L^2(0,T)$, da nach Voraussetzung $f \in L^2(G_T)$ ist. Wir verwenden deshalb ein Approximationsargument zum Nachweis der Existenz und Eindeutigkeit der Lösung des Differentialgleichungssystems (5.33).

Lemma 5.27. *Zu* $\underline{f} \in L^2((0,T), \mathbb{R}^N)$ *und einem* $\underline{u}_0 \in \mathbb{R}^N$ *existiert genau eine Lösung* $\underline{u} \in H^1((0,T), \mathbb{R}^N)$ *des diskreten Problems* (5.33). *Für diese Lösung gilt weiterhin:* $\underline{u} \in C^{0,\frac{1}{2}}((0,T), \mathbb{R}^N)$.

Beweis. Ist eine Lösung $\underline{u} \in H^1((0,T), \mathbb{R}^N)$ gefunden, so gilt mit dem Sobolevschen Einbettungssatz 3.40 in einer Dimension $H^1((0,T), \mathbb{R}^N) \hookrightarrow C^{0,\frac{1}{2}}([0,T], \mathbb{R}^N)$ sofort auch $\underline{u} \in C^{0,\frac{1}{2}}([0,T], \mathbb{R}^N)$ und damit ebenfalls die *punktweise* Annahme des diskreten Anfangswerts. $\lim_{t\to 0, t>0} \underline{u}(t) = \underline{u}_0$.

Ein gegebenes $\underline{f} \in L^2(0,T)$ wird durch stetige Funktionen approximiert. Damit kann der Satz von Picard-Lindelöf regulär angewendet werden. Die so erhaltenen Lösungen zu den Approximationen von $\underline{f}$ approximieren dann ihrerseits die Lösung zu $\underline{f}$ selbst. Es gibt eine Folge $\underline{f}_m \in C^0([0,T])$ mit $\|\underline{f} - \underline{f}_m\|_{L^2(0,T)} \to 0$ $(m \to \infty)$. Mit dem Satz von Picard-Lindelöf gibt es somit eine eindeutige Lösung $\underline{u}_m \in C^1([0,T])$ der Differentialgleichung

$$\dot{\underline{u}}_m + M^{-1} S \underline{u}_m = M^{-1} \underline{f}_m \quad \text{in } (0,T), \quad \underline{u}_m(0) = \underline{u}_0.$$

Wir zeigen, dass $(\underline{u}_m)_{m\in\mathbb{N}}$ eine Cauchyfolge in $H^1(0,T)$ ist. Es gilt:

$$M(\dot{\underline{u}}_m - \dot{\underline{u}}_l) + S(\underline{u}_m - \underline{u}_l) = (\underline{f}_m - \underline{f}_l).$$

Wir multiplizieren mit $(\dot{\underline{u}}_m - \dot{\underline{u}}_l)$ und erhalten

$$|\dot{\underline{u}}_m - \dot{\underline{u}}_l|_M^2 + S(\underline{u}_m - \underline{u}_l) \cdot (\dot{\underline{u}}_m - \dot{\underline{u}}_l) = (\underline{f}_m - \underline{f}_l) \cdot (\dot{\underline{u}}_m - \dot{\underline{u}}_l),$$

mit der Abkürzung $|\xi|_M^2 = M\xi \cdot \xi$. Es ist

$$S(\underline{u}_m - \underline{u}_l) \cdot (\dot{\underline{u}}_m - \dot{\underline{u}}_l) = \frac{1}{2}\frac{d}{dt}(S(\underline{u}_m - \underline{u}_l) \cdot (\underline{u}_m - \underline{u}_l)) = \frac{1}{2}\frac{d}{dt}|\underline{u}_m - \underline{u}_l|_S^2.$$

Damit folgt:

$$|\dot{\underline{u}}_m - \dot{\underline{u}}_l|_M^2 + \frac{1}{2}\frac{d}{dt}|\underline{u}_m - \underline{u}_l|_S^2 = (\underline{f}_m - \underline{f}_l) \cdot (\dot{\underline{u}}_m - \dot{\underline{u}}_l).$$

Man verwendet nun die positive Definitheit von M, integriert über die Zeit und beachtet $\underline{u}_m(0) - \underline{u}_l(0) = 0$. Dann folgt schließlich unter Verwendung der Youngschen

Ungleichung (2.4) mit einer von N abhängenden Konstanten c:

$$\int_0^T |\underline{\dot{u}}_m - \underline{\dot{u}}_l|_M^2 dt \le c \int_0^T |\underline{f}_m - \underline{f}_l|^2 dt.$$

Mittels der positiven Definitheit von M erhalten wir daraus sofort:

$$\|\underline{\dot{u}}_m - \underline{\dot{u}}_l\|_{L^2(0,T)} \le c\|\underline{f}_m - \underline{f}_l\|_{L^2(0,T)}.$$

Wiederum wegen $(\underline{u}_m - \underline{u}_l)(0) = 0$ können wir die Poincaréungleichung in einer Dimension anwenden und erhalten:

$$\|\underline{u}_m - \underline{u}_l\|_{H^1(0,T)} \le c\|\underline{f}_m - \underline{f}_l\|_{L^2(0,T)} \to 0 \quad (m, l \to \infty).$$

Damit haben wir die Cauchy-Eigenschaft der Folge $(\underline{u}_m)_{m\in\mathbb{N}}$ nachgewiesen. Also existiert ein Grenzwert $\underline{u} \in H^1(0,T)$ mit: $\|\underline{u}_m - \underline{u}\|_{H^1(0,T)} \to 0 \quad (m \to \infty)$. Dieser Grenzwert erfüllt auch die Differentialgleichung für fast alle $t \in (0,T)$, denn:

$$\begin{aligned}
&\|\underline{\dot{u}} + M^{-1}S\underline{\dot{u}} - M^{-1}\underline{f}\|_{L^2(0,T)} \\
&= \|(\underline{\dot{u}} - \underline{\dot{u}}_m) + M^{-1}S(\underline{u} - \underline{u}_m) - M^{-1}(\underline{f} - \underline{f}_m)\|_{L^2(0,T)} \\
&\le c\|\underline{u} - \underline{u}_m\|_{H^1(0,T)} + c\|\underline{f} - \underline{f}_m\|_{L^2(0,T)} \to 0 \quad (m \to \infty).
\end{aligned}$$

Darüber hinaus erfüllt $\underline{u}$ auch die Anfangswerte, denn:

$$|\underline{u}(0) - \underline{u}_0| = |\underline{u}(0) - \underline{u}_m(0)| \le c\|\underline{u} - \underline{u}_m\|_{H^1(0,T)} \to 0 \quad (m \to \infty).$$

Insgesamt ist $\underline{u}$ damit eine Lösung von (5.33). Die Eindeutigkeit ist klar. □

Das Vorgehen im vorangegangenen Beweis war vielleicht etwas zu ausführlich, wenn man bedenkt, dass die Differentialgleichung (5.33) sogar durch eine Formel gelöst werden kann. Es ist nämlich mit der Exponentialfunktion für Matrizen

$$\underline{u}(t) = e^{-tM^{-1}S}\underline{u}_0 + \int_0^t e^{-(t-s)M^{-1}S}\underline{f}(s)ds,$$

und man erkennt an dieser Formel deutlich, welche Voraussetzungen an $\underline{f}$ erfüllt sein müssen, damit zum Beispiel $\underline{u} \in H^{1,p}((0,T),\mathbb{R}^N)$ für $p \ge 1$ ist. Man betrachte dies als eine kleine Übungsaufgabe. Im Beweis zu Lemma 5.27 sollte das prinzipielle Vorgehen in solchen Fällen demonstriert werden.

Wir haben die Existenz und Eindeutigkeit einer räumlich diskreten Lösung der Wärmeleitungsgleichung bewiesen. Man kann sagen, dass die diskrete Lösung in $H^1((0,T),X_h)$ liegt. Die Definition dieses Funktionenraums ist evident, da $X_h \cong \mathbb{R}^N$ ist.

Satz 5.28. *Es sei $G \subset \mathbb{R}^n$ ein beschränktes Gebiet, $0 < T < \infty$ und $f \in L^2(G_T)$. Ist X_h ein endlichdimensionaler Teilraum von $\mathring{H}^1(G)$ und ist $u_{h0} \in X_h$, so gibt es genau eine Funktion $u_h \in H^1(G_T)$ mit den Eigenschaften $u_h(\cdot,t), u_{ht}(\cdot,t) \in X_h$ für $t \in (0,T)$, $u_h(\cdot,0) = u_{h0}$ und*

$$\int_G u_{ht}\psi_h + \int_G \nabla u_h \cdot \nabla\psi_h = \int_G f\psi_h \quad \forall\psi_h \in X_h. \tag{5.34}$$

Nachdem wir nachgewiesen haben, dass sowohl eine (schwache) kontinuierliche als auch eine diskrete Lösung auf dem gegebenen Zeitintervall $(0,T)$ eindeutig existieren, versuchen wir, den Fehler zwischen beiden abzuschätzen. Dazu subtrahieren wir die beiden Gleichungen (5.31) und (5.34) und erhalten

$$\int_G (u_t - u_{ht})\psi_h + \int_G \nabla(u - u_h) \cdot \nabla\psi_h = 0 \quad \forall\psi_h \in X_h. \tag{5.35}$$

Um eine geeignete diskrete Testfunktion einsetzen zu können und später optimale Konvergenzresultate nachweisen zu können, verwenden wir die Ritzprojektion.

Im Folgenden verzichten wir auf eine Diskussion der Glattheitseigenschaften der kontinuierlichen Lösung solange, bis wir eine geeignete Abschätzung des Fehlers hergeleitet haben. Im darauf folgenden Satz werden wir dann die Eigenschaften voraussetzen, die notwendig für die Fehlerabschätzung waren. Wir schreiben die Fehlerrelation (5.35) mit Hilfe der Ritzprojektion P_h um,

$$\begin{aligned}\int_G (P_h u_t - u_{ht})\psi_h &+ \int_G \nabla(P_h u - u_h) \cdot \nabla\psi_h \\ &= \int_G (P_h u_t - u_t)\psi_h + \int_G \nabla(P_h u - u) \cdot \nabla\psi_h,\end{aligned}$$

so dass auf der linken Seite der diskrete Fehler $P_h u - u_h$ und auf der rechten Seite der Approximationsfehler $P_h u - u$ steht. Man beachte, dass offensichtlich $(P_h u)_t = P_h u_t$ ist – unter geeigneten Voraussetzungen an u. Wegen der Orthogonalitätseigenschaft (5.26) der Ritzprojektion erhalten wir daraus

$$\int_G (P_h u_t - u_{ht})\psi_h + \int_G \nabla(P_h u - u_h) \cdot \nabla\psi_h = \int_G (P_h u_t - u_t)\psi_h.$$

Darin wählen wir als Testfunktion $\psi_h = P_h u - u_h \in X_h$. Also folgt die Gleichung

$$\int_G (P_h u - u_h)_t (P_h u - u_h) + \|\nabla(P_h u - u_h)\|^2_{L^2(G)} = \int_G (P_h u_t - u_t)(P_h u - u_h).$$

Wir verwenden auf der rechten Seite die Cauchy-Schwarzsche Ungleichung:

$$\frac{1}{2}\frac{d}{dt}\|P_h u - u_h\|^2_{L^2(G)} + \|\nabla(P_h u - u_h)\|^2_{L^2(G)} \leq \|P_h u_t - u_t\|_{L^2(G)}\|P_h u - u_h\|_{L^2(G)}. \quad (5.36)$$

Wir setzen die Approximationsabschätzung (5.28) in unser bisheriges Resultat (5.36) ein und erreichen damit

$$\begin{aligned}\frac{1}{2}\frac{d}{dt}&\|P_h u - u_h\|^2_{L^2(G)} + \|\nabla(P_h u - u_h)\|^2_{L^2(G)}\\ &\leq ch^{s+1}\|u_t\|_{H^{s+1}(G)}\|P_h u - u_h\|_{L^2(G)}\\ &\leq ch^{s+1}\|u_t\|_{H^{s+1}(G)}c_P\|\nabla(P_h u - u_h)\|_{L^2(G)}\\ &\leq \frac{1}{2}\|\nabla(P_h u - u_h)\|^2_{L^2(G)} + \frac{1}{2}c^2 c_P^2 h^{2(s+1)}\|u_t\|^2_{H^{s+1}(G)},\end{aligned}$$

wobei wir die Youngsche Ungleichung und die Poincarésche Ungleichung (Satz 2.20)

$$\|P_h u - u_h\|_{L^2(G)} \leq c_P\|\nabla(P_h u - u_h)\|_{L^2(G)}$$

verwendet haben. Somit erhalten wir

$$\frac{d}{dt}\|P_h u - u_h\|^2_{L^2(G)} + \|\nabla(P_h u - u_h)\|^2_{L^2(G)} \leq c^2 c_P^2 h^{2(s+1)}\|u_t\|^2_{H^{s+1}(G)}.$$

Wir integrieren noch über die Zeit von 0 bis $t \in (0, T)$:

$$\begin{aligned}\|(P_h u - u_h)(\cdot, t)\|^2_{L^2(G)} &+ \int_0^t \|\nabla(P_h u - u_h)(\cdot, t')\|^2_{L^2(G)}dt'\\ &\leq ch^{2(s+1)}\int_0^T \|u_t(\cdot, t)\|^2_{H^{s+1}(G)}dt + \|P_h u_0 - u_{h0}\|^2_{L^2(G)} = E_h^2.\end{aligned}$$

Insgesamt haben wir also folgende Abschätzungen des diskreten Fehlers $P_h u - u_h$ nachgewiesen:

$$\sup_{(0,T)}\|P_h u - u_h\|_{L^2(G)} \leq E_h, \quad \Big(\int_0^T \|\nabla(P_h u - u_h)\|^2_{L^2(G)}dt\Big)^{\frac{1}{2}} \leq E_h.$$

Zum Gesamtfehler kommt noch der Approximationsfehler $P_h u - u$ hinzu, und mit der Annahme (5.28) erhalten wir somit:

$$\begin{aligned}\sup_{(0,T)}\|u - u_h\|_{L^2(G)} &\leq \sup_{(0,T)}\|u - P_h u\|_{L^2(G)} + E_h\\ &\leq ch^{s+1}\sup_{(0,T)}\|u\|_{H^{s+1}(G)} + E_h,\end{aligned}$$

$$\left(\int_0^T \|\nabla(u-u_h)\|^2_{L^2(G)}dt\right)^{\frac{1}{2}} \le \left(\int_0^T \|\nabla(u-P_h u)\|^2_{L^2(G)}dt\right)^{\frac{1}{2}} + E_h$$

$$\le ch^s\left(\int_0^T \|u\|^2_{H^{s+1}(G)}dt\right)^{\frac{1}{2}} + E_h.$$

Wir fassen das Ergebnis unserer Fehlerabschätzungen in folgendem Satz zusammen. Man überzeuge sich davon, dass die Regularitätsvoraussetzungen an die kontinuierliche Lösung ausreichen.

Satz 5.29. *Es sei $u \in H^1(G_T)$ die Lösung des Anfangsrandwertproblems für die Wärmeleitungsgleichung aus Satz* 5.19. *Darüber hinaus seien die Normen*

$$\left(\int_0^T \|u_t(\cdot,t)\|^2_{H^{s+1}(G)}ds\right)^{\frac{1}{2}} < \infty, \qquad \sup_{(0,T)} \|u\|_{H^{s+1}(G)} < \infty$$

für ein $s \in \mathbb{N}$ endlich, sowie $u_0 \in H^{s+1}(G)$.

Weiter sei $X_h \subset \mathring{H}^1(G)$ ein endlichdimensionaler Teilraum, für den die Annahme 5.23 *erfüllt ist. Sei $u_h \in H^1((0,T), X_h)$ die Lösung des ortsdiskretisierten Problems aus Satz* 5.28 *mit einem diskreten Anfangswert $u_{h0} \in X_h$.*

Dann gelten die Fehlerabschätzungen:

$$\sup_{(0,T)} \|u-u_h\|_{L^2(G)} \le C_1 h^{s+1} + \|P_h u_0 - u_{h0}\|_{L^2(G)},$$

$$\left(\int_0^T \|\nabla(u-u_h)\|^2_{L^2(G)}dt\right)^{\frac{1}{2}} \le C_2 h^s + C_3 h^{s+1} + \|P_h u_0 - u_{h0}\|_{L^2(G)}.$$

Dabei sind

$$C_1 = \sup_{(0,T)} \|u\|_{H^{s+1}(G)} + \left(\int_0^T \|u_t\|^2_{H^{s+1}(G)}dt\right)^{\frac{1}{2}},$$

$$C_2 = \left(\int_0^T \|u\|^2_{H^{s+1}(G)}dt\right)^{\frac{1}{2}},$$

$$C_3 = \left(\int_0^T \|u_t\|^2_{H^{s+1}(G)}dt\right)^{\frac{1}{2}}.$$

Wählt man als diskreten Anfangswert u_{h0} die Ritzprojektion des kontinuierlichen Anfangswertes, $u_{h0} = P_h u_0$, so fallen die letzten Terme auf der rechten Seite in beiden Fehlerabschätzungen weg. Dies ist zu empfehlen. Dazu ist ein lineares Gleichungssystem zu lösen, das von der gleichen Art ist wie das Gleichungssystem, das nach einer Zeitdiskretisierung (Abschnitt 5.7) zu lösen ist. Wählt man dagegen die Interpolation des kontinuierlichen Anfangswerts, $u_{h0} = Iu_0$, so gilt

$$\|P_h u_0 - u_{h0}\|_{L^2(G)} \leq ch^{s+1}\|u_0\|_{H^{s+1}(G)}.$$

Die Schreibweise $u_h \in H^1((0,T), X_h)$ im Satz ist mit $u_h(x,t) = \sum_{j=1}^N u_j(t)\varphi_j(x)$ und $\underline{u} = (u_1, \ldots, u_N)$ zu verstehen als $\underline{u} \in H^1((0,T), \mathbb{R}^N)$. Hierbei ist $\{\varphi_1, \ldots, \varphi_N\}$ eine Basis von X_h.

Im Satz wird ein beliebiger endlichdimensionaler Teilraum mit entsprechender Approximationsordnung der Ritzprojektion verwendet. Unter den Voraussetzungen des Lemmas 5.24, also für Lagrange-Elemente der Ordnung s, ergeben sich aus dem Satz optimale Fehlerabschätzungen für diese Elemente.

Die auf der rechten Seite der Fehlerabschätzung in den Konstanten C_1, C_2 und C_3 auftretenden Normen der kontinuierlichen Lösung sind noch durch die Daten abzuschätzen, um eine von der Lösung unabhängige Fehlerabschätzung zu erhalten. Die Endlichkeit dieser Normen verlangt unter anderem höhere Regularität der rechten Seite f der Differentialgleichung bedingen. Für den Fall $s = 1$ können wir das Resultat aus Folgerung 5.20 zitieren. Man überlegt sich leicht, dass

$$C_1 \leq c\|u_0\|_{H^{s+1}(G)} + C_3$$

ist.

Außerdem lassen sich die Konstanten in Abhängigkeit von t verbessern. Es kann gezeigt werden, dass die aus der Approximation der Anfangsdaten herrührenden Fehlerterme mit der Zeit exponentiell gedämpft werden.

5.7 Zeitdiskretisierung

In diesem Abschnitt besprechen wir adäquate Zeitdiskretisierungen für lineare parabolische partielle Differentialgleichungen am Beispiel der linearen Wärmeleitungsgleichung. Im Prinzip lässt sich das im vorigen Abschnitt beschriebene System gewöhnlicher Differentialgleichungen mit vorhandenen Programmpaketen lösen. Jedoch ist zu beachten, dass diese Systeme „steif" sind.

Uns interessiert auch der Fehler, der bei der Zeitdiskretisierung entsteht und seine Beziehung zum Fehler der Ortsdiskretisierung. Wir folgen dem Ansatz, den wir bereits beim Existenzbeweis für die Wärmeleitungsgleichung in Paragraf 5.4 genutzt haben und diskretisieren die gewöhnliche Differentialgleichung

$$(u_{ht}, \varphi_h)_{L^2(G)} + (\nabla u_h, \nabla \varphi_h)_{L^2(G)} = (f, \varphi_h)_{L^2(G)} \quad \forall \varphi_h \in X_h$$

auf dem Zeitintervall $(0, T)$. Wir kennen bereits die implizite Zeitdiskretisierung

$$\frac{1}{\tau}(u_h^m - u_h^{m-1}, \varphi_h)_{L^2(G)} + (\nabla u_h^m, \nabla \varphi_h)_{L^2(G)} = (f^m, \varphi_h)_{L^2(G)} \quad \forall \varphi_h \in X_h, \tag{5.37}$$

$m = 1, \ldots, M_\tau$ aus Abschnitt 5.4. Dabei bezeichnet u_h^m eine Approximation an $u_h(\cdot, m\tau)$, $\tau > 0$ ist die gewählte Zeitschrittweite und m läuft von 1 bis M_τ, wobei $M_\tau \tau = T$ sei. f^m ist eine geeignete Approximation der gegebenen rechten Seite f zum Zeitschritt m.

Eine explizite Zeitdiskretisierung ist gegeben durch

$$\frac{1}{\tau}(u_h^m - u_h^{m-1}, \varphi_h)_{L^2(G)} + (\nabla u_h^{m-1}, \nabla \varphi_h)_{L^2(G)} = (f^{m-1}, \varphi_h)_{L^2(G)} \quad \forall \varphi_h \in X_h, \tag{5.38}$$

$m = 1, \ldots, M_\tau$.

Wir konstruieren aus der impliziten (5.37) und der expliziten (5.38) Diskretisierung ein weiteres Verfahren, indem wir beide Gleichungen konvex kombinieren. Dazu sei $\theta \in [0, 1]$ ein zunächst noch unbestimmter Parameter. Das sogenannte *θ-Verfahren* ist dann definiert durch

$$\begin{aligned}\frac{1}{\tau}(u_h^m - u_h^{m-1}, \varphi_h)_{L^2(G)} + \theta(\nabla u_h^m, \nabla \varphi_h)_{L^2(G)} + (1-\theta)(\nabla u_h^{m-1}, \nabla \varphi_h)_{L^2(G)} \\ = (\theta f^m + (1-\theta) f^{m-1}, \varphi_h)_{L^2(G)} \quad \forall \varphi_h \in X_h.\end{aligned} \tag{5.39}$$

Ist also der $m-1$-te Zeitschritt schon berechnet, so lautet die im m-ten Zeitschritt zu lösende Gleichung

$$\begin{aligned}&\frac{1}{\tau}(u_h^m, \varphi_h) + \theta(\nabla u_h^m, \nabla \varphi_h) \\ &= \frac{1}{\tau}(u_h^{m-1}, \varphi_h) - (1-\theta)(\nabla u_h^{m-1}, \nabla \varphi_h) + (\theta f^m + (1-\theta) f^{m-1}, \varphi_h).\end{aligned} \tag{5.40}$$

Mit der schon bei der Ortsdiskretisierung verwendeten Komponentenschreibweise bezüglich der Basisfunktionen $\{\varphi_1, \ldots, \varphi_N\}$ des Finite-Elemente-Raumes,

$$\underline{u}^m = (u_1^m, \ldots, u_N^m), \quad u_h^m(x) = \sum_{j=1}^{N} u_j^m \varphi_j(x),$$

sowie der Masse- und der Steifigkeitsmatrix

$$M_{ij} = \int_G \varphi_i \varphi_j, \quad S_{ij} = \int_G \nabla \varphi_i \cdot \nabla \varphi_j$$

und der rechten Seite

$$\underline{f}^l = (f_1^l, \ldots, f_N^l), \quad f_j^l = (f^l, \varphi_j)$$

($l = m$ oder $l = m - 1$) erhalten wir ein lineares Gleichungssystem für $\underline{u}^m \in \mathbb{R}^N$:

$$\frac{1}{\tau} M \underline{u}^m + \theta S \underline{u}^m = \underline{g}^m,$$

mit der rechten Seite

$$\underline{g}^m = \frac{1}{\tau} M \underline{u}^{m-1} - (1-\theta) S \underline{u}^{m-1} + \theta \underline{f}^m + (1-\theta) \underline{f}^{m-1}.$$

Die Anfangsbedingung $u_h(\cdot, 0) = u_{h0}$ geht in der Form $\underline{u}^0 = \underline{u}_0$ ein. Dieses Gleichungsystem ist eindeutig lösbar, da sich die Symmetrie und die positive Definitheit von M beziehungsweise S auf die Matrix $\frac{1}{\tau} M + \theta S$ überträgt.

Das θ-Verfahren enthält für $\theta = 0$ die explizite und für $\theta = 1$ die implizite Diskretisierung. Der Fall $\theta = \frac{1}{2}$ ergibt das sogenannte *Crank-Nicholson-Verfahren.*

5.7.1 Stabilität

Unser Ziel ist eine Fehlerabschätzung für die so gewonnene Diskretisierung. Dazu ist es allerdings sinnvoll, zuerst die Stabilität des Verfahrens zu prüfen, also die Beschränktheit der Lösung u_h^m bezüglich der Diskretisierungsparameter h, τ in den natürlichen Normen des Problems. Dazu geben wir noch einmal kurz und ohne Voraussetzungen die Herleitung der A-Priori-Abschätzungen für die kontinuierliche Lösung an. Die schwache Formulierung der Wärmeleitungsgleichung war für fast alle t gegeben durch:

$$(u_t, \varphi)_{L^2(G)} + (\nabla u, \nabla \varphi)_{L^2(G)} = (f, \varphi)_{L^2(G)} \quad \forall \varphi \in \mathring{H}^1(G).$$

Wir wählen die Testfunktion $\varphi = u$ und erhalten

$$(u_t, u)_{L^2(G)} + \|\nabla u\|_{L^2(G)}^2 \le \|f\|_{L^2(G)} \|u\|_{L^2(G)}. \tag{5.41}$$

Wir ziehen die Zeitableitung aus dem ersten Term heraus und wenden die Poincaréungleichung (2.20) an.

$$\begin{aligned} \frac{1}{2} \frac{d}{dt} \|u\|_{L^2(G)}^2 + \|\nabla u\|_{L^2(G)}^2 &\le c_P \|\nabla u\|_{L^2(G)} \|f\|_{L^2(G)} \\ &\le \frac{1}{2} \|\nabla u\|_{L^2(G)}^2 + \frac{c_P^2}{2} \|f\|_{L^2(G)}^2. \end{aligned}$$

Wir integrieren bezüglich der Zeit und folgern so für fast alle $t \in (0, T)$:

$$\|u(\cdot, t)\|_{L^2(G)}^2 + \int_0^t \|\nabla u(\cdot, t')\|_{L^2(G)}^2 dt' \le \|u_0\|_{L^2(G)}^2 + c_P^2 \int_0^t \|f(\cdot, t')\|_{L^2(G)}^2 dt'.$$

Satz 5.30. *Die schwache Lösung aus Satz* 5.19 *genügt der A-Priori-Abschätzung*

$$\sup_{t\in(0,T)} \|u(\cdot,t)\|_{L^2(G)} + \left(\int_0^T \|\nabla u(\cdot,t')\|^2_{L^2(G)} dt'\right)^{\frac{1}{2}} \le c\,(\|u_0\|_{L^2(G)} + \|f\|_{L^2(G_T)}). \tag{5.42}$$

Beweis. Formal haben wir diese Ungleichung oben schon bewiesen. Wir müssen nur noch die Verbindung zur schwachen Lösung aus Satz 5.19 klären. Die von uns konstruierte Lösung u liegt in $H^1(G_T)$ und für fast alle $t \in (0,T)$ liegt $u(\cdot,t)$ in $\mathring{H}^1(G)$. Außerdem genügt $u(\cdot,t)$ der Gleichung

$$\int_G u_t\varphi + \int_G \nabla u\cdot\nabla\varphi = \int_G f\varphi \quad \forall\varphi\in\mathring{H}^1(G).$$

Hierin dürfen wir $\varphi = \eta u$ mit $\eta \in C^1([0,T])$, $\eta(T) = 0$ als Testfunktion einsetzen. Wir integrieren noch bezüglich t von 0 bis T und erhalten

$$\int_0^T \eta \int_G u_t u\,dxdt + \int_0^T \eta \int_G |\nabla u|^2\,dxdt = \int_0^T \eta \int_G fu\,dxdt.$$

Da nun die Integrale sich über $G_T = G\times(0,T)$ erstrecken, dürfen wir die Definition der schwachen Ableitung von u bezüglich der Zeit verwenden und partiell integrieren. Außerdem verwenden wir den Spursatz auf $t = 0$. Dies ergibt nun

$$-\frac{1}{2}\int_0^T \eta_t\|u\|^2_{L^2(G)}dt - \frac{1}{2}\eta(0)\|u_0\|^2_{L^2(G)}dx + \int_0^T \eta\|\nabla u\|^2_{L^2(G)}dt$$
$$= \int_0^T \eta(f,u)_{L^2(G)}\,dt,$$

und offensichtlich bedeutet diese Gleichung, dass die Funktion $\|u(\cdot,t)\|^2_{L^2(G)}$ auf dem Intervall $(0,T)$ eine schwache Ableitung besitzt. Damit können wir wie in (5.41) fortfahren. □

Eine Abschätzung wie in Satz 5.30 hätten wir gern für die zeit- und ortsdiskretisierte Lösung u_h^m gleichmässig in den Diskretisierungsparametern h und τ. Dazu versuchen wir die Beweisschritte des kontinuierlichen Falles auf die diskrete Situation zu übertragen. Aus Gründen der Übersichtlichkeit beschränken wir uns auf den

Spezialfall $f = 0$, denn dadurch gehen keine grundsätzlichen Schwierigkeiten verloren. Die definierende Gleichung für die diskrete Lösung u_h^m lautet damit:

$$\frac{1}{\tau}(u_h^m - u_h^{m-1}, \varphi_h)_{L^2(G)} + (\theta \nabla u_h^m + (1-\theta)\nabla_h^{m-1}, \nabla \varphi_h)_{L^2(G)} = 0, \quad \forall \varphi_h \in X_h. \tag{5.43}$$

Wir wählen die Testfunktion

$$\varphi_h = \theta u_h^m + (1-\theta) u_h^{m-1}.$$

Für den ersten Term der Gleichung erhalten wir

$$\begin{aligned}
&(u_h^m - u_h^{m-1}, \theta u_h^m + (1-\theta)u_h^{m-1})_{L^2(G)} \\
&= \theta \|u_h^m - u_h^{m-1}\|_{L^2(G)}^2 + (u_h^m - u_h^{m-1}, u_h^{m-1})_{L^2(G)} \\
&= \theta \|u_h^m - u_h^{m-1}\|_{L^2(G)}^2 - \frac{1}{2}\|u_h^m - u_h^{m-1}\|_{L^2(G)}^2 + \frac{1}{2}\|u_h^m\|_{L^2(G)}^2 \\
&- \frac{1}{2}\|u_h^{m-1}\|_{L^2(G)}^2.
\end{aligned}$$

Damit folgt insgesamt:

$$\begin{aligned}
\frac{1}{2\tau}(\|u_h^m\|_{L^2(G)}^2 - \|u_h^{m-1}\|_{L^2(G)}^2) + \frac{1}{\tau}\left(\theta - \frac{1}{2}\right)\|u_h^m - u_h^{m-1}\|_{L^2(G)}^2 \\
+ \|\theta \nabla u_h^m + (1-\theta)\nabla u_h^{m-1}\|_{L^2(G)}^2 = 0.
\end{aligned}$$

Wir summieren über „die Zeit" von 1 bis l, multiplizieren mit τ und nutzen die Teleskopsummeneigenschaft des ersten Terms aus:

$$\begin{aligned}
\frac{1}{2}(\|u_h^l\|_{L^2(G)}^2 - \|u_h^0\|_{L^2(G)}^2) + \left(\theta - \frac{1}{2}\right)\sum_{m=1}^{l}\|u_h^m - u_h^{m-1}\|_{L^2(G)}^2 \\
+ \tau \sum_{m=1}^{l}\|\theta \nabla u_h^m + (1-\theta)\nabla u_h^{m-1}\|_{L^2(G)}^2 = 0.
\end{aligned} \tag{5.44}$$

Um daraus eine Abschätzung für $\|u_h^l\|_{L^2(G)}$ zu gewinnen, führen wir eine Fallunterscheidung für den $(\theta - \frac{1}{2})$ Faktor durch.

Falls $\theta \geq \frac{1}{2}$ gilt, so folgern wir sofort $\|u_h^l\|^2_{L^2(G)} \leq \|u_h^0\|^2_{L^2(G)}$ für alle $l = 1, \ldots, M_\tau$, also

$$\max_{m=1,\ldots,M_\tau} \|u_h^m\|_{L^2(G)} \leq \|u_{h0}\|_{L^2(G)}. \tag{5.45}$$

Die Wahl $\theta \geq \frac{1}{2}$ bedeutet, dass das Verfahren „impliziter" ist.

Für den „expliziteren" Fall $0 \leq \theta < \frac{1}{2}$ kommen wir mit der eben gewählten Testfunktion nicht weiter. Wir erhalten aber eine ganz ähnliche Identität wie (5.44) wenn wir in (5.43) die Testfunktion $\varphi_h = u_h^m$ wählen:

$$\frac{1}{\tau}(u_h^m - u_h^{m-1}, u_h^m)_{L^2(G)} + \theta \|\nabla u_h^m\|^2_{L^2(G)} + (1-\theta)(\nabla u_h^m, \nabla u_h^{m-1})_{L^2(G)} = 0.$$

Daraus können wir mit der binomischen Gleichung in $L^2(G)$ folgern:

$$\begin{aligned} &\frac{1}{2\tau}\|u_h^m\|^2_{L^2(G)} + \frac{1}{2\tau}\|u_h^m - u_h^{m-1}\|^2_{L^2(G)} - \frac{1}{2\tau}\|u_h^{m-1}\|^2_{L^2(G)} + \theta\|\nabla u_h^m\|^2_{L^2(G)} \\ &- \frac{1}{2}(1-\theta)(\|\nabla(u_h^m - u_h^{m-1})\|^2_{L^2(G)} - \|\nabla u_h^m\|^2_{L^2(G)} - \|\nabla u_h^{m-1}\|^2_{L^2(G)}) = 0. \end{aligned}$$

Wir fassen nun die Terme so zusammen, dass sie der Struktur von (5.44) entsprechen und erhalten

$$\begin{aligned} &\frac{1}{2\tau}(\|u_h^m\|^2_{L^2(G)} - \|u_h^{m-1}\|^2_{L^2(G)}) + \frac{1}{2\tau}\|u_h^m - u_h^{m-1}\|^2_{L^2(G)} \\ &- \frac{1}{2}(1-\theta)\|\nabla(u_h^m - u_h^{m-1})\|^2_{L^2(G)} \\ &+ \underbrace{\frac{1}{2}(1+\theta)\|\nabla u_h^m\|^2_{L^2(G)} + \frac{1}{2}(1-\theta)\|\nabla u_h^{m-1}\|^2_{L^2(G)}}_{\geq 0} = 0, \end{aligned}$$

also auch die Ungleichung

$$\begin{aligned} &\|u_h^m\|^2_{L^2(G)} - \|u_h^{m-1}\|^2_{L^2(G)} + \|u_h^m - u_h^{m-1}\|^2_{L^2(G)} \\ &\qquad - (1-\theta)\tau\|\nabla(u_h^m - u_h^{m-1})\|^2_{L^2(G)} \leq 0. \end{aligned} \tag{5.46}$$

Ähnlich wie in (5.44) haben wir auch hier einen negativen Term, so dass wir nicht sofort die Beschränktheit von $\|u_h^l\|$ durch Summation folgern können. Allerdings können wir hier – anders als in (5.44) – den negativen Term gegen einen weiteren abschätzen. Unser Ziel ist eine Ungleichung der Form

$$\|\nabla(u_h^m - u_h^{m-1})\|_{L^2(G)} \leq C\|u_h^m - u_h^{m-1}\|_{L^2(G)}.$$

Selbstverständlich kann eine solche Abschätzung nur für diskrete Funktionen richtig sein – und demnach muss C von der Gitterweite h beziehungsweise der Dimension N

des Finite-Elemente-Raums abhängen. Auf der anderen Seite ist eine solche Ungleichung wahr, denn wir befinden uns in einem endlichdimensionalen Raum, auf dem die Normen paarweise äquivalent sind. Wir bezeichnen die Konstante in der Normäquivalenz – nichttriviale Richtung – mit

$$\lambda_h = \sup_{w_h \in X_h \setminus \{0\}} \frac{\|\nabla w_h\|_{L^2(G)}}{\|w_h\|_{L^2(G)}} \tag{5.47}$$

und erhalten damit die *inverse Ungleichung*

$$\|\nabla w_h\|_{L^2(G)} \leq \lambda_h \|w_h\|_{L^2(G)} \quad \forall w_h \in X_h. \tag{5.48}$$

Eine solche Ungleichung nennt man invers, weil darin eine im kontinuierlichen Raum stärkere Norm durch eine schwächere Norm abgeschätzt wird. Dann gilt insbesondere die gewünschte Ungleichung mit $C = \lambda_h$.

Die Zahl λ_h^2 ist der größte Eigenwert der Matrix $M^{-\frac{1}{2}} S M^{-\frac{1}{2}}$. (Wie ist die Wurzel aus einer positiv definiten Matrix erklärt?)

Setzen wir diese inverse Abschätzung in (5.46) ein, so erhalten wir:

$$\|u_h^m\|_{L^2(G)}^2 - \|u_h^{m-1}\|_{L^2(G)}^2 + \|u_h^m - u_h^{m-1}\|_{L^2(G)}^2 (1 - (1-\theta)\tau\lambda_h^2) \leq 0.$$

Unter der zusätzlichen Voraussetzung $(1-\theta)\tau\lambda_h^2 \leq 1$ können wir nach Summation über „die Zeit" auch im Fall $0 \leq \theta < \frac{1}{2}$ die Stabilitätsabschätzung (5.45) folgern.

Wir fassen die beiden soeben hergeleiteten Ergebnisse in einem Satz zusammen. Die Bestimmung einer optimalen Konstanten c wollen wir hier nicht weiter verfolgen.

Satz 5.31. *Für die Lösung der in Zeit und Ort diskretisierten Wärmeleitungsgleichung mit dem θ-Verfahren* (5.43) *für $f = 0$ gilt*

$$\max_{m=1,\ldots,M} \|u_h^m\|_{L^2(G)} \leq \|u_{h0}\|_{L^2(G)},$$

falls $\frac{1}{2} \leq \theta \leq 1$ ist. Ist $0 \leq \theta < \frac{1}{2}$, so muss zusätzlich die Bedingung

$$(1-\theta)\tau\lambda_h^2 \leq 1 \tag{5.49}$$

mit λ_h aus (5.47) *erfüllt sein. Für $\sigma \leq \sigma_0$ ist*

$$\lambda_h \leq c\big(\min_{T \in \mathcal{T}_h} h(T)\big)^{-1}. \tag{5.50}$$

Beweis. Die Stabilitätsabschätzungen für u_h^m wurden bereits bewiesen. Zu zeigen bleibt im Fall $0 \leq \theta < \frac{1}{2}$ die Abschätzung (5.50) für λ_h. Unter der Voraussetzung, dass für die Triangulierung $\sigma \leq \sigma_0$ gilt, gelingt dies. Wir beweisen die inverse Ungleichung

$$\|\nabla w_h\|_{L^2(T)} \leq \frac{c}{h(T)} \|w_h\|_{L^2(T)} \tag{5.51}$$

für alle Simplexe $T \in \mathcal{T}_h$ und alle Polynome $w_h \in \mathbb{P}_k(T)$. Mit der kanonischen affinen Abbildung $F : T_0 \to T$ aus Hilfssatz 3.13 bezeichne $\overline{w}_h = w_h \circ F$. Dann erhält man mit Folgerung 3.30 die Ungleichung

$$\|\nabla w_h\|_{L^2(T)} = |w_h|_{H^{1,2}(T)} \leq c \frac{h(T)^{\frac{n}{2}}}{\rho(T)} |\overline{w}_h|_{H^{1,2}(T_0)},$$

und weil $\mathbb{P}_k(T_0)$ endlichdimensional ist, können wir mit Folgerung 3.30 weiter abschätzen:

$$\leq c \frac{h(T)^{\frac{n}{2}}}{\rho(T)} \|\overline{w}_h\|_{L^2(T_0)} \leq c \frac{\sigma(T)^{\frac{n}{2}}}{\rho(T)} \|w_h\|_{L^2(T)} \leq c \frac{\sigma_0^{\frac{n}{2}+1}}{h(T)} \|w_h\|_{L^2(T)}.$$

Wir quadrieren (5.51), summieren über alle Simplexe T der Triangulierung und erhalten so die Abschätzung (5.50) für λ_h. □

Die Aussage des Satzes gilt entsprechend für die Wärmeleitungsgleichung mit rechter Seite ($f \neq 0$).

Vom Standpunkt einer tatsächlichen Implementierung des θ-Verfahrens her ist der Satz sehr wichtig: Bei „impliziteren" Verfahren mit $\theta \geq \frac{1}{2}$ ist keinerlei Einschränkung an die Zeitschrittweite τ nötig. Bei „expliziteren Verfahren" mit $\theta < \frac{1}{2}$ dagegen muß die Zeitschrittweite an die Gitterweite h angepaßt werden, damit der Algorithmus stabil bleibt, und das ist nach Satz 3.5 eine notwendige Voraussetzung dafür, dass er konvergiert. Es muss in diesem Fall sogar im Wesentlichen $\tau \leq ch^2$ gewählt werden, was die Zeitschritte sehr stark einschränkt.

5.7.2 Konvergenz

Bisher haben wir in diesem Abschnitt eine Zeitdiskretisierung in Form des θ-Verfahrens eingeführt und dessen Stabilität in der $L^2(G)$-Norm, also die Beschränktheit der diskreten Lösung in dieser Norm bezüglich der Diskretisierungsparameter h und τ, untersucht. Diese Stabilität ist eine notwendige Voraussetzung für eine Konvergenzaussage zum Verfahren in Form einer Fehlerabschätzung. Genau das soll unser nächstes Ziel sein.

Wir versuchen, den Fehler $u_h^m - u(\cdot, m\tau)$ in einer geeigneten Norm abzuschätzen. Dazu nehmen wir mit Hilfe der Ritzprojektion P_h die folgende Aufteilung des Fehlers in einen diskreten Fehler e^m und einen Approximationsfehler vor:

$$e^m = u_h^m - P_h u(\cdot, m\tau) = (u_h^m - u(\cdot, m\tau)) + (u(\cdot, m\tau) - P_h u(\cdot, m, \tau)).$$

Der Approximationsanteil $u - P_h u$ ist mit den in Abschnitt 5.26 gezeigten Eigenschaften der Ritzprojektion leicht abzuschätzen. Die beiden bestimmenden Gleichungen für die kontinuierliche und die diskrete Lösung sind nun gegeben durch die schwache Form der Wärmeleitungsgleichung ($X_h \subset \mathring{H}^1(G)$),

$$(u_t, \varphi_h)_{L^2(G)} + (\nabla u, \nabla \varphi_h)_{L^2(G)} = (f, \varphi_h)_{L^2(G)} \quad \forall \varphi_h \in X_h, \tag{5.52}$$

sowie das θ-Verfahren (5.40):

$$\begin{aligned}\frac{1}{\tau}(u_h^m - u_h^{m-1}, \varphi_h)_{L^2(G)} + \theta(\nabla u_h^m, \nabla \varphi_h)_{L^2(G)} + (1-\theta)(\nabla u_h^{m-1}, \nabla \varphi_h)_{L^2(G)} \\ = ((1-\theta) f^{m-1} + \theta f^m, \varphi)_{L^2(G)} \quad \forall \varphi_h \in X_h.\end{aligned}$$

Mit der Definition von e^m erhalten wir aus der Gleichung des θ-Schemas mit der Abkürzung $u^m = u(\cdot, m\tau)$:

$$\begin{aligned}&\frac{1}{\tau}(e^m - e^{m-1}, \varphi_h)_{L^2(G)} + (\theta \nabla e^m + (1-\theta)\nabla e^{m-1}, \nabla \varphi_h)_{L^2(G)} \\ &= \frac{1}{\tau}(u_h^m - u_h^{m-1}, \varphi_h)_{L^2(G)} - \frac{1}{\tau}(P_h u^m - P_h u^{m-1}, \varphi_h)_{L^2(G)} \\ &\quad + (\theta \nabla u_h^m + (1-\theta)\nabla u_h^{m-1}, \nabla \varphi_h)_{L^2(G)} \\ &\quad - (\theta \nabla P_h u^m + (1-\theta)\nabla P_h u^{m-1}, \nabla \varphi_h)_{L^2(G)} \\ &= ((1-\theta) f^{m-1} + \theta f^m, \varphi_h)_{L^2(G)} - \frac{1}{\tau}(P_h u^m - P_h u^{m-1}, \varphi_h)_{L^2(G)} \\ &\quad - (\theta \nabla P_h u^m + (1-\theta)\nabla P_h u^{m-1}, \nabla \varphi_h)_{L^2(G)},\end{aligned}$$

wobei wir im letzten Schritt noch einmal die Gleichung (5.40) des θ-Schemas angewandt haben. Der dritte Term auf der rechten Seite läßt sich mit der Definition der Ritzprojektion,

$$(\nabla P_h u, \nabla \varphi_h)_{L^2(G)} = (\nabla u, \nabla \varphi_h)_{L^2(G)} \quad \forall \varphi_h \in X_h,$$

direkt umformen. Wir erhalten:

$$\begin{aligned}&\frac{1}{\tau}(e^m - e^{m-1}, \varphi_h)_{L^2(G)} + (\theta \nabla e^m + (1-\theta)\nabla e^{m-1}, \nabla \varphi_h)_{L^2(G)} \\ &= ((1-\theta) f^{m-1} + \theta f^m, \varphi_h)_{L^2(G)} - \frac{1}{\tau}(P_h u^m - P_h u^{m-1}, \varphi_h)_{L^2(G)} \\ &\quad - (\theta \nabla u^m + (1-\theta)\nabla u^{m-1}, \nabla \varphi_h)_{L^2(G)}.\end{aligned}$$

Schließlich ersetzen wir die Terme $(\nabla u^m, \nabla \varphi_h)_{L^2(G)}$ und $(\nabla u^{m-1}, \nabla \varphi_h)_{L^2(G)}$ mittels der kontinuierlichen Gleichung (5.52) an den Stellen $t = m\tau$ und $t = (m-1)\tau$

und erhalten so:

$$
\begin{aligned}
&\frac{1}{\tau}(e^m - e^{m-1}, \varphi_h)_{L^2(G)} + (\theta \nabla e^m + (1-\theta)\nabla e^{m-1}, \nabla \varphi_h)_{L^2(G)} \\
&\quad = ((1-\theta)u_t^{m-1} + \theta u_t^m, \varphi_h) + ((1-\theta)\nabla u^{m-1} + \theta \nabla u^m, \nabla \varphi_h)_{L^2(G)} \\
&\qquad - \frac{1}{\tau}(P_h u^m - P_h u^{m-1}, \varphi_h)_{L^2(G)} - (\theta \nabla u^m + (1-\theta)\nabla u^{m-1}, \nabla \varphi_h)_{L^2(G)} \\
&\quad = ((1-\theta)u_t^{m-1} + \theta u_t^m, \varphi_h)_{L^2(G)} - \frac{1}{\tau}(P_h u^m - P_h u^{m-1}, \varphi_h)_{L^2(G)}.
\end{aligned}
$$

Das entscheidende Ergebnis dabei ist, dass auf der rechten Seite dieser (zeitlichen) Differenzengleichung für den Fehler e^m nur noch ein Restterm mit durchgehend kontinuierlichen Größen erscheint. Wir fassen dies in einem Hilfssatz zusammen.

Hilfssatz 5.32. *Die Fehlerfunktion $e^m = u_h^m - P_h u^m$ genügt für alle $\varphi_h \in X_h$ der zeitlichen Differenzengleichung*

$$
\frac{1}{\tau}(e^m - e^{m-1}, \varphi_h)_{L^2(G)} + (\theta \nabla e^m + (1-\theta)\nabla e^{m-1}, \nabla \varphi_h)_{L^2(G)} = (R^m, \varphi_h)_{L^2(G)} \tag{5.53}
$$

mit dem Restterm

$$
\begin{aligned}
(R^m, \varphi_h)_{L^2(G)} = ((1-\theta)u_t^{m-1} + \theta u_t^m, \varphi_h)_{L^2(G)}& \\
- \frac{1}{\tau}(P_h u^m - P_h u^{m-1}, \varphi_h)_{L^2(G)}&,
\end{aligned}
$$

wobei $u^l = u(\cdot, l\tau)$ und $u_t^l = u_t(\cdot, l\tau)$ für $l = m, m-1$ sind.

Zur Abschätzung des Resttermes R^m nutzen wir die Approximationseigenschaft der Ritzprojektion aus, und unterscheiden zwei Terme:

$$
\begin{aligned}
(R^m, \varphi_h)_{L^2(G)} &= \left((1-\theta)u_t^{m-1} + \theta u_t^m - \frac{1}{\tau}(u^m - u^{m-1}), \varphi_h\right)_{L^2(G)} \\
&\quad - \left(\frac{1}{\tau}(P_h - I)(u^m - u^{m-1}), \varphi_h\right)_{L^2(G)} \\
&= (R_1^m, \varphi)_{L^2(G)} + (R_2^m, \varphi_h)_{L^2(G)}.
\end{aligned}
$$

Dabei haben wir die Bezeichnung $Iv = v$ für die Identität verwendet.

Wir versuchen R_1^m mittels der Taylorentwicklung von u abzuschätzen. Dass sich dieses Vorgehen auf die kontinuierliche Lösung anwenden lässt, ist dann später im Konvergenzsatz vorauszusetzen. Für $v \in C^3([0,T])$ gilt:

$$v(s) = v(t) + (s-t)\dot{v}(t) + \frac{1}{2}(s-t)^2\ddot{v}(t) + \frac{1}{2}\int_t^s (s-\sigma)^2\dddot{v}(\sigma)d\sigma.$$

Wir wenden diese Formel einmal mit $s = m\tau$, $t = (m-1)\tau$ und einmal genau andersherum mit $s = (m-1)\tau$, $t = m\tau$ an. Mit der schon benutzten Schreibweise $v^k = v(k\tau)$ folgern wir so die beiden Identitäten:

$$v^m = v^{m-1} + \tau\dot{v}^{m-1} + \frac{1}{2}\tau^2\ddot{v}^{m-1} + \frac{1}{2}\int_{(m-1)\tau}^{m\tau} (m\tau-\sigma)^2\dddot{v}(\sigma)d\sigma,$$

$$v^{m-1} = v^m - \tau\dot{v}^m + \frac{1}{2}\tau^2\ddot{v}^m - \frac{1}{2}\int_{(m-1)\tau}^{m\tau} ((m-1)\tau-\sigma)^2\dddot{v}(\sigma)d\sigma,$$

beziehungsweise jeweils als Differenz geschrieben:

$$\frac{1}{\tau}(v^m - v^{m-1}) = \dot{v}^{m-1} + \frac{1}{2}\tau\ddot{v}^{m-1} + \frac{1}{2\tau}\int_{(m-1)\tau}^{m\tau} (m\tau-\sigma)^2\dddot{v}(\sigma)d\sigma,$$

$$\frac{1}{\tau}(v^m - v^{m-1}) = \dot{v}^m - \frac{1}{2}\tau\ddot{v}^m + \frac{1}{2\tau}\int_{(m-1)\tau}^{m\tau} ((m-1)\tau-\sigma)^2\dddot{v}(\sigma)d\sigma.$$

Wir multiplizieren die erste Gleichung mit $1-\theta$, die zweite mit θ und addieren die so erhaltenen Gleichungen. Damit ist dann:

$$\begin{aligned}
&(1-\theta)\dot{v}^{m-1} + \theta\dot{v}^m - \frac{1}{\tau}(v^m - v^{m-1}) \\
&= -\frac{\tau}{2}((1-\theta)\ddot{v}^{m-1} - \theta\ddot{v}^m) - \frac{1-\theta}{2\tau}\int_{(m-1)\tau}^{m\tau} (m\tau-\sigma)^2\dddot{v}(\sigma)d\sigma \\
&\quad - \frac{\theta}{2\tau}\int_{(m-1)\tau}^{m\tau} (\sigma-(m-1)\tau)^2\dddot{v}(\sigma)d\sigma.
\end{aligned}$$

Außerdem ist $\ddot{v}^{m-1} = \ddot{v}^m - \int_{(m-1)\tau}^{m\tau} \dddot{v}(\sigma)d\sigma$. Das führt auf

$$(1-\theta)\dot{v}^{m-1} + \theta\dot{v}^m - \frac{1}{\tau}(v^m - v^{m-1})$$

$$= -\frac{\tau}{2}(1-2\theta)\ddot{v}^m + \frac{\tau}{2}(1-\theta)\int_{(m-1)\tau}^{m\tau} \dddot{v}(\sigma)d\sigma$$

$$-\frac{1-\theta}{2\tau}\int_{(m-1)\tau}^{m\tau}(m\tau-\sigma)^2\dddot{v}(\sigma)d\sigma - \frac{\theta}{2\tau}\int_{(m-1)\tau}^{m\tau}(\sigma-(m-1)\tau)^2\dddot{v}(\sigma)d\sigma.$$

Um nun den Restterm R_1^m schließlich abzuschätzen, setzen wir die kontinuierliche Lösung $v(t) = u(\cdot, t)$ ein und bilden die L^2-Norm.

$$\left\|(1-\theta)u_t^{m-1} + \theta u_t^m - \frac{1}{\tau}(u^m - u^{m-1})\right\|_{L^2(G)}$$

$$\leq c|1-2\theta|\tau\|u_{tt}^m\|_{L^2(G)} + c\tau\int_{(m-1)\tau}^{m\tau}\|u_{ttt}(\cdot,\sigma)\|_{L^2(G)}\,d\sigma$$

$$\leq c|1-2\theta|\tau\|u_{tt}^m\|_{L^2(G)} + c\tau^{\frac{3}{2}}\left(\int_{(m-1)\tau}^{m\tau}\|u_{ttt}(\cdot,\sigma)\|_{L^2(G)}^2 d\sigma\right)^{\frac{1}{2}}.$$

Wir fassen das Ergebnis in folgendem Hilfssatz zusammen.

Hilfssatz 5.33. *Für den Restterm R_1^m gilt die Ungleichung:*

$$\|R_1^m\|_{L^2(G)} \leq c\tau|1-2\theta|\,\|u_{tt}^m\|_{L^2(G)} + c\tau^{\frac{3}{2}}\left(\int_{(m-1)\tau}^{m\tau}\|u_{ttt}(\cdot,\sigma)\|_{L^2(G)}^2 d\sigma\right)^{\frac{1}{2}}.$$

Um schließlich die vollständige Fehlerabschätzung zu erhalten, müssen wir noch den Restterm R_2^m abschätzen. Mittels der Fehlerabschätzung für die Ritzprojektion aus (5.30) erhalten wir

$$\|R_2^m\|_{L^2(G)} \leq \frac{1}{\tau}\|(P_h - I)(u^m - u^{m-1})\|_{L^2(G)} \leq c\frac{1}{\tau}h^{s+1}\|u^m - u^{m-1}\|_{H^{s+1}(G)}$$

und außerdem

$$\frac{1}{\tau}\|u^m - u^{m-1}\|_{H^{s+1}(G)}$$

$$\leq \frac{1}{\tau}\int_{(m-1)\tau}^{m\tau}\|u_t(\cdot,\sigma)\|_{H^{s+1}(G)}d\sigma \leq \frac{1}{\sqrt{\tau}}\left(\int_{(m-1)\tau}^{m\tau}\|u_t(\cdot,\sigma)\|_{H^{s+1}(G)}^2 d\sigma\right)^{\frac{1}{2}}.$$

Wir formulieren die Gesamtabschätzung für den Term R_2^m als

Hilfssatz 5.34. *Für den Restterm R_2^m gilt die Ungleichung:*

$$\| R_2^m \|_{L^2(G)} \le c \frac{h^{s+1}}{\sqrt{\tau}} \Bigg(\int\limits_{(m-1)\tau}^{m\tau} \|u_t(\cdot,\sigma)\|^2_{H^{s+1}(G)} d\sigma \Bigg)^{\frac{1}{2}}.$$

Mit den Abschätzungen der beiden Restterme steht nun einer Fehlerabschätzung der in Zeit und Ort diskretisierten Wärmeleitungsgleichung nichts mehr im Wege.

Satz 5.35. *Sei $G \subset \mathbb{R}^n$ ein beschränktes Gebiet und $0 < T < \infty$. Es bezeichne u die schwache Lösung des Anfangsrandwertproblems für die Wärmeleitungsgleichung*

$$u_t - \Delta u = f \quad \text{in } G_T, \quad u = u_0 \quad \text{auf } G \times \{0\}, \quad u = 0 \quad \text{auf } \partial G \times (0,T)$$

aus Satz 5.19. zu $u_0 \in \mathring{H}^1(G)$ und $f \in L^2(G_T)$.

Das Gebiet G sei zulässig durch $\mathcal{T}_h$ mit $\sigma \le \sigma_0$ trianguliert. Sei $X_h \subset \mathring{H}^1(G)$ der Raum der Lagrange-Elemente der Ordnung s,

$$X_h = \{ v_h \in C^0(\overline{G}) \mid v_h|_T \in \mathbb{P}_s(T),\ T \in \mathcal{T}_h,\ v_h|_{\partial G} = 0 \},$$

wobei $s \in \mathbb{N}$ und $n \le 2s+1$ gelte. Es sei die Annahme 5.23 erfüllt.

Die Wärmeleitungsgleichung sei durch das θ-Schema (5.39) mit den Parametern $\theta \in [0,1]$, $\tau > 0$, $M_\tau \tau = T$, $M_\tau \in \mathbb{N}$ diskretisiert. Es bezeichne $u_h^m \in X_h$ ($m = 1, \ldots, M_\tau$) die Lösung der Gleichung

$$\begin{aligned}\frac{1}{\tau}(u_h^m - u_h^{m-1}, \varphi_h)_{L^2(G)} + \theta(\nabla u_h^m, \nabla\varphi_h)_{L^2(G)} + (1-\theta)(\nabla u_h^{m-1}, \nabla\varphi_h)_{L^2(G)} \\ = ((1-\theta) f^{m-1} + \theta f^m, \varphi_h)_{L^2(G)} \quad \forall \varphi_h \in X_h\end{aligned}$$

zu einem diskreten Anfangswert $u_h^0 = u_{h0} \in X_h$ und mit der Definition

$$f^m = \frac{1}{\tau} \int\limits_{(m-1)\tau}^{m\tau} f \, dt.$$

Ist $\theta \in [0, \frac{1}{2})$, dann sei zusätzlich die Bedingung $(1-\theta)\tau\lambda_h^2 \le 1$ mit λ_h aus (5.47) erfüllt.

Schließlich seien die folgenden Normen der kontinuierlichen Lösung u endlich:

$$\sup_{t\in(0,T)} \|u_t\|_{H^{s+1}(G)}, \quad \sup_{t\in(0,T)} \|u_{tt}\|_{L^2(G)}, \quad \int\limits_0^T \|u_{ttt}\|^2_{L^2(G)} dt.$$

Dann bestehen die folgenden Abschätzungen für den Fehler zwischen kontinuierlicher und diskreter Lösung:

Für das Maximum des $L^2(G)$-Fehlers in der Zeit gilt

$$\max_{m=1,\dots,M_\tau} \|u(\cdot, m\tau) - u_h^m\|_{L^2(G)} \tag{5.54}$$
$$\leq c(|2\theta - 1|C_1\tau + C_2\tau^2 + C_3h^{s+1}) + \|P_h u_0 - u_h^0\|_{L^2(G)}.$$

Für den Fehler im Gradienten gilt

$$\Big(\tau \sum_{m=1}^{M_\tau} \|\nabla u(\cdot, m\tau) - \nabla u_h^m\|_{L^2(G)}^2\Big)^{\frac{1}{2}} \tag{5.55}$$
$$\leq c(|2\theta - 1|C_1\tau + C_2\tau^2 + C_3h^{s+1} + C_4h^s) + \|P_h u_0 - u_h^0\|_{L^2(G)}.$$

Dabei sind

$$C_1 = \sup_{(0,T)} \|u_{tt}\|_{L^2(G)}, \qquad C_2 = \Big(\int_0^T \|u_{ttt}\|_{L^2(G)}^2\Big)^{\frac{1}{2}},$$
$$C_3 = \Big(\int_0^T \|u_t\|_{H^{s+1}(G)}^2\Big)^{\frac{1}{2}}, \qquad C_4 = \sup_{t\in(0,T)} \|u_t\|_{H^{s+1}(G)}.$$

Beweis. Zur Abschätzung der L^2-Norm des Fehlers wählen wir die Testfunktion $\varphi_h = \theta e^m + (1-\theta)e^{m-1}$ in der Fehlerrelation des θ-Verfahrens von Hilfssatz 5.32 und erhalten

$$\frac{1}{\tau}(e^m - e^{m-1},\ \theta e^m + (1-\theta)e^{m-1})_{L^2(G)} + \|\nabla(\theta e^m + (1-\theta)e^{m-1})\|_{L^2(G)}^2$$
$$= (R_1^m + R_2^m,\ \theta e^m + (1-\theta)e^{m-1})_{L^2(G)}$$
$$\leq (\|R_1^m\|_{L^2(G)} + \|R_2^m\|_{L^2(G)})\|(\theta e^m + (1-\theta)e^{m-1})\|_{L^2(G)}. \tag{5.56}$$

Das Skalarprodukt auf der linken Seite läßt sich folgendermaßen durch L^2-Normen darstellen:

$$\frac{1}{\tau}(e^m - e^{m-1}, \theta e^m + (1-\theta)e^{m-1})_{L^2(G)}$$
$$= \frac{1}{\tau}(e^m - e^{m-1},\ \theta(e^m - e^{m-1}) + e^{m-1})_{L^2(G)}$$
$$= \frac{1}{\tau}\big(\theta\|e^m - e^{m-1}\|_{L^2(G)}^2 + (e^m, e^{m-1})_{L^2(G)} - \|e^{m-1}\|_{L^2(G)}^2\big)$$

$$= \frac{1}{\tau}\Big(\theta\|e^m - e^{m-1}\|^2_{L^2(G)} - \frac{1}{2}\|e^m - e^{m-1}\|^2_{L^2(G)}$$
$$+\frac{1}{2}\|e^m\|^2_{L^2(G)} - \frac{1}{2}\|e^{m-1}\|^2_{L^2(G)}\Big)$$
$$= \frac{1}{2\tau}\big(\|e^m\|^2_{L^2(G)} - \|e^{m-1}\|^2_{L^2(G)}\big) + \frac{1}{\tau}\left(\theta - \frac{1}{2}\right)\|e^m - e^{m-1}\|^2_{L^2(G)}.$$

Wir setzen diese Identität auf der linken Seite von (5.56) ein und wenden auf die rechte Seite die Poincaréungleichung an.

$$\frac{1}{2\tau}\big(\|e^m\|^2_{L^2(G)} - \|e^{m-1}\|^2_{L^2(G)}\big) + \frac{1}{\tau}\left(\theta - \frac{1}{2}\right)\|e^m - e^{m-1}\|^2_{L^2(G)}$$
$$+ \|\nabla(\theta e^m + (1-\theta)e^{m-1})\|^2_{L^2(G)}$$
$$\leq c_P\|\nabla(\theta e^m + (1-\theta)e^{m-1})\|_{L^2(G)}\,(\|R_1^m\|_{L^2(G)} + \|R_2^m\|_{L^2(G)}).$$

Mit der Youngschen Ungleichung erhalten wir für jedes $\varepsilon \in (0,1)$

$$\frac{1}{2\tau}\big(\|e^m\|^2_{L^2(G)} - \|e^{m-1}\|^2_{L^2(G)}\big) + \frac{1}{\tau}\left(\theta - \frac{1}{2}\right)\|e^m - e^{m-1}\|^2_{L^2(G)}$$
$$+ (1-\varepsilon)\|\nabla(\theta e^m + (1-\theta)e^{m-1})\|^2_{L^2(G)}$$
$$\leq c(\varepsilon)(\|R_1^m\|^2_{L^2(G)} + \|R_2^m\|^2_{L^2(G)}).$$

Um an dieser Stelle wieder mittels einer Teleskopsumme aus dem Differenzenterm auf der linken Seite eine Abschätzung für $\|e^m\|_{L^2(G)}$ zu folgern, führen wir wieder eine Fallunterscheidung für θ durch.

Falls $\theta \geq \frac{1}{2}$ gilt, so sind alle Terme auf der linken Seite positiv. Wir wählen $\varepsilon = 1$ und folgern durch Summation über m die Ungleichung

$$\|e^k\|^2_{L^2(G)} \leq \|e^0\|^2_{L^2(G)} + c\tau\sum_{m=1}^{k}(\|R_1^m\|^2_{L^2(G)} + \|R_2^m\|^2_{L^2(G)})$$
$$\leq \|e^0\|^2_{L^2(G)} + c\tau^3\left(\theta - \frac{1}{2}\right)^2\sum_{m=1}^{k}\|u_{tt}^m\|^2_{L^2(G)}$$
$$+ c\tau^4\int_0^{k\tau}\|u_{ttt}(\cdot,\sigma)\|^2_{L^2(G)}d\sigma + ch^{2s+2}\int_0^{k\tau}\|u_t(\cdot,\sigma)\|^2_{H^{s+1}(G)}d\sigma.$$

Dabei haben wir im letzten Schritt Abschätzungen der Restterme R_1^m und R_2^m aus den Hilfssätzen 5.33 und 5.34 eingesetzt. Mit der Definition von $e^k = u_h^k - P_h u(\cdot, k\tau)$

folgern wir so leicht eine Abschätzung für die Differenz $u_h^k - u(\cdot, k\tau)$ mittels der Approximationseigenschaften der Ritzprojektion aus Lemma 5.26:

$$\begin{aligned}\|e^k\|_{L^2(G)} &\geq \|u(\cdot, k\tau) - u_h^k\|_{L^2(G)} - \|u(\cdot, k\tau) - P_h u(\cdot, k\tau)\|_{L^2(G)} \\ &\geq \|u(\cdot, k\tau) - u_h^k\|_{L^2(G)} - ch^{s+1}\|u(\cdot, k\tau)\|_{H^{s+1}(G)}.\end{aligned}$$

Insgesamt folgt so die erste behauptete Fehlerabschätzung (5.54) im Falle $\theta \geq \frac{1}{2}$. Wir bemerken noch, dass durch geschickte Wahl der diskreten Anfangsbedingung, nämlich $u_h^0 = P_h u_0$, der Anfangswert e^0 ganz verschwindet.

Im Fall $\theta \in [0, \frac{1}{2})$ gehen wir nun genauso vor, wie in der Stabilitätsabschätzung des θ-Verfahrens im Beweis von Satz 5.31. Dadurch erhalten wir ebenso die erste Fehlerabschätzung, nun allerdings mit der zusätzlichen Voraussetzung an die Zeitschrittweite. Insgesamt ist damit die Fehlerabschätzung (5.54) bewiesen.

Damit kommen wir zur zweiten behaupteten Ungleichung, der Abschätzung des Fehlers in der H^1-Norm. Wir überlassen dem Leser den Beweis im Fall $\theta \in [\frac{1}{2}, 1]$ und zeigen hier nur den schwierigeren Teil für $\theta \in [0, \frac{1}{2})$. Wie oben gehen wir von der Fehlerrelation in Hilfssatz 5.32 aus, wählen nun aber die Testfunktion $\varphi_h = e^m \in X_h$. Damit erhalten wir die Gleichung:

$$\begin{aligned}&\frac{1}{\tau}(e^m - e^{m-1}, e^m)_{L^2(G)} + (\theta \nabla e^m + (1-\theta)\nabla e^{m-1}, \nabla e^m)_{L^2(G)} \\ &\qquad\qquad = (R_1^m, e^m)_{L^2(G)} + (R_2^m, e^m)_{L^2(G)}.\end{aligned}$$

Wir folgern mit unseren üblichen Tricks

$$\begin{aligned}&\frac{1}{\tau}(e^m - e^{m-1}, e^m)_{L^2(G)} + (\theta \nabla e^m + (1-\theta)\nabla e^{m-1}, \nabla e^m)_{L^2(G)} \\ &\quad = \frac{1}{2\tau}(\|e^m\|_{L^2(G)}^2 - \|e^{m-1}\|_{L^2(G)}^2) + \frac{1}{2}(1+\theta)\|\nabla e^m\|_{L^2(G)}^2 \\ &\qquad + \underbrace{\frac{1}{2}(1-\theta)\|\nabla e^{m-1}\|_{L^2(G)}^2}_{\geq 0} \\ &\qquad + \underbrace{\frac{1}{2\tau}\|e^m - e^{m-1}\|_{L^2(G)}^2 - \frac{1}{2}(1-\theta)\|\nabla(e^m - e^{m-1})\|_{L^2(G)}^2}_{\geq 0 \text{ unter der Zusatzvoraussetzung für } \theta \in [0, \frac{1}{2})}.\end{aligned}$$

Also erhalten wir insgesamt mit der Poincaréungleichung und nach Summation über den Zeitindex m

$$\|e^k\|_{L^2(G)}^2 + \frac{\tau}{2}\sum_{m=1}^{k}\|\nabla e^m\|_{L^2(G)}^2 \leq c\tau \sum_{m=1}^{k}(\|R_1^m\|_{L^2(G)}^2 + \|R_2^m\|_{L^2(G)}^2) + \|e^0\|_{L^2(G)}^2,$$

und das ergibt zusammen mit den Abschätzungen für die Restterme die Ungleichung

$$\tau \sum_{m=1}^{k} \|\nabla e^m\|^2_{L^2(G)}$$

$$\leq c\tau^3 \left(\theta - \frac{1}{2}\right)^2 \sum_{m=1}^{k} \|u^m_{tt}\|^2_{L^2(G)} + c\tau^4 \int_0^{k\tau} \|u_{ttt}(\cdot,\sigma)\|^2_{L^2(G)} d\sigma$$

$$+ ch^{2s+2} \int_0^{k\tau} \|u_t(\cdot,\sigma)\|^2_{H^{s+1}(G)} d\sigma + \|e^0\|^2_{L^2(G)}.$$

Um die eigentliche Abschätzung für $u(\cdot, m\tau) - u^m_h$ zu erhalten, benutzen wir wieder die Approximationseigenschaft der Ritzprojektion. □

N	h	$L^\infty(L^2)$	eoc	$L^2(H^1)$	eoc
9	1.4142136	0.5126319	–	4.7983048	–
25	0.7071068	0.6632140	−0.372	1.6864746	1.509
81	0.3535534	0.1601523	2.050	0.5794806	1.541
289	0.1767767	4.0568006 E-02	1.981	0.2444397	1.245
1089	8.8388348 E-02	1.0119060 E-02	2.003	0.1142514	1.097
4225	4.4194174 E-02	2.5225440 E-03	2.004	5.5537337 E-02	1.041
16641	2.2097087 E-02	6.2961480 E-04	2.002	2.7425399 E-02	1.018

Tabelle 5.1. Fehler und experimentelle Konvergenzordnung für Beispiel 5.36 mit stückweise linearen Finiten Elementen. Implizites Verfahren $\theta = 1$ und $\tau = 0.25\,h^2$.

Beispiel 5.36. Wir lösen das Anfangsrandwertproblem für die Wärmeleitungsgleichung aus Satz 5.35 numerisch mit stückweise linearen Finiten Elementen. Dazu konstruieren wir eine Lösung, die explizit bekannt ist, so dass die Fehler bei Orts- und Zeitdiskretisierung explizit berechnet werden können.

Als kontinuierliche Lösung wählen wir die Funktion

$$u(x_1, x_2, t) = \sin(e^{-t} x_1^2 + e^t x_2^2)$$

auf dem Gebiet $G = (-1,1)\times(-1,1)$. Als Zeitintervall wählen wir $(0,T)$ mit $T = 1$. Demnach ist der Anfangswert durch $u_0(x) = \sin(|x|^2)$ gegeben. In allen Rechnungen wird der diskrete Anfangswert als die lineare Interpolation des kontinuierlichen Anfangswerts gewählt. Als rechte Seite verwenden wir $f = u_t - \Delta u$, also

$$f(x,t) = \cos(e^{-t} x_1^2 + e^t x_2^2)(e^t(x_2^2 - 2) - e^{-t}(x_1^2 + 2))$$
$$+ 4\sin(e^{-t} x_1^2 + e^t x_2^2)(x_1^2 e^{-2t} + x_2^2 e^{2t}).$$

N	h	$L^\infty(L^2)$	eoc	$L^2(H^1)$	eoc
9	1.4142136	0.8691246	–	15.041520	–
25	0.7071068	0.8089735	0.104	4.3524422	1.789
81	0.3535534	0.1770790	2.192	0.9189520	2.244
289	0.1767767	4.8560721 E-02	1.867	0.3358775	1.452
1089	8.8388348 E-02	1.3799436 E-02	1.815	0.1415835	1.246
4225	4.4194174 E-02	3.9665063 E-03	1.799	6.1349003 E-02	1.207
16641	2.2097087 E-02	1.3929139 E-03	1.510	2.9237943 E-02	1.069
66049	1.1048544 E-02	5.4101313 E-04	1.364	1.4065095 E-02	1.056
263169	5.5242717 E-03	2.3805564 E-04	1.184	6.9443669 E-03	1.018

Tabelle 5.2. Fehler und experimentelle Konvergenzordnung für Beispiel 5.36 mit stückweise linearen Finiten Elementen. Implizites Verfahren $\theta = 1$ und $\tau = h$.

N	h	$L^\infty(L^2)$	eoc	$L^2(H^1)$	eoc
9	1.4142136	0.8268053	–	14.5885123	–
25	0.7071068	0.8136798	0.023	4.3530835	1.745
81	0.3535534	0.1687146	2.270	0.9163352	2.248
289	0.1767767	4.3891853 E-02	1.943	0.3423151	1.421
1089	8.8388348 E-02	1.0937808 E-02	2.005	0.1468473	1.221
4225	4.4194174 E-02	2.5742231 E-03	2.0871	6.4712983 E-02	1.182
16641	2.2097087 E-02	6.4295248 E-04	2.001	3.1073193 E-02	1.058
66049	1.1048544 E-02	1.5822794 E-04	2.023	1.5026965 E-02	1.048

Tabelle 5.3. Fehler und experimentelle Konvergenzordnung für Beispiel 5.36 mit stückweise linearen Finiten Elementen. Crank-Nicolson-Verfahren $\theta = \frac{1}{2}$ und $\tau = h$.

Die Randwerte sind durch $g = u$ gegeben. In den Tabellen werden die in Satz 5.35 abgeschätzten Fehler

$$\|u - u_h\|_{L^\infty(L^2)} = \max_{m=1,\ldots,M_\tau} \|u(\cdot, m\tau) - u_h^m\|_{L^2(G)},$$

$$\|u - u_h\|_{L^2(H^1)} = \Big(\tau \sum_{m=1}^{M_\tau} \|\nabla u(\cdot, m\tau) - \nabla u_h^m\|^2_{L^2(G)}\Big)^{\frac{1}{2}}$$

dargestellt – dort mit $L^\infty(L^2)$ und $L^2(H^1)$ bezeichnet.

Die experimentelle Konvergenzordnung wird gemäß der Formel (3.42) berechnet. Dabei verwenden wir die räumliche Gitterweite als Diskretisierungsparameter, da wir die Zeitschrittweite für die verschiedenen Experimente an die Gitterweite im Ort koppeln.

Wir beginnen mit einem Experiment zum impliziten Verfahren $\theta = 1$ in (5.40). Dann sollten die beiden betrachteten Fehler sich wie folgt verhalten:

$$\|u - u_h\|_{L^\infty(L^2)} \le c(\tau + h^2), \quad \|u - u_h\|_{L^2(H^1)} \le c(\tau + h). \tag{5.57}$$

Um die vollen Konvergenzordnungen zu entdecken, wählen wir $\tau = ch^2$ mit $c = 0.25$. Die Resultate sind in Tabelle 5.1 dargestellt. Die experimentellen Konvergenzordnungen bestätigen unsere theoretischen Fehlerabschätzungen.

Nun ändern wir lediglich die Kopplung zwischen Zeitschrittweite und Ortsgitterweite auf $\tau = h$. Nach Satz 5.35 beziehungsweise (5.57) sollten wir dann für beide Fehler lineare Konvergenz erhalten. Diese Resultate sind in Tabelle 5.2 dargestellt.

In Tabelle 5.3 sind die experimentellen Konvergenzergebnisse für den Fall des Crank-Nicolson-Verfahrens $\theta = \frac{1}{2}$ aufgeführt. Hier erwarten wir die Konvergenzraten

$$\|u - u_h\|_{L^\infty(L^2)} \le c(\tau^2 + h^2), \quad \|u - u_h\|_{L^2(H^1)} \le c(\tau^2 + h). \tag{5.58}$$

Für unsere Rechnungen haben wir $\tau = h$ gewählt, erwarten also quadratische Konvergenz für den $L^\infty(L^2)$- und lineare Konvergenz für den $L^2(H^1)$-Fehler. Dies wird durch die Rechnungen bestätigt.

Für das explizite Verfahren $\theta = 0$ ergeben sich ähnliche Werte für die Konvergenzordnungen wie für das implizite Verfahren $\theta = 1$. Hier ist besonders interessant, ob die Stabilitätsbedingung (5.49) aus Satz 5.31 notwendig ist. Das Entstehen einer Instabilität für unser Beispiel wird in Abbildung 5.3 gezeigt.

Zum Abschluss dieses Paragraphen zeigen wir in Abbildung 5.4 eine numerische Lösung der Wärmeleitungsgleichung unter Neumann-Randbedingungen.

5.8 Soboleväume

Im Abschnitt 2.2 haben wir Soboleväume eingeführt und damit die Existenz von Lösungen elliptischer Differentialgleichungen nachgewiesen. Danach sind wir ganz ähnlich auch für parabolische Gleichungen vorgegangen, und haben dabei einige Eigenschaften der Räume benutzt, deren Beweis jetzt nachgeholt werden soll.

5.8.1 Spursatz

Unser erstes Ziel ist der Beweis des einfachsten Spursatzes, dessen Idee wir schon in Satz 2.27 gesehen haben. Wir beweisen diesen Satz für eine einfache Standardsituation.

Satz 5.37. *Es sei $G = \underline{G} \times (0, R) \subset \mathbb{R}^n$ mit einem Gebiet $\underline{G} \subset \mathbb{R}^{n-1}$. Dann gibt es eine stetige lineare Abbildung $B : H^{1,p}(G) \to L^p(\underline{G})$. Dabei sei $1 \le p < \infty$.*

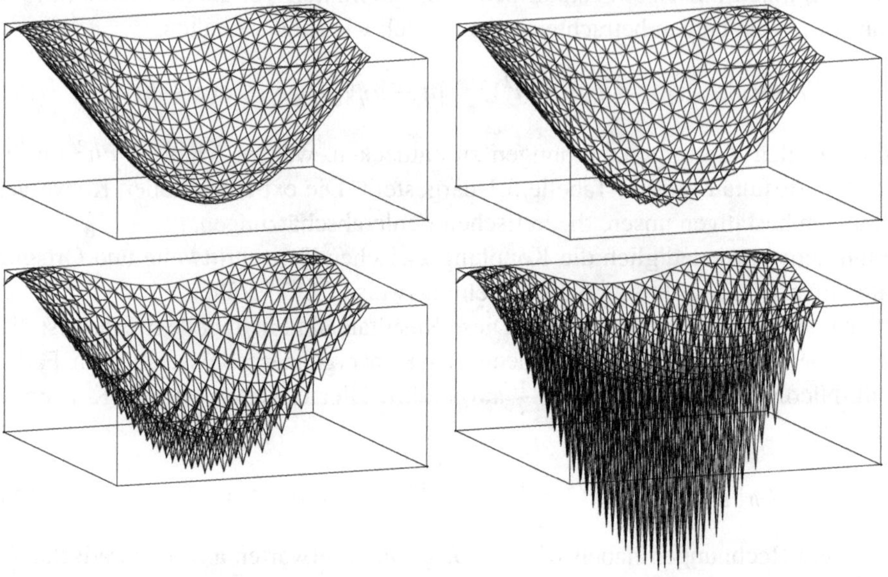

Abbildung 5.3. Auftreten einer Instabilität bei Verwendung des expliziten Verfahrens $\theta = 0$ mit einer zu großen Zeitschrittweite. Dargestellt ist die diskrete Lösung über dem Teilgebiet $(-1, 1) \times (0, 1)$ zu den Zeiten $t = 0.0, 0.006, 0.008, 0.011$.

Demnach gibt es eine Konstante c, so dass für alle $u \in H^{1,p}(G)$ gilt

$$\|Bu\|_{L^p(\underline{G})} \leq c\|u\|_{H^{1,p}(G)}.$$

Für $u \in C^0(\overline{G}) \cap H^{1,p}(G)$ ist $Bu = u|_{\underline{G}}$. Deshalb schreibt man meist u statt Bu.

Beweis. Zunächst sei $u \in C^1(G) \cap H^{1,p}(G)$ und $u = 0$ in einer Umgebung von $\underline{G} \times \{R\}$. Dann haben wir für $\underline{x} \in \underline{G}$ und $R > s' > s > 0$ die Ungleichung

$$|u(\underline{x}, s') - u(\underline{x}, s)| \leq \int_s^{s'} |u_{x_n}(\underline{x}, t)|\, dt,$$

also auch

$$|u(\underline{x}, s') - u(\underline{x}, s)|^p \leq (s' - s)^{p-1} \int_s^{s'} |u_{x_n}(\underline{x}, t)|^p\, dt.$$

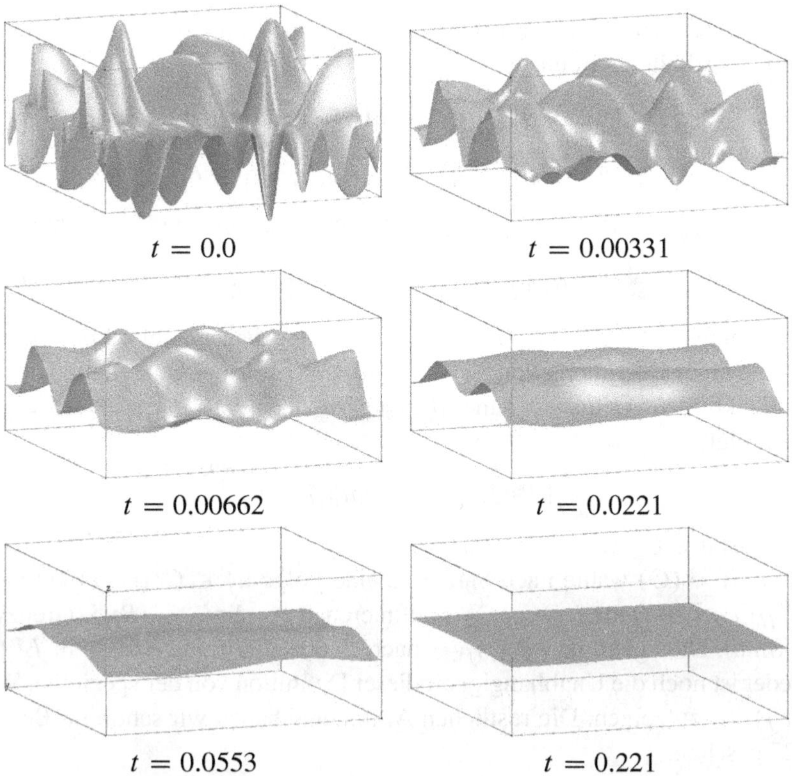

Abbildung 5.4. Lösung $u = u(x,t)$ ($x \in G = (-1,1)^2 \subset \mathbb{R}^2$) für einige Zeiten wie angegeben unter der Neumann-Randbedingung $\frac{\partial u}{\partial \nu} = 0$ auf ∂G. Der Startwert u_0 ist oben links dargestellt. Als rechte Seite wurde $f = 0$ gewählt.

Nach Integration über $\underline{G}$ bezüglich $\underline{x}$ folgt schließlich

$$\|u(\cdot,s') - u(\cdot,s)\|_{L^p(\underline{G})} \le (s'-s)^{1-\frac{1}{p}} \|\nabla u\|_{L^p(\underline{G}\times(s,s'))}. \tag{5.59}$$

Es sei nun $(s_m)_{m\in N}$ eine Nullfolge aus dem Intervall $(0, R)$. Setzen wir $v_m = u(\cdot, s_m)$, so wissen wir wegen obiger Ungleichung, dass (zum Beispiel für $s_m > s_l$) gilt:

$$\|v_m - v_l\|_{L^p(\underline{G})} \le (s_m - s_l)^{1-\frac{1}{p}} \|\nabla u\|_{L^p(\underline{G}\times(s_l,s_m))} \to 0 \quad (l, m \to \infty)$$

Dies gilt übrigens auch für $p = 1$! Demnach ist $(v_m)_{m\in\mathbb{N}}$ eine Cauchyfolge in $L^p(\underline{G})$, und wegen der Vollständigkeit dieses Raums (Satz 2.8) gibt es eine Funktion $v_0 \in L^p(\underline{G})$, so dass $\|v_m - v_0\|_{L^p(\underline{G})} \to 0$ für $m \to \infty$. Wir definieren $Bu = v_0$.

Dass diese Definition von Bu nicht von der Auswahl der speziellen Folge $(s_m)_{m\in\mathbb{N}}$ abhängt, ist leicht zu zeigen. Sei $0 < R' < R$ eine Zahl, so dass $u(\cdot, R') = 0$ ist. Wegen (5.59) erhalten wir, dass

$$\begin{aligned}\|v_m\|_{L^p(\underline{G})} &= \|u(\cdot, s_m)\|_{L^p(\underline{G})} = \|u(\cdot, s_m) - u(\cdot, R')\|_{L^p(\underline{G})} \\ &\leq (R' - s_m)^{1-\frac{1}{p}} \|\nabla u\|_{L^p(\underline{G}\times(s_m,R'))} \leq R^{1-\frac{1}{p}} \|\nabla u\|_{L^p(G)}\end{aligned}$$

gilt. Wegen $\|v_m\|_{L^p(\underline{G})} \to \|Bu\|_{L^p(\underline{G})}$ impliziert dies dann die Ungleichung

$$\|Bu\|_{L^p(\underline{G})} \leq R^{1-\frac{1}{p}} \|\nabla u\|_{L^p(G)}.$$

Für beliebiges $u \in C^1(G) \cap H^{1,p}(G)$ wähle eine Abschneidefunktion $\eta \in C^1(G)$ mit $\eta = 0$ in einer Umgebung von $x_n = R$ und $\eta = 1$ in einer Umgebung von $x_n = 0$. Für die Funktion $\tilde{u} = \eta u$ ist dann $B\tilde{u} = Bu$ und $\|\nabla \tilde{u}\|_{L^p(G)} \leq c\|u\|_{H^{1,p}(G)}$. Demnach folgt

$$\|Bu\|_{L^p(\underline{G})} \leq c\|u\|_{H^{1,p}(G)} \tag{5.60}$$

für beliebiges $u \in C^1(G) \cap H^{1,p}(G)$.

Für $u \in H^{1,p}(G)$ wähle nach Satz 3.22 eine Folge $u_j \in C^1(G) \cap H^{1,p}(G)$ mit $\|u_j - u\|_{H^{1,p}(G)} \to 0$ für $j \to \infty$. Wir definieren $Bu = \lim_{j\to\infty} Bu_j$ (Grenzwert im $L^p(\underline{G})$-Sinn). Dies geht, da $(Bu_j)_{j\in\mathbb{N}}$ nach (5.60) eine Cauchyfolge in $L^p(\underline{G})$ ist. Und wieder ist noch die Unabhängigkeit dieser Definition von der speziellen Wahl der Folge $(u_j)_{j\in\mathbb{N}}$ zu zeigen. Die restlichen Argumente haben wir schon im Beweis von Satz 2.27 gesehen. □

Die Situation in Satz 5.37 scheint zunächst ziemlich speziell zu sein. Jedoch erlauben die in Hilfssatz 3.46 für x in einer Umgebung von ∂G eingeführten Normalkoordinaten

$$x = a(x) + d(x)\nu(a(x)), \quad a(x) \in \partial G$$

eine direkte Verallgemeinerung des Beweises von Satz 5.37 auf Gebiete G mit C^1-Rand. Der Schlüssel ist eine Abschätzung der Form

$$|u(a + s'\nu(a)) - u(a + s\nu(a))| \leq \int_s^{s'} \left|\frac{\partial u}{\partial \nu}(a + t\nu(a))\right| dt$$

für $a \in \partial G$. Man kann dann relativ leicht den folgenden Satz beweisen.

Satz 5.38. *Es sei $G \subset \mathbb{R}^n$ ein beschränktes Gebiet mit $\partial G \in C^1$ und $1 \leq p < \infty$. Dann gibt es eine stetige lineare Abbildung $B : H^{1,p}(G) \to L^p(\partial G)$, das heißt ein $B \in L(H^{1,p}(G), L^p(\partial G))$, so dass $Bu = u|_{\partial G}$ für $u \in C^0(\overline{G}) \cap H^{1,p}(G)$ gilt. Außerdem ist*

$$\mathring{H}^{1,p}(G) = \{u \in H^{1,p}(G) \mid Bu = 0\}.$$

Die von uns bewiesenen Spursätze reichen für unsere Zwecke aus. Jedoch sind manchmal optimale Spursätze wichtig. Die Spur einer Funktion $u \in H^{1,p}(G)$ auf dem Rand liegt im Allgemeinen in einem kleineren Raum als in dem von uns erreichten Raum $L^p(G)$. Für $p = 2$ liegt nämlich die Spur $u \in H^{\frac{1}{2}}(\partial G)$. Dies kann man so deuten, dass u auf dem Rand noch eine „halbe Ableitung" besitzt, die in $L^2(G)$ liegt.

5.8.2 Approximierbarkeit von Sobolevfunktionen

Unser nächstes Ziel ist der Nachweis der Dichtheit von klassisch differenzierbaren Funktionen in Sobolevräumen. Es geht also auch um den Beweis von Satz 3.22. Die Idee dafür ist, eine Funktion $u \in L^p(G)$ um jeden Punkt $x \in G$ in einer kleinen Umgebung $B_\varepsilon(x)$ zu mitteln und damit eine differenzierbare Approximation u_ε zu erhalten. Danach zeigen wir, dass für $\varepsilon \to 0$ die entstehende „Funktionenfolge" u_ε in der Norm des Sobolevraums gegen die Ausgangsfunktion u konvergiert. Auf diese Weise ist zu jedem u eine Folge differenzierbarer Funktionen gefunden und so die Dichtheit nachgewiesen. Die im Folgenden konstruierte Glättungsoperation hat aber noch andere Anwendungen. Eine Spezialität dieser Operation besteht darin, dass die Glättung mit Ableitungen kommutiert.

Um die Mittelungsoperation zu präzisieren, führen wir sogenannte „Mollifier" ein.

Definition 5.39. Gegeben sei eine Funktion $\eta \in C_0^\infty(\mathbb{R}^n)$ mit den Eigenschaften

$$\eta \geq 0, \quad \operatorname{supp} \eta \subset \overline{B_1(0)}, \quad \int\limits_{\mathbb{R}^n} \eta = 1.$$

Dann heißt

$$\eta_\varepsilon(x) = \frac{1}{\varepsilon^n} \eta\left(\frac{x}{\varepsilon}\right) \quad x \in \mathbb{R}^n,\ \varepsilon > 0$$

Friedrichssche Glättungsfunktion oder auch *Mollifier*.

Ein Beispiel für eine Glättungsfunktion mit den geforderten Eigenschaften ist eine rotierte Gaußsche Glockenkurve. Im Folgenden arbeiten wir immer mit dieser speziellen Glättungsfunktion.

Beispiel 5.40. Die Funktion

$$\eta(x) = \begin{cases} e^{-\frac{1}{1-|x|^2}} & (|x| < 1) \\ 0 & (|x| \geq 1) \end{cases}$$

ist eine Friedrichsche Glättungsfunktion, wenn sie durch ihr Integral dividiert wird.

Mittels solcher Mollifier definieren wir nun eine Glättungsoperation für stetige Funktionen mit kompaktem Träger. Später werden wir die Aussage auf Funktionen aus Lebesgueräumen erweitern.

Lemma 5.41. *Sei $G \subset \mathbb{R}^n$ offen. Dann wird die Glättung u_ρ einer Funktion $u \in C_0^0(G)$ durch*

$$u_\rho(x) = \int_G \eta_\rho(x-y)u(y)dy, \quad (x \in \mathbb{R}^n)$$

definiert. Für $0 < \rho < \operatorname{dist}(\operatorname{supp} u, \partial G)$ ist $u_\rho \in C_0^\infty(G)$.

Beweis. Die Differenzierbarkeit von u_ρ folgt direkt aus der Definition dieser Funktion und aus der Differenzierbarkeit von η_ρ.

Der Nachweis, dass u_ρ kompakten Träger hat, folgt aus der Beobachtung

$$\eta_\rho(x-y) \neq 0 \Leftrightarrow |x-y| \leq \rho.$$

Damit liegt der Träger von u_ρ in einer ρ-Umgebung von $\operatorname{supp} u$, also

$$\operatorname{supp} u_\rho \subset \{x \in \mathbb{R}^n \mid \operatorname{dist}(x, \operatorname{supp} u) \leq \rho\},$$

und wegen der Voraussetzung an den Parameter ρ ist $\operatorname{supp} u_\rho \subset G$. Die Kompaktheit von $\operatorname{supp} u_\rho$ ist klar. □

Die Glättungsoperation aus Lemma 5.41 ist sehr gut dafür geeignet, die Dichtheit glatter Funktionen in anderen Funktionenräumen nachzuweisen. Der eigentliche Kern dieser Beweise ist dann die Konvergenz der geglätteten Funktion u_ρ gegen die Ausgangsfunktion u für $\rho \to 0$ in der entsprechenden Norm. Wir beginnen mit dem Raum der stetigen Funktionen.

Satz 5.42. *Sei $G \subset \mathbb{R}^n$ offen. Dann liegt $C_0^\infty(G)$ dicht in jedem $C_0^m(G)$, $m \in \mathbb{N}_0$, bezüglich gleichmässiger Konvergenz. Zu jeder Funktion $u \in C_0^m(G)$ und zu jedem $\varepsilon > 0$ gibt es eine Funktion $\varphi \in C_0^\infty(G)$ mit*

$$\|D^\alpha u - D^\alpha \varphi\|_{C^0(\overline{G})} < \varepsilon, \quad \forall |\alpha| \leq m.$$

Beweis. Sei $u \in C_0^m(G)$ und sei ein $\varepsilon > 0$ vorgegeben. Wir setzen u außerhalb von G durch 0 zu einer Funktion auf ganz $\mathbb{R}^n$ fort und wenden die Definition der Glättung auf die Ableitung $D^\alpha u$ an.

$$\begin{aligned}
(D^\alpha u_\rho)(x) &= D^\alpha\left(\frac{1}{\rho^n}\int_{\mathbb{R}^n} \eta\left(\frac{x-y}{\rho}\right) u(y)dy\right) \\
&= D^\alpha \int_{\mathbb{R}^n} \eta\left(\frac{z}{\rho}\right) u(x-z)dz \\
&= \int_{\mathbb{R}^n} \eta\left(\frac{z}{\rho}\right) (D^\alpha u)(x-z)dz.
\end{aligned}$$

Dabei haben wir im zweiten Schritt die Substitution $z = x - y$ verwendet. Wenn wir die Rücksubstitution $y = x - z$ anwenden, so haben wir direkt eine wichtige Regel bewiesen. Die Glättungsoperation kommutiert mit Differentiation, das heißt

$$D^\alpha u_\rho = (D^\alpha u)_\rho. \tag{5.61}$$

Wir benutzen hier aber die Gleichung ohne Rücksubstitution und folgern

$$\begin{aligned}
&|(D^\alpha u_\rho)(x) - (D^\alpha u)(x)| \\
&= \left| \frac{1}{\rho^n} \int_{\mathbb{R}^n} \eta\left(\frac{z}{\rho}\right)(D^\alpha u)(x-z)dz - \frac{1}{\rho^n} \int_{\mathbb{R}^n} \eta\left(\frac{z}{\rho}\right) D^\alpha u(x)dz \right| \\
&\le \sup_{z\in\mathbb{R}^n, |z|\le\rho} |(D^\alpha u)(x-z) - D^\alpha u(x)|.
\end{aligned}$$

Dabei haben wir die Eigenschaft

$$\frac{1}{\rho^n} \int_{\mathbb{R}^n} \eta\left(\frac{z}{\rho}\right) dz = 1 \tag{5.62}$$

verwendet. Um die entstandene Differenz gegen ε abzuschätzen beachten wir, dass nach Voraussetzung $D^\alpha u$ stetig und wegen des kompakten Trägers sogar gleichmäßig stetig ist. Es gilt also

$$\exists \delta(\varepsilon) > 0\ \forall |\alpha| \le m\ \forall x, y \in G \quad (\,|x - y| < \delta \implies |D^\alpha u(x) - D^\alpha u(y)| < \varepsilon\,).$$

Daher wählen wir $\rho < \delta(\varepsilon)$ und erhalten so

$$|(D^\alpha u_\rho)(x) - (D^\alpha u)(x)| < \varepsilon$$

für alle x, also die Behauptung des Satzes. □

Wir haben damit bewiesen, dass für glatte Funktionen die (noch glattere) Glättung gleichmäßig gegen die Funktion konvergiert. Und dies gilt auch für die entsprechenden Ableitungen. Daraus können wir auch die Dichtheit von $C_0^\infty(G)$ in den Lebesgueräumen folgern.

Folgerung 5.43. *Sei $G \subset \mathbb{R}^n$ offen. Dann liegt $C_0^\infty(G)$ dicht in $L^p(G)$ für $1 \le p < \infty$. Insbesondere liegen damit alle Räume $C_0^m(G)$, $m \in \mathbb{N}$, dicht in $L^p(G)$.*

Selbstverständlich bedeutet „Dichtheit in einem Raum“ immer die Dichtheit bezüglich der in diesem Raum herrschenden Norm, hier also der $L^p(G)$-Norm.

Beweis. Aus der Definition des Lebesque-Integrals kennt man die Dichtheit von $C_0^0(G)$ in $L^p(G)$ bezüglich der $L^p(G)$-Norm. Zusammen mit dem letzten Satz folgt daraus sofort die Aussage. □

Insbesondere erhält man so auch:

Folgerung 5.44. *Sei $G \subset \mathbb{R}^n$ offen. Dann liegt $C_0^\infty(G)$ dicht in $C_0^m(G)$ für $1 \leq p < \infty$, $m \in \mathbb{N}_0$ bezüglich der Konvergenz in $H^{m,p}(G)$.*

Beweis. Es sei also $u \in C_0^m(G)$. Es reicht aus, die Behauptung für beschränktes G nachzuweisen, denn sonst wähle man zum Beispiel $G' = G \cap B_R(0)$ so, dass $\operatorname{supp} u \subset G'$ ist. Sei also G beschränkt. Nach Satz 5.42 gilt die Dichtheit schon bezüglich der $C^m(\overline{G})$-Norm, also bezüglich gleichmäßiger Konvergenz für u und ihre Ableitungen bis zur Ordnung m. Da $H^{m,p}(G)$-Konvergenz auf beschränkten Mengen schwächer ist, folgt also insbesondere auch die Dichtheit bezüglich dieser Norm. Genauer wählen wir nach Satz 5.42 zu $u \in C_0^m(G)$ und $\varepsilon > 0$ ein $\varphi \in C_0^\infty(G)$ mit

$$\|D^\alpha u - D^\alpha \varphi\|_{C^0(\overline{G})} = \|D^\alpha u - D^\alpha \varphi\|_{L^\infty(G)} < \varepsilon$$

für alle $|\alpha| \leq m$ und schätzen damit die $H^{m,p}(G)$-Norm ab.

$$\begin{aligned}\|u - \varphi\|_{H^{m,p}(G)}^p &= \sum_{|\alpha|=0}^{m} \|D^\alpha u - D^\alpha \varphi\|_{L^p(G)}^p \\ &\leq \sum_{|\alpha|=0}^{m} \|D^\alpha u - D^\alpha \varphi\|_{L^\infty(G)}^p |G| < \varepsilon^p \sum_{|\alpha|=0}^{m} |G|.\end{aligned}$$

Eine adäquate Umformulierung mit einem $\tilde{\varepsilon}$ liefert die Behauptung der Folgerung. □

Mit diesem Resultat können wir in der nächsten Folgerung den Sobolevraum mit Nullrandwerten, eingeführt in Definition 2.16 als Abschluss von $C_0^m(G)$ in der $H^{m,p}(G)$-Norm, auch als Abschluss der $C_0^\infty(G)$-Funktionen erkennen. Der Beweis ist klar.

Folgerung 5.45. *Sei $G \subset \mathbb{R}^n$ offen, $1 \leq p < \infty$, $m \in \mathbb{N}_0$. Dann gilt:*

$$\mathring{H}^{m,p}(G) = \overline{C_0^\infty(G)}^{\|\cdot\|_{H^{m,p}(G)}}.$$

Bisher haben wir Funktionen mit kompaktem Träger in G geglättet und damit Dichtheitsaussagen nachgewiesen. Im Folgenden wollen wir diese Einschränkung aufheben und Funktionen auf dem gesamten Gebiet G betrachten. Damit wird es möglich sein, auch den Raum $H^{m,p}(G)$ (ohne Nullrandwerte) als Abschluss differenzierbarer Funktionen zu charakterisieren, insbesondere also den Beweis von Satz 3.22 nachzuliefern.

Satz 5.46. *Sei $1 \leq p \leq \infty$ und $u \in L^p(\mathbb{R}^n)$. Dann ist die Glättung $u_\rho \in C^\infty(\mathbb{R}^n)$ und genügt der Abschätzung*

$$\|u_\rho\|_{L^p(\mathbb{R}^n)} \leq \sup_{|z| \leq \rho} \|u(\cdot - z)\|_{L^p(\mathbb{R}^n)} \leq \|u\|_{L^p(\mathbb{R}^n)}.$$

Beweis. Die Differenzierbarkeit von u_ρ folgt analog zu Lemma 5.41, nun aber mit den entsprechenden Sätzen über Lebesgueintegrale.

Wir beweisen die Abschätzung. Der Fall $p = \infty$ ist wegen der Normiertheit der Glättungsfunktion (5.62),

$$\int_{\mathbb{R}^n} \eta_\rho(x-y)dy = \int_{\mathbb{R}^n} \eta_\rho(z)dz = \frac{1}{\rho^n}\int_{\mathbb{R}^n} \eta\left(\frac{z}{\rho}\right)dz = 1, \tag{5.63}$$

klar. Wir können also $1 \leq p < \infty$ annehmen. Dann gilt mit Hilfe der Hölderungleichung mit dem zu p dualen Exponenten p':

$$\begin{aligned}
\int_{\mathbb{R}^n} |u_\rho(x)|^p dx &\leq \int_{\mathbb{R}^n}\left(\int_{\mathbb{R}^n} \eta_\rho(x-y)|u(y)|dy\right)^p dx \\
&= \int_{\mathbb{R}^n}\left(\int_{\mathbb{R}^n} \eta_\rho(x-y)^{\frac{1}{p'}}\eta_\rho(x-y)^{\frac{1}{p}}|u(y)|dy\right)^p dx \\
&\leq \int_{\mathbb{R}^n}\left(\int_{\mathbb{R}^n} \eta_\rho(x-y)dy\right)^{\frac{p}{p'}}\left(\int_{\mathbb{R}^n} \eta_\rho(x-y)|u(y)|^p dy\right)dx \\
&= \int_{\mathbb{R}^n}\int_{\mathbb{R}^n} \eta_\rho(x-y)|u(y)|^p dydx \\
&= \int_{\mathbb{R}^n}\int_{\mathbb{R}^n} \eta_\rho(z)|u(x-z)|^p dzdx,
\end{aligned}$$

wobei wir im vorletzten Schritt wieder die Normiertheit der Glättungsfunktion (5.63) und im letzten Schritt die Substitution $z = x - y$ verwendet haben. Wegen des beschränkten Trägers von η_ρ erhalten wir

$$\int_{\mathbb{R}^n} |u_\rho(x)|^p dx \leq \sup_{|z|\leq\rho}\int_{\mathbb{R}^n} |u(x-z)|^p dx \int_{\mathbb{R}^n} \eta_\rho(z)dz = \sup_{|z|\leq\rho}\int_{\mathbb{R}^n} |u(x-z)|^p dx.$$

Insgesamt haben wir damit den Satz bewiesen. □

Wir können mit dem vorigen Satz auch quantitativ abschätzen, wie gut die Glättung u_ρ die Ausgangsfunktion u approximiert, wenn wir mehr Glattheit von u verlangen. Diese Aussage wird häufig in der Analysis verwendet.

Folgerung 5.47. *Sei $u \in H^{1,p}(\mathbb{R}^n)$ mit $1 \leq p \leq \infty$. Dann gilt:*

$$\|u - u_\rho\|_{L^p(\mathbb{R}^n)} \leq \rho\|\nabla u\|_{L^p(\mathbb{R}^n)}.$$

Beweis. Wir schätzen die Differenz auf der linken Seite wie im Beweis des letzten Satzes ab.

$$\begin{aligned}
&\int_{\mathbb{R}^n} |u(x) - u_\rho(x)|^p dx \\
&= \int_{\mathbb{R}^n} \left| \int_{\mathbb{R}^n} \eta_\rho(x-y)dy u(x) - \int_{\mathbb{R}^n} \eta_\rho(x-y)u(y)dy \right|^p dx \\
&= \int_{\mathbb{R}^n} \left| \int_{\mathbb{R}^n} \eta_\rho(x-y)(u(x)-u(y))dy \right|^p dx \\
&\le \sup_{|z|\le\rho} \int_{\mathbb{R}^n} |u(x-z) - u(x)|^p dx.
\end{aligned}$$

Und weiter können wir abschätzen:

$$\begin{aligned}
\int_{\mathbb{R}^n} |u(x) - u(x-z)|^p dx &= \int_{\mathbb{R}^n} \left| \int_0^1 \nabla u(x-sz)\cdot z ds \right|^p dx \\
&\le |z|^p \int_{\mathbb{R}^n} \int_0^1 |\nabla u(x-sz)|^p ds dx \\
&\le |z|^p \int_{\mathbb{R}^n} |\nabla u(\zeta)|^p d\zeta,
\end{aligned}$$

wobei wir im letzten Schritt die Substitution $\zeta = x - sz$ verwendet haben. Setzen wir dies oben ein, so folgt die Behauptung. Im letzten Schritt haben wir den Hauptsatz der Differential- und Integralrechnung für Sobolevfunktionen verwendet. Man überlege sich, wie man dies umgeht. □

Wir zeigen nun, dass die Glättung u_ρ in $L^p(\mathbb{R}^n)$ gegen u konvergiert. Für $p = \infty$ kann dies nicht richtig sein, denn dann wäre ja wegen der gleichmäßigen Konvergenz auch die Grenzfunktion stetig und nicht nur eine Funktion aus $L^\infty(\mathbb{R}^n)$.

Folgerung 5.48. *Sei* $1 \le p < \infty$ *und* $u \in L^p(\mathbb{R}^n)$. *Dann gilt:*

$$u_\rho \to u \quad (\rho \to 0) \quad \text{in } L^p(\mathbb{R}^n).$$

Beweis. Sei $\varepsilon > 0$ vorgegeben, zu zeigen ist $\|u_\rho - u\|_{L^p(\mathbb{R}^n)} < \varepsilon$ für hinreichend kleine ρ. Nach Folgerung 5.43 gibt es ein $\varphi \in C_0^\infty(\mathbb{R}^n)$ mit

$$\|u - \varphi\|_{L^p(\mathbb{R}^n)} < \frac{\varepsilon}{3}.$$

Dann folgt mit der Linearität der Glättung, also mit $u_\rho - \varphi_\rho = (u - \varphi)_\rho$, und der Abschätzung aus Satz 5.46:

$$\begin{aligned}\|u_\rho - u\|_{L^p(\mathbb{R}^n)} &\le \|u_\rho - \varphi_\rho\|_{L^p(\mathbb{R}^n)} + \|\varphi_\rho - \varphi\|_{L^p(\mathbb{R}^n)} + \|\varphi - u\|_{L^p(\mathbb{R}^n)}\\ &\le 2\|u - \varphi\|_{L^p(\mathbb{R}^n)} + \|\varphi_\rho - \varphi\|_{L^p(\mathbb{R}^n)}.\end{aligned}$$

Auf die differenzierbare Funktion φ können wir Satz 5.42 anwenden und erhalten

$$\|\varphi_\rho - \varphi\|_{L^p(\mathbb{R}^n)} < \frac{\varepsilon}{3}$$

für hinreichend kleines ρ. Damit ist die Konvergenz bewiesen. □

Unser nächstes Ziel ist die Approximation von Funktionen aus $H^{m,p}(G)$ durch differenzierbare Funktionen – anders als in Folgerung 5.45 also nicht notwendig mit Nullrandwerten. Der erste Schritt dahin ist, die Konvergenz für die Restriktion einer $H^{m,p}(G)$-Funktion auf eine kompakte Teilmenge von G zu beweisen.

Hilfssatz 5.49. *Sei $G \subset \mathbb{R}^n$ offen und $u \in H^{m,p}(G)$ mit $1 \le p < \infty$. Auf jeder Teilmenge $G' \subset\subset G$ mit* $\operatorname{dist}(G', \partial G) > 0$ *gilt dann*

$$u_\rho \to u \quad (\rho \to 0) \quad \text{in } H^{m,p}(G').$$

Beweis. Sei χ_G die charakteristische Funktion zu G. Die Produktfunktion $\chi_G u$ ist dann ohne Einschränkung der Allgemeinheit auf ganz $\mathbb{R}^n$ definiert. Mit Satz 5.46 gilt

$$(\chi_G u)_\rho = \int_{\mathbb{R}^n} \eta_\rho(\cdot - y) u(y) \chi_G(y) dy \ \in C^\infty(\mathbb{R}^n).$$

Wir betrachten einen festen Punkt $x_0 \in G'$. Dann gibt es nach den Voraussetzungen an G' ein $\varepsilon > 0$ mit $\operatorname{dist}(x_0, \partial G) > \varepsilon$. Wir berechnen die Ableitungen der geglätteten Funktion in x_0.

$$\begin{aligned}D^\alpha(\chi_G u)_\rho(x_0) &= \int_{\mathbb{R}^n} D_x^\alpha \eta_\rho(x_0 - y) u(y) \chi_G(y) dy\\ &= (-1)^{|\alpha|} \int_{\mathbb{R}^n} D_y^\alpha \eta_\rho(x_0 - y) u(y) \chi_G(y) dy.\end{aligned}$$

Wir setzen $\psi(y) = \eta_\rho(x_0 - y)$. Dann hat ψ für die Wahl $\rho < \varepsilon < \operatorname{dist}(\overline{G'}, \partial G)$ ihren Träger ganz in G. Es ist also $\psi \in C_0^\infty(G)$. Damit folgt

$$\begin{aligned}D^\alpha(\chi_G u)_\rho(x_0) &= (-1)^{|\alpha|} \int_G D^\alpha \psi(y) u(y) dy = (-1)^{2|\alpha|} \int_G \psi(y) D^\alpha u(y) dy\\ &= \int_G \eta_\rho(x_0 - y) D^\alpha u(y) dy = \int_{\mathbb{R}^n} \eta_\rho(x_0 - y) D^\alpha u(y) \chi_G(y) dy\\ &= (\chi_G\, D^\alpha u)_\rho(x_0).\end{aligned}$$

Nun können wir für $\rho < \operatorname{dist}(\overline{G'}, \partial G)$ die Konvergenzaussage von Folgerung 5.48 auf die Funktion $g = \chi_G D^\alpha u$ anwenden und erhalten

$$\begin{aligned}\|D^\alpha u_\rho - D^\alpha u\|_{L^p(G')} &= \|D^\alpha(\chi_G u_\rho) - \chi_G\, D^\alpha u\|_{L^p(G')}\\ &= \|(\chi_G\, D^\alpha u)_\rho - \chi_G\, D^\alpha u\|_{L^p(G')} = \|g_\rho - g\|_{L^p(G')} \to 0\end{aligned}$$

für $\rho \to 0$. □

Um das Ziel der Approximation von $H^{m,p}(G)$-Funktionen auf dem gesamten G durch stetig differenzierbare Funktionen zu erreichen, verwenden wir die Strategie, G durch eine sogenannte *Zerlegung der Eins* in Teilmengen zu zerlegen und auf diesen die Konvergenzaussage des letzten Satzes zu verwenden. Bevor wir eine solche Zerlegung der Eins einführen, benötigen wir noch folgendes Hilfsmittel.

Hilfssatz 5.50. *Sei $A \subset G \subset \mathbb{R}^n$ so, dass $A \neq \emptyset$, A kompakt und G offen und beschränkt ist. Dann gibt es ein $\varphi \in C_0^\infty(\mathbb{R}^n)$ mit*

$$0 \le \varphi \le 1 \quad \textit{in } \mathbb{R}^n, \qquad \varphi = 1 \quad \textit{auf } A, \qquad \varphi = 0 \quad \textit{auf } \mathbb{R}^n \setminus G,$$

derart, dass der Träger von φ sogar kompakt in G liegt, insbesondere also $\varphi \in C_0^\infty(G)$ ist.

Beweis. Die Idee des Beweises besteht darin, eine charakteristische Funktion auf A durch die Glättungsoperation differenzierbar zu machen. Wir setzen $B = \mathbb{R}^n \setminus G$ und stellen fest, dass mit den Voraussetzungen an A gilt: $\operatorname{dist}(A, B) > 0$. Also können wir $\rho = \frac{1}{3}\operatorname{dist}(A, B) > 0$ setzen und die um ρ vergrößerten Mengen

$$A_\rho = \{x \in \mathbb{R}^n \mid \operatorname{dist}(x, A) \le \rho\}, \quad B_\rho = \{x \in \mathbb{R}^n \mid \operatorname{dist}(x, B) \le \rho\}$$

erklären. Die gesuchte Funktion φ ergibt sich nun durch Glättung der charakteristischen Funktion χ zur Menge A_ρ. Wir wenden auf χ die Glättungsoperation mit einem Parameter $0 < \varepsilon \le \rho$ an,

$$\chi_\varepsilon(x) = \int\limits_{\mathbb{R}^n} \eta_\varepsilon(x-y)\chi(y)dy,$$

und behaupten, damit ein gesuchtes $\varphi = \chi_\varepsilon$ gefunden zu haben. Wir sehen sofort, dass χ_ε mit unserer Wahl von ε kompakten Träger in G hat. Zu zeigen bleiben die restlichen drei Eigenschaften. Zuerst folgern wir aus $\eta_\varepsilon, \chi \ge 0$, dass gilt:

$$0 \le \int\limits_{\mathbb{R}^n} \eta_\varepsilon(x-y)\chi(y)dy \le \int\limits_{\mathbb{R}^n} \eta_\varepsilon(x-y)dy = 1.$$

Demnach ist $0 \leq \chi_\varepsilon \leq 1$. Um $\chi_\varepsilon = 1$ auf A zu zeigen, betrachten wir für $x \in A$ die Kugel $\overline{B_\rho(x)} \subset A_\rho$. Da der Träger von $\eta_\varepsilon(x - \cdot)$ gerade die Menge $\overline{B_\varepsilon(x)} \subset \overline{B_\rho(x)}$ ist, gilt

$$\chi_\varepsilon(x) = \int\limits_{\mathbb{R}^n} \eta_\varepsilon(x-y)\chi(y)dy = \int\limits_{B_\rho(x)} \eta_\varepsilon(x-y)\chi(y)dy$$

$$= \int\limits_{B_\rho(x)} \eta_\varepsilon(x-y)dy = \int\limits_{\mathbb{R}^n} \eta_\varepsilon(x-y)dy = 1.$$

Dabei haben wir ausgenutzt, dass die charakteristische Funktion χ auf $B_\rho(x)$ identisch 1 ist. Also folgt $\chi_\varepsilon = 1$ auf ganz A. Schließlich gehen wir noch einmal ganz analog vor, um zu zeigen, dass χ_ε auf B verschwindet. Zu einem beliebigen $x \in B$ gilt $\overline{B_\rho(x)} \subset B_\rho$. Damit liegt der Träger von $\eta_\varepsilon(x - \cdot)$ für $\varepsilon \leq \rho$ in B_ρ und wegen $A_\rho \cap B_\rho = \emptyset$ sind die Träger von $\eta_\varepsilon(x - \cdot)$ und χ_ε disjunkt. Also gilt

$$\chi_\varepsilon(x) = \int\limits_{\mathbb{R}^n} \eta_\varepsilon(x-y)\chi(y)dy = \int\limits_{B_\rho(x)} \eta_\varepsilon(x-y)\chi(y)dy = 0.$$

Damit ist $\chi_\varepsilon = 0$ auf $B = \mathbb{R}^n \setminus G$, und alle geforderten Eigenschaften der Funktion $\varphi = \chi_\varepsilon$ sind nachgewiesen. □

Die im letzten Lemma konstruierten Funktionen φ bilden die Grundeinheiten einer Zerlegung der Eins, deren Existenz wir im folgenden Satz beweisen.

Satz 5.51 (Zerlegung der Eins). *Sei $A \subset \mathbb{R}^n$ eine kompakte Menge und $\{G_i\}_{i=1,\dots,N}$ eine Überdeckung von A mit beschränkten, nichtleeren und offenen Mengen $G_i \subset \mathbb{R}^n$:*

$$A \subset \bigcup_{i=1}^N G_i.$$

Dann gibt es Funktionen $\varphi_i \in C_0^\infty(G_i)$, $i = 1, \dots, N$, so dass gilt:

$$0 \leq \varphi_i \leq 1, \quad \sum_{i=1}^N \varphi_i(x) = 1 \quad (x \in A).$$

Man nennt die Funktionen $\{\varphi_i \,|\, i = 1, \dots, N\}$ eine Zerlegung der Eins auf A. Tatsächlich wird damit die charakteristische Funktion auf A in glatte Funktionen mit kompaktem Träger zerlegt.

Beweis. Wir gehen schrittweise vor. Zunächst konstruieren wir innerhalb der G_i kompakte Teilmengen A_i und erhalten so für jedes G_i eine Lokalisierungsfunktion im

Sinne des letzten Hilfssatzes. Danach fügen wir diese Lokalisierungsfunktionen geschickt so zusammen, dass ihre Summe immer 1 ergibt.

1. Schritt: Wir behaupten, dass es kompakte Mengen A_i gibt, so dass die Mengen A_i immer noch A überdecken, jedes einzelne A_i aber ganz in einem G_i liegt.

$$\exists A_i : \quad A_i \subset G_i, \quad A \subset \bigcup_{i=1}^{N} A_i .$$

Zum Beweis benutzen wir die Offenheit der G_i und bilden so zu jedem $x \in G_i$ eine Umgebung $B_{\rho_i(x)}(x)$, deren Abschluss in G_i enthalten ist. Die Gesamtheit dieser offenen Kugeln überdeckt A:

$$A \subset \bigcup_{x \in A} B_{\rho(x)}(x).$$

Also muss es wegen der Kompaktheit von A eine endliche Teilüberdeckung geben:

$$A \subset \bigcup_{k=1}^{m} B_{\rho_k}(x_k).$$

Jede Kugel ist ganz in einem G_i enthalten. Wir fassen den Abschluss aller Kugeln in einem G_i zusammen und definieren:

$$A_i = \bigcup_{\substack{x_k \in G_i, \\ k=1,\dots,m}} \overline{B_{\rho_k}(x_k)} \subset G_i .$$

Da die Kugeln $\{B_{\rho_k}(x_k) | \, k = 1, \dots, m\}$ die Menge A überdecken, besitzen auch die A_i die Überdeckungseigenschaft:

$$\bigcup_{i=1}^{N} A_i = \bigcup_{i=1}^{N} \bigcup_{\substack{x_k \in G_i, \\ k=1,\dots,m}} \overline{B_{\rho_k}(x_k)} \supset A .$$

2. Schritt: Wir wenden auf jedem der G_i Hilfssatz 5.50 an und erhalten Funktionen $\psi_i \in C_0^\infty(G_i)$, so dass gilt:

$$0 \le \psi_i \le 1 \quad \text{in } \mathbb{R}^n, \quad \psi_i = 1 \quad \text{auf } A_i, \quad \psi_i = 0 \quad \text{auf } \mathbb{R}^n \setminus G_i .$$

3. Schritt: Im letzten Schritt konstruieren wir aus den Funktionen ψ_i die Zerlegungs-Funktionen φ_i induktiv durch:

$$\varphi_1 = \psi_1, \quad \varphi_i = \psi_i \, (1 - \psi_1) \cdots (1 - \psi_{i-1}), \quad (i = 2, \dots, N).$$

Wir zeigen, dass die behaupteten Eigenschaften der Zerlegung der Eins für $\{\varphi_i\}_{i=1,\dots,N}$ erfüllt sind. Mit den Eigenschaften der ψ_i aus dem letzten Schritt erhalten wir sofort

$$\operatorname{supp}\varphi_i \subset G_i, \quad 0 \le \varphi_i \le 1.$$

Zu zeigen bleibt, dass die Summe 1 ergibt. Dazu behaupten wir zunächst, dass die Identität

$$\sum_{i=1}^{N} \varphi_i = 1 - (1-\psi_1)\cdots(1-\psi_N) \tag{5.64}$$

besteht und beweisen dies mittels vollständiger Induktion nach N. Für $N = 1$ gilt $\varphi_1 = \psi_1 = 1 - (1-\psi_1)$. Der Induktionsschritt von N nach $N+1$ folgt so:

$$\begin{aligned}\sum_{i=1}^{N+1} \varphi_i &= 1 - (1-\psi_1)\cdots(1-\psi_N) \; + \; \varphi_{N+1} \\ &= 1 - (1-\psi_1)\cdots(1-\psi_N) \; + \; \psi_{N+1}(1-\psi_1)\cdots(1-\psi_N) \\ &= 1 - (1-\psi_1)\cdots(1-\psi_N)\,(1-\psi_{N+1})\,.\end{aligned}$$

Damit ist (5.64) nachgewiesen. Aus dieser Identität folgt aber sofort die gewünschte Konstanz auf A. Denn wegen der Überdeckungseigenschaft der A_i gibt es für ein $x \in A$ ein i_0, so dass $x \in A_{i_0}$ ist. Damit folgt $\psi_{i_0}(x) = 1$, also verschwindet einer der Faktoren $(1 - \psi_{i_0}(x))$. Mit (5.64) folgt somit

$$\sum_{i=1}^{N} \varphi_i(x) = 1 \; (x \in A).$$

Damit erfüllen die Funktionen φ_i $(i = 1, \dots, N)$ alle Eigenschaften einer Zerlegung der Eins auf A. □

Im obigen Satz war die Grundmenge A, auf der die Zerlegung der Eins konstruiert wurde, als kompakt vorausgesetzt. Dies ist eine sehr starke Voraussetzung, die deutlich abgeschwächt werden kann, ohne die Beweisidee aufgeben zu müssen.

Wir können ganz wie im Beweis zum vorigen Satz eine Zerlegung der Eins für eine offene beschränkte Menge $G \subset \mathbb{R}^n$ konstruieren. Dazu schöpfen wir G mit einer Folge offener nichtleerer Mengen $G_{0,i} \subset \mathbb{R}^n$ aus. Wähle für $i \in \mathbb{N}$

$$G_{0,i} = \left\{ x \in G \mid \operatorname{dist}(x, \partial G) > \frac{1}{i} \right\}.$$

Dann gilt $\overline{G}_{0,i} \subset G_{0,i+1}$ und $G = \bigcup_{i=1}^{\infty} G_{0,i}$. Als Grundgebiete der Zerlegung sind die $G_{0,i}$ noch ungeeignet, da die Überdeckung nicht lokal endlich ist. Wir konstruieren daher Grundgebiete G_i so, dass jeder Punkt nur zu endlich vielen der Gebiete gehört.

$$G_1 = G_{0,1} \cup G_{0,2}, \quad G_{i+1} = G_{0,i+2} \setminus \overline{G_{0,i}} \quad (i \in \mathbb{N}).$$

Dann bilden auch die Mengen G_i ($i \in \mathbb{N}$) eine offene Überdeckung von G. $G = \bigcup_{i=1}^{\infty} G_i$, und außerdem ist diese Überdeckung *lokal endlich*, das heißt

$$\forall x \in G\ \exists \delta > 0 : \ |\{i \in \mathbb{N} \mid B_\delta(x) \cap G_i\}| < \infty.$$

Auf diesen G_i können wir nun wie im Beweis von Satz 5.51 kompakte A_i bilden, so dass

$$A_i \subset G_i, \quad G = \bigcup_{i=1}^{\infty} A_i$$

gilt. Damit folgt dann die Existenz von Funktionen $\varphi_i \in C_0^\infty(G_i)$ mit den Eigenschaften einer Zerlegung der Eins:

$$0 \le \varphi_i \le 1, \quad \varphi_i = 1 \quad \text{auf } A_i, \quad \sum_{i=1}^{\infty} \varphi_i(x) = 1 \quad \text{auf } G.$$

Da die Funktionen φ_i ihren Träger in G_i haben und die Überdeckung $\{G_i \mid i \in \mathbb{N}\}$ lokal endlich ist, ist die Summe für jedes $x \in G$ endlich.

Wir haben bei der obigen Konstruktion die Beschränktheit von G verwendet. Doch auch diese Voraussetzung ist nicht notwendig. Für ein unbeschränktes G bilden wir die Ausschöpfungen $G_{0,i}$ jeweils mit dem Schnitt von G mit der Kugel $B_i(0)$.

$$G_{0,i} = \left\{ x \in G \mid \operatorname{dist}(x, \partial(G \cap B_i(0))) > \frac{1}{i} \right\}.$$

Dann bilden auch die so definierten $G_{0,i}$ eine Überdeckung von G. Wir können genau wie oben fortfahren, und so eine lokal endliche Zerlegung der Eins auf einer unbeschränkten offenen Menge G konstruieren. Wir fassen dies in einer Folgerung zusammen.

Folgerung 5.52. *Zu einer offenen Menge $G \subset \mathbb{R}^n$ gibt es eine lokal endliche offene Überdeckung $\{G_i \mid i \in \mathbb{N}\}$ und eine zugehörige Zerlegung der Eins $\{\varphi_i \in C_0^\infty(G_i) \mid i \in \mathbb{N}\}$.*

Mit der so konstruierten Zerlegung der Eins ist es nun möglich, Dichtheitsaussagen für Sobolevräume zu beweisen. Insbesondere holen wir damit den Beweis von Satz 3.22 nach.

Satz 5.53. *Sei $G \subset \mathbb{R}^n$ beschränkt und offen, $m \in \mathbb{N}_0$ und $1 \le p < \infty$. Dann ist $C^m(G) \cap H^{m,p}(G)$ dicht in $H^{m,p}(G)$.*

Zu jeder Funktion $u \in H^{m,p}(G)$ gibt es also eine Folge $u_j \in C^m(G) \cap H^{m,p}(G)$, so dass $\|u - u_j\|_{H^{m,p}(G)} \to 0$ für $j \to \infty$ konvergiert.

Beweis. Sei also $u \in H^{m,p}(G)$. Die Strategie für das Finden einer Funktion $u^\varepsilon \in C^m(G) \cap H^{m,p}(G)$ mit der Eigenschaft $\|u - u^\varepsilon\|_{H^{m,p}(G)} < \varepsilon$ besteht darin, die Approximierenden auf kompakten Teilmengen von G, die wir nach Hilfssatz 5.49 schon besitzen, durch eine Zerlegung der Eins zu einer auf ganz G definierten Approximierenden zusammenzufügen.

Nach Satz 5.51 und Folgerung 5.52 gibt es eine Zerlegung der Eins mit Mengen $\{G_i \mid i \in \mathbb{N}\}$ und Funktionen $\varphi_i \in C_0^\infty(G_i)$, für die auf G gilt $\sum_{i=1}^\infty \varphi_i = 1$. Der Abschluss $\overline{G_i} \subset G$ ist kompakt. Demnach gibt es nach Hilfssatz 5.49 Funktionen $u_i^\varepsilon \in C_0^\infty(G_i)$, die u auf G_i in $H^{m,p}(G_i)$ approximieren.

$$\|u - u_i^\varepsilon\|_{H^{m,p}(G_i)} < \varepsilon c_i. \tag{5.65}$$

Die Konstante $c_i > 0$ werden wir später geeignet klein wählen. Wir konstruieren nun eine gesuchte Approximierende u^ε auf ganz G mit Hilfe der Zerlegung der Eins. Mit

$$u^\varepsilon = \sum_{i=1}^\infty \varphi_i u_i^\varepsilon.$$

folgt dann (die Summe ist für festes $x \in G$ endlich!)

$$u^\varepsilon - u = \sum_{i=1}^\infty \varphi_i u_i^\varepsilon - u \sum_{i=1}^\infty \varphi_i = \sum_{i=1}^\infty (u_i^\varepsilon - u)\varphi_i.$$

Da die Konvergenz in $H^{m,p}(G)$ nachzuweisen ist, berechnen wir die Ableitungen dieser Differenz. Sei $\alpha \in (\mathbb{N} \cup \{0\})^n$, $|\alpha| \le m$.

Aufgabe 5.54. Deuten Sie und beweisen Sie die verallgemeinerte Produktregel

$$D^\alpha(fg) = \sum_{\beta=0}^{\alpha} \binom{\alpha}{\beta} D^\beta f\, D^{\alpha-\beta} g$$

für genügend of partiell differenzierbare Funktionen f und g.

Damit erhalten wir unter Verwendung von (5.65):

$$\begin{aligned}\|D^\alpha u^\varepsilon - D^\alpha u\|_{L^p(G)} &= \Big\| \sum_{i=1}^\infty D^\alpha \left(\varphi_i (u_i^\varepsilon - u)\right) \Big\|_{L^p(G)} \\ &= \Big\| \sum_{i=1}^\infty \sum_{\beta=0}^{\alpha} \binom{\alpha}{\beta} D^\beta \varphi_i\, D^{\alpha-\beta}(u_i^\varepsilon - u) \Big\|_{L^p(G)}, \\ &\le c \sum_{i=1}^\infty \|\varphi_i\|_{C^m(\overline{G})} \|u_i^\varepsilon - u\|_{H^{m,p}(G_i)} \le c\varepsilon \sum_{i=1}^\infty \|\varphi_i\|_{C^m(\overline{G})} c_i.\end{aligned}$$

Wir wählen – eigentlich schon zu Beginn des Beweises – die Konstanten c_i so klein, dass die Summe konvergiert.

$$c_i = (c2^{i+1}\|\varphi_i\|_{C^m(\overline{G})})^{-1}$$

und erhalten damit schließlich

$$\|D^\alpha u^\varepsilon - D^\alpha u\|_{L^p(G)} < \varepsilon,$$

woraus die Behauptung des Satzes folgt. □

Teil III

Erweiterungen von Theorie und Numerik

Kapitel 6
Theorie und Numerik der linearen Wellengleichung

Wir haben in den vorherigen Kapiteln die grundlegenden Techniken für die Analysis und die Numerik elliptischer und parabolischer partieller Differentialgleichungen kennengelernt. Bei der nun folgenden Untersuchung des Modellfalls einer hyperbolischen linearen partiellen Differentialgleichung zweiter Ordnung wiederholen sich die Argumente. Deshalb besprechen wir in diesem Kapitel vor allem die Dinge, die neu sind und verzichten insbesondere bei der Numerik auf die Vollständigkeit der Argumente.

Wir machen uns zunächst mit der Analysis der linearen Wellengleichung vertraut.

6.1 Der eindimensionale Fall

Wir beginnen mit der räumlich eindimensionalen Wellengleichung,

$$u_{tt} - u_{xx} = 0, \tag{6.1}$$

um uns in das typische Verhalten von Lösungen der Gleichung einzuarbeiten. Außerdem untersuchen wir zunächst ähnlich wie bei der Wärmeleitungsgleichung das Cauchyproblem für die lineare Wellengleichung.

Lemma 6.1. *Alle Lösungen $u \in C^2(\mathbb{R}^2)$ von (6.1) haben die Form*

$$u(x,t) = f(t+x) + g(x-t),$$

wobei f, g Funktionen aus $C^2(\mathbb{R})$ sind.

Beweis. Dies folgt mit einer wichtigen Koordinatentransformation. Wir setzen

$$\xi = t + x, \quad \eta = x - t, \quad x = \frac{1}{2}(\xi + \eta), \quad t = \frac{1}{2}(\xi - \eta),$$

sowie

$$v(\xi, \eta) = u\left(\frac{1}{2}(\xi + \eta), \frac{1}{2}(\xi - \eta)\right), \quad u(x,t) = v(t + x, x - t).$$

Damit wird aus der Differentialgleichung (6.1) für u eine Differentialgleichung für die transformierte Funktion v, nämlich

$$v_{\xi\eta} = 0.$$

Alle Lösungen dieser Differentialgleichung erhält man durch Integration. $v_{\xi\eta}(\xi, \eta) = 0$ impliziert, dass $v_\xi(\xi, \eta) = \tilde{f}(\xi)$ ist, und weiter folgt dann, dass $v(\xi, \eta) = f(\xi) + g(\eta)$ gilt. □

Es ist offensichtlich möglich, zwei Funktionen f und g vorzugeben. Dies geschieht nun auf eine Weise, die es uns später erleichtern wird, eine Lösungsformel in n Raumdimensionen herzuleiten.

Satz 6.2. *Sind $u_0 \in C^2(\mathbb{R})$ und $u_1 \in C^1(\mathbb{R})$, so ist durch*

$$u(x,t) = \frac{1}{2} \int\limits_{x-t}^{x+t} u_1(s)ds + \frac{\partial}{\partial t}\left(\frac{1}{2} \int\limits_{x-t}^{x+t} u_0(s)ds\right) \tag{6.2}$$

die einzige Lösung des Cauchyproblems für die eindimensionale Wellengleichung,

$$u_{tt} - u_{xx} = 0 \quad \text{in } \mathbb{R}^2, \quad u(x,0) = u_0(x), u_t(x,0) = u_1(x) \quad (x \in \mathbb{R}),$$

gegeben.

Beweis. Wir sollten uns ansehen, wie man auf diese Lösungsformel kommt. Damit zeigen wir, dass jede Lösung des Cauchyproblems diese Form hat. Danach wäre zu verifizieren, dass durch (6.2) eine Lösung gegeben ist.

Nach Lemma 6.1 hat die Lösung die Form

$$u(x,t) = f(t+x) + g(x-t), \quad u_t(x,t) = f'(x+t) - g'(x-t).$$

Damit ergibt sich ein sehr einfaches Gleichungssystem für f und g, wenn man $t = 0$ setzt:

$$f(x) + g(x) = u_0(x), \quad f'(x) - g'(x) = u_1(x), \quad (x \in \mathbb{R}).$$

Aus der rechten Gleichung folgt

$$f(x) - g(x) = \int\limits_0^x u_1(s)\, ds + f(0) - g(0),$$

und damit erhalten wir als Lösung des damit entstandenen Gleichungssystems für $f(x)$ und $g(x)$:

$$f(x) = \frac{1}{2} \int\limits_0^x u_1(s)\, ds + \frac{1}{2}(f(0) - g(0)) + \frac{1}{2} u_0(x),$$

$$g(x) = \frac{1}{2} u_0(x) - \frac{1}{2} \int\limits_0^x u_1(s)\, ds - \frac{1}{2}(f(0) - g(0)).$$

Also lautet die Lösungsformel für u:

$$u(x,t) = f(x+t) + g(x-t) = \frac{1}{2}\int_{x-t}^{x+t} u_1(s)\,ds + \frac{1}{2}(u_0(x+t) + u_0(x-t)).$$

Das ist aber die behauptete Gleichung (6.2). □

Es ist wichtig zu sehen, wie die Lösung des Cauchyproblems von den Anfangswerten abhängt. Insbesondere ist es interessant zu sehen, welche Bereiche der Anfangswerte auf der x-Achse die Lösung beeinflussen. Im Gegensatz zur Wärmeleitungsgleichung (siehe Satz 5.6) hängt die Lösung bei der Wellengleichung nicht von allen Daten auf $t = 0$ ab, sondern nur von einem durch die endliche Ausbreitungsgeschwindigkeit gegebenen Bereich.

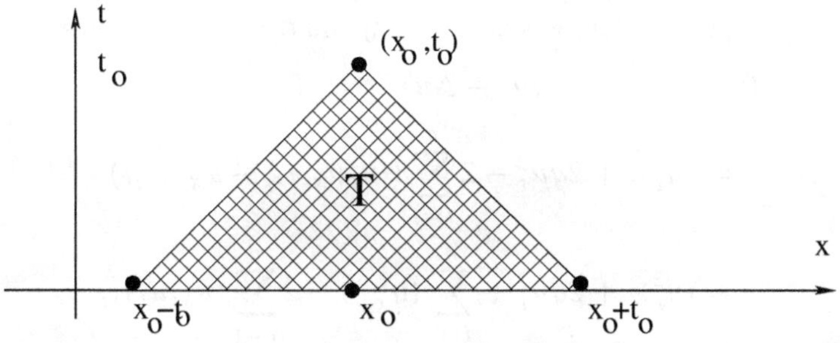

Abbildung 6.1. Die Lösung der Wellengleichung in einer Raumdimension hängt im schraffierten Bereich von den Anfangswerten im Intervall $(x_0 - t_0, x_0 + t_0)$ ab.

Satz 6.3. *Sei $u \in C^2(\mathbb{R}^2)$ Lösung der Wellengleichung*

$$u_{tt} - u_{xx} = 0$$

und seien $u(x,0) = 0$, und $u_t(x,0) = 0$ für $x \in [x_0 - t_0, x_0 + t_0]$. Dann ist $u(x,t) = 0$ für alle $(x,t) \in T$,

$$T = T(x_0, t_0) = \{(x,t) \in \mathbb{R}^2 \mid 0 < t < t_0,\ (t-t_0)^2 - (x-x_0)^2 > 0\}.$$

Beweis. Das ist wegen der Lösungsformel (6.2) offensichtlich. □

6.2 Das Cauchyproblem für die Wellengleichung im $\mathbb{R}^n$

Die Erweiterung der Resultate für die räumlich eindimensionale Wellengleichung auf höhere Raumdimensionen ist im Prinzip klar, birgt jedoch einige Überraschungen. Wir beginnen mit dem Analogon zu Satz 6.3.

Satz 6.4. *Sei* $u \in C^1(\overline{T}) \cap C^2(T)$ *für*

$$T = T(x_0, t_0) = \{(x,t) \in \mathbb{R}^{n+1} | 0 < t < t_0, \ \phi(x,t) > 0\},$$

wobei $\phi(x,t) = (t - t_0)^2 - |x - x_0|^2$ *ist. Die Funktion* u *sei eine Lösung der Differentialgleichung,*

$$u_{tt} + q(x,t)u_t - \Delta u = 0 \quad \text{in } T.$$

Dabei sei q *eine beliebige Funktion, die für* $(x,t) \in \mathbb{R}^n \times (0, t_0)$ *stetig und dort* ≥ 0 *ist.*

Ist dann $u(x,0) = 0$ *und* $u_t(x,0) = 0$ *für* $|x - x_0| \leq t_0$, *so ist* $u(x,t) = 0$ *für alle* $(x,t) \in \overline{T}$.

Beweis. Wähle Zahlen $0 < \tau_0 < \tau_1 < t_0$ und definiere

$$G = \{(x,t) \in \mathbb{R}^{n+1} \mid \phi(x,t) > 0, \tau_0 < t < \tau_1\}$$

als den Teil des Kegels T, der zwischen $t = \tau_0$ und $t = \tau_1$ liegt. Auf G gilt

$$\begin{aligned} 0 &= 2u_t(u_{tt} + qu_t - \Delta u) \\ &= (u_t^2)_t + 2qu_t^2 - 2\sum_{i=1}^{n}((u_t u_{x_i})_{x_i} - u_{x_i} u_{x_i t}) \\ &= (u_t^2)_t + 2qu_t^2 + \sum_{i=1}^{n}(u_{x_i}^2)_t - 2\sum_{i=1}^{n}(u_{x_i} u_t)_{x_i}. \end{aligned}$$

In über G integrierter Form ergibt dies die Gleichung

$$0 = 2\int_G qu_t^2 \, dxdt + \int_G (u_t^2)_t + (|\nabla u|^2)_t - 2\nabla \cdot (u_t \nabla u) \, dxdt.$$

G ist Normalgebiet im Sinn von Definition 1.2 mit Rand $\partial G = \Gamma_1 \cup \Gamma_2 \cup \Gamma_3$, wobei

$$\begin{aligned} \Gamma_1 &= \{(x, \tau_0) \in \mathbb{R}^{n+1} \mid \phi(x, \tau_0) > 0\}, \\ \Gamma_2 &= \{(x, \tau_1) \in \mathbb{R}^{n+1} \mid \phi(x, \tau_1) > 0\}, \\ \Gamma_3 &= \{(x, t) \in \mathbb{R}^{n+1} \mid \phi(x, t) = 0, \tau_0 < t < \tau_1\} \end{aligned}$$

sind. Die äußere Normalen sind $\nu = (0, \dots, 0, -1)$ auf Γ_1, $\nu = (0, \dots, 0, 1)$ auf Γ_2 und $\nu_{n+1} = \frac{1}{\sqrt{2}}$, $\sum_{i=1}^{n} \nu_i^2 = \nu_{n+1}^2$ auf Γ_3. Mit dem Gaußschen Integralsatz 1.3 folgt nun

$$\begin{aligned} 0 = 2\int_G qu_t^2 \, dxdt - \int_{\Gamma_1} (u_t^2 + |\nabla u|^2) do(x,t) + \int_{\Gamma_2} (u_t^2 + |\nabla u|^2) do(x,t) \\ + \int_{\Gamma_3} (u_t^2 + |\nabla u|^2)\nu_{n+1} - 2u_t \sum_{i=1}^{n} u_{x_i} \nu_i do(x,t). \end{aligned}$$

Der Integrand im Oberflächenintegral über Γ_3 lässt sich geschickt umschreiben. Es ist nämlich

$$
\begin{aligned}
&(u_t^2 + |\nabla u|^2)\nu_{n+1} - 2u_t \sum_{i=1}^n u_{x_i}\nu_i \\
&= \frac{1}{\nu_{n+1}}\Big((u_t^2 + |\nabla u|^2)\nu_{n+1}^2 - 2\sum_{i=1}^n u_t u_{x_i}\nu_i\nu_{n+1}\Big) \\
&= \sqrt{2}\sum_{i=1}^n (u_{x_i}\nu_{n+1} - u_t\nu_i)^2.
\end{aligned}
$$

Also erhalten wir die Relation

$$
\begin{aligned}
0 = 2\int_G q u_t^2\, dxdt + \int_{\Gamma_2} (u_t^2 + |\nabla u|^2)\, do(x,t) - \int_{\Gamma_1} (u_t^2 + |\nabla u|^2)\, do(x,t) \\
+ \sqrt{2}\int_{\Gamma_3} \sum_{i=1}^n \big(u_{x_i}\nu_{n+1} - u_t\nu_i\big)^2\, do(x,t).
\end{aligned}
$$

Da nach Voraussetzung $u \in C^1(\overline{T})$ und $u = u_t = 0$ für $t = 0$ ist, konvergiert das Integral über den Randteil Γ_1 für $\tau_0 \to 0$ gegen Null, und es bleibt eine Summe Integralen über nicht negative Integranden übrig.

$$
0 = 2\int_G q u_t^2\, dxdt + \int_{\Gamma_2} (u_t^2 + |\nabla u|^2)\, do(x,t) + \sqrt{2}\int_{\Gamma_3} \sum_{i=1}^n (u_{x_i}\nu_{n+1} - u_t\nu_i)^2.
$$

Also folgt insbesondere $u_t^2 + |\nabla u|^2 = 0$ auf Γ_2, und da τ_1 beliebig war, liefert dies, dass $u_t = 0$ und $\nabla u = 0$ auf $\overline{T}$ ist. Demnach ist u auf $\overline{T}$ konstant. Wegen $u = 0$ auf $t = 0$ für $|x - x_0| \leq t_0$ folgt, dass u in $\overline{T}$ verschwindet. Das war die Behauptung des Satzes. □

Jede Lösung des Cauchyproblems für die Wellengleichung im $\mathbb{R}^n$ ist also durch u und u_t auf $\{(x,0) | \, |x - x_0| \leq t_0\}$ eindeutig bestimmt.

Wir versuchen nun, eine Lösungsformel in höheren Raumdimensionen herzuleiten. Dies geschieht in Analogie zum räumlich eindimensionalen Fall mit der Methode der sphärischen Mittelwerte. An dieser Stelle sollten wir eine kleine Formel für den Flächeninhalt der Einheitssphäre herleiten. In Abschnitt 1.2 hatten wir $\omega_n = |S^{n-1}|$ definiert.

Aufgabe 6.5. Für den Flächeninhalt der Einheitssphäre im $\mathbb{R}^n$ gilt:

$$\omega_n = \frac{2\Gamma(\frac{1}{2})}{\Gamma(\frac{n}{2})} = \frac{2\pi^{\frac{n}{2}}}{\Gamma(\frac{n}{2})}$$

mit der Gammafunktion Γ.

Dies ist mit elementaren Methoden zu beweisen. Zur Erinnerung: Die Gammafunktion ist definiert als $\Gamma(x) = \int_0^\infty t^{x-1}e^{-t}\,dt$ für $x > 0$ und genügt der Funktionalgleichung $\Gamma(x+1) = x\Gamma(x)$, und demnach ist $\Gamma(k) = (k-1)!$ für eine Zahl $k \in \mathbb{N}$.

Satz 6.6. *Für $k \geq 2$ und $n \geq 2$ sei $f \in C^k(\mathbb{R}^n)$. Dann ist durch*

$$v(x,r) = \frac{1}{\omega_n} \int\limits_{S^{n-1}} f(x + r\xi) do(\xi) \quad (x \in \mathbb{R}^n,\, r \in \mathbb{R})$$

eine Funktion aus $C^k(\mathbb{R}^n \times \mathbb{R})$ gegeben, die für $r \neq 0$ der Darbouxschen Differentialgleichung

$$v_{rr} + \frac{n-1}{r} v_r - \Delta_x v = 0$$

genügt. Außerdem ist v eine gerade Funktion in r: $v(x,-r) = v(x,r)$ für $r \neq 0$.

Als Vorbereitung für den Beweis sehen wir uns den Laplace-Beltrami-Operator auf der Sphäre an. Wir geben eine einfache Definition für diesen Differentialoperator.

Definition 6.7. Sei $f : S^{n-1} \to \mathbb{R}$ gegeben; $f = f(\xi)$, $(\xi \in S^{n-1})$. Es sei durch

$$F(x) = f\left(\frac{x}{|x|}\right) \quad (0 < |x| < \infty),$$

eine Funktion $F \in C^2(\mathbb{R}^n \setminus \{0\})$ gegeben. Dann heißt

$$\underline{\Delta} f(\xi) = \Delta F(\xi) \quad (\xi \in S^{n-1})$$

Laplace-Beltrami-Operator von f auf S^{n-1}. Die Größe

$$\underline{\nabla} f(\xi) = \nabla F(\xi) \quad (\xi \in S^{n-1})$$

heißt *tangentialer Gradient* von f auf S^{n-1}.

Beispiel 6.8. Ein einfaches Anwendungsbeispiel ist die Funktion $f(\xi) = \xi_i$. In diesem Fall ist $F(x) = \frac{x_i}{|x|}$, und man rechnet leicht nach, dass $\underline{\nabla} f(\xi) = e_i - \xi_i \xi$ und $\underline{\Delta} f(\xi) = (1-n)\xi_i$ für $\xi \in S^{n-1}$ ist. e_i ist der i-te Standardbasisvektor im $\mathbb{R}^n$.

Mit dem Laplace-Beltrami-Operator können wir die bekannte Formel für den Laplace-Operator in Polarkoordinaten im $\mathbb{R}^n$ leicht ausdrücken.

Aufgabe 6.9. Für $g \in C^2(\mathbb{R}^n \setminus \{0\})$ und $r = |x|, \xi = \frac{x}{|x|}$ lautet der Laplace-Operator im $\mathbb{R}^n$ in Polarkoordinaten

$$\Delta g(x) = \frac{\partial^2 G}{\partial r^2}(r,\xi) + \frac{n-1}{r}\frac{\partial G}{\partial r}(r,\xi) + \frac{1}{r^2}\underline{\Delta} G(r,\xi). \tag{6.3}$$

Dabei ist $G(r,\xi) = g(r\xi)$, und der Laplace-Beltrami-Operator bezüglich ξ zu nehmen.

Eine einfache Folgerung wird später sehr hilfreich sein.

Lemma 6.10. *Es liege die Situation von Definition* 6.7 *vor. Dann gilt:*

$$\int_{S^{n-1}} \underline{\Delta} f(\xi) do(\xi) = 0.$$

Beweis. Sei also $F \in C^2(\mathbb{R}^n \setminus \{0\})$ durch $F(x) = f(\frac{x}{|x|})$ definiert. Wir betrachten die Kugelschale $R = \{x \in \mathbb{R}^n \mid \frac{1}{2} < |x| < 2\}$. Die Greensche Formel aus Satz 1.3 ergibt

$$\int_R \Delta F(x) dx = \int_{\partial R} \frac{\partial F}{\partial \nu}(x) do(x) = 0.$$

Man beachte, dass F konstant in Normalenrichtung ist. Andererseits erhalten wir aus (6.3) wegen $F = F(\xi)$, dass (siehe Hilfssatz 1.8)

$$0 = \int_R \Delta F(x) dx = \int_R \frac{1}{|x|^2} \underline{\Delta} f\left(\frac{x}{|x|}\right) dx = \int_{\frac{1}{2}}^{2} \int_{S^{n-1}} \frac{1}{r^2} \underline{\Delta} f(\xi) do(\xi) r^{n-1} dr$$

$$= \int_{S^{n-1}} \underline{\Delta} f(\xi) do(\xi) \int_{\frac{1}{2}}^{2} r^{n-3} dr = \int_{S^{n-1}} \underline{\Delta} f(\xi) do(\xi) c_0$$

mit $c_0 \neq 0$. Damit ist die Behauptung bewiesen. □

Nun sind wir in der Lage Satz 6.6 über die Darbouxsche Differentialgleichung zu beweisen. Mit der Definition

$$v(x,r) = \frac{1}{\omega_n} \int_{S^{n-1}} f(x + r\xi) do(\xi) \quad (x \in \mathbb{R}^n,\ r \in \mathbb{R})$$

erhalten wir mit (6.3) und Lemma 6.10

$$\begin{aligned}
\Delta_x v(x,r) &= \frac{1}{\omega_n} \int\limits_{S^{n-1}} \Delta f(x+r\xi)\,do(\xi) \\
&= \frac{1}{\omega_n} \int\limits_{S^{n-1}} \left(\frac{\partial^2}{\partial r^2} + \frac{n-1}{r}\frac{\partial}{\partial r}\right) f(x+r\xi)\,do(\xi) \\
&= \left(\frac{\partial^2}{\partial r^2} + \frac{n-1}{r}\frac{\partial}{\partial r}\right)\left(\frac{1}{\omega_n} \int\limits_{S^{n-1}} f(x+r\xi)\,do(\xi)\right) \\
&= \frac{\partial^2 v}{\partial r^2}(x,r) + \frac{n-1}{r}\frac{\partial v}{\partial r}(x,r).
\end{aligned}$$

Damit haben wir Satz 6.6 bewiesen.

Jetzt können wir mit Hilfe der Darbouxschen Differentialgleichung das Cauchyproblem für die Wellengleichung im $\mathbb{R}^3$ lösen. Die oben betrachtete Funktion v lautet für $n = 3$

$$v(x,r) = \frac{1}{\omega_3} \int\limits_{S^2} f(x+r\xi)\,do(\xi).$$

Sie löst nach Satz 6.6 die Differentialgleichung

$$v_{rr} + \frac{2}{r} v_r - \Delta_x v = 0,$$

und diese ist äquivalent zur Differentialgleichung

$$(rv)_{rr} - \Delta_x (rv) = 0.$$

Setzen wir also $u(x,t) = tv(x,t)$, so löst diese neue Funktion u die Wellengleichung. Dies ist der Gegenstand des folgenden Satzes, wobei wir gleich noch die Anfangswerte mit einbauen.

Satz 6.11. *Es seien $u_0 \in C^3(\mathbb{R}^3)$ und $u_1 \in C^2(\mathbb{R}^3)$. Definiere*

$$M(x,t,f) = \frac{1}{\omega_3} \int\limits_{S^2} f(x+t\xi) do(\xi).$$

Dann ist die Funktion

$$u(x,t) = tM(x,t,u_1) + \frac{\partial}{\partial t}(tM(x,t,u_0))$$

die Lösung des Anfangswertproblems

$$u_{tt} - \Delta u = 0 \quad \text{in } \mathbb{R}^3 \times (0,\infty), \quad u(\cdot,0) = u_0,\ u_t(\cdot,0) = u_1 \quad \text{in } \mathbb{R}^3.$$

Beweis. Der Beweis dieses Satzes ist nun sehr einfach. Dass u die Differentialgleichung löst, ist nach obigen Untersuchungen klar. Man überlege sich lediglich, wie die Differenzierbarkeitseigenschaften der Anfangswerte eingehen. Sehen wir uns die Annahme der Anfangswerte an: Wegen

$$u(x,t) = tM(x,t,u_1) + M(x,t,u_0) + t\frac{\partial}{\partial t}(M(x,t,u_0))$$

folgt

$$u(x,0) = M(x,0,u_0) = \frac{1}{\omega_3}\int_{S^2} u_0(x)\,do(\xi) = u_0(x).$$

Wegen

$$\begin{aligned} u_t(x,t) &= M(x,t,u_1) + t\frac{\partial}{\partial t}(M(x,t,u_1)) + \frac{\partial^2}{\partial t^2}(tM(x,t,u_0)) \\ &= M(x,t,u_1) + t\frac{\partial}{\partial t}(M(x,t,u_1)) - \Delta\,(tM(x,t,u_0)) \end{aligned}$$

erhalten wir $u_t(x,0) = M(x,0,u_1) = u_1(x)$, und das Cauchyproblem für die Wellengleichung in drei Raumdimensionen ist gelöst. □

Zur Information geben wir an, wie unser obiges Vorgehen für $n = 1, 3$ auf höhere ungerade Raumdimensionen verallgemeinert werden kann.

Satz 6.12. *Die Raumdimension $n \geq 3$ sei ungerade. Für die Anfangswerte gelte $u_0, u_1 \in C^{\frac{n+3}{2}}(\mathbb{R}^n)$. Dann ist die Funktion*

$$\begin{aligned} u(x,t) = \frac{1}{1\cdot 3\cdots(n-2)}\Bigg(\frac{\partial}{\partial t}\left(\frac{1}{t}\frac{\partial}{\partial t}\right)^{\frac{n-3}{2}} &(t^{n-2}M(x,t,u_0)) \\ + \left(\frac{1}{t}\frac{\partial}{\partial t}\right)^{\frac{n-3}{2}} &(t^{n-2}M(x,t,u_1))\Bigg) \end{aligned}$$

die einzige Lösung des Cauchyproblems

$$u_{tt} - \Delta u = 0 \quad in\ \mathbb{R}^n \times (0,\infty), \quad u(\cdot,0) = u_0,\ u_t(\cdot,0) = u_1 \quad in\ \mathbb{R}^n.$$

Da wir später an der Numerik für die lineare Wellengleichung auch in zwei Raumdimensionen interessiert sind, und es von allgemeinem Interesse ist, versuchen wir im Folgenden kurz, eine Lösungsformel für das Cauchyproblem für die Wellengleichung im Fall $n = 2$, beziehungsweise in geraden Raumdimensionen, herzuleiten. Der Trick besteht in der sogenannten *Abstiegsmethode von Hadamard.* Man verwendet die Formel für $n = 3$, beziehungsweise in der nächst höheren Dimension, für trivial fortgesetzte Daten und reduziert danach die Formel.

Es sei $n \geq 2$ eine gerade Raumdimension. Sei $u = u(x_1, \ldots, x_n, t)$ eine Lösung des Cauchyproblems in n Raumdimensionen zu den Anfangswerten u_0 und u_1. Setze

$$U_0(x_1, \ldots, x_{n+1}) = u_0(x_1, \ldots, x_n),$$
$$U_1(x_1, \ldots, x_{n+1}) = u_1(x_1, \ldots, x_n).$$

Sei $U = U(x_1, \ldots, x_{n+1}, t)$ die Lösung zu den Daten U_0 und U_1 (die *nicht* von x_{n+1} abhängen!). Da die Raumdimension $n + 1$ ungerade ist, gibt es nach Satz 6.11 beziehungsweise Satz 6.12 sogar eine Formel für die Lösung U. Allerdings enthält diese Formel die Variable x_{n+1}. Wir versuchen im Folgenden, diese Variable zu beseitigen.

Wir beweisen, dass

$$\frac{\partial U}{\partial x_{n+1}} = 0 \tag{6.4}$$

gilt, das heißt, dass U nicht von x_{n+1} abhängt. Setze

$$v(x_1, \ldots, x_{n+1}, t) = \frac{\partial U}{\partial x_{n+1}}(x_1, \ldots, x_{n+1}, t).$$

Falls $U \in C^3(\mathbb{R}^{n+2})$ ist, gilt dann

$$v_{tt} - \Delta v = 0 \quad \text{in } \mathbb{R}^{n+1} \times (0, \infty), \quad v(\cdot, 0) = v_t(\cdot, 0) = 0.$$

Satz 6.4 ergibt dann, dass v identisch gleich Null ist, und demnach ist (6.4) bewiesen.

Nach dem soeben Bewiesenen und mit der Lösungsformel in ungeraden Raumdimensionen gilt mit der Bezeichnung $x = (x_1, \ldots, x_{n+1})$:

$$u(x_1, \ldots, x_n, t) = U(x_1, \ldots, x_{n+1}, t) = \frac{1}{1 \cdot 3 \cdots (n-1)}$$
$$\times \left(\frac{\partial}{\partial t} \left(\frac{1}{t} \frac{\partial}{\partial t} \right)^{\frac{n-2}{2}} (t^{n-1} M(x, t, U_0)) + \left(\frac{1}{t} \frac{\partial}{\partial t} \right)^{\frac{n-2}{2}} \left(t^{n-1} M(x, t, U_1) \right) \right).$$

Dabei ist selbstverständlich

$$M(x, t, U_0) = \frac{1}{\omega_{n+1}} \int\limits_{S^n} U_0(x + t\xi)\, do(\xi).$$

Wir reduzieren nun diese Formel unter Verwendung der Tatsache, dass U_0 nicht von x_{n+1} abhängt. Dazu verwenden wir die Bezeichnung $\underline{x} = (x_1, \ldots, x_n)$ für $x \in \mathbb{R}^{n+1}$. Wir beschreiben die n-dimensionale Sphäre durch zwei Graphen:

$$S^n = S^n_+ \cup S^n_-, S^n_\pm = \{\xi \in \mathbb{R}^{n+1} | \, \xi_{n+1} = \pm\sqrt{1 - |\underline{\xi}|^2}, |\underline{\xi}| \leq 1\}.$$

Hier müssen wir Vorsicht walten lassen, den mit der Funktion $g(\underline{\xi}) = \pm\sqrt{1 - |\underline{\xi}|^2}$ ist

$$do(\xi) = \sqrt{1 + |\nabla g(\underline{\xi})|^2} d\underline{\xi},$$

also am Rand $|\underline{\xi}| = 1$ singulär.

Man überzeuge sich davon, dass dies für die nun folgenden Argumente kein Problem ist. Man arbeitet auf $|\underline{\xi}| \leq 1 - \varepsilon$ und lässt am Schluss ε gegen Null gehen.

Es ist

$$\sqrt{1 + |\nabla g(\underline{\xi})|^2} = \left(\sqrt{1 - |\underline{\xi}|^2}\right)^{-1}.$$

Wegen der Unabhängigkeit der Funktion U_0 von der Variablen x_{n+1} folgt

$$\begin{aligned} M(x, t, U_0) &= \frac{2}{\omega_{n+1}} \int\limits_{B_1(0) \subset \mathbb{R}^n} \frac{u_0(\underline{x} + t\underline{\xi})}{\sqrt{1 - |\underline{\xi}|^2}} d\underline{\xi} \\ &= \frac{2}{\omega_{n+1}} \int\limits_0^1 \int\limits_{S^{n-1}} \frac{u_0(\underline{x} + t\rho\underline{\eta})}{\sqrt{1 - \rho^2}} do(\underline{\eta}) \rho^{n-1} d\rho. \end{aligned}$$

Wir substituieren $\rho = \frac{s}{t}$ und erhalten

$$\begin{aligned} M(x, t, U_0) &= \frac{2}{\omega_{n+1}} \int\limits_0^t \int\limits_{S^{n-1}} \frac{u_0(\underline{x} + s\underline{\eta})}{\sqrt{1 - \frac{s^2}{t^2}}} \frac{s^{n-1}}{t^n} do(\underline{\eta}) ds \\ &= \frac{2\omega_n}{\omega_{n+1}} \int\limits_0^t \left(\frac{1}{\omega_n} \int\limits_{S^{n-1}} u_0(\underline{x} + s\underline{\eta})\, do(\underline{\eta}) \right) \frac{s^{n-1}}{\sqrt{t^2 - s^2} t^{n-1}} ds \\ &= \frac{2\omega_n}{\omega_{n+1}} \int\limits_0^t \frac{s^{n-1}}{\sqrt{t^2 - s^2} t^{n-1}} \underline{M}(x, s, u_0)\, ds. \end{aligned}$$

Hier haben wir vorsichtshalber $\underline{M}$ für das Mittelwertintegral im $\mathbb{R}^n$ geschrieben. Mit Aufgabe 6.5 erhalten wir:

$$\frac{2\omega_n}{\omega_{n+1}} = 2 \frac{2\pi^{\frac{n}{2}} \Gamma(\frac{n+1}{2})}{\Gamma(\frac{n}{2}) 2\pi^{\frac{n+1}{2}}} = \frac{2}{\sqrt{\pi}} \frac{\Gamma(l + \frac{1}{2})}{\Gamma(l)} = \begin{cases} \frac{1 \cdot 3 \cdots (n-1)}{2 \cdot 4 \cdots (n-2)} & (n \neq 2) \\ 1 & (n = 2) \end{cases}.$$

Hierbei wurde verwendet, dass $l = \frac{n}{2} \in \mathbb{N}$ ist, da n eine gerade Zahl ist. Damit haben wir den folgenden Satz bewiesen. Man kontrolliere die Glattheitsvoraussetzung an die Anfangsdaten.

Satz 6.13. *Ist die Raumdimension* $n \geq 2$, gerade *und sind* $u_0, u_1 \in C^{\frac{n+4}{2}}(\mathbb{R}^n)$, *so wird das Cauchyproblem*

$$u_{tt} - \Delta u = 0 \quad in\ \mathbb{R}^n \times \mathbb{R}^+, \quad u(\cdot, 0) = u_0, u_t(\cdot, 0) = u_1$$

durch die Funktion

$$u(x,t) = \frac{1}{2 \cdot 4 \cdots (n-2)} \left(\frac{\partial}{\partial t} \left(\frac{1}{t} \frac{\partial}{\partial t} \right)^{\frac{n-2}{2}} \left(\int_0^t \frac{s^{n-1}}{\sqrt{t^2 - s^2}} M(x, s, u_0) ds \right) \right.$$
$$\left. + \left(\frac{1}{t} \frac{\partial}{\partial t} \right)^{\frac{n-2}{2}} \left(\int_0^t \frac{s^{n-1}}{\sqrt{t^2 - s^2}} M(x, s, u_1) ds \right) \right)$$

eindeutig gelöst. Der erste Koeffizient ist für $n = 2$ *auf* 1 *zu setzen.*

Die vorausgegangenen Untersuchungen und Formeln zeigen, dass die Lösung u des Cauchyproblems in geraden Raumdimensionen von den Anfangswerten in der ganzen Basiskugel abhängt, in ungeraden Raumdimensionen aber nur von den Anfangswerten auf der Oberfläche dieser Kugel abhängt.

6.3 Das Anfangsrandwertproblem für die lineare Wellengleichung

Für das Anfangsrandwertproblem gibt es im Gegensatz zum Cauchyproblem im Allgemeinen keine geschlossene Formel für die Lösung. Das Anfangsrandwertproblem lautet

$$\begin{aligned} &u_{tt} - \Delta u = f \quad \text{in } G \times (0, T), \\ &u(\cdot, 0) = u_0, \quad u_t(\cdot, 0) = u_1 \quad \text{auf } G, \quad u = g \quad \text{auf } \partial G \times (0, T). \end{aligned} \tag{6.5}$$

Für klassische Lösungen müssen wir voraussetzen, dass

$$u \in C^2(G \times (0, T)) \cap C^0(\overline{G} \times (0, T)) \cap C^1(G \times [0, T)).$$

Die Daten des Problems $G \subset \mathbb{R}^n$, ein beschränktes Gebiet, $0 < T < \infty$ sowie u_0, u_1, g und f sind aus geeigneten Räumen gegeben.

Ähnlich wie bei der schwachen Lösung der Wärmeleitungsgleichung werden wir die Existenz einer schwachen Lösung der Wellengleichung für relativ reguläre Anfangswerte $u_0, u_1 \in \mathring{H}^1(G)$ nachweisen. Für die später entwickelte Numerik benötigen wir eine gewisse Grundregularität, um überhaupt eine vernünftige Konvergenz des numerischen Verfahrens zu beweisen. Andererseits ist uns klar, dass wir für diskrete Funktionen aus Finite-Elemente-Räumen mindestens die räumlichen zweiten

Ableitungen in schwacher Form schreiben müssen. Für die folgende Definition reicht jedoch $u_0, u_1 \in L^2(G)$ aus.

In Anlehnung an unsere Ideen zur schwachen Lösung der linearen Wärmeleitungsgleichung in Abschnitt 5.4 vermuten wir, dass eine sinnvolle schwache Formulierung von (6.5) durch die folgende Definition gegeben ist.

Definition 6.14. Es sei $G \subset \mathbb{R}^n$ ein beschränktes Gebiet und $0 < T < \infty$. Wir schreiben $G_T = G \times (0, T)$. Weiter seien $f \in L^2(G_T)$, $g \in H^1(G_T)$ und $u_0, u_1 \in L^2(G)$. Dann heißt u *schwache Lösung des Anfangswertproblems für die Wellengleichung* (6.5), falls $u \in H^1(G_T)$, $u(\cdot,t) - g(\cdot,t) \in \mathring{H}^1(G)$ für fast alle $t \in (0,T)$, $u(\cdot, 0) = u_0$ ist und außerdem die Gleichung

$$\int_{G_T} u_t \varphi_t - \int_{G_T} \nabla u \cdot \nabla \varphi + \int_G u_1 \varphi(\cdot, 0) + \int_{G_T} f \varphi = 0 \tag{6.6}$$

für jede Testfunktion $\varphi \in H^1(G_T)$ mit den Eigenschaften $\varphi(\cdot, t) \in \mathring{H}^1(G)$ für fast alle $t \in (0, T)$ und $\varphi(\cdot, T) = 0$ erfüllt ist.

Zunächst sollte man sich klar machen, dass alle in dieser Definition vorkommenden Terme sinnvoll sind. Die Integrale über G_T existieren unter den Voraussetzungen. Insbesondere sind $u(\cdot, t)$ und $\varphi(\cdot, t)$ für alle $t \in [0, T]$ aus $L^2(G)$, denn wir können den Spursatz 5.37 auf Gebiete der Form $G \times (0, t)$ anwenden.

Wir überzeugen uns davon, dass wir für glatte Daten und eine schwache Lösung u gemäß Definition 6.14, die genügend glatt ist, eine klassische Lösung des Problems (6.5) zurückerhalten. Wir dürfen die Testfunktion $\varphi(\cdot, t)$ außerhalb von G durch Null fortsetzen und über ein größeres Normalgebiet $G_0 \supset G$ integrieren. Deshalb muss G kein Normalgebiet sein. Ist $u \in C^2(G_T) \cap C^1(G \times [0, T))$, so erhalten wir für die Terme aus (6.6) durch partielle Integration:

$$\int_{G_T} u_t \varphi_t = \int_0^T \int_G u_t \varphi_t \, dx dt = -\int_G u_t(\cdot, 0) \varphi(\cdot, 0) \, dx - \int_{G_T} u_{tt} \varphi \, dx dt,$$

$$\int_{G_T} \nabla u \cdot \nabla \varphi \, dx dt = -\int_{G_T} \Delta u \varphi \, dx dt.$$

Hier wurde verwendet, dass $\varphi(\cdot, T) = 0$ ist. Demnach folgt aus (6.6), dass

$$\int_{G_T} (-u_{tt} + \Delta u - f) \varphi \, dx dt + \int_G (u_1 - u_t(\cdot, 0)) \varphi(\cdot, 0) \, dx = 0 \tag{6.7}$$

ist. Dies impliziert dann zunächst mit der Hilfe von Testfunktionen, die auf $t = 0$ verschwinden, dass die Wellengleichung $u_{tt} - \Delta u = f$ auf G_T erfüllt ist, womit der linke Term in (6.7) verschwindet. Also ist der rechte Term für alle $\varphi(\cdot,0)$ gleich Null, und dies ergibt den Anfangswert $u_t(\cdot,0) = u_1$ auf G.

Wie in Abschnitt 5.4 bei der Lösung der Wärmeleitungsgleichung versuchen wir die Existenz einer Lösung des Anfangsrandwertproblems für die Wellengleichung durch eine geeignete Zeitdiskretisierung nachzuweisen. Dazu sei $\tau > 0$ eine Zeitschrittweite, $M \in \mathbb{N}$ so, dass $M\tau = T$ ist. Zur Vereinfachung setzen wir in den nächsten Hilfssätzen $g = 0$ und zunächst auch $f = 0$. Als Zeitdiskretisierung wählen wir ein Crank-Nicolson-Verfahren.

Für $m = 1, 2, \ldots, M-1$ bestimme $u^m \in \mathring{H}^1(G)$, so dass

$$\frac{1}{\tau^2}(u^{m+1} - 2u^m + u^{m-1}, \varphi)_{L^2(G)} + \frac{1}{2}(\nabla u^{m+1} + \nabla u^m, \nabla\varphi)_{L^2(G)} = 0$$

für jede Testfunktion $\varphi \in \mathring{H}^1(G)$ gilt.

Mit dem Satz von Lax-Milgram (Satz 4.3) beziehungsweise mit dem daraus abgeleiteten Existenzsatz für schwache Lösungen linearer elliptischer partieller Differentialgleichungen Satz 4.5 erhalten wir sofort die Aussage des folgenden Hilfssatzes.

Hilfssatz 6.15. *Zu $u^{m-1} \in L^2(G)$ und $u^m \in \mathring{H}^1(G)$ gibt es genau eine Funktion $u^{m+1} \in \mathring{H}^1(G)$, so dass*

$$\frac{1}{\tau^2}(u^{m+1}, \varphi)_{L^2(G)} + \frac{1}{2}(\nabla u^{m+1}, \nabla\varphi)_{L^2(G)} = \frac{1}{\tau^2}(2u^m - u^{m-1}, \varphi)_{L^2(G)} - \frac{1}{2}(\nabla u^m, \nabla\varphi)_{L^2(G)} \tag{6.8}$$

für jede Testfunktion $\varphi \in \mathring{H}^1(G)$ ist.

Der nächste Schritt im Existenzbeweis ist der Nachweis geeigneter A-Priori-Abschätzungen. Dazu wählen wir in (6.8) die Funktion

$$\varphi = u^{m+1} - u^m \in \mathring{H}^1(G)$$

als Testfunktion. Dies ergibt

$$\frac{1}{\tau^2}\|u^{m+1} - u^m\|^2_{L^2(G)} - \frac{1}{\tau^2}(u^{m+1} - u^m, u^m - u^{m-1})_{L^2(G)} + \frac{1}{2}(\|\nabla u^{m+1}\|^2_{L^2(G)} - \|\nabla u^m\|^2_{L^2(G)}) = 0,$$

und daraus erhalten wir

$$\frac{1}{\tau^2}\|u^{m+1} - u^m\|^2_{L^2(G)} - \frac{1}{\tau^2}\|u^m - u^{m-1}\|^2_{L^2(G)} + \frac{1}{\tau^2}\|(u^{m+1} - u^m) - (u^m - u^{m-1})\|^2_{L^2(G)} + \|\nabla u^{m+1}\|^2_{L^2(G)} - \|\nabla u^m\|^2_{L^2(G)} = 0.$$

Wir summieren diese Gleichung über m von 1 bis $l-1$ mit einem $2 \leq l \leq M$ auf und erhalten

$$\frac{1}{\tau^2}\|u^l - u^{l-1}\|^2_{L^2(G)} + \|\nabla u^l\|^2_{L^2(G)} + \frac{1}{\tau^2}\sum_{m=1}^{l-1} \|(u^{m+1}-u^m)-(u^m-u^{m-1})\|^2_{L^2(G)}$$
$$= \frac{1}{\tau^2}\|u^1 - u^0\|^2_{L^2(G)} + \|\nabla u^1\|^2_{L^2(G)}.$$

Dies ergibt unsere erste A-Priori-Abschätzung.

Hilfssatz 6.16. *Es seien $u_0, u_1 \in \mathring{H}^1(G)$. Wählen wir $u^0 = u_0$, $u^1 = u_0 + \tau u_1$, so gilt für die Lösungen $u^1, \dots, u^M$ aus Hilfssatz 6.15 die Abschätzung*

$$\max_{l=1,\dots,M}\left(\left\|\frac{u^l - u^{l-1}}{\tau}\right\|_{L^2(G)} + \|\nabla u^l\|_{L^2(G)}\right) \leq c(\|u_0\|_{H^1(G)} + \|u_1\|_{H^1(G)}). \tag{6.9}$$

Wir interpolieren die zeitdiskrete Lösung in der Zeit, um eine Funktion zu erhalten, die auf ganz G_T definiert ist. Dabei verwenden wir die Bezeichnung $t_l = l\tau$. Wir setzen

$$u^\tau(x,t) = \frac{t_l - t}{\tau}u^{l-1}(x) + \frac{t - t_{l-1}}{\tau}u^l(x), \quad x \in G,\, t \in [t_{l-1}, t_l). \tag{6.10}$$

Dann ist offensichtlich $u^\tau \in H^1(G_T)$ mit der Eigenschaft, dass $u^\tau(\cdot,t) \in \mathring{H}^1(G)$ für jedes $t \in [0,T]$ ist. Wir übertragen die in Hilfssatz 6.16 erreichte Abschätzung auf die interpolierte Funktion u^τ.

Folgerung 6.17. *Es ist $u^\tau \in H^1(G_T)$, $u(\cdot,t) \in \mathring{H}^1(G)$ für alle $t \in [0,T]$,*

$$u^\tau(\cdot,0) = u_0, \qquad \lim_{t\to 0, t>0} u^\tau_t(\cdot,t) = u_1,$$

und es gilt die A-Priori-Abschätzung

$$\sup_{(0,T)}(\|u^\tau_t\|_{L^2(G)} + \|\nabla u^\tau\|_{L^2(G)}) + \|u^\tau\|_{H^1(G_T)} \leq c(\|u_0\|_{H^1(G)} + \|u_1\|_{H^1(G)}),$$

mit einer Konstanten c, die nicht von τ abhängt.

Beweis. Zunächst erhalten wir aus Hilfssatz 6.16, dass

$$\sup_{(t_{l-1},t_l)} \|u^\tau_t\|_{L^2(G)} = \sup_{(t_{l-1},t_l)} \left\|\frac{u^l - u^{l-1}}{\tau}\right\|_{L^2(G)} \leq c(\|u_0\|_{H^1(G)} + \|u_1\|_{H^1(G)})$$

ist. Analog folgt

$$\begin{aligned}\sup_{(t_{l-1},t_l)} \|\nabla u^\tau\|_{L^2(G)} &\leq \sup_{t\in(t_{l-1},t_l)} \Big(\frac{t_l - t}{\tau}\|\nabla u^{l-1}\|_{L2(G)} + \frac{t-t_{l-1}}{\tau}\|\nabla u^l\|_{L^2(G)}\Big) \\ &\leq c(\|u_0\|_{H^1(G)} + \|u_1\|_{H^1(G)}).\end{aligned}$$

Außerdem erhalten wir wegen der Poincaréschen Ungleichung (2.8), dass

$$\|u^\tau(\cdot,t)\|_{L^2(G)} \leq c\|\nabla u^\tau(\cdot,t)\|_{L^2(G)}$$

gilt, und damit ist die Folgerung bewiesen. □

Wir beweisen nun, dass die Funktion u^τ die schwache Differentialgleichung (6.6) bis auf einen Restterm erfüllt.

Hilfssatz 6.18. *Für alle $\varphi \in C^1(\overline{G}_T)$ mit $\varphi(\cdot,t) \in C_0^1(G)$ für $t \in [0,T)$ und $\varphi(\cdot,T) = 0$ gilt*

$$\int_{G_T} u_t^\tau \varphi_t\,dx\,dt - \int_{G_T} \nabla u^\tau \cdot \nabla\varphi\,dx\,dt + \int_G u_1\varphi(\cdot,0)\,dx = R^\tau(\varphi), \tag{6.11}$$

und $R^\tau(\varphi) \to 0$ für $\tau \to 0$.

Beweis. Wir erhalten mit der Definition (6.10) von u^τ die folgende Gleichung.

$$\begin{aligned}&\int_0^T\int_G u_t^\tau\varphi_t\,dx\,dt - \int_0^T\int_G \nabla u^\tau\cdot\nabla\varphi\,dx\,dt + \int_G u_1\varphi(\cdot,0)\,dx \\ &= \sum_{l=1}^M \int_{t_{l-1}}^{t_l}\Big(\int_G \frac{u^l - u^{l-1}}{\tau}\varphi_t\,dx - \frac{t_l - t}{\tau}\int_G \nabla u^{l-1}\cdot\nabla\varphi\,dx \\ &\qquad - \frac{t-t_{l-1}}{\tau}\int_G \nabla u^l\cdot\nabla\varphi\,dx\Big)\,dt + \int_G u_1\varphi(\cdot,0)\,dx \\ &= \sum_{l=1}^M \int_G \frac{u^l-u^{l-1}}{\tau}(\varphi(\cdot,t_l) - \varphi(\cdot,t_{l-1}))\,dx + \int_G u_1\varphi(\cdot,0)dx \\ &\quad - \sum_{l=1}^M\int_{t_{l-1}}^{t_l}\frac{t_l-t}{\tau}\int_G \nabla u^{l-1}\cdot\nabla\varphi\,dx + \frac{t-t_{l-1}}{\tau}\int_G\nabla u^l\cdot\nabla\varphi\,dx\,dt.\end{aligned}$$

Wir formen den ersten Term auf der rechten Seite dieser Gleichung geeignet um, indem wir die zeitdiskrete Differentialgleichung (6.8) verwenden

$$\sum_{l=1}^{M} \int_G \frac{u^l - u^{l-1}}{\tau}(\varphi(\cdot, t_l) - \varphi(\cdot, t_{l-1}))\, dx = \sum_{l=1}^{M} \int_G \frac{u^l - u^{l-1}}{\tau}\varphi(\cdot, t_l)\, dx$$

$$- \sum_{l=1}^{M-1} \int_G \frac{u^{l+1} - u^l}{\tau}\varphi(\cdot, t_l)\, dx - \int_G \frac{u^1 - u^0}{\tau}\varphi(\cdot, 0)\, dx,$$

und mit der Wahl des Anfangswerts $u^1 = u^0 + \tau u_1$ weiter

$$= - \sum_{l=1}^{M-1} \int_G \frac{u^{l+1} - 2u^l + u^{l-1}}{\tau}\varphi(\cdot, t_l)\, dx - \int_G u_1\varphi(\cdot, 0)\, dx$$

$$= \frac{\tau}{2} \sum_{l=1}^{M-1} \int_G (\nabla u^{l+1} + \nabla u^l) \cdot \nabla\varphi(\cdot, t_l)\, dx - \int_G u_1\varphi(\cdot, 0)\, dx$$

$$= \sum_{l=2}^{M} \int_{t_{l-1}}^{t_l} \frac{t - t_{l-1}}{\tau} \int_G \nabla u^l \cdot \nabla\varphi(\cdot, t_{l-1})\, dx + \frac{t_l - t}{\tau} \int_G \nabla u^{l-1} \cdot \nabla\varphi(\cdot, t_{l-1})\, dx dt$$

$$- \int_G u_1\varphi(\cdot, 0)\, dx.$$

Damit folgt insgesamt

$$\int_{G_T} u_t^\tau \varphi_t\, dx\, dt - \int_{G_T} \nabla u^\tau \cdot \nabla\varphi\, dx\, dt + \int_G u_1\varphi(\cdot, 0)\, dx = R^\tau(\varphi)$$

mit dem Restterm

$$R^\tau(\varphi) = \sum_{l=2}^{M} \int_{t_{l-1}}^{t_l} \left\{ \frac{t - t_{l-1}}{\tau} \int_G \nabla u^l \cdot (\nabla\varphi(\cdot, t_{l-1}) - \nabla\varphi)\, dx \right.$$

$$\left. + \frac{t_l - t}{\tau} \int_G \nabla u^{l-1} \cdot (\nabla\varphi(\cdot, t_{l-1}) - \nabla\varphi)\, dx \right\} dt$$

$$- \int_0^\tau \frac{\tau - t}{\tau} \int_G \nabla u^0 \cdot \nabla\varphi\, dx dt - \int_0^\tau \frac{t}{\tau} \int_G \nabla u^1 \cdot \nabla\varphi\, dx dt.$$

Diesen Restterm schätzen wir nun geeignet ab.

$$|R^\tau(\varphi)| \le \sum_{l=2}^{M} (\|\nabla u^l\|_{L^2(G)} + \|\nabla u^{l-1}\|_{L^2(G)}) \int_{t_{l-1}}^{t_l} \|\nabla\varphi - \nabla\varphi(\cdot, t_{l-1})\|_{L^2(G)}\, dt$$

$$+ (\|\nabla u^0\|_{L^2(G)} + \|\nabla u^1\|_{L^2(G)}) \int_0^\tau \|\nabla\varphi\|_{L^2(G)}\, dt.$$

Wir verwenden die Abschätzung (6.9) aus Hilfssatz 6.16 und erhalten mit der Konstanten

$$C = \|u_0\|_{H^1(G)} + \|u_1\|_{H^1(G)},$$

dass

$$|R^\tau(\varphi)| \le C \sum_{l=2}^{M} \int_{t_{l-1}}^{t_l} \|\nabla\varphi - \nabla\varphi(\cdot, t_{l-1})\|_{L^2(G)}\, dt + C \int_0^\tau \|\nabla\varphi\|_{L^2(G)}\, dt.$$

ist. Also gilt $R^\tau(\varphi) \to 0$ für $\tau \to 0$ für die von uns zugelassenen Testfunktionen φ. Man beachte, dass $\nabla\varphi$ gleichmäßig stetig auf $\overline{G_T}$ ist. □

Wie üblich können wir nun in der zeitdiskreten Gleichung (6.11) für $\tau \to 0$ zur Grenze übergehen. Dazu sei $\tau_k \to 0$ für $k \to \infty$ und $u_k = u^{\tau_k}$. Nach Folgerung 6.17 ist

$$\|u_k\|_{H^1(G_T)} \le c$$

unabhängig von k. Es gibt demnach nach Lemma 5.17 eine Teilfolge $(u_{k_j})_{j\in\mathbb{N}}$ mit der Eigenschaft, dass es eine Funktion $u \in H^1(G_T)$ gibt, gegen die die Funktionenfolge in folgendem Sinn schwach konvergiert:

$$u_{k_j} \rightharpoonup u, \quad \nabla u_{k_j} \rightharpoonup \nabla u, \quad u_{k_j t} \rightharpoonup u_t \quad (j \to \infty) \quad \text{in } L^2(G_T).$$

Damit können wir aus Hilfssatz 6.18 schließen, dass für alle $\varphi \in C^1(\overline{G}_T)$ mit $\varphi(\cdot, t) \in C_0^1(G)$ für $t \in [0, T)$ und $\varphi(\cdot, T) = 0$ gilt:

$$\int_0^T \int_G u_t \varphi_t\, dx\, dt - \int_0^T \int_G \nabla u \cdot \nabla\varphi\, dx\, dt + \int_G u_1 \varphi(\cdot, 0)\, dx = 0. \tag{6.12}$$

Die Behandlung der rechten Seite f geschieht analog zu dem Vorgehen im Rahmen der Wärmeleitungsgleichung in Abschnitt 5.4.

Man überlege sich, dass sich Testfunktionen der Form, wie sie in Definition 6.14 vorkommen, durch Testfunktionen, wie sie oben verwendet wurden, approximieren lassen.

Satz 6.19. *Sei $G \subset \mathbb{R}^n$ ein beschränktes Gebiet und $0 < T < \infty$. Weiter seien $f \in L^2(G_T)$, $g = 0$ und $u_0, u_1 \in \mathring{H}^1(G)$.*

Dann gibt es eine schwache Lösung $u \in H^1(G_T)$ der Wellengleichung gemäß Definition 6.14. *Außerdem gilt die A-Priori-Abschätzung*

$$\|u\|_{H^1(G_T)} \leq c(\|u_0\|_{H^1(G)} + \|u_1\|_{H^1(G)}). \tag{6.13}$$

Ähnlich wie bei der Wärmeleitungsgleichung fragen wir uns, welche Gleichung auf den Zeitschnitten besteht – dies selbstverständlich nur für fast alle Zeiten. Wir dürfen in der schwachen Differentialgleichung

$$\int\limits_{G_T} u_t\varphi_t - \int\limits_{G_T} \nabla u \cdot \nabla\varphi + \int\limits_{G} u_1\varphi(\cdot, 0) + \int\limits_{G_T} f\varphi = 0$$

als Testfunktion eine Funktion der Form $\varphi(x,t) = \eta(t)\psi(x)$ einsetzen, wenn $\eta \in C_0^1((0,T))$ und $\psi \in \mathring{H}^1(G)$ sind. Dann erhalten wir

$$\int\limits_0^T \eta_t \int\limits_G u_t\psi\, dxdt - \int\limits_0^T \eta \int\limits_G \nabla u \cdot \nabla\psi\, dxdt = \int\limits_0^T \eta \int\limits_G f\psi\, dxdt,$$

oder mit den Funktionen

$$U = \int\limits_G u_t\psi\, dx, \quad V = \int\limits_G \nabla u \cdot \nabla\psi\, dx, \quad F = \int\limits_G f\psi\, dx,$$

die nach dem Satz von Fubini in $L^2((0,T))$ sind, dass für alle $\eta \in C_0^1((0,T))$ gilt:

$$\int\limits_0^T \eta_t U\, dt - \int\limits_0^T \eta(V - F)\, dt = 0.$$

Demnach besitzt U eine schwache Ableitung, die in $L^2((0,T))$ liegt. Wir können also im schwachen Sinn die folgende Gleichung formulieren.

Folgerung 6.20. *Es seien die Voraussetzungen von Satz* 6.19 *erfüllt, und es sei u die schwache Lösung der Wellengleichung. Dann haben wir die Gleichung*

$$\frac{d}{dt}\int\limits_G u_t\psi + \int\limits_G \nabla u \cdot \nabla\psi = \int\limits_G f\psi \tag{6.14}$$

im schwachen Sinn für jedes $\psi \in \mathring{H}^1(G)$.

Diese Form der schwachen Wellengleichung ist im nächsten Abschnitt die Grundlage für eine räumliche Diskretisierung der linearen Wellengleichung.

Wir haben bisher nicht die Eindeutigkeit der schwachen Lösung der Wellengleichung bewiesen. Dies würde einiges an Regularitätsuntersuchungen bedeuten, die wir hier nicht anstellen wollen. Der Eindeutigkeitssatz für das Cauchyproblem Satz 6.4 ist wegen der starken Annahmen an die Glattheit der Lösung nicht direkt anwendbar, enthält aber auch für den Eindeutigkeitsbeweis schwacher Lösungen die richtigen Ideen. Man rechne nach, dass für eine in $\overline{G_T}$ genügend glatte Lösung u der Wellengleichung mit $f = 0$ und $g = 0$ die Gleichung

$$\frac{d}{dt}\int_G u_t^2 + |\nabla u|^2 = 0$$

erfüllt ist. Also ist

$$\int_G u_t^2 + |\nabla u|^2 = \int_G u_1^2 + |\nabla u_0|^2.$$

Ist u die Differenz zweier Lösungen zu den gleichen Daten, so folgt $u = 0$.

6.4 Ortsdiskretisierung der Wellengleichung

Wir diskretisieren das Anfangsrandwertproblem für die Wellengleichung (6.5) für Randwerte $g = 0$. Dazu sei $X_h \subset \mathring{H}^1(G)$ ein endlichdimensionaler Teilraum, der die Annahme 5.23 an die Ritzprojektion erfüllt. Durch $\varphi_1, \dots, \varphi_N$ sei eine Basis von X_h gegeben. Für die diskrete Gleichung wählen wir Anfangswerte $u_{h0}, u_{h1} \in X_h$.

Als diskrete Lösung bezeichnen wir eine Funktion $u_h \in H^2((0,T), X_h)$ – wie üblich zu interpretieren als $\underline{u} \in H^2((0,T), \mathbb{R}^N)$ für die Koeffizienten $\underline{u} = (u_1, \dots, u_N)$ von $u_h(x,t) = \sum_{j=1}^N u_j(t)\varphi_j(x)$. u_h sei Lösung von

$$\int_G u_{htt}\varphi_h + \int_G \nabla u_h \cdot \nabla\varphi_h = \int_G f\varphi_h \quad \forall \varphi_h \in X_h. \tag{6.15}$$

Außerdem werden die Anfangswerte angenommen: $u_h(\cdot, 0) = u_{h0}$ und $u_{ht}(\cdot, 0) = u_{h1}$.

Nehmen wir an, dass u eine genügend reguläre Lösung der Wellengleichung

$$\int_G u_{tt}\varphi + \int_G \nabla u \cdot \nabla\varphi = \int_G f\varphi \quad \forall \varphi \in \mathring{H}^1(G)$$

ist, so folgt die Fehlerrelation

$$(u_{tt} - u_{htt}, \varphi_h)_{L^2(G)} + (\nabla(u - u_h), \nabla\varphi_h)_{L^2(G)} = 0 \quad \forall \varphi_h \in X_h. \tag{6.16}$$

Wir verwenden die Eigenschaft (5.26) der Ritzprojektion $P_h u$ von u und erhalten

$$(u_{tt} - u_{htt}, \varphi_h)_{L^2(G)} + (\nabla(P_h u - u_h), \nabla\varphi_h)_{L^2(G)} = 0 \quad \forall\varphi_h \in X_h$$

und wegen $(P_h u)_{tt} = P_h u_{tt}$ folgt dann

$$(P_h u_{tt} - u_{htt}, \varphi_h)_{L^2(G)} + (\nabla(P_h u - u_h), \nabla\varphi_h)_{L^2(G)} = (P_h u_{tt} - u_{tt}, \varphi_h)_{L^2(G)}$$

$\forall\varphi_h \in X_h$. Wir setzen hierin die Funktion $\varphi_h = P_h u_t - u_{ht}$ als diskrete Testfunktion ein. Dann erhält man mit der Approximationseigenschaft (5.23) der Ritzprojektion

$$\begin{aligned} &\frac{1}{2}\frac{d}{dt}\big(\|P_h u_t - u_{ht}\|^2_{L^2(G)} + \|\nabla(P_h u - u_h)\|^2_{L^2(G)}\big) \\ &\quad \le \|P_h u_{tt} - u_{tt}\|_{L^2(G)} \|P_h u_t - u_{ht}\|_{L^2(G)} \\ &\quad \le ch^{s+1} \|u_{tt}\|_{H^{s+1}(G)} \|P_h u_t - u_{ht}\|_{L^2(G)}. \end{aligned} \tag{6.17}$$

Daraus erhalten wir insbesondere die Ungleichung

$$\frac{d}{dt}\|P_h u_t - u_{ht}\|_{L^2(G)} \le ch^{s+1} \|u_{tt}\|_{H^{s+1}(G)},$$

und nach Integration bezüglich der Zeit von 0 bis t folgt:

$$\|P_h u_t(\cdot,t) - u_{ht}(\cdot,t)\|_{L^2(G)} \le ch^{s+1} \int_0^t \|u_{tt}\|_{H^{s+1}(G)}\, dt + \|P_h u_1 - u_{h1}\|_{L^2(G)}. \tag{6.18}$$

Verwendet man die Abschätzung $\|u_t - P_h u_t\|_{L^2(G)} \le ch^{s+1} \|u_t\|_{H^{s+1}(G)}$, so folgt schließlich

$$\begin{aligned} &\|u_t - u_{ht}\|_{L^2(G)} \\ &\quad \le ch^{s+1}\Big(\|u_t\|_{H^{s+1}(G)} + \int_0^t \|u_{tt}\|_{H^{s+1}(G)}\, dt\Big) + \|P_h u_1 - u_{h1}\|_{L^2(G)}. \end{aligned} \tag{6.19}$$

Ebenfalls aus (6.17) erhalten wir die Kontrolle der Gradienten, nämlich

$$\begin{aligned} &\|\nabla(P_h u(\cdot,t) - u_h(\cdot,t))\|^2_{L^2(G)} \\ &\quad \le \|\nabla(P_h u_0 - u_{h0})\|^2_{L^2(G)} + ch^{s+1} \int_0^t \|u_{tt}\|_{H^{s+1}(G)} \|P_h u_t - u_{ht}\|_{L^2(G)}\, dt. \end{aligned}$$

Wir verwenden (6.18) und erhalten schließlich für alle $t \in (0, T)$:

$$\|\nabla(P_h u(\cdot,t) - u_h(\cdot,t))\|_{L^2(G)}$$
$$\le ch^{s+1} \int_0^T \|u_{tt}\|_{H^{s+1}(G)}\,dt + \|\nabla(P_h u_0 - u_{h0})\|_{L^2(G)} + \|P_h u_1 - u_{h1}\|_{L^2(G)}.$$

Wir verwenden noch die Approximationseigenschaft der Ritzprojektion für den Gradienten,

$$\|\nabla(P_h u - u)\|_{L^2(G)} \le ch^s \|u\|_{H^{s+1}(G)}$$

und haben damit den folgenden Satz bewiesen.

Satz 6.21. *Es gibt genau eine diskrete Lösung u_h von (6.15) zu Anfangswerten $u_{h0}, u_{h1} \in X_h$. Für den Fehler zwischen kontinuierlicher und im Ort diskretisierter Lösung der linearen Wellengleichung gelten die Abschätzungen*

$$\sup_{(0,T)} \|u - u_h\|_{L^2(G)} \le C_1 h^{s+1} + \|P_h u_1 - u_{h1}\|_{L^2(G)}, \tag{6.20}$$

$$\sup_{(0,T)} \|\nabla(u - u_h)\|_{L^2(G)} \le C_2 h^s + C_3 h^{s+1} + \|\nabla(P_h u_0 - u_{h0})\|_{L^2(G)} + \|P_h u_1 - u_{h1}\|_{L^2(G)}. \tag{6.21}$$

Dabei sind, mit von u unabhängigen Konstanten c,

$$C_1 = c \sup_{(0,T)} \|u_t\|_{H^{s+1}(G)} + c \int_0^T \|u_{tt}\|_{H^{s+1}(G)}\,dt$$
$$C_2 = c \sup_{(0,T)} \|u\|_{H^{s+1}(G)},$$
$$C_3 = c \int_0^T \|u_{tt}\|_{H^{s+1}(G)}\,dt.$$

Als Voraussetzungen für diese Fehlerabschätzungen müssen die in den Konstanten C_1, C_2, C_3 auftretenden Normen der kontinuierlichen Lösung endlich sein. Außerdem muss der Teilraum X_h so sein, dass die Annahme 5.23 zur Ritzprojektion erfüllt ist.

Man beachte, dass wir zum Beispiel in der Abschätzung (6.21) für C_3 eine schwächere Norm der kontinuierlichen Lösung hätten verwenden können. Wir hätten lediglich von vornherein nur die Konvergenzordnung h^s anstreben können. Dies kann man ohne Probleme selbst erledigen. Jedoch ist die Information, welche Teile des Fehlers von welcher Ordnung konvergieren, von Interesse für praktische Anwendungen. Die Ordnung des Verfahrens adaptiert sich selbst in Abhängigkeit von der Regularität der Lösung.

Geeignete A-Priori-Abschätzungen der Lösung durch die Daten unter Annahme der entsprechenden Regularität leitet man leicht her. Dabei wird deutlich, dass wir für die im Satz formulierten Konvergenzresultate eine sehr hohe Regularität benötigen. Zum Beispiel folgt aus der Wellengleichung, dass

$$\|u_{tt}\|_{H^{s+1}(G)} \leq \|\Delta u\|_{H^{s+1}(G)} + \|f\|_{H^{s+1}(G)} \leq c\|u\|_{H^{s+3}(G)} + \|f\|_{H^{s+1}(G)}$$

gilt.

Eine besondere Rolle spielen *die diskreten Anfangswerte*. Der hyperbolische Charakter der Wellengleichung führt dazu, dass Fehler bei der Approximation der Anfangswerte nicht – wie zum Beispiel bei der parabolischen Wärmeleitungsgleichung – mit der Zeit gedämpft werden. Sie bleiben erhalten. Deshalb ist unbedingt zu empfehlen, für die diskreten Anfangswerte u_{h0} und u_{h1} die Ritzprojektionen der kontinuierlichen Anfangswerte $P_h u_0$ und $P_h u_1$ zu wählen. Dann tauchen die entsprechenden Fehler auf den rechten Seiten von (6.20) und (6.21) nicht auf.

Kapitel 7
Datenapproximation und Quadratur

7.1 Quadraturformeln

Es ist oft schwierig, manchmal unmöglich, die bei der Implementierung der Finite-Elemente-Methode benötigten Größen rechte Seite

$$b_j = \int_G f(x)\varphi_j(x)dx \quad (j = 1, \ldots, N)$$

und Steifigkeitsmatrix

$$S_{ij} = \int_G \sum_{k,l=1}^{n} a_{kl}(x)\varphi_{ix_k}(x)\varphi_{jx_l}(x)dx \quad (i, j = 1, \ldots, N)$$

explizit zu berechnen. Darin sind φ_i, φ_j Basisfunktionen des Finite-Elemente-Raumes, typischerweise also stückweise Polynome mit kleinem Träger auf einer Triangulierung. f und a_{kl} sind aber gegebene, ziemlich beliebige Funktionen. Deshalb ersetzt man Integrale durch Näherungsformeln, zum Beispiel für ein Simplex T mit Schwerpunkt x_T

$$\int_T f(x)\varphi_j(x)dx \cong f(x_T)\varphi_j(x_T)|T|$$

und hofft, dass durch eine solche Quadratur der Fehler nicht übermäßig vergrößert wird. Dies geht selbstverständlich nur dann, wenn eine punktweise Auswertung, hier von f, vernünftig ist. Eine Stärke des Ritz-Galerkin-Verfahrens ist aber gerade, dass die rechte Seite nur in $L^2(G)$ oder zum Beispiel nur ein Funktional aus $H^{-1}(G)$ sein muss. Trotzdem kann man in der Praxis sehr oft Näherungsformeln für die zu berechnenden Integrale verwenden.

Wir beginnen mit der Herleitung einiger oft verwendeter Quadraturformeln. Zunächst jedoch ist folgende Definition für eine Klärung der Begriffe sinnvoll. Man formuliert Quadraturformeln meist auf dem Einheitssimplex T_0 und nutzt dann eine affine Transformation, um sie auf ein beliebiges Simplex zu übertragen. Siehe dazu Abschnitt 3.2.1

Definition 7.1. Für einen Funktionenraum $\mathbb{P}(T) \subset L^1(T_0)$ heißt die Quadraturformel

$$\bar{f}(\psi) = \sum_{l=1}^{L} \bar{c}_l \psi(\bar{x}_l) \tag{7.1}$$

mit Gewichten $\bar{c}_l \in \mathbb{R}$ und Knoten $\bar{x}_l \in T_0$ exakt in $\mathbb{P}(T_0)$, wenn für alle $\psi \in \mathbb{P}(T_0)$ gilt:

$$\bar{f}(\psi) - \int_{T_0} \psi = 0.$$

Die in dieser Definition geforderte punktweise Auswertung von $L^1(T_0)$-Funktionen kann auf praktische Probleme führen. Deshalb vereinbaren wir, dass der Repräsentant

$$\tilde{\psi}(x) = \limsup_{\varepsilon \to 0} ⨍_{B_\varepsilon(x)} \psi(y)dy.$$

für $L^1(T_0)$-Funktionen gewählt wird. Dann ist $\tilde{\psi} = \psi$ fast überall und insbesondere $\tilde{\psi}(x) < \infty$, falls $\psi \in L^\infty(T_0)$ ist.

Auf ein beliebiges Simplex T überträgt sich das Schema (7.1) wie folgt. Ist $F : T_0 \to T$, $F(\bar{x}) = A\bar{x} + b$ die kanonische affine Transformation aus Hilfssatz 3.13, so führt (7.1) auf eine Quadraturformel für auf T definierte Funktionen.

$$\int_T \psi(x)dx = |\det A| \int_{T_0} \psi(F(\bar{x}))d\bar{x} \cong |\det A| \sum_{l=1}^{L} \bar{c}_l \psi(F(\bar{x}_l)) \tag{7.2}$$

also

$$\int_T \psi(x)dx \cong \sum_{l=1}^{L} c_l^T \psi(x_l^T) \quad \text{mit } x_l^T = F(\bar{x}_l),\ c_l^T = \bar{c}_l|\det A|.$$

Nützlich für das Folgende ist die leicht zu beweisende Formel für die Integration von Polynomen.

Aufgabe 7.2. Sind T ein n-Simplex, $\alpha \in \mathbb{N}_0^{n+1}$, so gilt mit den baryzentrischen Koordinaten $\lambda = (\lambda_0, \dots, \lambda_n)$

$$\int_T \lambda(x)^\alpha dx = \frac{\alpha!\, n!}{(|\alpha| + n)!}|T|.$$

Damit kann man durch einfaches Nachrechnen Quadraturformeln herleiten, die auf Polynomräumen exakt sind. Wir formulieren diese Ergebnisse auf einem beliebigen nicht degenerierten Simplex.

Satz 7.3. *Es sei T ein nicht degeneriertes n-dimensionales Simplex mit Ecken $a_0, \dots, a_n$.*

1. *Sei x_T der Schwerpunkt von T. Die Quadraturformel*

$$\int_T \psi(x)\,dx \cong |T|\,\psi(x_T)$$

ist exakt in $\mathbb{P}_1(T)$.

2. *Es seien $a_{ij} = \frac{1}{2}(a_i + a_j)$ $(i, j = 0, \dots, n; i < j)$ die Kantenmittelpunkte von T. Dann ist die Quadraturformel*

$$\int_T \psi(x)\,dx \cong \frac{1}{3}\,|T| \sum_{0 \le i < j \le 2} \psi(a_{ij})$$

für $n = 2$ exakt in $\mathbb{P}_2(T)$.

3. *Die Quadraturformel*

$$\int_T \psi(x)\,dx \cong \frac{1}{60}\,|T|\Big(3\sum_{i=0}^{2}\psi(a_i) + 8\sum_{0\le i<j\le 2}\psi(a_{ij}) + 27\psi(x_T)\Big)$$

ist exakt in $\mathbb{P}_3(T)$ für $n = 2$.

Beweis. 1. Jedes $p \in \mathbb{P}_1(T)$ lässt sich nach Element 3.16 schreiben als $p(x) = \sum_{i=0}^{n} p(a_i)\lambda_i(x)$ für $x \in T$. Dies ergibt mit Aufgabe 7.2:

$$\int_T p(x)dx - |T|\,p(x_T) = \sum_{i=0}^{n} p(a_i) \int_T \lambda_i(x)dx - |T|p(x_T)$$

$$= |T|\Big(\frac{1}{n+1}\sum_{i=0}^{n} p(a_i) - p(x_T)\Big) = 0.$$

2. Nach Element 3.17 sieht jedes $p \in \mathbb{P}_2(T)$ wie folgt aus:

$$p(x) = \sum_{j=0}^{n} p(a_j)\,\lambda_j(x)(2\lambda_j(x) - 1) + 4\sum_{j=0}^{n}\sum_{i=0}^{j-1} p(a_{ij})\,\lambda_i(x)\,\lambda_j(x).$$

Das ergibt zusammen mit Aufgabe 7.2

$$\int_T p(x)dx$$

$$= \sum_{j=0}^{n} p(a_j)\Big(\int_T 2\lambda_j(x)^2 dx - \int_T \lambda_j(x)dx\Big) + 4\sum_{j=0}^{n}\sum_{i=0}^{j-1} p(a_{ij}) \int_T \lambda_i(x)\,\lambda_j(x)dx$$

$$= \sum_{j=0}^{n} p(a_j)\Big(2\frac{2\,n!}{(n+2)!}|T| - \frac{n!}{(1+n)!}|T|\Big) + 4\sum_{j=0}^{n}\sum_{i=0}^{j-1} p(a_{ij})\frac{n!}{(2+n)!}|T|$$

$$= \sum_{j=0}^{n} p(a_j)|T|\frac{2-n}{(n+1)(n+2)} + \frac{4}{(n+1)(n+2)}|T|\sum_{j=0}^{n}\sum_{i=0}^{j-1} p(a_{ij})$$

$$= \frac{1}{3}|T| \sum_{0\le i<j\le n} p(a_{ij}), \quad \text{falls } n = 2 \text{ ist.}$$

Man beachte, dass schon für $n = 3$ negative Gewichte c_l entstehen! Dies ist der Grund dafür, dass wir in Satz 7.3 nur den Fall $n = 2$ aufgenommen haben, obwohl wir ja soeben eine Quadraturformel für beliebige Raumdimensionen hergeleitet haben. Zu dieser Problematik siehe Hilfssatz 7.6

Damit ist der wesentliche Lerneffekt erzielt. Wir überlassen dem Leser das genaue Nachrechnen der 3. Quadraturformel. □

Selbstverständlich müssen wir den Fehler, der bei der numerischen Integration entsteht, kontrollieren. Dies können wir mit unseren Vorarbeiten in Abschnitt 3.3.2 leicht erledigen.

Satz 7.4. *Die Quadraturfomel* (7.1) *sei exakt auf* $\mathbb{P}_m(T_0)$ *für ein* $m \ge k$, $k \in \mathbb{N} \cup \{0\}$. *Dann folgt für den Fehler* E *bei numerischer Integration mit der auf das* n*-dimensionale Simplex* T *gemäß* (7.2) *transformierten Quadraturformel*

$$E(f) = \int_T f(x)\,dx - \sum_{l=1}^{L} c_l^T f(x_l^T)$$

die Abschätzung

$$|E(f)| \le c\sigma(T)^{\frac{n}{p}} h(T)^{k+1+n(1-\frac{1}{p})} |f|_{H^{k+1,p}(T)}, \tag{7.3}$$

wenn $f \in H^{k+1,p}(T)$ *ist und die Einbettung* $H^{k+1,p}(T) \hookrightarrow L^\infty(T)$ *besteht.*

Beweis. Wir betrachten zunächst den Fehler der Quadratur auf dem Einheitssimplex T_0. Setze dazu

$$E_0(f) = \int_{T_0} f(\overline{x})\, d\overline{x} - \sum_{l=1}^{L} \overline{c}_l f(\overline{x}_l)$$

für eine Funktion $f \in H^{k+1,p}(T_0)$. Durch E_0 ist ein Funktional auf $H^{k+1,p}(T_0)$ gegeben, denn E_0 ist linear und

$$|E_0(f)| \leq \|f\|_{L^1(T_0)} + \sum_{l=1}^{L} |\overline{c}_l| \|f\|_{L^\infty(T_0)} \leq c\|f\|_{L^\infty(T_0)} \leq c\|f\|_{H^{k+1,p}(T_0)}.$$

Für alle $g \in \mathbb{P}_m(T_0)$ erhalten wir dann wegen der Exaktheit der Quadraturformel auf dieser Menge, dass

$$|E_0(f)| = |E_0(f+g)| \leq c\|f+g\|_{H^{k+1,p}(T_0)},$$

also auch

$$\begin{aligned}|E_0(f)| &\leq c \inf_{g \in \mathbb{P}_m(T_0)} \|f+g\|_{H^{k+1,p}(T_0)} = c\|f\|_{H^{k+1,p}(T_0)/\mathbb{P}_m(T_0)}\\ &\leq c|f|_{H^{k+1,p}(T_0)}.\end{aligned}$$

Für die letzte Ungleichung haben wir Satz 3.26 verwendet.

Wir transformieren dieses Resultat nun auf das Simplex T und verwenden dabei Folgerung 3.30 und Hilfssatz 3.13. Offensichtlich ist mit der affin auf das Einheitssimplex transformierten Funktion $\overline{f} = f \circ F$, $F(\overline{x}) = A\overline{x} + b$,

$$E(f) = |\det A| E_0(\overline{f}) \leq c|\det A||\overline{f}|_{H^{k+1,p}(T_0)}.$$

Wir transformieren zurück und verwenden

$$|\det A| \leq ch(T)^n, \quad |\overline{f}|_{H^{k+1,p}(T_0)} \leq ch(T)^{k+1}\rho(T)^{-\frac{n}{p}}|f|_{H^{k+1,p}(T)},$$

womit wir schließlich

$$|E(f)| \leq c\sigma(T)^{\frac{n}{p}} h(T)^{k+n+1-\frac{n}{p}} |f|_{H^{k+1,p}(T)}$$

erhalten, und das war die Behauptung des Satzes. □

7.2 Konvergenz bei numerischer Integration

In diesem Abschnitt wollen wir erforschen wie „gut" eine Quadraturformel sein muss, damit die typische asymptotische Fehlerabschätzung

$$\|u - u_h\|_{H^1(G)} \leq c\, h^s$$

für eine Finite-Elemente-Methode mit Polynomen vom Grad s nicht zerstört wird. Außerdem müssen wir darauf achten, dass das diskrete Problem eindeutig lösbar bleibt. Die abstrakte Antwort ist einfach.

Satz 7.5. *Auf einem Hilbertraum X sei die Bilinearform $B : X \times X \to \mathbb{R}$ gegeben. Sie sei stetig und koerziv,*

$$|B(v,w)| \leq c_1 \|v\|_X \|w\|_X, \quad B(v,v) \geq c_0 \|v\|_X^2 \quad (v, w \in X),$$

mit $c_0 > 0$. $X_h \subset X$ sei ein Teilraum von X. Auf ihm sei eine Bilinearform $B_h : X_h \times X_h \to \mathbb{R}$ gegeben, die mit $\overline{c}_0 > 0$ koerziv ist

$$B_h(v_h, v_h) \geq \bar{c}_0 \|v_h\|_X^2 \quad (v_h \in X_h).$$

B_h approximiere B. Es gebe eine Zahl r, so dass für alle $w_h \in X_h$

$$|B(u_h, w_h) - B(u_h, w_h)| \leq c_2\, h^r\, \|w_h\|_X$$

mit der Lösung $u_h \in X_h$ von $B(u_h, \varphi_h) = f(\varphi_h)\ \forall \varphi_h \in X_h$ gilt. Dabei sei $f \in X'$. Es gebe ein Funktional $f_h \in X_h'$, das f approximiert.

$$|f(v_h) - f_h(v_h)| \leq c_3\, h^r\, \|v_h\|_X \quad (v_h \in X_h).$$

Dann gibt es genau eine Lösung $\overline{u}_h \in X_h$ von

$$B_h(\bar{u}_h, \varphi_h) = f_h(\varphi_h) \quad \forall \varphi_h \in X_h,$$

und es gilt die Fehlerabschätzung

$$\|u_h - \overline{u}_h\|_X \leq \frac{c_2 + c_3}{\bar{c}_0}\, h^r. \tag{7.4}$$

Beweis. Es ist mit den üblichen Argumenten und unter Ausnutzung aller Voraussetzungen des Satzes

$$\begin{aligned}
\overline{c}_0 \|u_h - \overline{u}_h\|_X^2 &\leq B_h(u_h - \overline{u}_h, u_h - \overline{u}_h) \\
&= B_h(u_h, u_h - \bar{u}_h) - B_h(\bar{u}_h, u_h - \bar{u}_h) \\
&= B_h(u_h, u_h - \bar{u}_h) - B(u_h, u_h - \bar{u}_h) + B(u_h, u_h - \bar{u}_h) - B_h(\bar{u}_h, u_h - \bar{u}_h) \\
&= B_h(u_h, u_h - \bar{u}_h) - B(u_h, u_h - \bar{u}_h) + f(u_h - \bar{u}_h) - f_h(u_h - \bar{u}_h) \\
&\leq |B_h(u_h, u_h - \bar{u}_h) - B(u_h, u_h - \bar{u}_h)| + |f(u_h - \bar{u}_h) - f_h(u_h - \bar{u}_h)| \\
&\leq c_2\, h^r\, \|u_h - \bar{u}_h\|_X + c_3\, h^r\, \|u_h - \bar{u}_h\|_X .
\end{aligned}$$

Also folgt die Abschätzung (7.4). □

Für die Anwendung dieses abstrakten Resultats beschränken wir uns hier der Übersichtlichkeit wegen auf das Problem

$$- \sum_{k,l=1}^{n} (a_{kl} u_{x_k})_{x_l} = f \quad \text{in } G, \quad u = 0 \quad \text{auf } \partial G. \tag{7.5}$$

Die numerische Methode für einen gegebenen Finite-Elemente-Raum X_h mit Basis $\varphi_1, \ldots, \varphi_N$ lautete: Berechne $u_h(x) = \sum_{j=1}^{N} u_j \, \varphi_j(x)$, so dass

$$\sum_{i=1}^{N} u_i \int_G \sum_{r,s=1}^{n} a_{rs} \, \varphi_{ix_r} \, \varphi_{kx_s} = \int_G f \varphi_k \quad (k = 1, \ldots, N)$$

gilt, oder in abstrakter Formulierung $B(u_h, \varphi_h) = f(\varphi_h)$ für alle $\varphi_h \in X_h$, wobei Bilinearform und rechte Seite durch

$$B(u, v) = \int_G \sum_{r,s=1}^{n} a_{rs} u_{x_r} v_{x_s}, \quad f(\varphi) = \int_G f \varphi \tag{7.6}$$

gegeben sind.

Wir ersetzen nun die Integrale durch Näherungen und kommen so zu approximativer Bilinearform B_h und approximativer rechter Seite f_h und möchten feststellen, ob immer noch die Standardfehlerabschätzung gilt. Aus dem abstrakten Satz 7.5 wissen wir, worauf wir bei der näherungsweisen Berechnung der Integrale zu achten haben. Die approximativen Bilinearformen B_h müssen gleichmäßig bezüglich der Gitterweite h koerziv sein. Außerdem müssen B_h die Bilinearform B und f_h das Funktional f mit der richtigen Ordnung approximieren. Wenn X_h so ist, dass für die Lösung u_h des ungestörten numerischen Problems

$$\|u - u_h\|_X \leq c \, h^s$$

ist, muss $r \geq s$ sein, denn mit der Lösung $\overline{u}_h$ des gestörten numerischen Problems gilt

$$\|u - \bar{u}_h\|_X \leq \|u - u_h\|_X + \|u_h - \bar{u}_h\|_X \leq ch^s + ch^r.$$

Zunächst untersuchen wir, ob die Koerzivität erhalten bleibt. Dazu sei die Differentialgleichung elliptisch,

$$\sum_{i,j=1}^{n} a_{ij} \, \xi_i \, \xi_j \geq c_0 \, |\xi|^2 \quad \forall \xi \in \mathbb{R}^n, \tag{7.7}$$

fast überall in G, was die Koerzivität der Bilinearform B mit $c_0 > 0$ impliziert. Dies ist die L-Bedingung (4.13) für diese spezielle Differentialgleichung.

Hilfssatz 7.6. *Die Quadraturformel*

$$\int_{T_0} \psi(\bar{x})d\bar{x} \cong \sum_{l=1}^{L} \bar{c}_l\, \psi(\bar{x}_l)$$

sei exakt auf $\mathbb{P}_{2k-2}(T_0)$ *mit positiven Gewichten* $\bar{c}_l > 0$. *Das Gebiet* G *sei durch* $\mathcal{T}$ *mit* $\sigma \le \sigma_0$ *zulässig trianguliert, und die Differentialgleichung sei elliptisch* (7.7). *Dann gibt es eine Konstante* $\bar{c}_0 > 0$, *so dass*

$$B_h(v_h, v_h) \ge \bar{c}_0 |v_h|^2_{H^1(G)}$$

für alle $v_h \in X_h = \{v_h \in C^0(\overline{G}) \mid v_h|_T \in \mathbb{P}_k(T), T \in \mathcal{T}\}$ *gilt. Dabei ist* B_h *die approximative Bilinearform*

$$B_h(v_h, w_h) = \sum_{T\in\mathcal{T}} \sum_{i,j=1}^{n} \sum_{l=1}^{L} c_l^T a_{ij}(x_l^T) v_{hx_i}(x_l^T) w_{hx_j}(x_l^T)$$

mit den zu $T \in \mathcal{T}$ *gehörenden Gewichten* $c_l^T = |\det A_T|\bar{c}_l$ *und Knoten* $x_l^T = F(\bar{x}_l)$, *wobei* $F(\bar{x}) = A_T\bar{x} + b$ *die kanonische affine Transformation ist.*

Beweis. Mit Folgerung 3.30 haben wir für $v_h \in X_h$ und $\bar{v}_h = v_h \circ F_T$ auf $T \in \mathcal{T}$

$$|v_h|^2_{H^1(G)} = \sum_{T\in\mathcal{T}} |v_h|^2_{H^1(T)} \le c \sum_{T\in\mathcal{T}} \frac{h(T)^n}{\rho(T)^2} |\bar{v}_h|^2_{H^1(T_0)}. \tag{7.8}$$

Demnach ist $|\bar{v}_h|_{H^1(T_0)}$ zu untersuchen. Wegen $\bar{v}_h \in \mathbb{P}_k(T_0)$ folgt $|\nabla\bar{v}_h|^2 \in \mathbb{P}_{2k-2}(T_0)$. Weil die Quadraturformel nach Annahme auf $\mathbb{P}_{2k-2}(T_0)$ exakt ist, erhalten wir zusammen mit $|\nabla\bar{v}_h(\bar{x}_l)| \le |A_T||\nabla v_h(x_l^T)|$, dass gilt:

$$\begin{aligned}|\bar{v}_h|^2_{H^1(T_0)} = \sum_{l=1}^{L} \bar{c}_l |\nabla\bar{v}_h(\bar{x}_l)|^2 &\le |A_T|^2 |\det A_T|^{-1} \sum_{l=1}^{L} c_l^T |\nabla v_h(x_l^T)|^2 \\ &\le c h(T)^{2-n} \sum_{l=1}^{L} c_l^T |\nabla v_h(x_l^T)|^2.\end{aligned}$$

Hier und im Folgenden wird benutzt, dass die Quadraturgewichte c_l^T positiv sind. Indem wir die obige Ungleichung in (7.8) einsetzen, erhalten wir

$$|v_h|^2_{H^1(G)} \le c \sum_{T\in\mathcal{T}} \frac{h(T)^2}{\rho(T)^2} \sum_{l=1}^{L} c_l^T |\nabla v_h(x_l^T)|^2 \le c \sum_{T\in\mathcal{T}} \frac{h(T)^2}{\rho(T)^2} \sum_{l=1}^{L} c_l^T |\nabla v_h(x_l^T)|^2.$$

Wir verwenden die Elliptizität (7.7) der Differentialgleichung mit der Wahl $\xi = \nabla v_h(x_l^T)$ und können weiter abschätzen

$$\begin{aligned}|v_h|^2_{H^1(G)} &\le c \sum_{T\in\mathcal{T}} \sum_{l=1}^{L} c_l^T \sum_{i,j=1}^{n} a_{ij}(x_l^T) v_{hx_i}(x_l^T) v_{hx_j}(x_l^T) \\ &= \frac{1}{\overline{c}_0} B_h(v_h, v_h)\end{aligned}$$

mit einer positiven Konstanten $\overline{c}_0$. Und das war zu beweisen. □

Wir untersuchen nun, wann Bilinearform und rechte Seite von genügend hoher Ordnung approximiert werden.

$$\|B_h(u_h,\cdot) - B(u_h,\cdot)\|_{X_h'} \le ch^r, \quad \|f_h - f\|_{X_h'} \le ch^r$$

sind. Für das Folgende nehmen wir die Situation aus Hilfssatz 7.6 an, also Elemente k-ter Ordnung und eine Quadraturformel, die auf $\mathbb{P}_{2k-2}$ exakt ist. Es ist dann

$$\begin{aligned}&|B(u_h, w_h) - B_h(u_h, w_h)| \\ &\quad \le \sum_{T\in\mathcal{T}} \sum_{i,j=1}^{n} \left| \int_T a_{ij} u_{hx_i} w_{hx_j} - \sum_{l=1}^{L} c_l^T a_{ij}(x_l^T) u_{hx_i}(x_l^T) w_{hx_j}(x_l^T) \right|\end{aligned}$$

und analog

$$|f(w_h) - f_h(w_h)| \le \sum_{T\in\mathcal{T}} \left| \int_T f\, w_h - \sum_{l=1}^{L} c_l^T f(x_l^T) w_h(x_l^T) \right|.$$

Das bedeutet, dass es sinnvoll ist, Ausdrücke der Form

$$E(w) = \int_T w - \sum_{l=1}^{L} c_l^T w(x_l^T)$$

für $w = a_{ij} u_{hx_i} w_{hx_j}$ oder $w = f w_h$ zu untersuchen, wobei $u_h, w_h \in \mathbb{P}_k$ sind.

Wir untersuchen E zunächst auf dem Einheitssimplex T_0 und sehen uns hinterher die Skalierung des Resultats an. Für

$$E_0(\overline{w}) = \int_{T_0} \overline{w} - \sum_{l=1}^{L} \overline{c}_l \overline{w}(\overline{x}_l),$$

gilt $|E_0(\overline{w})| \le c\|\overline{w}\|_{L^\infty(T_0)}$, also auch

$$|E_0(\overline{w}\,\overline{v})| \le c\|\overline{w}\|_{L^\infty(T_0)} \|\overline{v}\|_{L^\infty(T_0)}.$$

Ist nun $\overline{v} \in \mathbb{P}_{k-1}(T_0)$, so folgt wegen der Normäquivalenz auf dem endlichdimensionalen Raum $\mathbb{P}_{k-1}(T_0)$, dass

$$|E_0(\overline{w}\,\overline{v})| \leq c\|\overline{w}\|_{L^\infty(T_0)}\|\overline{v}\|_{L^2(T_0)} \leq c\ \|\overline{w}\|_{H^{k,\infty}(T_0)}\ \|\overline{v}\|_{L^2(T_0)}.$$

Ist die Quadraturformel auf $\mathbb{P}_{2k-2}$ exakt, so können wir für $p \in \mathbb{P}_{k-1}$ wegen $p\overline{v} \in \mathbb{P}_{2k-2}$ schließen:

$$|E_0(\overline{w}\,\overline{v})| = |E_0(\overline{w}\,\overline{v}) - E_0(p\overline{v})| = |E_0((\overline{w}-p)\overline{v})| \leq c\|\overline{w}-p\|_{H^{k,\infty}(T_0)}\|\overline{v}\|_{L^2(T_0)},$$

und demnach gilt nach Satz 3.26

$$|E_0(\overline{w}\,\overline{v})| \leq c\|\overline{w}\|_{H^{k,\infty}(T_0)/\mathbb{P}_{k-1}(T_0)}\|\overline{v}\|_{L^2(T_0)} \leq c|\overline{w}|_{H^{k,\infty}(T_0)}\|\overline{v}\|_{L^2(T_0)}.$$

Für ein dreifaches Produkt mit $\overline{v}, \overline{w} \in \mathbb{P}_{k-1}$ folgt wieder mit der Normäquivalenz

$$\begin{aligned}|E_0(\overline{a}\,\overline{v}\,\overline{w})| &\leq c|\overline{a}\,\overline{w}|_{H^{k,\infty}(T_0)}\|\overline{v}\|_{L^2(T_0)}\\ &\leq c\sum_{\alpha=0}^{k}|\overline{a}|_{H^{k-\alpha,\infty}(T_0)}|\overline{w}|_{H^{\alpha,\infty}(T_0)}\|\overline{v}\|_{L^2(T_0)}\\ &\leq c\sum_{\alpha=0}^{k-1}|\overline{a}|_{H^{k-\alpha,\infty}(T_0)}|\overline{w}|_{H^{\alpha}(T_0)}\|\overline{v}\|_{L^2(T_0)},\end{aligned}$$

denn die k-ten Ableitungen von $\overline{w}$ verschwinden. Transformation der Normen mit Folgerung 3.30 auf ein allgemeines Simplex T liefert dann entsprechend

$$|E(avw)| \leq ch(T)^k\|a\|_{H^{k,\infty}(T)}\ \|w\|_{H^{k-1}(T)}\ \|v\|_{L^2(T)}.$$

Damit lässt sich der Konsistenzfehler bei der Approximation der Bilinearform kontrollieren.

$$\begin{aligned}&|B(u_h, w_h) - B_h(u_h, w_h)|\\ &\quad\leq \sum_{i,j=1}^{n}\sum_{T\in\mathcal{T}}|E(a_{ij}u_{hx_i}w_{hx_j})|\\ &\quad\leq c\sum_{i,j=1}^{n}\sum_{T\in\mathcal{T}}h(T)^k\ \|a_{ij}\|_{H^{k,\infty}(T)}\ \|u_{hx_i}\|_{H^{k-1}(T)}\ \|w_{hx_j}\|_{L^2(T)}\\ &\quad\leq c\max_{i,j=1,\dots,n}\|a_{ij}\|_{H^{k,\infty}(G)}\sum_{T\in\mathcal{T}}h(T)^k\ \|\nabla u_h\|_{H^{k-1}(T)}\ \|\nabla w_h\|_{L^2(T)}\\ &\quad\leq c\,h^k\Big(\sum_{T\in\mathcal{T}}\|u_h\|^2_{H^k(T)}\Big)^{\frac{1}{2}}|w_h|_{H^1(G)}.\end{aligned}$$

Dabei wurde angenommen, dass die Koeffizienten entsprechend glatt sind. u_h war die diskrete Lösung mit der kontinuierlichen Bilinearform B. Wir schätzen noch den Term $\sum_{T\in\mathcal{T}} \|u_h\|^2_{H^k(T)}$ ab. Es ist

$$\Big(\sum_{T\in\mathcal{T}} \|u_h\|^2_{H^k(T)}\Big)^{\frac{1}{2}}$$

$$\le \Big(\sum_{T\in\mathcal{T}} \|u_h - I_h u\|^2_{H^k(T)}\Big)^{\frac{1}{2}} + \Big(\sum_{T\in\mathcal{T}} \|I_h u - u\|^2_{H^k(T)}\Big)^{\frac{1}{2}} + \Big(\sum_{T\in\mathcal{T}} \|u\|^2_{H^k(T)}\Big)^{\frac{1}{2}}.$$

Für den ersten Summanden gilt, wenn die Interpolierende sinnvoll ist, dass

$$\begin{aligned}\|u_h - I_h u\|^2_{H^k(T)} &= \sum_{j=0}^{k} |u_h - I_h u|^2_{H^j(T)} \\ &\le \|u_h - I_h u\|^2_{L^2(T)} + c\sum_{j=0}^{k} h(T)^{2-2j} |u_h - I_h u|^2_{H^1(T)} \\ &\le \|u_h - I_h u\|^2_{L^2(T)} + c|u_h - I_h u|^2_{H^1(T)} h(T)^{2-2k}.\end{aligned}$$

Dabei wurde eine einfache inverse Ungleichung verwendet. Damit erhalten wir insgesamt unter Ausnutzung der Fehlerabschätzung für die Interpolation

$$\begin{aligned}\Big(\sum_{T\in\mathcal{T}} \|u_h\|^2_{H^k(T)}\Big)^{\frac{1}{2}} &\le ch^{1-k}\|u_h - I_h u\|_{H^1(G)} + ch\|u\|_{H^{k+1}(G)} + \|u\|_{H^k(G)} \\ &\le ch^{1-k}\|u - u_h\|_{H^1(G)} + ch\|u\|_{H^{k+1}(G)} + c\|u\|_{H^k(G)}.\end{aligned}$$

Unter Verwendung des Konvergenzresultats aus Satz 4.8 kann man dann weiter abschätzen zu

$$\le c\ (h\|u\|_{H^{k+1}(G)} + \|u\|_{H^k(G)}) \le c\ \|u\|_{H^{k+1}(G)}.$$

Also haben wir insgesamt

$$|B(u_h, w_h) - B_h(u_h, w_h)| \le c\ h^k |w_h|_{H^1(G)}\ \|u\|_{H^{k+1}(G)}$$

und können zusammenfassen.

Satz 7.7. *Es seien die Voraussetzungen von Satz* 4.8 *für die Differentialgleichung* (7.5) *erfüllt. Insbesondere sei also die Differentialgleichung elliptisch* (7.7). *Für die Koeffizienten gelte* $a_{ij} \in H^{k,\infty}(G)$ $(i, j = 1, \dots, n)$. *Bezeichne* B *die zugehörige Bilinearform und* f *die rechte Seite gemäß* (7.6). *Die schwache Lösung* u *liege in* $H^{k+1}(G)$. $u_h \in X_h$ *sei die Lösung von*

$$B(u_h, \varphi_h) = f(\varphi_h) \quad \forall \varphi_h \in X_h.$$

zum Finite-Elemente-Raum (4.17) *der Lagrange-Elemente* k*-ter Ordnung, und es sei* $h(T) \geq ch$ $(T \in \mathcal{T})$. *Die Quadraturformel*

$$\int_{T_0} \psi \cong \sum_{l=1}^{L} \overline{c}_l \psi(\overline{x}_l)$$

sei exakt auf $\mathbb{P}_{2k-2}$. *Die zugehörige approximative Bilinearform ist dann durch*

$$B_h(v_h, w_h) = \sum_{T \in \mathcal{T}} \sum_{i,j=1}^{n} \sum_{l=1}^{L} c_l^T a_{ij}(x_l^T) v_{hx_i}(x_l^T) w_{hx_j}(x_l^T) \tag{7.9}$$

definiert. Falls noch $k > \frac{n}{2} - 1$ *ist, so gilt für alle* $w_h \in X_h$

$$|B(u_h, w_h) - B_h(u_h, w_h)| \leq ch^k \|w_h\|_{H^1(G)} \|u\|_{H^{k+1}(G)}.$$

Damit haben wir die Frage nach der richtigen Quadraturformel für den wichtigsten Spezialfall beantwortet. und das Resultat zur Koerzivität aus Hilfssatz 7.6 mit dem abstrakten Satz 7.5 kombinieren und ein entsprechendes Konvergenzresultat formulieren.

Für lineare Elemente $k = 1$ ist also eine in $\mathbb{P}_0$ exakte Quadraturformel mit positiven Gewichten notwendig.

Analog kann man das folgende Resultat für die Approximation der rechten Seite beweisen [6].

Hilfssatz 7.8. *Unter den Voraussetzungen von Satz 7.7 gilt für* $f \in L^2(G)$ *mit der Eigenschaft, dass für* $T \in \mathcal{T}$ $f|_T \in H^k(T)$ *ist, im Fall* $k > \frac{n}{2}$, *für jedes* $w_h \in X_h$

$$\left| \int_G f w_h - \sum_{T \in \mathcal{T}} \sum_{l=1}^{L} c_l^T f(x_l^T)\, w_h(x_l^T) \right| \leq c\, h^k \Big(\sum_{T \in \mathcal{T}} \|f\|_{H^k(T)}^2 \Big)^{\frac{1}{2}} \|w_h\|_{H^1(G)}.$$

Kapitel 8
Partielle Differentialgleichungen höherer Ordnung

8.1 Die Plattengleichung

Wir besprechen das Modellproblem für partielle Differentialgleichungen höherer Ordnung. Die Differentialgleichung wird Plattengleichung genannt, auch wenn die Position $u(x)$, $x \in G$ einer eingespannten Platte durch das mathematische Modell

$$\Delta^2 u = f \quad \text{in } G \quad u = 0, \ \frac{\partial u}{\partial \nu} = 0 \quad \text{auf } \partial G \tag{8.1}$$

nur sehr primitiv beschrieben werden kann. Es ist für zwei Raumdimensionen

$$\Delta^2 u = u_{x_1x_1x_1x_1} + 2u_{x_1x_1x_2x_2} + u_{x_2x_2x_2x_2}.$$

Dies ist eine lineare Differentialgleichung vierter Ordnung. Ohne zunächst auf die Differenzierbarkeit zu achten, versuchen wir analog zu den bisher betrachteten Differentialgleichungen zweiter Ordnung, ein Funktional zu finden, dessen Minimum eine schwache Lösung von (8.1) liefert. Dazu sei $\varphi \in C_0^2(G)$. Es ist mit dem Gaußschen Integralsatz Satz 1.3 in einem Normalgebiet $G \subset \mathbb{R}^n$

$$\begin{aligned}
\int_G \Delta^2 u \, \varphi &= \int_G \nabla \cdot (\nabla \Delta u) \, \varphi = \sum_{i=1}^n \int_G (\Delta u_{x_i})_{x_i} \, \varphi \\
&= \sum_{i=1}^n \Big(\int_{\partial G} \Delta u_{x_i} \, \nu_i \, \varphi - \int_G \Delta u_{x_i} \, \varphi_{x_i} \Big) \\
&= -\sum_{i=1}^n \Big(\int_{\partial G} \Delta u \, \nu_i \, \varphi_{x_i} - \int_G \Delta u \, \Delta \varphi \Big) \\
&= \int_G \Delta u \, \Delta \varphi.
\end{aligned}$$

Demnach vermuten wir, dass ein zugehöriges Funktional durch

$$I(v) = \frac{1}{2} \int_G (\Delta v)^2 - \int_G f v, \quad v \in \mathring{H}^2(G)$$

gegeben ist, denn ein Minimum $u \in \mathring{H}^2(G)$ des Funktionals I,

$$I(u) = \inf_{v \in \mathring{H}^2(G)} I(v),$$

erfüllt die schwache Differentialgleichung

$$\int_G \Delta u \Delta \varphi = \int_G f \varphi \quad \forall \varphi \in \mathring{H}^2(G). \tag{8.2}$$

Dies sieht man genau wie Abschnitt 2.1 so ein: Für $\varepsilon \in \mathbb{R}$ liegt die Funktion $u + \varepsilon\varphi$ im Raum $\mathring{H}^2(G)$. Demnach hat das Polynom $\phi(\varepsilon) = I(u + \varepsilon\varphi)$ in $\varepsilon = 0$ ein Minimum. $\phi'(0) = 0$ führt dann auf die schwache Differentialgleichung (8.2).

Wir verwenden den Satz von Lax-Milgram (Satz 4.3), um die Existenz einer schwachen Lösung zu beweisen. Als Hilbertraum wählen wir $X = \mathring{H}^2(G)$ zu einem beschränkten Gebiet $G \subset \mathbb{R}^n$ mit der Standardnorm

$$\|v\|^2_{H^2(G)} = \|u\|^2_{L^2(G)} + \sum_{j=1}^n \|u_{x_j}\|^2_{L^2(G)} + \sum_{i,j=1}^n \|u_{x_i x_j}\|^2_{L^2(G)}.$$

Auch die Wahl der Bilinearform ist klar. Wir definieren

$$B(v, w) = \int_G \Delta v \, \Delta w, \quad v, w \in X. \tag{8.3}$$

Um die Voraussetzungen von Satz 4.3 zu erfüllen, sind die Stetigkeit und die Koerzivität von B auf X zu beweisen.

Die Stetigkeit folgt sehr einfach mit der Cauchy-Schwarzschen Ungleichung.

$$\begin{aligned}|B(v, w)| &\le \|\Delta v\|_{L^2(G)} \|\Delta w\|_{L^2(G)} \le \sum_{j=1}^n \|v_{x_j x_j}\|_{L^2(G)} \sum_{k=1}^n \|w_{x_k x_k}\|_{L^2(G)} \\ &\le n\Big(\sum_{j=1}^n \|v_{x_j x_j}\|^2_{L^2(G)}\Big)^{\frac{1}{2}} \Big(\sum_{k=1}^n \|w_{x_k x_k}\|^2_{L^2(G)}\Big)^{\frac{1}{2}} \le n \|v\|_{H^2(G)} \|w\|_{H^2(G)}.\end{aligned}$$

Die Koerzivität folgt mit einer Zusatzüberlegung. (Für die Poissongleichung war lediglich die Poincarésche Ungleichung notwendig.) Durch geeignete partielle Integration zeigt man für eine Funktion $v \in C_0^3(G)$ die Gleichung

$$\int_G (\Delta v)^2 = \sum_{i,j=1}^n \int_G v^2_{x_i x_j}.$$

Indem man v durch Null auf den $\mathbb{R}^n$ fortsetzt, kann man den Gaußschen Integralsatz auf ein Normalgebiet anwenden. Danach approximiert man eine gegebene Funktion $w \in C_0^2(G)$ durch solche Funktionen, nutzt die Approximierbarkeit (Definition 2.16) von $\mathring{H}^2(G)$-Funktionen durch Funktionen $w \in C_0^2(G)$ in der $H^2(G)$-Norm aus und hat

$$B(v, v) = |v|^2_{H^2(G)}.$$

Um auf der rechten Seite die für die Koerzivität nötige gesamte Norm in $H^2(G)$ zu erhalten, benötigt man noch eine verallgemeinerte Poincarésche Ungleichung.

Hilfssatz 8.1. *Es sei G ein beschränktes Gebiet im $\mathbb{R}^n$ und $m \in \mathbb{N}$. Dann gibt es eine Konstante $c > 0$, so dass für alle Funktionen $v \in \mathring{H}^m(G)$ gilt:*

$$\|v\|_{H^m(G)} \le c|v|_{H^m(G)}.$$

Beweis. Man wendet induktiv die Poincarésche Ungleichung in $\mathring{H}^1(G)$ aus Satz 2.20 auf die Ableitungen von v an. Allerdings ist dabei zu beachten, dass $v \in \mathring{H}^m(G)$ impliziert, dass $D^\alpha v \in \mathring{H}^{m-|\alpha|}(G)$ für $|\alpha| \le m-1$ ist. □

Beispiel 8.2. Der Satz von Lax-Milgram erlaubt rechte Seiten, die Funktionale sind, $f \in X' = \mathring{H}^2(G)' = H^{-2}(G)$. Ein solches Funktional ist zum Beispiel durch

$$f(\varphi) = \int_G f \Delta\varphi, \quad \varphi \in \mathring{H}^2(G)$$

für eine Funktion $f \in L^2(G)$ gegeben, denn mit dem üblichen Missbrauch der Bezeichnung für f hat man

$$|f(\varphi)| \le c\|f\|_{L^2(G)}\|\varphi\|_{H^2(G)}.$$

Der Regularitätsgewinn beim Lösen der Plattengleichung ist also besonders groß. Wie es sich gehört, gewinnt man im Wesentlichen vier Ableitungen.

Nun sind wir in der Lage, die Existenz schwacher Lösungen der Plattengleichung zu beweisen. Unsere obigen Überlegungen erlauben es den Satz von Lax-Milgram anzuwenden, und damit erhalten wir sofort den folgenden Satz.

Satz 8.3. *Sei G ein beschränktes Gebiet im $\mathbb{R}^n$, und sei $f \in H^{-2}(G)$. Dann gibt es genau eine schwache Lösung u des Problems*

$$\Delta^2 u = f \quad \text{in } G \quad u = 0, \quad \frac{\partial u}{\partial \nu} = 0 \quad \text{auf } \partial G,$$

das heißt es gibt genau ein $u \in \mathring{H}^2(G)$, so dass für alle $\varphi \in \mathring{H}^2(G)$ gilt:

$$\int_G \Delta u \, \Delta\varphi = f(\varphi).$$

Man überlege sich, dass bei Vorliegen genügender Regularität die Randbedingungen $u = 0$ und $\frac{\partial u}{\partial \nu} = 0$ auf ∂G nichts anderes bedeuten, als dass sowohl u als auch ∇u auf dem Gebietsrand verschwinden. Da $u = 0$ auf dem Rand ist, folgt auch, dass die tangentialen Ableitungen

$$\underline{\nabla} u = \nabla u - \nabla u \cdot \nu \nu = 0$$

auf dem Rand sind. Dies bedeutet, dass die Randbedingungen in Satz 8.3 Dirichletrandwerte und nicht, wie es zunächst aussehen mag, Neumannrandwerte vorschreiben.

Die zur schwachen Lösung der Plattengleichung verwendeten Techniken sind nicht auf den Fall elliptischer Differentialgleichungen zweiter Ordnung beschränkt. Mit denselben Techniken lassen sich Differentialgleichungen noch höherer Ordnung lösen. Mit den gleichen Methoden wie in Kapitel 4 betrachten wir Differentialgleichungen $2m$-ter Ordnung mit $L^\infty(G)$-Koeffizienten. Für $m \in \mathbb{N}$ und gegebene Koeffizienten

$$a_{\alpha\beta} \in L^\infty(G), \quad q \in L^\infty(G)$$

für Multiindizes $\alpha, \beta \in (\mathbb{N} \cup \{0\})^n$ mit der Symmetriebedingung $a_{\alpha\beta} = a_{\beta\alpha}$ für $0 \le |\alpha|, |\beta| \le m$ und der Elliptizitätsbedingung

$$\sum_{\substack{|\alpha|=m \\ |\beta|=m}} a_{\alpha\beta}(x)\xi^\alpha \xi^\beta \ge c_0 |\xi|^{2m}, \quad q(x) \ge 0 \tag{8.4}$$

für fast alle $x \in G$ und alle $\xi \in R^n$ mit einer Konstanten $c_0 > 0$.[1] Als rechte Seite dürfen wir ein Funktional

$$f \in H^{-m}(G)$$

zulassen. Wir versuchen, eine Differentialgleichung $2m$-ter Ordnung der Form

$$(-1)^m \sum_{|\alpha|,|\beta|=m} D^\alpha(a_{\alpha\beta}\, D^\beta u) + qu = f \quad \text{in } G \tag{8.5}$$

zu lösen und schreiben die Randwerte

$$u = 0, \quad \frac{\partial u}{\partial \nu} = 0, \; \ldots, \; \frac{\partial^{m-1} u}{\partial \nu^{m-1}} = 0 \quad \text{auf } \partial G \tag{8.6}$$

im schwachen Sinn vor. Wir definieren die Bilinearform

$$B(v, w) = \int_G \sum_{|\alpha|,|\beta|=m} a_{\alpha\beta} D^\alpha v D^\beta w + \int_G q v w \tag{8.7}$$

[1] Dabei ist wie üblich $\xi^\alpha = \xi_1^{\alpha_1} \cdots \xi_n^{\alpha_n}$.

auf dem Hilbertraum $X = \mathring{H}^m(G)$. Die Bilinearform B ist stetig, denn

$$\begin{aligned}|B(v,w)| &\le \sum_{|\alpha|,|\beta|=m} \|a_{\alpha\beta}\|_{L^\infty(G)}\|D^\alpha v\|_{L^2(G)}\|D^\beta w\|_{L^2(G)} \\ &\quad + \|q\|_{L^\infty(G)}\|v\|_{L^2(G)}\|w\|_{L^2(G)} \\ &\le c_1\|v\|_{H^m(G)}\|w\|_{H^m(G)}\end{aligned}$$

mit einer nur von $m, n, \|a_{\alpha\beta}\|_{L^\infty(G)}$ und $\|q\|_{L^\infty(G)}$ abhängenden Konstanten c_1. Um den Satz von Lax-Milgram anwenden zu können, ist die $\mathring{H}^m(\Omega)$-Koerzivität nachzuweisen. Der Nachweis dieser Eigenschaft erforderte schon bei der Plattengleichung eine besondere Technik. Für den Fall $m > 1$ ist dies etwas schwieriger. Wir demonstrieren die Methode für konstante Koeffizienten. Eine vollständige Übersicht über die allgemeine Theorie findet man zum Beispiel in [1].

Hilfssatz 8.4. *Für konstante Koeffizienten $a_{\alpha\beta}$ gilt für die Bilinearform* (8.7) *unter der Voraussetzung* (8.4)*: Es gibt eine Konstante $c_0 > 0$, so dass für alle $v \in \mathring{H}^m(G)$ gilt:*

$$B(v,v) \ge c_0\|v\|^2_{H^m(G)}.$$

Beweis. Dazu verwenden wir die Fouriertransformation

$$\hat{v}(y) = \frac{1}{(\sqrt{2\pi})^n}\int_{\mathbb{R}^n} e^{-ix\cdot y} v(x)dx, \quad v(x) = \frac{1}{(\sqrt{2\pi})^n}\int_{\mathbb{R}^n} e^{ix\cdot y}\hat{v}(y)dy \tag{8.8}$$

glatter Funktionen $v \in C_0^\infty(\mathbb{R}^n)$, denn Funktionen aus $\mathring{H}^m(G)$ lassen sich unter trivialer Fortsetzung durch solche Funktionen in der $H^m(G)$-Norm approximieren. Es ist $\hat{v} \in C^\infty(\mathbb{R}^n, \mathbb{C})$. Für uns ist jedoch vor allem die folgende Eigenschaft der Fouriertransformation wichtig:

$$\widehat{D^\alpha u}(y) = (iy)^\alpha \hat{u}(y). \tag{8.9}$$

Außerdem gilt für $u, v \in C_0^\infty(\mathbb{R}^n)$

$$\int_{\mathbb{R}^n} u(x)\, v(x)dx = \int_{\mathbb{R}^n} \hat{u}(y)\, \overline{\hat{v}(y)}dy. \tag{8.10}$$

Mit diesen Werkzeugen können wir nun die Koerzivität der Bilinearform (8.7) für konstante Koeffizienten $a_{\alpha\beta}$ beweisen. Damit wird für $v \in C_0^\infty(G)$, das wir uns durch 0 auf den $\mathbb{R}^n$ fortgesetzt denken:

$$\begin{aligned}
B(v,v) &= \int\limits_G \sum_{|\alpha|,|\beta|=m} a_{\alpha\beta} D^\alpha v\, D^\beta v + \int\limits_G q v^2 \geq \sum_{|\alpha|,|\beta|=m} \int\limits_{\mathbb{R}^n} a_{\alpha\beta} D^\alpha v\, D^\beta v \\
&= \sum_{|\alpha|,|\beta|=m} a_{\alpha\beta} \int\limits_{\mathbb{R}^n} \widehat{D^\alpha v}(y) \overline{\widehat{D^\beta v}(y)} dy \\
&= \sum_{|\alpha|,|\beta|=m} a_{\alpha\beta} \int\limits_{\mathbb{R}^n} (iy)^\alpha \overline{(iy)^\beta}\, \hat{v}(y)\, \overline{\hat{v}(y)} dy \\
&= \sum_{|\alpha|,|\beta|=m} a_{\alpha\beta} \int\limits_{\mathbb{R}^n} i^{|\alpha|}(-i)^{|\beta|} y^\alpha y^\beta\, |\hat{v}(y)|^2 dy \\
&= \int\limits_{\mathbb{R}^n} \sum_{|\alpha|,|\beta|=m} a_{\alpha\beta} y^\alpha y^\beta\, |\hat{v}(y)|^2 dy.
\end{aligned}$$

Mit der Voraussetzung (8.4) mit $\xi = y$ können wir diesen Term nach unten abschätzen.

$$B(v,v) \geq c_0 \int\limits_{\mathbb{R}^n} |y|^{2m} |\hat{v}(y)|^2 dy.$$

Mit der Identität

$$\sum_{|\alpha|=m} (iy)^\alpha \overline{(iy)^\alpha} = \sum_{|\alpha|=m} i^{|\alpha|}(-i)^{|\alpha|} y^{2\alpha} = \sum_{|\alpha|=m} y^{2\alpha} \leq c|y|^{2m}$$

können wir schließen, dass gilt:

$$\begin{aligned}
B(v,v) &\geq \frac{c_0}{c} \sum_{|\alpha|=m} \int\limits_{\mathbb{R}^n} (iy)^\alpha \overline{(iy)^\alpha}\, \hat{v}(y)\, \overline{\hat{v}(y)}\, dy \\
&= \frac{c_0}{c} \sum_{|\alpha|=m} \int\limits_{\mathbb{R}^n} \widehat{D^\alpha v}(y)\, \overline{\widehat{D^\alpha v}(y)}\, dy \\
&= \frac{c_0}{c} \sum_{|\alpha|=m} \int\limits_{\mathbb{R}^n} D^\alpha v(x)\, D^\alpha v(x)\, dx \\
&= \frac{c_0}{c}\, |v|^2_{H^m(G)}.
\end{aligned}$$

Dabei wurde wieder die Parsevalgleichung (8.10) verwendet. □

Damit haben wir alle Voraussetzungen für eine Anwendung des Satzes von Lax-Milgram bewiesen und wir können zum Ende dieses Paragraphen den entsprechenden Existenzsatz für eine Klasse elliptischer Differentialgleichungen $2m$-ter Ordnung formulieren.

Satz 8.5. *Es seien die Voraussetzungen* (8.4) *mit konstanten Koeffizienten* $a_{\alpha\beta}$ *erfüllt. Außerdem sei* $f \in H^{-m}(G)$. *Dann gibt es genau eine schwache Lösung* u *von* (8.5), (8.6), *das heißt es gibt genau eine Funktion* $u \in \mathring{H}^m(\Omega)$, *so dass für alle* $\varphi \in \mathring{H}^m(\Omega)$ *gilt:*

$$\int\limits_{\Omega} \sum_{|\alpha|,|\beta|=m} a_{\alpha\beta} D^{\alpha} u \, D^{\beta} \varphi + \int\limits_{\Omega} q u \varphi = f(\varphi) \,. \tag{8.11}$$

8.2 Hermite-Elemente

In Abschnitt 3.2 wurden C^0-Elemente konstruiert. Es handelt sich um endlichdimensionale Teilräume $X_h \subset H^1(G)$. Wie wir gesehen haben, lassen sich damit partielle Differentialgleichungen zweiter Ordnung effizient lösen. Im Abschnitt 8.1 haben wir gesehen, dass Probleme höherer Ordnung, wie zum Beispiel die Plattengleichung (8.1) vernünftig im Raum $H^m(G)$, mit $m = 2$ bei der Plattengleichung, gestellt und lösbar sind. Deshalb ist ein diskreter Raum zu konstruieren, für den

$$X_h \subset H^m(G)$$

gilt. Da wir grundsätzlich die Struktur beibehalten wollen, bei der für eine Triangulierung von G die diskreten Funktionen auf jedem Simplex genügend oft differenzierbare Funktionen sind, müssen wir nach Satz 3.15 dafür sorgen, dass der Übergang zwischen den Elementen entsprechend glatt ist. Das bedeutet für $m = 2$, dass $X_h \subset C^1(\overline{G})$ zu finden ist. Ein solches C^1-Element ist das folgende HCT-Element in zwei Raumdimensionen.

Element 8.6 (Hsieh-Clough-Tocher-Dreieck).

1. *Es sei* T *ein Dreieck mit Ecken* a_0, a_1, a_2, *Kantenmittelpunkten* b_0, b_1, b_2 *und Schwerpunkt* $a = \frac{1}{3}(a_0 + a_1 + a_2)$. *Dann ist durch Vorgabe von* $p(a_j)$, $\nabla p(a_j)$, $\frac{\partial p}{\partial \nu}(b_j)$ $(j = 0, 1, 2)$ *eindeutig eine Funktion* $p \in \mathbb{P}(T)$,

$$\mathbb{P}(T) = \{p \in C^1(T) \mid p|_{T_j} \in \mathbb{P}_3(T_j), j = 0, 1, 2\}$$

   gegeben. Es ist $\dim \mathbb{P}(T) = 12$. *Dabei sind* T_0, T_1, T_2 *die durch den Schwerpunkt bestimmten Teildreiecke.*

2. *Ist* $G \subset \mathbb{R}^2$ *zulässig trianguliert und sind* $\bar{a}_j$ $(j = 1, \ldots, m)$ *die Ecken und* $\bar{b}_j$ $(j = 1, \ldots, m')$ *die Kantenmittelpunkte der Triangulierung* $\mathcal{T}$, *so ist durch*

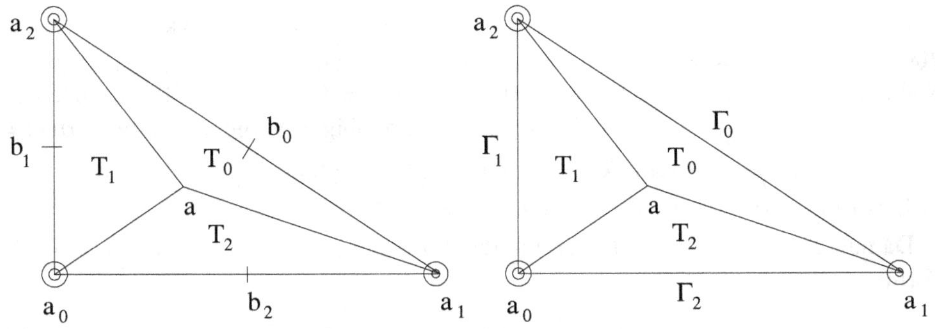

Abbildung 8.1. Zerlegung des Dreiecks für das HCT-Element 8.6 mit 12 Freiheitsgraden (links) und für das RHCT-Element 8.7 mit 9 Freiheitsgraden (rechts).

Vorgabe von $u_h(\bar{a}_j)$, $\nabla u_h(\bar{a}_j)$ *und* $\frac{\partial u_h}{\partial \nu}(\bar{b}_j)$ *eindeutig ein* $u_h \in X_h$,

$$X_h = \{u_h \in C^1(\overline{G}) \mid u_h|_T \in \mathbb{P}(T),\ T \in \mathcal{T}\} \subset H^2(G)$$

gegeben. Dabei hat ν *für jede Kante eine fest gewählte Richtung.*

Den Beweis für dieses Element führen wir sehr ausführlich, weil er typisch für die Untersuchung beziehungsweise die Konstruktion von C^1-Elementen ist.

Beweis. Auf jedem der Teildreiecke T_0, T_1, T_2 von T ist p ein Polynom dritten Grades in zwei Variablen, ist also durch 10 freie Konstanten bestimmt. Insgesamt sind auf T 30 Koeffizienten zu bestimmen. Es sind aber in der Definition des Elements mit

$$p(a_j),\ \frac{\partial p}{\partial x_1}(a_j),\ \frac{\partial p}{\partial x_2}(a_j),\ \frac{\partial p}{\partial \nu}(b_j) \quad (j = 0, 1, 2) \tag{8.12}$$

scheinbar nur 12 Bedingungen vorgeschrieben. Da die Bedingungen (8.12) auf jedem Teildreieck separat zählen, haben wir $3 \times 7 = 21$ Bedingungen. Die restlichen Konstanten müssen aus der Bedingung, dass $p \in C^1(T)$ ist, bestimmt werden. Auf den Kanten Γ_{ij} zwischen den Teildreiecken T_i und T_j ist mit der von T_i nach T_j weisenden Normalen ν_{ij} die Funktion $\frac{\partial p}{\partial \nu} \in \mathbb{P}_2(\Gamma_{ij})$ für $i, j = 0, 1, 2,\ i < j$. Die Stetigkeit von p und ∇p auf Γ_{ij} ergibt zusätzlich $3 \times 3 = 9$ Bedingungen. Es ist insgesamt demnach ein lineares Gleichungssystem aus 30 Gleichungen für 30 Unbekannte zu lösen. Es reicht also zu zeigen, dass aus $p \in C^1(T)$,

$$p(a_j) = 0, \quad \nabla p(a_j) = 0, \quad \frac{\partial p}{\partial \nu}(b_j) = 0 \quad (j = 0, 1, 2) \tag{8.13}$$

folgt, dass $p = 0$ ist.

Zunächst zeigt man dass $p = 0$ auf ∂T ist. Für $j \in \{0, 1, 2\}$ (zyklisch) ist durch $q(s) = p(a_j + s(a_{j+1} - a_j))$ $(s \in [0, 1])$, ein Polynom $q \in \mathbb{P}_3([0, 1])$ gegeben. Nach (8.13) ist $q(0) = q(1) = q'(0) = q'(1) = 0$, also $q = 0$. Als nächstes beweist man, dass $\frac{\partial p}{\partial \nu} = 0$ auf ∂T gilt. Analog zum obigen Vorgehen ist durch $q(s) = \frac{\partial p}{\partial \nu}(a_j + s(a_{j+1} - a_j))$ ein Polynom $q \in \mathbb{P}_2([0, 1])$ gegeben. Mit (8.13) folgt, dass $q(0) = q(1) = q(\frac{1}{2}) = 0$, also auch $q = 0$ ist.

Da nun $p = \frac{\partial p}{\partial \nu} = 0$ auf ∂T ist, hat das Polynom p auf einem Teildreieck T_j die Form

$$p(x) = q(x)^2\, r(x) \quad (x \in T_j) \tag{8.14}$$

mit $q, r \in \mathbb{P}_1(T_j)$ und $q(a_{j-1}) = q(a_{j+1}) = 0$, $q(a) = 1$. Das sieht man ein, indem man angepasste Koordinaten s, t einführt: $x = a_{j-1} + s\tau_j + t\nu_j$, $\nu_j = \nu$, $\tau_j = (a_{j-1} - a_{j+1})/(|a_{j-1} - a_{j+1}|)$, so dass $\tilde{p}(s, t) = p(a_{j-1} + s\tau_j + t\nu_j)$ ist, wobei man $\tilde{p}(s, 0) = \tilde{p}_t(s, 0) = 0$ zur Verfügung hat. Also folgt, dass $\tilde{p}(s, t) = t^2\tilde{r}(s, t)$ mit einem $\tilde{r} \in \mathbb{P}_1$ ist. In den ursprünglichen Koordinaten erhält man

$$p(x) = \left(\frac{(x - a_{j-1}) \cdot \nu_j}{(a - a_{j-1}) \cdot \nu_j}\right)^2 r(x) \quad (x \in T_j).$$

Nach Voraussetzung ist $p \in C^1(T)$. Also folgt

$$\nabla p = \nabla r\, q^2 + r\, 2q\, \nabla q\,.$$

Auf $\Gamma_{j,j+1} = T_j \cap T_{j+1}$ ist demnach $\nabla p|_{T_j} - \nabla p|_{T_{j+1}} = 0$, und da $q \neq 0$ auf $\mathring{T}$ ist, und r und q auf T stetig sind, folgt auf $\Gamma_{j,j+1}$

$$(\nabla r|_{T_j} - \nabla r|_{T_{j+1}})\, q + 2(\nabla q|_{T_j} - \nabla q|_{T_{j+1}})\, r = 0.$$

Nach Konstruktion von q sind $\nabla q|_{T_j} - \nabla q|_{T_{j+1}} \neq 0$ und $q(a_{j-1}) = 0$. Dies impliziert $r(a_{j-1}) = 0$. Auf jedem Teildreieck T_j ist demnach

$$r(x) = r(a)q(x) \quad (x \in T_j). \tag{8.15}$$

Aber da $r(a) = q(a)^2 r(a) = p(a)$ ist, gilt die Darstellung (8.15) auf ganz T. Also folgt:

$$p(x) = q(x)^2 r(x) = r(a)q(x)^3 \quad (x \in T).$$

Das wiederum impliziert wegen der Stetigkeit der Ableitungen von p über $\Gamma_{j,j+1}$ hinweg

$$0 = \nabla p|_{T_j} - \nabla p|_{T_{j+1}} = 3r(a)q^2(\nabla q|_{T_j} - \nabla q|_{T_{j+1}}) \quad \text{auf } \mathring{\Gamma}_{j,j+1}.$$

Daraus folgt $r(a) = 0$, also insgesamt $p(x) = 0$ $(x \in T)$ wie behauptet.

Dass $X_h \subset C^1(\bar{G})$ ist, folgt nun auf jeder Kante zwischen zwei benachbarten Dreiecken der Triangulierung in derselben Weise wie oben $p = \nabla p = 0$ auf ∂T gezeigt wurde. □

Das soeben konstruierte HCT-Element hat auf einem Dreieck der Triangulierung 12 Freiheitsgrade. Man kann die Anzahl der Freiheitsgrade noch reduzieren. Dies ist das sogenannte reduzierte HCT-Element, das RHCT-Element. Dieses hat nur 9 Freiheitsgrade. Siehe dazu auch Abbildung 8.1.

Element 8.7 (RHCT-Element).

1. *Es sei T ein Dreieck mit Ecken a_0, a_1, a_2, Kanten $\Gamma_0, \Gamma_1, \Gamma_2$, Schwerpunkt a und äußerer Normale ν. Dann ist durch Vorgabe von $p(a_j)$, $\nabla p(a_j)$ $(j = 0, 1, 2)$ eindeutig eine Funktion $p \in \mathbb{P}(T)$,*

$$\mathbb{P}(T) = \Big\{p \in C^1(T) \,|\, p|_{T_j} \in \mathbb{P}_3(T_j), \frac{\partial p}{\partial \nu}\Big|_{\Gamma_j} \in \mathbb{P}_1(\Gamma_j), j = 0, 1, 2\Big\}$$

   gegeben. Es ist $\dim \mathbb{P}(T) = 9$. *Dabei sind T_0, T_1, T_2 die durch den Schwerpunkt bestimmten Teildreiecke.*

2. *Ist $G \subset \mathbb{R}^2$ zulässig trianguliert und sind $\bar{a}_j$ $(j = 1, \ldots, m)$ die Ecken der Triangulierung $\mathcal{T}$, so ist durch Vorgabe von $u_h(\bar{a}_j)$ und $\nabla u_h(\bar{a}_j)$ eindeutig ein $u_h \in X_h$,*

$$X_h = \{u_h \in C^1(\overline{G}) \,|\, u_h|_T \in \mathbb{P}(T),\ T \in \mathcal{T}\} \subset H^2(G)$$

   gegeben.

Für die Implementierung des HCT-Elements, beziehungsweise seiner einfacheren Version des RHCT-Elements, benötigt man die Basisfunktionen. Die Knotenbasis zum HCT-Element ist durch die Funktionen $\varphi_j \in X_h$ mit

$$\begin{array}{llll}
\varphi_j(\bar{a}_k) = \delta_{jk}, & \frac{\partial \varphi_j}{\partial x_1}(\bar{a}_k) = 0, & \frac{\partial \varphi_j}{\partial x_2}(\bar{a}_k) = 0, & \frac{\partial \varphi_j}{\partial \nu}(\bar{b}_l) = 0 \\
\varphi_j(\bar{a}_k) = 0, & \frac{\partial \varphi_j}{\partial x_1}(\bar{a}_k) = \delta_{jk}, & \frac{\partial \varphi_j}{\partial x_2}(\bar{a}_k) = 0, & \frac{\partial \varphi_j}{\partial \nu}(\bar{b}_l) = 0 \\
\varphi_j(\bar{a}_k) = 0, & \frac{\partial \varphi_j}{\partial x_1}(\bar{a}_k) = 0, & \frac{\partial \varphi_j}{\partial x_2}(\bar{a}_k) = \delta_{jk}, & \frac{\partial \varphi_j}{\partial \nu}(\bar{b}_l) = 0 \\
\varphi_j(\bar{a}_k) = 0, & \frac{\partial \varphi_j}{\partial x_1}(\bar{a}_k) = 0, & \frac{\partial \varphi_j}{\partial x_2}(\bar{a}_k) = 0, & \frac{\partial \varphi_j}{\partial \nu}(\bar{b}_l) = \delta_{jl}
\end{array}$$

für $k = 1, \ldots, m$; $l = 1, \ldots, m'$; $j = 1, \ldots, m + m'$ gegeben. Die Zeilen sind horizontal zu lesen.

Das HCT-Element ist eigentlich schon ein sogenanntes Hermite-Element. Dies sind Finite Elemente, bei denen nicht nur die Funktionswerte, sondern auch die Werte gewisser Ableitungen zur Konstruktion des Elements verwendet werden. Das HCT-Element ist aber auch in soweit ein Sonderfall, als $\mathbb{P}(T)$ kein Polynomraum ist. Das einzelne Element ist aus „Unterelementen“ zusammengesetzt.

Hilfssatz 8.8. *Es sei T ein n-Simplex, $b_j \in T$ nicht notwendig paarweise verschiedene Punkte und $\beta_j \in \mathbb{N}_0^n$ zugehörige Multiindizes $(j = 0, \ldots, m)$. Außerdem sei*

$\mathbb{P}(T)$ ein endlichdimensionaler Raum von Polynomen auf T mit $\dim \mathbb{P}(T) = m+1$ *und $\mathbb{P}_k(T) \subset \mathbb{P}(T)$ für ein $k \in \mathbb{N}_0$. Weiter gelte, dass*

$$(p \in \mathbb{P}(T),\ D^{\beta_j} p(b_j) = 0 \ \ (j = 0,\dots,m)) \quad \Rightarrow \quad p = 0. \tag{8.16}$$

Dann ist durch Vorgabe von $D^{\beta_j} p(b_j)$ $(j = 0,\dots,m)$ eindeutig ein $p \in \mathbb{P}(T)$ bestimmt. Außerdem ist

$$p(x) = \sum_{j=0}^{m} D^{\beta_j} p(b_j)\varphi_j(x) \quad (x \in T)$$

mit der durch $D^{\beta_j}\varphi_i(b_j) = \delta_{ij}$, $(i, j = 0,\dots,m)$ bestimmten Knotenbasis $\{\varphi_j \mid j = 0,\dots,m\}$.

Dieser Hilfssatz gibt eigentlich nur den Rahmen für allgemeine Hermite-Elemente vor. Die wesentlichen Dinge werden vorausgesetzt und müssen im Einzelfall überprüft werden. Der Beweis ist einfach und wird deshalb fortgelassen.

Element 8.9 (Hermite-Element).

1. *Sei T ein n-Simplex mit Ecken a_i und $a_{ijk} = \frac{1}{3}(a_i + a_j + a_k)$ $(0 \le i < j < k \le n)$. Dann ist durch $p(a_j)$, $\nabla p(a_j)$ $(j = 0,\dots,n)$ und $p(a_{ijk})$ $(0 \le i < j < k \le n)$ eindeutig ein Polynom $p \in \mathbb{P}_3(T)$ bestimmt. Es ist* $\dim \mathbb{P}_3(T) = \binom{n+3}{3}$.
2. *Ist $G \subset \mathbb{R}^n$ zulässig trianguliert und sind $\bar{a}_j$ $(j = 1,\dots,m)$ die gesamten Knoten a_j, a_{ijk} und $\bar{a}_j$ $(j = 1,\dots,m')$ die Ecken der Triangulierung, so ist durch Vorgabe von $u_h(\bar{a}_j)$ $(j = 1,\dots,m)$ und $\nabla u_h(\bar{a}_j)$ $(j = 1,\dots,m')$ eindeutig ein $u_h \in X_h$,*

$$X_h = \{u_h \in C^0(\bar{G}) \mid u_h|_T \in \mathbb{P}_3(T),\ T \in \mathcal{T}\} \subset H^1(G)$$

bestimmt. Man beachte, dass $X_h \not\subset C^1(\bar{G})$ ist!

Beweis. Der Beweis bleibt dem Leser überlassen. Das Element fügt sich in den Rahmen von Hilfssatz 8.8 ein. Definiere dazu

$$\begin{aligned}
&\beta_j = (0,\dots,0), && b_j = a_j \ (j = 0,\dots,n).\\
&\beta_{n+j+k} = e_j, && b_{n+j+k} = a_k \ (j,k = 0,\dots,n)\\
&\beta_{3n+l} = (0,\dots,0), && b_{3n+l} = a_{(l)} \ \left(l = \tbinom{n+3}{3} - 3n + 1,\dots,\tbinom{n+3}{3}\right),
\end{aligned}$$

wobei $a_{(l)}$ eine Abzählung der a_{ijk} sei. Der wesentliche Beweisschritt ist dann die Unisolvenz (8.16) des Elements. Ich würde es mit vollständiger Induktion über n versuchen. □

Zwei wesentliche C^1- das heißt H^2-Elemente seien hier noch aufgeführt, das Argyris- und das Bell-Dreieck. Diese Elemente verwenden zweite Ableitungen für die Definition und sind deshalb in manchen Fällen dem HCT-Element beziehungsweise dem RHCT-Element unterlegen, das nur erste Ableitungen verwendet. Man beachte auch die Dimension des Polynomraums. Im Argyris-Element wird jedoch ein Polynomraum verwendet, der noch relativ einfach zu implementieren ist.

Element 8.10 (Argyris-Dreieck).

1. *Sei T ein Dreieck mit Ecken a_0, a_1, a_2 und Kantenmittelpunkten b_0, b_1, b_2. Dann ist durch Vorgabe von $p(a_i)$, $p_{x_1}(a_i)$, $p_{x_2}(a_i)$, $p_{x_1x_1}(a_i)$, $p_{x_1x_2}(a_i)$, $p_{x_2x_2}(a_i)$ und $\frac{\partial p}{\partial \nu}(b_i)$ $(i = 0, 1, 2)$ eindeutig ein Polynom $p \in \mathbb{P}_5(T)$ bestimmt. Es ist* $\dim \mathbb{P}_5(T) = 21$.
2. *Ist $G \subset \mathbb{R}^2$ zulässig trianguliert, so bestimmt die Vorgabe von $D^\alpha u_h(\bar{a}_j)$ $(0 \leq |\alpha| \leq 2,\ j = 1, \dots, m)$ und $\frac{\partial u_h}{\partial \nu}(\bar{a}_j)$ $(j = m + 1, \dots, m')$ eindeutig eine Funktion $u_h \in X_h$,*

$$X_h = \{u_h \in C^1(\bar{G}) \mid u_h|_T \in \mathbb{P}_5(T),\ T \in \mathcal{T}\} \subset H^2(G).$$

Dabei sind $\bar{a}_j$ $(j = 1, \dots, m)$ eine Abzählung der Ecken und $\bar{a}_j$ $(j = m+1, \dots, m')$ eine Abzählung der Kantenmittelpunkte von $\mathcal{T}$.

Element 8.11 (Bell-Dreieck).

1. *Sei T ein Dreieck mit Ecken a_0, a_1, a_2 und Kanten $\Gamma_0, \Gamma_1, \Gamma_2$. Die Daten $D^\alpha p(a_j)$, $0 \leq |\alpha| \leq 2$, $j = 0, 1, 2$ bestimmen eindeutig ein $p \in \mathbb{P}(T)$,*

$$\mathbb{P}(T) = \Big\{p \in \mathbb{P}_5(T) \mid \frac{\partial p}{\partial \nu}\Big|_{\Gamma_j} \in \mathbb{P}_3(\Gamma_j), j = 0, 1, 2\Big\}.$$

   Es ist $\dim \mathbb{P}(T) = 18$.
2. *Unter den Voraussetzungen wie in Element* 8.10.2 *wird genau ein $u_h \in X_h$,*

$$X_h = \{u_h \in C^1(\bar{G}) \mid u_h|_T \in \mathbb{P}(T),\ T \in \mathcal{T}\} \subset H^2(G),$$

   durch Vorgabe von $D^\alpha u_h(\bar{a}_j)$, $j = 1, \dots, m$, $0 \leq |\alpha| \leq 2$, bestimmt.

Beweis. Zu 8.10. Wir haben nur zu beweisen, dass für ein Polynom $p \in \mathbb{P}_5(T)$ die Bedingungen

$$D^\alpha p(a_j) = 0,\ 0 \leq |\alpha| \leq 2, \quad \frac{\partial p}{\partial \nu}(b_j) = 0, \tag{8.17}$$

$j = 0, 1, 2$, nur erfüllt sein können, wenn p identisch verschwindet. Genau wie für das HCT-Element beweist man, dass $p = \nabla p = 0$ auf ∂T ist. Wie dort zeigt man auch, dass mit den baryzentrischen Koordinaten gilt $p(x(\lambda)) = \bar{p}(\lambda) = \lambda_0^2\lambda_1^2\lambda_2^2\bar{q}(\lambda)$. Also muss $q = 0$ sein. □

Teil IV

Anhang

Anhang A
Elementare Funktionalanalysis

A.1 Abstrakte Räume

In diesem Anhang werden die Ergebnisse der elementaren linearen Funktionalanalysis zusammengefasst, wobei die Betonung auf *elementar* liegt. Dieser Teil ist als Übersicht gedacht. Man kann hier Sprechweisen oder Räume nachschlagen, die weiter vorn nicht erläutert wurden. Es werden hier der Vollständigkeit halber auch einige Resultate aufgeführt, die im Buch bewiesen werden. Zum Nachschlagen empfiehlt sich das für unsere Zwecke sehr gut geeignete Buch [2].

A.1.1 Metrischer Raum

Definition A.1. Sei $X \neq \emptyset$ eine Menge. Eine Abbildung $d : X \times X \to \mathbb{R}$ heißt *Metrik* auf X, wenn für alle $x, y, z \in X$ gilt:

$$d(x, y) = 0 \Leftrightarrow x = y$$
$$d(x, y) = d(y, x) \quad \text{(Symmetrie)}$$
$$d(x, y) \leq d(x, z) + d(z, y) \quad \text{(Dreiecksungleichung).}$$

(X, d) heißt dann *metrischer Raum*.

Definition A.2. Zwei metrische Räume (X, d) und $(\tilde{X}, \tilde{d})$ heißen *isometrisch*, wenn es eine surjektive Abbildung $g : X \to \tilde{X}$ gibt, so dass für alle $x, y \in X$ gilt: $d(x, y) = \tilde{d}(g(x), g(y))$.

Definition A.3. Ein metrischer Raum heißt *vollständig*, wenn in ihm jede Cauchyfolge konvergiert: Ist $(x_m)_{m \in \mathbb{N}}$ eine Folge in X mit $d(x_n, x_m) \to 0$ $(n, m \to \infty)$, so gibt es ein $x \in X$, so dass $d(x_n, x) \to 0$ $(n \to \infty)$.

Satz A.4 (Vervollständigung). *Sei (X, d) ein metrischer Raum. Dann gibt es einen vollständigen metrischen Raum $(\tilde{X}, \tilde{d})$, so dass X isometrisch zu einer dichten Teilmenge von $\tilde{X}$ ist. $(\tilde{X}, \tilde{d})$ heißt Vervollständigung von (X, d).*

A.1.2 Normierter Raum

Definition A.5. Sei X ein linearer Raum (Vektorraum) über $\mathbb{K} = \mathbb{R}$ oder $\mathbb{C}$. Eine Abbildung $\|\cdot\| : X \to \mathbb{R}$ heißt *Norm* auf X, wenn für alle $x, y \in X,\ \alpha \in \mathbb{K}$ gilt:

$$\|x\| = 0 \Leftrightarrow x = 0 \quad \text{(Definitheit)}$$
$$\|\alpha x\| = |\alpha|\ \|x\| \quad \text{(Homogenität)}$$
$$\|x + y\| \leq \|x\| + \|y\| \quad \text{(Dreiecksungleichung)}.$$

$(X, \|\cdot\|)$ heißt *normierter Raum.* Ist nur die Definitheit nicht erfüllt, so bezeichnet man $\|\cdot\|$ als *Halbnorm.*

Folgerung A.6. *Ein normierter Raum $(X, \|\cdot\|)$ ist mit der induzierten Metrik $d(x_1, x_2) = \|x_1 - x_2\|$ $(x_1, x_2 \in X)$ ein metrischer Raum.*

Definition A.7. Ein normierter Raum heißt vollständig, wenn er mit der induzierten Metrik ein vollständiger metrischer Raum ist. Ein vollständiger normierter Raum heißt *Banachraum.*

Satz A.8. *In einem endlichdimensionalen linearen Raum X sind alle Normen (paarweise) äquivalent, das heißt es gibt Konstanten $c_1 > 0, c_2 > 0$, so dass für alle $x \in X$ gilt:*

$$c_1\|x\|_1 \leq \|x\|_2 \leq c_2\|x\|_1$$

mit den beiden Normen $\|\cdot\|_1$ und $\|\cdot\|_2$ auf X.

A.1.3 Hilbertraum

Definition A.9. Sei X ein linearer Raum über $\mathbb{K} = \mathbb{R}$ oder $\mathbb{K} = \mathbb{C}$. Eine Abbildung $(\cdot,\cdot) : X \times X \to \mathbb{K}$ heißt *symmetrische Sesquilinearform*, falls für alle $x, y, z \in X$ und alle $\alpha \in \mathbb{K}$ gilt:

$$(x, y) = \overline{(y, x)}$$
$$(\alpha x, y) = \alpha(x, y)$$
$$(x, y + z) = (x, y) + (x, z).$$

$(\cdot,\cdot)$ heißt *positiv semidefinit*, falls für alle $x \in X$ gilt:

$$(x, x) \geq 0.$$

$(\cdot,\cdot)$ heißt *Skalarprodukt (positiv definit)*, falls für alle $x \in X$ gilt:

$$(x, x) = 0 \Leftrightarrow x = 0.$$

Ist $(\cdot,\cdot)$ ein Skalarprodukt, so nennt man $(X, (\cdot,\cdot))$ *Prä-Hilbertraum.*

Folgerung A.10. *Auf einem Prä-Hilbertraum ist durch* $\|x\|_X = \sqrt{(x,x)}$ *die induzierte Norm gegeben. Ein vollständiger Prä-Hilbertraum heißt Hilbertraum.*

Lemma A.11 (Cauchy-Schwarz Ungleichung).

$$|(x,y)| \leq \sqrt{(x,x)}\,\sqrt{(y,y)}.$$

Satz A.12 (Projektionssatz). *Ist* X *ein Prä-Hilbertraum und ist* $U \subset X$ *ein vollständiger Teilraum, so gibt es zu* $x \in X$ *genau ein* $p \in U$ *mit*

$$\|x-p\| = \inf_{u \in U} \|x-u\|,$$

und es gilt

$$(x-p,u) = 0 \quad \forall\, u \in U.$$

Definition A.13. Eine Folge $(x_k)_{k\in\mathbb{N}}$ aus einem Hilbertraum X *konvergiert schwach* gegen $x \in X$,

$$x_k \rightharpoonup x \quad (k \to \infty),$$

wenn für jedes $\varphi \in X$ gilt: $(x_k,\varphi) \to (x,\varphi)$ für $k \to \infty$.

Satz A.14. *Es sei* X *ein Hilbertraum. Dann besitzt eine beschränkte Folge* $(x_k)_{k\in\mathbb{N}}$, $x_k \in X$ $(k \in \mathbb{N})$ *in* X,

$$\|x_k\|_X \leq C \; (k \in \mathbb{N}),$$

eine schwach konvergente Teilfolge $(x_{k_j})_{j\in\mathbb{N}}$, $x_{k_j} \rightharpoonup x$ *gegen ein* $x \in X$. *Außerdem ist* $\|x\|_X \leq C$.

Satz A.15. *Es sei* X *ein Hilbertraum und* Y *ein abgeschlossener Teilraum. Dann ist* Y *schwach abgeschlossen. Ist* $(x_k)_{k\in\mathbb{N}}$ *eine Folge* $x_k \in V$, *die schwach gegen ein* $x \in X$ *konvergiert, so gilt:* $x \in V$.

A.2 Konkrete Räume

A.2.1 Lebesgue-Räume

Definition A.16. Für $p \in [1,\infty)$ sei

$$\|f\|_{L^p(\mu)} = \left(\int_S |f|^p d\mu\right)^{\frac{1}{p}}, \quad \|f\|_{L^\infty(\mu)} = \inf_{N\mu\text{-Nullmenge}} \sup_{x\in S\setminus N} |f(x)|.$$

Für $p \in [1,\infty]$ ist

$$L^p(\mu) = \{f : S \to \mathbb{K} \mid f \text{ ist } \mu\text{-messbar und } \|f\|_{L^p(\mu)} < \infty\}.$$

Gleichheit zweier Funktionen ist definiert als $f = g$ in $L^p(\mu) \Leftrightarrow f = g$ μ-fast überall.

Satz A.17. *Sei $G \subset \mathbb{R}^n$ offen. $C_0^0(G)$ ist dicht in $L^p(G)$, falls $1 \leq p < \infty$.*

Satz A.18 (Hölderungleichung). *Für $1 \leq p \leq \infty$, $\frac{1}{p} + \frac{1}{p'} = 1$, $f \in L^p(\mu)$, $g \in L^{p'}(\mu)$ gilt: $fg \in L^1(\mu)$ und*

$$\|fg\|_{L^1(\mu)} \leq \|f\|_{L^p(\mu)} \|g\|_{L^{p'}(\mu)}.$$

Folgerung A.19 (Minkowskiungleichung). $1 \leq p \leq \infty$, $f, g \in L^p(\mu)$. *Dann ist $f + g \in L^p(\mu)$ und*

$$\|f + g\|_{L^p(\mu)} \leq \|f\|_{L^p(\mu)} + \|g\|_{L^p(\mu)}.$$

Satz A.20 (Riesz-Fischer). $L^p(\mu)$, $1 \leq p \leq \infty$, *ist mit $\|\cdot\|_{L^p(\mu)}$ ein Banachraum.*

A.2.2 Hölder-Räume

Definition A.21. Sei $G \subset \mathbb{R}^n$ offen. Für $k \in \mathbb{N} \cup \{0\}$ sei

$$C^k(G) = \{f : G \to \mathbb{R} \mid f \text{ besitzt stetige partielle Ableitungen bis einschließlich } k\text{-ter Ordnung in } G\},$$

$$C^\infty(G) = \bigcap_{k=1}^{\infty} C^k(G),$$

$$C^k(\overline{G}) = \left\{ f \in C^k(G) \mid \text{die partiellen Ableitungen } D^\nu f = \frac{\partial^{|\nu|} f}{\partial x_1^{\nu_1} \ldots \partial x_n^{\nu_n}} \right.$$
$$\left. \text{sind stetig auf } \overline{G} \text{ fortsetzbar für } |\nu| = \nu_1 + \cdots + \nu_n \leq k \right\}.$$

Satz A.22. *Sei $G \subset \mathbb{R}^n$ offen und beschränkt. $C^m(\overline{G})$ ist mit*

$$\|f\|_{C^m(\overline{G})} = \sum_{0 \leq |\nu| \leq m} \max_{x \in \overline{G}} |D^\nu f(x)|$$

ein Banachraum.

Definition A.23 (Gleichmäßige Hölderstetigkeit). Sei $G \subset \mathbb{R}^n$ offen und beschränkt und $0 < \alpha \leq 1$. Für $M \subset \mathbb{R}^n$ heißt die Größe

$$|f|_{C^{0,\alpha}(M)} = \sup_{\substack{x,y \in M \\ x \neq y}} \frac{|f(x) - f(y)|}{|x - y|^\alpha}$$

Hölderkonstante (für $\alpha = 1$ *Lipschitzkonstante*) der Funktion $f : M \to \mathbb{R}$. Für $m \in \mathbb{N} \cup \{0\}$ definiert man

$$C^{m,\alpha}(\overline{G}) = \{f \in C^m(\overline{G}) \mid |D^\nu f|_{C^{0,\alpha}(\overline{G})} < \infty,\ |\nu| = m\}$$

$$\|f\|_{C^{m,\alpha}(\overline{G})} = \|f\|_{C^m(\overline{G})} + \sum_{|\nu|=m} |D^\nu f|_{C^{0,\alpha}(\overline{G})}.$$

Satz A.24. *$G \subset \mathbb{R}^n$ offen und beschränkt. $C^{m,\alpha}(\overline{G})$ ist mit $\|\cdot\|_{C^{m,\alpha}(\overline{G})}$ ein Banachraum.*

Definition A.25 (Lokale Hölderstetigkeit). Für $G \subset \mathbb{R}^n$ offen, $m \in \mathbb{N}$, $0 < \alpha \leq 1$ definiert man

$$C^{0,\alpha}(G) = \{f \in C^0(G) \mid \forall M \subset G, M \text{ kompakt} : |f|_{C^{0,\alpha}(M)} < \infty\},$$
$$C^{m,\alpha}(G) = \{f \in C^m(G) \mid D^\nu f \in C^{0,\alpha}(G)\ \forall |\nu| = m\}.$$

Definition A.26. $G \subset \mathbb{R}^n$. Als *Träger (support)* einer Funktion $f : G \to \mathbb{R}$, bezeichnet man die Menge $\operatorname{supp} f = \overline{\{x \in G \mid f(x) \neq 0\}} \subset \mathbb{R}^n$. Für $m \in \mathbb{N} \cup \{0, \infty\}$ definiert man

$$C_0^m(G) = \{f \in C^m(G) \mid \operatorname{supp} f \text{ ist beschränkt und } \operatorname{supp} f \subset G\}.$$

A.3 Stetige lineare Abbildungen

A.3.1 Der Begriff des linearen Operators

Definition A.27. Für normierte Räume X, Y sei

$$L(X,Y) = \{A : X \to Y \mid A \text{ linear und stetig}\}.$$

Satz A.28. *$L(X,Y)$ ist mit der Operatornorm*

$$\|A\| = \|A\|_{L(X,Y)} = \sup_{x \in X \setminus \{0\}} \frac{\|Ax\|_Y}{\|x\|_X} = \sup_{\substack{x \in X, \\ \|x\|_X = 1}} \|Ax\|_Y$$

ein normierter Raum. Es gilt für alle $x \in X$: $\|Ax\|_Y \leq \|A\|_{L(X,Y)} \|x\|_X$. Ist Y ein Banachraum, so ist auch $L(X,Y)$ ein Banachraum.

A.3.2 Dualraum

Definition A.29. Ist X ein normierter Raum über $\mathbb{K}$, so heißt $X' = L(X, \mathbb{K})$ *Dualraum* von X. Ein Element $x' \in X'$ heißt *lineares Funktional* auf X. Für $x \in X$ und $x' \in X'$ schreiben man auch $\langle x, x' \rangle = x'(x)$.

Satz A.30 (Rieszscher Darstellungssatz, Satz 4.2). *Ist X ein Hilbertraum, so gibt es zu jedem $x' \in X'$ genau ein $x_0 \in X$, so dass für alle $x \in X$ gilt: $x'(x) = (x, x_0)$. Außerdem ist $\|x'\|_{X'} = \|x_0\|_X$.*

Satz A.31 (Lax-Milgram, Satz 4.3). *Sei X ein Hilbertraum und sei $B : X \times X \to \mathbb{K}$ eine Sesquilinearform. Sie sei stetig,*

$$\exists\, c_1 \geq 0\ \forall\, x_1, x_2 \in X : \ |B(x_1, x_2)| \leq c_1 \|x_1\|\, \|x_2\|,$$

und koerziv,

$$\exists\, c_0 > 0\ \forall\, x \in X : \ B(x, x) \geq c_0 \|x\|^2.$$

Dann gibt es genau ein $A \in L(X, X)$, A bijektiv, so dass $B(y, x) = (y, Ax)\ \forall\, x, y \in X$, und

$$\|A\| \leq c_1, \quad \|A^{-1}\| \leq \frac{1}{c_0}.$$

Anhang B
Lebesgueintegral

Hier werden die wichtigsten Sätze zum Lebesgueintegral aufgeführt. Diese Sätze sollten aus den Analysisvorlesungen bekannt sein. Beweise findet man aber auch im Buch [2]. Im Folgenden sei $G \subset \mathbb{R}^n$ eine offene Menge und

$$L^1(G) = \left\{ f : G \to \mathbb{R} \mid f \text{ ist Lebesgue-messbar und } \int_G |f| < \infty \right\}.$$

Satz B.1 (Satz über monotone Konvergenz). *Seien $f_k \in L^1(G)$, $f_k \geq 0$ $(k \in \mathbb{N})$. Außerdem gelte $f_k \nearrow f$ fast überall für $k \to \infty$, und es gebe eine Konstante C mit*

$$\int_G f_k \leq C < \infty \quad \forall k \in N.$$

Dann ist $f \in L^1(G)$ und $f_k \to f$ in $L^1(G)$ für $k \to \infty$. Insbesondere gilt

$$\int_G f = \lim_{k\to\infty} \int_G f_k.$$

Satz B.2 (Lemma von Fatou). *Sind $f_k \in L^1(G)$ mit $f_k \geq 0$ fast überall für $k \in \mathbb{N}$, und gilt*

$$\int_G f_k \leq C < \infty \quad \forall k \in \mathbb{N},$$

so ist $\liminf_{k\to\infty} f_k \in L^1(G)$ *und*

$$\int_G \liminf_{k\to\infty} \leq \liminf_{k\to\infty} \int_G f_k.$$

Satz B.3 (Konvergenzsatz von Lebesgue). *Es seien $f_k \in L^1(G)$ $(k \in \mathbb{N})$. Die Folge konvergiere*

$$f_k \to f \quad (k \to \infty) \text{ punktweise fast überall auf } G.$$

Es gebe eine Funktion $g \in L^1(G)$, so dass $|f_k| \leq g$ fast überall auf G. Dann folgt:

$$\lim_{k\to\infty} \int_G f_k = \int_G f.$$

Satz B.4. *Es konvergiere $f_k \to f$ für $k \to \infty$ in $L^1(G)$. Dann gibt es eine Teilfolge $(f_{k_j})_{j\in\mathbb{N}}$, die punktweise fast überall auf G gegen f konvergiert.*

Literaturverzeichnis

[1] S. Agmon, *Lectures on elliptic boundary value problems*, Van Nostrand, Princeton, NJ (1965).

[2] H. W. Alt, *Lineare Funktionalanalysis*, Springer-Verlag, Berlin, Heidelberg (2006).

[3] D. Braess, *Finite Elemente*, Springer-Verlag, Berlin, Heidelberg (1997).

[4] S. C. Brenner und L. R. Scott, *The mathematical theory of finite element methods*, Springer-Verlag, Berlin, Heidelberg, New York (1994).

[5] K. Deckelnick, G. Dziuk und C. M. Elliott, *Computation of geometric partial differential equations and mean curvature flow*, Acta Numerica 2005, 1–94, Cambridge University Press (2005).

[6] Ph. G. Ciarlet, *The finite element method for elliptic problems*, North Holland, Amsterdam, New York, Oxford (1978).

[7] R. Courant und D. Hilbert, *Methoden der mathematischen Physik I, II*, Springer-Verlag, Berlin, Heidelberg, New York (1968).

[8] P. Deuflhard und A. Hohmann, *Numerische Mathematik I*, de Gruyter-Verlag, Berlin, New York (2008).

[9] L. C. Evans, *Partial differential equations*, American Mathematical Society (1991).

[10] A. Friedman, *Partial differential equations*, Holt, Rinehart, Winston (1969).

[11] A. Friedman, *Partial differential equations of parabolic type*, Prentice-Hall (1964).

[12] D. Gilbarg und N. S. Trudinger, *Elliptic partial differential equations of second order*, Springer-Verlag, Berlin, Heidelberg (1998).

[13] C. Großmann und H. G. Roos, *Numerik partieller Differentialgleichungen*, Teubner-Verlag, Stuttgart (1992).

[14] E. Heinz, *Partielle Differentialgleichungen*, Vorlesung Universität Göttingen, Sommersemester 1973.

[15] E. Heinz, *Hyperbolische Differentialgleichungen*, Vorlesung Universität Göttingen, Wintersemester 1975/1976.

[16] G. Hellwig, *Partial differential equations*, Teubner-Verlag, Stuttgart (1977).

[17] S. Hildebrandt, *Analysis 2*, Springer-Verlag, Berlin, Heidelberg (2002).

[18] F. John, *Partial differential equations*, Springer-Verlag, Berlin, Heidelberg, New York (1982).

[19] C. Johnson, *Numerical solutions of partial differential equations by the finite element method*, Cambridge University Press, Cambridge (1987).

[20] R. Kreß, *Elliptische Randwertprobleme*, Vorlesung Universität Göttingen Wintersemester 1973/1974.

[21] O. A. Ladyzenskaja, V. A. Solonnikov und N. N. Uraltseva, *Linear and quasilinear equations of parabolic type*, American Mathematical Society (1968).

[22] R. Rannacher, *Numerische Behandlung partieller Differentialgleichungen II*, Vorlesungsskript Universität Bonn Wintersemester 1976/1977.

[23] F. Sauvigny, *Partielle Differentialgleichungen der Geometrie und der Physik*, Springer-Verlag, Berlin, Heidelberg (2004).

[24] F. Sauvigny, *Partielle Differentialgleichungen der Geometrie und der Physik 2*, Springer-Verlag, Berlin, Heidelberg (2005).

[25] A. Schmidt und K. Siebert, *Design of adaptive finite element software. The finite element toolbox ALBERTA*, Springer-Verlag, Berlin, Heidelberg (2005).

[26] H. R. Schwarz, *Methode der finiten Elemente*, Teubner-Verlag, Stuttgart (1984).

[27] V. Thomée, *Galerkin finite element methods for parabolic problems*, Lecture Notes in Math., V. 1054, Springer-Verlag, Berlin, Heidelberg (1984).

[28] J. Wloka, *Partielle Differentialgleichungen*, Teubner-Verlag, Stuttgart (1982).

Index

www.ingramcontent.com/pod-product-compliance
Lightning Source LLC
Chambersburg PA
CBHW080924220326
41598CB00034B/5666